现代物流标准化

全国电子工业标准化技术委员会　组编

李安渝　主编

中国质检出版社
中国标准出版社
北　京

图书在版编目(CIP)数据

现代物流标准化/李安渝主编;全国电子工业标准化技术委员会组编.
—北京:中国标准出版社,2012(2019.8重印)
ISBN 978-7-5066-6731-9

Ⅰ.①现… Ⅱ.①李… ②全… Ⅲ.①物流—标准化 Ⅳ.①F252

中国版本图书馆 CIP 数据核字(2012)第 056498 号

中国质检出版社
中国标准出版社　出版发行
北京市朝阳区和平里西街甲 2 号(100013)
北京市西城区三里河北街 16 号(100045)
网址:www.spc.net.cn
总编室:(010)64275323　发行中心:(010)51780235
读者服务部:(010)68523946
中国标准出版社秦皇岛印刷厂印刷
各地新华书店经销

＊

开本 787×1092　1/16　印张 18　字数 420 千字
2012 年 6 月第一版　2019 年 8 月第四次印刷

＊

定价 52.00 元

编 委 会 名 单

主　编　李安渝

副主编　杨兴寿

编　委　（按姓氏笔画排序）

　　　　王　泰　刘　倩　刘　颖

　　　　苗　茵　章建方　韩占明

前　　言

　　现代服务业是在工业化比较发达的阶段产生的，主要依托信息技术和现代管理理念发展起来的，信息和知识相对密集的服务业。服务业是国民经济的重要组成部分，标准化工作是促进服务业发展的重要技术支撑。为了加快服务业标准化的进程，并对已形成的标准化成果进行总结，全国电子业务标准化技术委员会组织编写了"现代服务业标准化丛书"。本书为其中一种。

　　物流标准化就是加快对现有仓储、转运设施和运输工具的标准化改造，鼓励企业采用标准化的物流设施和设备，实现物流设施、设备的标准化。推广实施国家标准，鼓励企业采用物流标准，支持专业化企业在全国建设标准化物流系统，实现物流标准化、社会化工作。鼓励企业采用集装单元、射频识别、货物跟踪、自动分拣、立体仓库、配送中心信息系统、冷链等物流新技术，提高物流运作管理水平。物流标准化是规范物流作业、统一物流概念、提高物流效率，振兴物流产业的基础，加强推广物流标准化势在必行。

　　随着物流业的振兴，市场需要大批掌握物流标准、能够参与标准化工作的物流标准化人才。在我国物流人才培养中，一定要形成理论联系实际的教学体系，培养市场需要的物流人才。本书根据我国标准化体系的建设，结合国际标准化的发展，详细介绍了物流基础标准、运输与包装标准、仓储与物流管理标准、配送与流通标准、物流管理标准、物流信息标准，以及物流技术标准。为学习者系统学习物流标准提供了科学、系统的教程。同时力求理论与实际相结合，内容生动，针对每章的具体内容与特点，配有该章的学习目标、基本概念，各章末附有课后思考题，以便强化理论知识，同时附有相关的案例，可操作性强，教学人员可根据实际需要，选择相关的案例进行教学，从而利于学生掌握理论知识。

　　本书共分9章，第1章介绍现代物流的概念、发展以及类型；第

2章介绍物流管理的内容、分类、原则以及物流标准化的含义、内容、种类和特点等；第3章介绍国际物流标准化的现状以及我国物流标准化的现状、存在的问题和发展趋势等；第4章介绍物流系统运输作业规范、物流系统包装作业规范、运输包装系统设计、运输标准化以及包装标准化等相关理论；第5章介绍仓储管理与库存管理标准化的相关理论；第6章介绍配送、配送中心以及流通加工的概念、类型、作用和标准化等；第7章介绍供应链的定义、特征以及供应链管理的定义、内容、方法和标准化；第8章介绍物流通用基础标准、物流信息标准、物流技术标准以及物流管理标准等相关理论；第9章介绍物流信息技术，包括条码技术、射频识别技术、GPS技术、GIS技术、物流EDI标准、物流XML标准等。

在编写本书的过程中，得到了多方面的大力支持，在此衷心地感谢各位同仁——王菁、谢娜、王颖、李丽丽、张建华、李军、薛晓中、鲁学军、邓艳、高萍、刘润身、李卓、韩竹云，感谢他们的帮助和支持。另外，本书在编写过程中，参阅了大量的相关书籍与论文，在此谨向这些文献的作者表示最诚挚的谢意！

该领域发展迅速，尽管编者已经付出了最大的努力，但受学识水平和实践知识所限，本书肯定会有不少缺点和不足，真心希望广大读者和专家批评指正。

编　者

2012 年 4 月

目　　录

第一章　现代物流管理概述

【本章导读】

物流是一个由多项活动、多个环节共同组成的整体。它是由所需位移的物资和包装设备及材料、搬运装卸设备、运输工具及环境、仓储设施及保管、人员和通讯联系、信息处理与传递等若干相互制约的动态要素构成的、具有特定酶能的有机整体。随着市场竞争的加剧，工业发达国家靠压缩原材料、燃料、设备和劳动力成本而获取高额利润的空间越来越小。通过大幅度降低流通费用，弥补因原材料、燃料、设备、劳动力成本的上涨而失去的利润成为必然选择。现代文明开始以来，物流已不再是新鲜事物，然而，讲到现代物流，人们的认识还比较模糊，现实社会，实现最佳的物流已成为业务管理和部门管理的最激动人心和最富挑战意义的作业领域之一。物流也被誉为企业发展的"加速器"和"第三利润源泉"，物流业的发展被称为21世纪的"黄金产业"。

【本章重点】

1.物流的概念；2.物流的定义及其功能；3.现代物流的特征；4.现代物流的发展趋势；5.现代物流的分类。

【学习目标】

通过本章的学习，了解物流的发展史以及国内国外的发展状况，了解物流的概念，了解物流未来发展趋势等。

【关键概念】

传统物流　现代物流　国际物流　绿色物流

第一节　现代物流的基本概念

一、物流的产生和发展

自从有了人类活动，就产生了"商业"活动。从最开始的物物交换，发展到现在的电子商务，不管技术如何发展，不变的是物品所有权的改变，以及大多数情况下物理位置的改变。而物理位置的改变就要涉及物品的运输、装卸、搬运等活动，这些都是物流活动的基本组成。因此，物流自古就存在。但将其作为一门学科，仅仅只有几十年的历史——物流是一门新学科。

随着社会生产力的发展，物流的概念逐渐清晰，影响越来越大，也越来越引起管理者和学者的注意。人们逐渐认识到，生产活动不仅仅包括生产过程、生产工艺，还包括物流活动。也就是说，生产活动分为生产工艺活动和物流活动两部分。

1. 传统物流（Physical Distribution）

"物流"仅从字意理解，就是物质实体的流动。但是当把这个物质实体的流动，当做一个运动过程来把握的时候，物流就成为包括运输、储存、搬运、分拣、包装、加工等多个环节在内的活动了。这就是通常人们所说的传统物流（Physical Distribution）或一般意义上的物流。

随着社会的不断发展，物流的概念也随之改变。

1918年，英国犹尼里佛的利费哈姆勋爵成立了即时送货股份有限公司。其公司宗旨是在全国范围内把商品及时送到批发商、零售商以及用户的手中，这一举动被一些物流学者誉为有关物流活动的早期文献记载。

20世纪30年代初，在一部关于市场营销的基础教科书中，开始涉及物流运输、物资储存等业务的实物供应（Physical Supply）这一名词，该书将市场营销定义为影响产品物权转移和产品的实物流通活动。这里，所说的所有权转移是指商流；实物流通是指物流。

1935年，美国销售协会最早对物流进行了定义：物流（Physical Distribution）是包含于销售之中的物质资料和服务，与从生产地到消费地点流动过程中伴随的种种活动。

日本也不落人后，在1956年派出考察团到美国考察后，通过对美国物流的研究，于1964年提出物流的概念。1981年，日本综合研究所编著的《物流手册》，对物流的表述是：物质资料从供给者向需要者的物理性移动，是创造时间性、场所性价值的经济活动。从物流的范畴来看，包括：包装、装卸、保管、库存管理、流通加工、运输、配送等诸多活动。

物流概念引入中国大体历经三个阶段：

（1）20世纪80年代初至90年代初。从欧美以及日本市场营销理论的引入，开始接触"物流"的概念；尽管当时在中国还尚未形成"物流"的概念，但是类似物流的行业是客观存在的。

（2）20世纪90年代中期至90年代末期。一方面由于对外开放力度加大，大量跨国公司进入中国，将现代物流的理念传播给中国；另一方面大量"三资"企业的生产和制造活动开始本地化，对现代物流产生了需求。于是，一批传统储运企业开始向开展综合物流业务的现代物流企业转型。

（3）20世纪末至今。世纪之交的中国经济，一方面由于世界经济一体化进程的推进，国际政治、经济、技术和管理对中国经济产生的深刻影响，促进了中国物流业的发展；另一方面由于中国社会主义市场经济体制建设的进程加快，现代物流发展的客观需求和市场环境基本具备。现代物流开始在中国进入全面发展的新阶段。

2. 现代物流（Logistics）

现代物流（Modern logistics）是相对于传统物流而言的。它是在传统物流的基础上，引入高科技手段，即运用计算机进行信息联网，并对物流信息进行科学管理，从而使物流速度加快，准确率提高，库存减少，成本降低，以此延伸和放大传统物流的功能。

现代物流发展经历了如下阶段：

（1）第一阶段：在第二次世界大战期间，美军后勤供应系统采用托盘、集装箱、叉车等先进的运输工具和装卸手段，将大量军用物资源源不断从美国本土运送到指定目的地，然后再有序地配送到各个战场，这一做法，促使人们认识到如对物流进行系统的活动，则能完成以往需由多项活动才能完成的任务。于是人们首次发现物流系统功能的价值。

（2）第二阶段：在第二次世界大战之后，人们将用于军事上的物流系统动作的方法与技术移植于民间的经济贸易活动中，换言之，在经贸活动中采用物流系统功能，可为企业注入新的管理方法和改变企业的结构模式。

（3）第三阶段：企业家在运用物流系统功能中发现物流功能能为他们降低商品流通的成本，从而可获得更多的利润，所以人们又发现了物流是第三利润源泉。在20世纪70年代初第一次石油危机中，人们发现在物流领域里降低成本的空间很大。这一价值的发现，越发引起人们对物流的关注、重视并引而用之。

（4）第四阶段：由于物流与日益普及的计算机技术相结合，从而更加合理地、节约地、充分地使用设备、资源和配置资源。于是人们又发现了物流对改善环境、降低污染和对企业持续发展具有重大价值。

（5）第五阶段：在1997年东南亚经济危机之后，人们发现以"物流"为支柱产业的新加坡和香港有较强的抗御经济危机的作用。

3. 现代物流与传统物流的区别

现代物流（Logistics）与传统物流（Physical Distribution）的不同，在于"Logistics"已突破了商品流通的范围，把物流活动扩大到生产领域。不同之处主要表现在以下几个方面：

（1）传统物流只提供简单的位移，现代物流则提供增值服务；

（2）传统物流是被动服务，现代物流是主动服务；

（3）传统物流实行人工控制，现代物流实施信息管理；

（4）传统物流无统一服务标准，现代物流实施标准化服务；

（5）传统物流侧重点到点或线到线服务，现代物流构建全球服务网络；

（6）传统物流是单一环节的管理，现代物流是整体系统优化。

现代物流（Logistics）一词的出现，是世界经济和科学技术发展的必然结果。当前物流业正在向全球化、信息化、一体化发展。一个国家的市场开放与发展必将要求物流的开放与发展。随着世界商品市场的形成，从各个市场到最终市场的物流日趋全球化；信息技术的发展使信息系统得以贯穿于不同的企业之间，使物流的功能发生了质变，大大提高了物流效率，同时也为物流一体化创造了条件；一体化意味着需求、配送和库存管理的一体化。所有这些已成为国际物流业发展方向。

可以说，进入20世纪八十年代以后，传统物流已向现代物流转变。现代物流是物质资料从供给者到需求者的物理性运动，但不是物和流的简单组合，而是经济、政治、社会和实物运动的统一。它的主要作用是通过时间创造价值，弥补或延长时间差创造价值。现代物流包括信息业、配送业、多式联运业和商品交易业。现代物流水平是一个国家综合国力的标志。日本物流业每增长2.6%，会使国民经济增长1%。

二、物流的概念

物流在概念上随着时间的推移有一定的变化，以及广义（Logistics）与狭义（Physical Distribution）的区分。最初的物流概念主要侧重于商品物质移动的各项机能，即发生在商品流通领域中的，在一定劳动组织条件下凭借载体从供应方向需求方的商品实体定向移动，是在流通的两个阶段（G—W，W—G）上发生的所有商品实体的实际流动。显然这种物流是一种商业物流或销售物流,他作为一种狭义的物流具有明显的"中介性",是连接生产与消费的手段,直接受商品交换活动的影响,具有一定的时间性,只有存在商品交换时才会出现,不会永恒存在。

随着经济社会的高速发展,物流所面临的经济环境有了很大变化,原来狭义的物流概念受到了前所未有的挑战和批判,一是传统的狭义物流观念只重视商品的供应过程,而忽视了与生产有关的原材料及部件的调达物流,而后者在增强企业竞争力方面处于很重要的地位,因为原材料以及部件的调达直接关系到生产的效率、成本和创新,诸如日本丰田公司的生产管理就首先从原材料和部件生产的调达上入手;二是传统的物流是一种单向的物质流通过程,即商品从生产者手中转移到消费者手中,而没有考虑商品消费之后包装物或包装材料等废弃物品的回收以及退货物质商品的传递,从而忽视了物流对生产和销售在战略上的能动作用,特别是以日本为主的 Just-in-time 生产管理体系在世界范围内的推广,使得以时间为中心的竞争日益重要,并且物流行为直接决定了生产决策。

与上述环境的变化和对传统物流的批判相对应,1984 年美国物流管理协会正式将物流这个概念从 Physical Distribution 改为 Logistics,并将现代物流定义为"为了符合客户的需求,将原材料、半成品、完成品以及相关的信息从发生地向消费地流动的过程,以及为使保管能有效、低成本的进行而从事的计划、实施和控制和行为"。这个定义的特征是强调客户满意度、物流活动的效率性、以及将物流从原来的销售物流扩展到了调达企业内物流和销售物流。

随着物流科学的迅速发展,世界许多国家的专业研究机构、管理机构以及物流研究专家对物流概念做出了个各种定义。

德国物流协会认为物流是"有计划的将原材料、半成品和产成品由生产地送至消费地的所有流通活动,其内容包括为用户服务、需求预测、情报信息联系、物料搬运、订单处理、选址、采购、包装、运输、装卸、废料处理及仓库管理等"。

日本通产省运输综合研究所对物流的定义十分简单,他们认为物流是"商品从卖方到买方的全部转移过程。"

1999 年,联合国物流委员会对物流做了新的界定:物流是为了满足消费者需要而进行的从起点到终点的原材料、中间过程库存、最终产品和相关信息有效流动和存储计划、实现和控制管理的过程。这个定义强调了从起点到终点的过程,提高了物流的标准和要求,确定了未来物流的发展方向,相对于传统的物流概念更为明确。

美国物流管理权威机构——美国物流管理协会 2001 年对物流(Logistics)最新定义原文如下:"Logistics is that part of the chain process that plans, implements, and controls the efficient, effective forward and reverse flow and storage of goods, services, and related information between the point of origin and the point of consumption in order to meet customers requirements"。即:"物流是供应链过程的一部分,它是对商品、服务及相关信息在起源地到消费地之间有效率和有效益的正向和反向移动与存储进行的计划、执行与控制,其目的是满足客户要求。"

在中华人民共和国国家标准《物流术语》(GB/T 18354—2006)中对于物流的定义是:"物品从供应地向接受地的实体流动过程。根据实际需要,将运输、储存、装卸、搬运、包装、流通加工、配送、信息处理等基本功能实施有机组合。"

当然,我国还有一些学者将"Logistics"译为后勤学,但多数学者仍将其译为物流或物流学,比较具有代表性的国内外专家和学者对物流的定义有以下几个:

"物流是一个控制原材料、制成品、产成品和信息的系统。"

"从供应开始经各种中间环节的转让及拥有而达到最终消费者手中的实物运动,以此实现组织的明确目标。"

"物资资料从供给者到需求者的物理运动,是创造时间价值、场所价值和一定的加工价值的活动。"

"物流是指物质实体从供应者向需求者的物理运动,它由一系列创造时间价值和空间价值的经济活动组成,包括运输、保管、配送、包装、装卸、流通加工及物流信息处理等多项基本活动,是这些活动的统一。"

还有一些专家提出了物流的 7R 定义,认为物流就是"以恰当的数量(Right Quantity)和恰当的质量(Right Quality)的恰当产品(Right Product),在恰当的时间(Right Time)和恰当的地点(Right Place),以恰当的成本(Right Cost)提供给恰当的消费者(Right Customer)的过程。"在该定义中,用了 7 个恰当(Right),故称作 7R。该定义揭示了物流的本质,有助于我们对物流概念的理解。

三、物流活动创造的价值

物流是一种创造时间价值、场所价值和加工价值的活动。

1. 物流的时间价值

物质资料从供给者到消费者有一段时间差,由于改变这一时间差而创造的价值称为时间价值。通过物流创造时间价值的形式有以下几种:

(1)缩短时间创造价值。缩短物流时间,可以减少物流损失、降低物流消耗、提高周转率、节约资金等。物流管理研究的重点课题,就是如何采取措施来尽量缩短物流的时间,从而取得高的时间价值。

(2)弥补时间差创造价值。在经济社会中,需求与供给普遍的存在时间差,例如,粮食生产有严格的季节性和周期性,这就决定粮食的集中产出,但人们对粮食的消费是一年 365 天天有需求,因而供给与需求之间出现时间差。物流管理研究用科学系统的方法弥补时间差,以实现其时间价值。

(3)延长时间差创造价值。在某些具体物流中也存在人为能动的延长物流时间来创造价值。例如,客户化生产中最典型的管理思想之一是延迟制造,即在顾客需要的时候才生产,有意识的延长物流时间,降低储运成本,从而达到创造时间价值的目的。

2. 物流的场所价值

物质资料从供应者到需求者之间有一段空间距离,由于改变这一场所的差别而创造的价值称为场所价值。通过物流来创造场所价值的形式有以下几种:

(1)从集中生产场所到分散需求场所创造价值。现代化大生产往往通过集中化大生产以提高生产效率、降低成本。在一个小范围集中生产的产品可以满足大面积地区的需求,通过物流将产品从集中生产的低价位区转移到分散各地的高价位区,从而实现物流的场所价值。

（2）从分散生产场所到集中需求场所创造价值。例如，粮食是在广大地区分散生产出来的，而一个大城市的需求则非常集中；又如汽车公司的零部件生产分布也非常广，但却集中在一个大厂中装配。物流便因此获得了场所价值。

（3）从甲地生产流入乙地需求创造场所价值。现代人每日消费的物品几乎都在相距一定距离甚至很远的地方生产的，这样复杂交错的供给和需求的空间差都是通过物流实现，物流也因此创造场所价值。

3. 物流的加工附加价值

现代物流的一个重要特点是根据自己的优势从事一定的补充性加工活动，这种活动必然会形成劳动对象的附加价值。例如，商品在流通中为方便运输而进行的包装，有时销售之前为适应顾客要求往往要进行分割、换包装、拆零等操作，这些物流活动都起到了增加商品的附加价值的作用。

四、物流的基本功能

1. 运输

运输是指利用设备和工具，把物品从一地点向另一地点运送的物流活动，它是物流活动的核心环节。运输是物流的核心业务之一，在物流活动中处于中心地位，也是物流系统的一个重要功能。它解决了物质实体从供应地点到需求地点之间的空间差异，创造了物品的空间效用，实现了物流资料的使用价值。

2. 仓储

仓储是对物资进行保管以及对其数量、质量进行管理控制的活动。它与运输构成了物流的两大支柱，其他物流活动都是围绕着运输和储存进行的。仓储是物流中的又一极为重要的职能。储存不但缓解了物质实体在供求之间时间和空间上的矛盾，创造了商品的时间价值，同时也是保证社会生产不断运行的基本条件。在物流活动中许多重要的决策都与仓储有关，如仓库数目、仓库选址、仓库大小、存货量等，物流决策者需要对存储和运输以及存储规划中的优化配置等进行权衡，以达到最佳的效果。

3. 装卸搬运

装卸搬运是在同一地域范围内进行的，以改变物料的存放状态和空间位置为主要内容的活动。其中，搬运是指在同一场所对货物进行水平移动为主的物流作业；装卸是指货物在指定地点以人力或机械把货物装入运输设备或卸下。装卸搬运是介于物流各环节之间起衔接作用的活动，它把物品运动的各个阶段连接成为连续的"流"，使物流的概念名副其实。

4. 包装

包装是指在流通过程中保护产品、方便运输、促进销售，按一定技术方法而采用的容器、材料及辅助物等的总体名称。无论是产品还是材料，在搬运输送以前都要加以某种程度的包装捆扎或装入适当的容器，以保证产品完好的送到消费者手中，所以包装既是生产的终点，同时也是社会物流的起点。

5. 流通加工

流通加工是指物品从生产地到使用过程中，根据需要施加包装、分割、计量、分拣、标志、标签、组装等简单作业的总称。在物流过程中，流通加工同样不可小视，它使流通向更高更深层次发展,在提高运输效率、改进产品品质等方面起着不可低估的作用。

6. 配送

配送是指在经济合理区域范围内,根据用户要求,对物品进行挑选、加工、包装、分割、组配等作业,并按时送达指定地点的物流活动。配送是"配"和"送"的有机结合,是一种点到点的服务方式。配送包括集货、配货、送货三部分。

7. 物流信息处理

物流信息是对物流活动的内容、形式、过程及发展变化的反映,是由物流引起并能反映物流活动的各种消息、情报、文书、资料、数据等的总称。它包括信息的收集、加工、分析、储存等活动,主要是为了提高物流系统的整体效益。物流信息有如下特征:(1)物流是大范围内的活动,信息源多、分布广、信息量大。(2)动态性强。信息的价值衰减速度快,及时性要求很高。这意味着物流信息的收集、加工、处理要求的速度要快。(3)种类繁多。(4)物流系统自身的信息要求全面、完整的收集;而对其他系统信息的收集,则需根据物流要求予以选择。

五、现代物流的特征

1. 专业化

社会分工导致了专业化,导致了物流专业的形成。物流转化本身至少包括两个方面的内容。一方面,在企业内部,物流管理作为企业一个专业部门独立的存在,并承担专门的职能,随着企业的发展和企业内部物流需求的增加,企业内部的物流部门可能会从企业中游离出去,成为社会化和专业化的物流企业。另一方面,在社会经济领域中,出现了专业化的物流企业,提供各种不同的物流服务,并进一步演变成为服务专业化的物流企业。专业化的物流实现了货物运输的社会分工,缩短了供应链,可以为企业降低物流成本,减少资金占用和库存,提高物流效率。在宏观上可以促进社会资源配置的优化,从而可以充分其发挥作用。

2. 系统化

(1)从商品流通过程来看,现代物流涉及生产领域、消费及后消费领域,涵盖了几乎全部社会产品在社会企业中的流动过程,是一个非常庞大而且复杂的动态系统。

(2)就现代物流系统所借助的基础设施而言,涉及多个管理部门,有交通、铁道、航空、仓储、外贸、内贸等多个领域,更涉及这些领域的多个行业。

(3)从商品的存在状态来看,商品流通过程就是商品在地理位置上的移动过程,商品借助运输工具发生位移的起点和终点,也就是现代物流体系的节点。例如,我国目前已基本形成了以沿海大城市群为中心的四大区域性物流圈,即环渤海物流圈、长江三角洲物流圈、环台湾海峡物流圈和珠江三角洲物流圈。与此同时,在内陆腹地,也有许多城市在规划和建设物流园区以及区域性的物流圈。从而从全国的角度看,形成了庞大而且多层次的物流网络,各个地区的物流园区是这个网络的节点,这些节点之间、节点与区域性物流圈之间、物流圈与物流圈之间都不应该是互相割裂的。

(4)现代物流是个多层次多环节的系统。从宏观的层次说,包括国家级物流规划、省市级物流规划、经济运行部门的物流规划和企业物流规划,不同层次的物流规划应该扮演不同的角色,实现不同的功能。从具体的物流作业流程角度看,物流系统指的是装卸、加工、仓储、保管、备货、分拣、运输等具体物流环节的组织方式,没有完好的作业流程也不可能实现物流的高效率和低成本。

3. 信息化

从发达国家物流业现在的情况来看,在物流过程中全面应用信息技术已经非常普遍。物流信息化主要包括了两个方面,即设施自动化和经营网络化。设施自动化是指货物的接受、分拣、装卸、运送、监控等环节以自动化的过程来完成,设施自动化涉及的技术非常多,如条码技术、电子交换数据、数据管理技术、数据挖掘技术、多媒体技术、射频识别技术、全球卫星定位系统技术、地理信息系统技术等。通过这些自动化的技术设施,可以实现货物的自动识别、自动分拣、自动装卸、自动存取、从而提高物流作业效率。经营网络化是指将网络技术运用到物流企业运行的各个方面,它包括企业内部管理的网络化以及对外联系的网络化。发达国家的物流企业都有完善的企业内部网和外部网,货物运行的各种信息都会及时反馈到内部网的数据库上,网络上的管理信息系统可以对数据进行自动分析和安排调度,自动排定货物的分拣、装卸以及车辆、线路的选择等;企业的外部网一般都与因特网对接,用户在因特网上就可以下订单、进行网上支付,并且可以随时对自己的货物进行查找跟踪。没有物流系统的信息化,物流系统在实现一体化和协调运作上就会有很大的困难。

4. 标准化

物流标准化是以物流作为一个大系统,制定系统内部设施、机械设备、专用工具等各个分系统的技术标准;制定系统内各个分领域如包装、装卸、运输等方面的工作标准;以系统为出发点,研究各子系统与分领域中技术标准与工作标准的配合性,统一整个物流系统的标准;研究物流系统与其他相关系统的配合性,进一步谋求物流系统的标准统一。如果没有相适应的物流接口标准,很难想象其连接的难度和成本。对物流企业来说,标准化是提高内部管理、降低成本、提高服务质量的有效措施;对消费者而言,享受标准化的物流服务是消费者权益的体现。

5. 国际化

自然资源的分布和国际分工形成了国际贸易、国际投资、国际经济合作,上述国际化过程促使物流向全球化发展,物流企业需花费大量时间和精力从事国际物流服务,如配送中心对进口商品从代理报关业务、暂时储存、搬运和配送、必要的流通加工到送交消费者手中实现一条龙服务。甚至还接受订货、代收取资金等。现代物流国际化要求物流的发展必须突破一个国际(或地区)地域的限制,以国际统一标准的技术、设施和服务流程来完成货物在不同国家之间的流动。

6. 环保化

物流环保化是建立在维护地球生态和可持续发展的基础上,改变原来经济发展与物流、消费生活与物流的单向作用关系,在抑制传统直线型的物流对环境造成危害的同时,采取与环境和谐相处的态度和全新理念,去设计和建立一个环形的循环的物流系统,使传统物流末端的废旧物质能回流到正常的物流过程中来,同时又要形成一种能促进经济和消费生活健康发展的现代物流系统。现代物流环保化强调全局和长远的利益,强调全方位对环境的关注。

第二节　现代物流的发展趋势

世界各地区、各个国家物流的发展水平参差不齐，千差万别。美国、日本、德国、法国、瑞士、瑞典、荷兰、新加坡、韩国等国家以及我国香港及台湾地区的物流业比较发达，而很多发展中国家和地区还处于肩背人扛的落后状态。本节介绍的世界物流发展总趋势，只能针对上述工业发达的国家（地区）情况而言。美国、日本、德国三个国家的物流有一定代表性，三个国家的物流都很先进，但各有特点且各有侧重。美国比较重视物流理论，侧重于消费者，比较前卫；日本比较注重实际，重点放在物流成本和企业物流管理上；德国更重视物流的综合性和系统性，强调整体优化和企业物流的整合，思路宽泛。相对来说，美国的特色是具有超前性和创新性的；日本的特色是管理的先进和技巧的纯熟；德国的特色是思维的独创性以及做事的严谨性。

一、物流进入全球化发展时代

20世纪80年代掀起了跨国经营和产品本地化生产的波浪，90年代进而形成了经济全球化的大潮。伴随而来的是物流全球化。物流全球化包含两层含义，一是指经济全球化使世界越来越成为一个整体，大型公司特别是跨国公司日益从全球化的角度来构建生产和营销网络，原材料、零部件的采购和产品销售的全球化相应的带来了物流的全球化。另一层含义是指，现代物流业务正在全球范围内加速集中，并通过国际资源整合，形成巨大的物流竞争力。欧洲天地邮政（TNT）为满足东南亚、中国和欧洲快速增长的货物速递业务的需要，2008年TNT投资一亿欧元建设自己的网络和基础设施。2008年4月11日，TNT从东南亚各大城市到中国的货运时间平均为48小时，到欧洲则只需要1天。这些活动不仅拓展了企业的物流服务领域，同时也大大增加了市场竞争力。

没有顺畅的国际物流，国际贸易不会扩大，跨国生产和全球采购也难以实现，反过来，在国际化大生产、国际资本大流动、国际贸易大发展、全球经济一体化日益进展的新经济格局中，也迫切要求国际物流走向全球化经营。近年来国际跨国物流企业，如美国总统轮船和联邦快递、丹麦马士基、日本通运和佐川急便、德国西门子等都在角逐世界物流市场，与特定供应链中的生产企业结伴进入各国物流领域。这些大型跨国物流公司，由原来雄踞国际海、陆、空运输市场，进而深入参与各国物流基础设施和物流枢纽建设，一步步的完善了跨国物流网络框架和主干线与支线的衔接，使国际物流网实现了彻底的贯通和触角的终极化。借助经济全球化的大好时机，通过融资、贷款、援助、合资、合作等种种形式把游资投入到世界各地最关键的是物流环节，如港口、码头、公路、物流园区，集装箱终端，建立了自己的投资主体地位，确保了国际物流的畅通无阻，从而进一步拓展了国际物流通道，促进了全球物流的大循环，把现代物流推向了全球化发展的新时代。

二、物流向外延伸、转向消费者

由于物流是一门新兴的学科，不到一百年的成长历史，所以，物流的范围和主攻方向一直随着经济的发展、科技的进步、消费者的需要等外在因素的变化而不断的调整和完善。开始阶段,物流主要是指产品离开生产线以后的包装、运输、装卸搬运、保管、流通加工及信息传递,主要服务于企业的产品销售活动;后来物流的范围扩大到材料的采购和运输以及生产领域,侧重于加强企业服务和企业竞争力;再后来物流由 PD 概念转向 Logistics,订货处理、退货物流等内容的同时,把重点转向对物流配送和物流活动的策划与管理,物流的地位也提升至企业经营战略的高度。近年来的新倾向是把物流进一步向外围延伸,与通关、商检相连,与商流、资金流、信息流捆绑在一起。把物流纳入到生产、流通与消费整个经济领域。企业不仅把物流看作是降低成本、提高服务水平、加强企业竞争力的有效工具,而且还把物流提升到经济增长点、经济发展的支柱和关键产业的高度。

在新经济时代,因社会商品极大丰富,买方市场矛盾突出,买者是"上帝",生产者、供应服务业者都把传统从以"自我"为中心,转为以"消费者"为中心。生产企业在指定商品价格时,过去主要是以市场情况决定,现在已不是由市场支配价格,而是由消费者支配价格。生产者要调查消费者能承受或消费者期望的价格标准,然后再考虑划给分销商、物流企业的利润,最后决定自己的产品出厂价格。这使买方市场中企业之间销售竞争激化。消费者要求多样化、个性化。消费者可以通过网络进行网购,选择的范围是国际性的,因此,生产企业无法自己决定价格,考虑问题的角度也由自己转向了消费者。例如,为居民提供搬家服务的搬家公司;为居民邮寄小件包裹以及代送礼品、代运高尔夫和滑雪用具的"宅急送"公司;为长期出差职工保管家具和贵重物品的仓库,为了适应消费者的需要,运输企业增加了冷藏运输车辆,仓库企业大量增减冷冻仓库,形成一贯制冷链的物流体制,牛奶、肉蛋、海产品、蔬菜、水果等一律冷藏、冷动化流通。这些都是物流企业转向最终消费者的例证。

三、物流注重社会效益

在环境矛盾越来越突出,环境保护越来越受到重视的现代社会,物流企业已不能只考虑经济效益,而必须遵守环保法规,减少卡车噪声、废气公害,注重社会效益,这就是目前人们经常提到的"绿色物流"。为了社会效益,有的国家已考虑限制卡车运输,鼓励铁路运输。卡车在装卸货物要求关闭发动机,以减少废气排放量;有的国家已做出规定,电视机,电冰箱等大件废旧家用电器,由生产企业负责回收和再生利用。

在物流服务项目增多、水平提高的情况下,物流企业的成本上升、利润下降,为了维持生存、寻求发展,物流企业不得不追求附加价值,大范围的承揽业务。过去物流企业进行流通加工时,一般都限于贴价签、条形码等简单作业;现在流通加工业务的范围已大大扩展,如进口衣料的染色、刺绣及其检验、组装等多种流通加工服务。许多过去只提供运输、仓储、包装服务的流通装的企业,现在大量向第三方物流企业转化,以追求附加价值收入。

四、物流趋向现代化、合理化

由于各种信息系统平台、电子数据交换系统(EDI)、事务处理系统(TPS)、管理信息系统(MIS)决策支持系统(DSS)、销售时点信息系统(POS)、地理信息系统(GIS)、全球卫星定位系统(GPS)、智能交通运输系统(ITS)等信息处理和条形码技术、射频标识技术在物流中的广泛运用,大大增强了运输、保管、装卸搬运、包装、流通加工、配送等物流各环节的功能,使物流与商流、资金流、信息流融为一体,提升了生产、流通和消费的综合效益,恰似给物流安上了一对飞的翅膀,使物流跨实现了越式发展。除了智能化交通运输外,无人搬运校车、机器人堆码、无人操作叉车、自动分类分拣系统、物质化办公系统等现代物流技术,都大大提高了物流机械化、自动化和智能化水平。同时,由于信息化、电子化技术、模块化技术、仿真技术等在物流中的应用,使利用虚拟仓库、虚拟银行的供应链管理如鱼得水、如虎添翼,流通的方式和条件也发生了改变,从而带来了流通生产力的重大革命,使物流及其管理走向现代化。

(1) 自动化信息处理系统带来了流通管理技术的革命

现代通信技术的发展,使生产和流通部门有可能建立起完整的情报信息系统。电子计算机在物流的许多环节中获得了广泛好评。

(2) 订货渠道的多样性是销售革命的首要标志

销售业务的自动化,大大提高了订货、供货效率,电子计算机在销售业务中的应用,显示了现代化商业的极大优越性。同时,现代通信技术的发展以及电视的普及,使得函购订货、电话订货、电视订货也迅速发展起来。

(3) 集装箱带来了包装和运输技术的革命

集装箱运输本身就能保管货物,它使过去那种包装、装卸、保管、运送分割的状态,趋向综合化,发挥了流通的综合功能。

(4) 自动化立体仓库的发展是"物流革命的宠儿"

由于电子计算机、光电计数器和识别装置等新技术在库存管理中的应用,使得货物的分类、计量、计价、入库、出库、包装、配送等正在实现无人自动化控制。而自动化立体仓库则是执行上述多种机能的综合体。它的出现改变了过去仓库单纯保管的旧观念,而正在发展成为物品中转、配送、储存、销售和信息咨询等多方面的服务中心,这种大型流通中心可以说是现代物流的缩影。

第三节　现代物流类型

一、第三方物流

(一)第三方物流的基本概念

第三方物流,英文表达为 Third-Party Logistics,简称 3PL,也简称 TPL,是相对"第一方"发货人和"第二方"收货人而言的。是由第三方专业企业来承担企业物流活动的一种物流形态。它为顾客提供以合同为约束、以结盟为基础的,系列化、个性化、信息化的物流代理服务。随着信息技术的发展和经济全球化趋势,越来越多的产品在世界范围内流通、生产、销售和消费,物流活动日益庞大和复杂,而第一、二方物流的组织和经营方式已不能完全满足社会需要;同时,为参与世界性竞争,企业必须确立核心竞争力,加强供应链管理,降低物流成本,将不属于核心业务的物流活动外包出去。于是,第三方物流应运而生。我国最早的物流理论研究之一是第三方物流:模式与运作。3PL 既不属于第一方,也不属于第二方,而是通过与第一方或第二方的合作来提供其专业化的物流服务,它不拥有商品,不参与商品的买卖,最常见的 3PL 服务包括设计物流系统、EDI 能力、报表管理、货物集运、选择承运人、货代人、海关代理、信息管理、仓储、咨询、运费支付、运费谈判等。由于服务业的方式一般是与企业签订一定期限的物流服务合同,所以有人称第三方物流为"合同契约物流(contract Logistics)"。

第三方物流内部的构成一般可分为两类:资产基础供应商和非资产基础供应商。对于资产基础供应商而言,他们有自己的运输工具和仓库,他们通常实实在在地进行物流操作。而非资产基础供应商则是管理公司,不拥有或租赁资产,他们提供人力资源和先进的物流管理系统,专业管理顾客的物流功能。广义的第三方物流可定义为两者的结合。

(二) 基本特征

从发达国家物流业的状况看,第三方物流在发展中已逐渐形成鲜明特征,突出表现在五个方面:

1. 关系合同化

首先,第三方物流是通过契约形式来规范物流经营者与物流消费者之间关系的。物流经营者根据契约规定的要求,提供多功能直至全方位一体化物流服务,并以契约来管理所有提供的物流服务活动及其过程。其次,第三方物流发展物流联盟也是通过契约的形式来明确各物流联盟参与者之间权责利相互关系的。

2. 服务个性化

首先,不同的物流消费者存在不同的物流服务要求,第三方物流需要根据不同物流消费者在企业形象、业务流程、产品特征、顾客需求特征、竞争需要等方面的不同要求,提供针对性强的个性化物流服务和增值服务。其次,从事第三方物流的物流经营者也因为市场竞争、物流资源、物流能力的影响需要形成核心业务,不断强化所提供物流服务的个性化和特色化,以增强物流市场竞争能力。

3. 功能专业化

第三方物流所提供的是专业的物流服务。从物流设计、物流操作过程、物流技术工具、物流设施到物流管理必须体现专门化和专业化水平,这既是物流消费者的需要,也是第三方物流自身发展的基本要求。

4. 管理系统化

第三方物流应具有系统的物流功能,是第三方物流产生和发展的基本要求,第三方物流需要建立现代管理系统才能满足运行和发展的基本要求。

5. 信息网络化

信息技术是第三方物流发展的基础。物流服务过程中,信息技术发展实现了信息实时共享,促进了物流管理的科学化,极大地提高了物流效率及其效益。

(三) 制约因素

目前,在我国制约第三方物流发展的主要因素是以下几个方面:

中小工业企业在国家"放小"、"扶小"政策指导下,进行改制和新机制规范运作的改变,国家对中小工业企业的信贷金融政策,以及引导中小企业调整、改革和发展的主要措施,市场竞争、社会的发展变化都将成为影响中小企业的外部环境因素。但是,中小工业企业长期采用"大而全"、"小而全"生产模式和经营观念,物流活动及其组织管理呈现分割和封闭状况,必定对第三方物流发展产生内在的重要的影响,主要表现为:

1. 观念的影响

中小工业企业一般实行单一的生产管理,企业经营范围封闭,缺乏进入市场和社会的一体化模式,习惯于传统的企业储运方式,重生产、轻储运,难以形成现代物流管理思想,对第三方物流存在认识上观念上的障碍,是影响第三方物流发展的根本因素。

2. 结构的影响

中小企业量大面广,总规模不小,但组织和产业结构不合理,低水平重复建设与投入,在相当多行业形成产品供大于求、结构性过剩,普遍存在产业关联度较低,缺乏社会化、专业化分工协作,是影响第三方物流发展的重要因素。

3. 技术的因素

虽然信息产业给中小企业注入了大量高新技术,但资源与技术构成不合理,普遍存在设施设备老化,物流技术水平低,难以适应现代化专业物流发展的需要,是影响第三方物流发展的主要因素。

4. 管理的因素

大多数中小工业企业在较大程度上缺乏较为科学的内部管理制度,缺乏管理组织能力在生产管理上处于混乱状态,在组织经营上处于无序状态。产前没有市场调研,没有严格的成本核算;产中没有生产控制,没有营销策略;产后没有售后服务,是制约第三方物流发展的基础因素。

5. 人才的因素

中小企业普遍存在员工素质低,知识构成不合理,人才匮乏,缺乏创新能力的情况,是制约第三方物流发展的核心因素。

(四)第三方物流的发展战略

基于我国当前中小企业的实际状况,我国第三方物流的发展战略应突出以下几点:

1. 资源战略

物流企业发展第三方物流,需要集中把握和有效运用企业经营资源,主要表现在:首先,准确认识和深入分析企业经营资源的基础状况,正确选择第三方物流发展的方向。其次,积极探索企业资源的有效配置方式,有力促进第三方物流发展的速度。最后,认真研究企业资源的可持续发展问题,确保第三方物流的健康发展。因此中小企业实施战略资源,以供应链管理重构业务流程,构筑第三方物流发展优势;就应把握资源转换方式,不断提高资源产出效益。

2. 联盟战略

物流企业发展第三方物流需要本着"优势互补、利益共享"的原则,借助产权方式、契约方式实行相互合作,共同拓展物流市场,降低物流成本,提高物流效益。首先是物流资源的联盟:将中小工业企业分散的物流资源、物流功能要素通过一定的方式联合在一起,形成物流一体化的资源优势。其次是物流地理区域和行业范围的联盟:根据各行各业中小企业的特性,在一定地理区域或一定行业范围实行物流联盟,形成高效直辖市运作体系。最后是与中小企业建立发展第三方物流的联盟,通过组建服务协会,协调和指导物流企业与中小工业企业在发展第三方物流中的各种关系。

3. 服务战略

物流企业发展第三方物流必须依托中小工业企业的发展,做到"来自中小企业、服务于中小企业"。主要把握几点:第一,必须依据中小工业企业的实际需要,设计和提供个性化物流服务理念。第二,必须关注市场需求变化,提供保障企业产品服务质量的服务措施。第三,必须深刻理解中小企业物流规律,建立完善的物流运作与管理的服务效益。

4. 创新战略

物流的发展过程就是一个不断创新的过程。物流企业发展第三方物流,实施创新战略,首先要创新观念,打破传统思想,借鉴国际先进物流管理思想,与中小企业实践有机结合起来,探索具有中小企业物流特色的新思想和新方法。其次要创新组织,充分运用现代信息技术手段,借助中小企业数量大面广的特点。建立网络化物流新型组织。再次要创新服务,深入研究中小工业企业物流需求,通过引进、模仿和创新物流技术手段,不断设计、创新和提供有效的物流服务。最后要创新制度,既要建立以产权制度为核心的现代企业制度,也要根据发展需要建立完善的合理的物流管理体制。

5. 品牌战略

物流企业发展第三方物流必须确立品牌战略,充分发挥品牌效应,获取良好效益。首先要树立物流发展的精品名牌意识,严格制定各项物流质量标准,才会不断提高物流服务水平。其次要引进先进技术手段,设计创造物流服务的精品名牌意识,严格制定各项物流质量标准,才会不断提高物流服务水平。其次要引进先进技术手段,设计物流服务的精品内容、名牌项目。最后要强化物流技术与管理人员素质培训,建立优秀的物流人才队伍,确保企业名牌战略的实现。

(五) 战略选择

除了高度垄断的行业,单体企业很难改变其所处的市场环境,那么其成功的决定因素就在于如何适应市场环境并采取正确的发展战略。按照国际上比较流行的市场营销理论,企业主要的竞争战略选择有三种:一是成本领先战略;二是集中化战略;三是差异化战略。这个理论基本可以覆盖或解释其他竞争理论,物流行业的竞争战略也可以用这个理论框架来解释。

1. 成本领先战略适合有实力的企业

当企业与其竞争者提供相同的产品和服务时,只有想办法做到产品和服务的成本长期低于竞争对手,才能在市场竞争中最终取胜,这就是成本领先战略。在生产制造行业,往往通过推行标准化生产,扩大生产规模来摊薄管理成本和资本投入,以获得成本上的竞争优势。而在第三方物流领域,则必须通过建立一个高效的物流操作平台来分摊管理和信息系统成本。在一个高效的物流操作平台上,当加入一个相同需求的客户时,其对固定成本的影响几乎可以忽略不计,自然具有成本竞争优势。那么,怎样才能建成高效的物流操作平台呢?

物流操作平台由以下几部分构成:相当规模的客户群体形成的稳定的业务量,稳定实用的物流信息系统,广泛覆盖业务区域的网络。

稳定实用的信息系统是第三方物流企业发展的基石,物流信息系统不但需要较高的一次性投资,还要求企业具有针对客户特殊需求的后续开发能力。企业可以根据自身的需求选择不同的物流系统,但任何第三方物流企业都不可能避开这方面的投入。

对于一个新的第三方物流企业,除非先天具有来自其关联企业的强大支持,一般不大可能直接拥有广泛的业务网络和相当规模的客户群体,万事开头难,能否在一定时间内跨越这道门槛是企业成功与否的关键。对于一个第三方物流企业来讲,这是企业发展的一个必经阶段。如果能够在两到三年中完成业务量的积累和网络的铺设,企业将迎来收获的季节;如果不能达成,往往意味着资金的浪费和企业经营的寒冬。

对于一个全新的企业,主要有三个途径能够完成这一任务。第一个途径是在严密规划的基础上,采用较为激进的方式,先铺设业务网络和信息系统,再争取客户。这种方式较为冒险,只有资金实力非常强的企业才可能这样做。第二个途径是与某些大公司结成联盟关系,或成立合资物流公司以获取这些大公司的物流业务。在国内家电行业和汽车行业都有这类案例。这种方式较为稳妥,使企业在短期内获得大量业务,但这种联盟或合资物流由于与单一大企业的紧密联系,会在一定程度上影响其拓展外部业务的能力。最后一种途径是建立平台,它是更为缓慢的方式,边开发客户,边铺设网络。走这条道路的企业,必须认真考虑企业竞争的第二种战略,集中化战略。

2. 集中化战略适合有一定自身优势的企业

集中化战略就是把企业的注意力和资源集中在一个有限的领域,这主要是基于不同的领域在物流需求上会有所不同,如 IT 企业更多采用空运和零担快运,而快速消费品更多采用公路或铁路运输。每一个企业的资源都是有限的,任何企业都不可能在所有领域取得成功。第三方物流企业应该认真分析自身的优势所在及所处的外部环境,确定一个或几个重点领域,集中企业资源,打开业务突破口。在物流行业中,我们不难发现,BAXGlobal、EXEL等公司在高科技产品物流方面比较强,而马士基物流(Maersk Logistics)和美集物流(APLL)则集中于出口物流,国内的中远物流则集中在家电、汽车及项目物流等方面。集中化战略也告诉我们,在国内企业对第三方物流普遍认可以前,第三方物流企业必须集中于那些较为现实的市场。应该强调的是,这种集中化战略不仅仅指企业业务拓展方向的集中,更需要企业在人力资源的招募和培训、组织架构的建立、相关运作资质的取得等方面都要集中,否则,简单的集中只会造成市场机遇的错过和资源的浪费。

3. 起步较晚的新企业最可取的是差异化战略

差异化战略是指企业针对客户的特殊需求,把自己同竞争者或替代产品区分开来,向客户提供不同于竞争对手的产品或服务,而这种不同是竞争对手短时间内难于拷贝的。企业集中于某个领域后,就应该考虑怎样把自己的服务和该领域的竞争对手区别开来,打造自己的核心竞争力。如果具有特殊需求的客户能够形成足够的市场容量,差异化战略就是一种可取的战略。在实际市场拓展中,医药行业对物流环节 GMP 标准的要求,化工行业危险品物流的特殊需求,VMI 管理带来的生产配送物流需求,都给物流企业提供差异化服务提供了空间。其实,对于一个起步较晚的新企业,差异化战略是最为可取的战略。

物流企业选择差异化战略时不仅要考虑选择差异化战略,而且要考虑选择什么样的差异化战略。战略选择的焦点在于,一是要维护预期战略目标的实现,另一个是要清醒地避免和减小由于战略选择可能带来的风险。选择差异化战略可能带来的一个后果是顾客群缩小和单位成本的上升。从而导致服务价格的攀升。因此在差异化战略中要十分注意以优质的独特服务来降低客户的价格敏感性,以差异化独特性的深化来阻挡替代品的威胁而维护顾客的忠诚,并通过差异化品牌的创建来集中和壮大顾客群,在企业效益不断提高的同时,实现单位服务成本和单位服务价格的下降。为此,在物流企业差异化战略的选择中,定位差异化和服务差异化是可供参考的两条基本思路。

（1）定位差异化:定位差异化就是为顾客提供与行业竞争对手不同的服务与服务水平。通过顾客需求和企业能力的匹配来确定企业的定位,并以此定位来作为差异化战略的实质标志。

（2）服务差异化:服务差异化就是对不同层次的顾客提供差异化的服务。定位差异化强调的是与竞争对手不同,而服务差异化则强调的是顾客的不同。因为顾客是有差异的,想要以一种服务水平让所有顾客都满意是不可能的。顾客本身的条件是各不相同,各自的期望自然也各不相同。每个企业都会因其差异化战略而确定其重要的顾客群。

（六）发展趋势

进入21世纪,随着作为新兴产业之一现代物流业的迅猛发展,国内的物流公司如雨后春笋般涌现,进而形成了第三方物流产业。相比传统的物流公司,第三方物流更专业化,综合成本更低,配送效率更高,已经成为国际物流业发展的趋势、社会化分工和现代物流发展的方向。与此同时,在物流市场中运用信息化手段提高运输质量和运输效率,客户服务能力,从而提高核心竞争力,是很多第三方物流企业应对市场竞争的必然选择。

近几年,我国的第三方物流市场以每年16%～25%的速度增长。虽然我国物流行业发展很快,但目前我国第三方物流信息化应用的水平还比较低。据统计,大量第三方物流企业的信息化水平还停留于GPS、RFID等初级阶段,有的企业甚至连办公套件、企业邮箱都还不具备。这类企业占第三方物流企业总数的50%以上。我国的物流企业中,中小企业占了大部分。绝大多数中小物流企业尚不具备运用信息技术处理物流信息的能力。拥有信息系统的企业,其信息化需求也多数属于底层需求,基础信息系统建设是目前信息化建设的主要内容。同时,中小企业在选购物流信息化系统时,虽然最主要考虑的是成本问题,但还要考虑企业未来的需求。大多数物流信息系统的成本较高,很多功能又用不上,但企业发展壮大之后有可能就非常需要,这就要求产品拥有全生命周期的特性,可以随着企业自身的发展和业务拓展而进化。当今市场上,除了博科资讯,其他物流供应链管理软件厂商还不具备提供此类产品的能力,缺少适合中小物流企业的信息系统严重制约了此类企业信息化的普及。

此外,还有一部分已经初具规模的物流企业,信息化相比来说已经有了一定的基础,都已经开始考虑业务流程与管理流程的优化问题。这也是来自降低成本、加快周转等经济上的压力,目的是提高企业的核心竞争力。这些优化通常集中在几个最能产生效益的环节,比如仓储管理、运输管理、订单管理等局部环节。这类规模较大的物流企业占物流企业总数的30%左右。但沈国康指出,这种只针对局部供应链流程的信息化建设,结果通常表现为一些孤立的信息系统,难以互联互通,实现整合。供应链的信息化整合不能仅仅满足于提供精细的分别针对分销、零售、仓储、运输等环节的软件产品,而是要旗帜鲜明地贯彻供应链一体化的思想。通过"操作层"、"决策层"和"供应链电子商务层"这一结构清晰的框架,为物流企业提供着眼于全面资源整合的信息化解决方案。这样才能从上到下解决企业所存在的问题,而不是隔靴搔痒。目前,已经形成系统化的物流综合管理平台的物流企业可谓寥寥无几,仅占总数的 5% 左右。

第三方物流企业的信息化建设目标应是针对整个企业的供应链综合管理,实施企业级的信息系统建设。这样才能跨越部门的界限,实现各个部门的数据和信息的互联互通,并在此基础上,实现信息的集中查询和集中发放。我国第三方物流企业应在借鉴西方发达国家的第三方物流发展经验的基础上,广泛运用计算机技术以及通信技术提高企业自身的运输效率和服务能力,增强核心竞争力,也只有这样,才能在市场竞争中将企业做大做强。

（七）第三方物流企业的业态分类

综观现今中国物流行业中第三方物流企业的经营业态主要有两种。

（1）第三方物流企业接受客户委托,根据客户提出要求处理相关货物。

这种业态的经营模式实质是一个委托的法律关系,从物流学意义上属于初级业态。其表现形式是以处理委托人事务为目的,根据委托事项支付一定费用,受托人（物流企业）根据实际成本加上利润收受费用并提供相应服务。如果委托人没有尽到告知义务致使受托人设备和其他委托人设备,货物造成损失的,且受托人已尽了审查义务（《合同法》406 条受托人有关义务）,受托人免责,造成第三人损失的,由第三人直接向有过错的委托人追索。在实际操作过程中,也是往往根据委托合同有关条款加以调整。如《合同法》407 条受托人处理委托事项,因不可归责于自己事由受到损失的,可以向委托人要求赔偿损失。故第三方物流的初级业态实质是是委托法律关系。目前中国物流刚刚起步,因此大多数物流企业都是基于这层委托关系而成立的。

（2）另外一种模式是物流企业根据客户要求,以物流企业名义向外寻求供应商、代理商、分销商,同时又向客户提供相应的仓储、运输、包装等服务,为客户设计物流计划。

该模式往往是从事第三方物流服务的企业通过与固定客户（通常是连锁企业）建立稳定的契约关系,以物流企业名义与生产建立广泛的商品关系,是第三方物流和终端客户建立长时间联盟合作。这种经营模式是第三方物流的高级经营业态。在实际活动中,根据第三方物流企业活动特征,这是隐名代理行为而非行纪行为的范畴。隐名代理（agency of unnamedprincipal）是英美法系的概念,指代理人以自己名义,在被代理人授权范围内与第三人订立合同,第三人在订立合同时,明知代理人与被代理人的代理关系,只要是代理人为被代理人寻求利益,由被代理人承担责任。其与行纪最根本区别在于行纪人只能以自己名义对外活动,因而其与第三人订立合同不能对抗委托人。实践中,生产企业,供应商等商家都与第三方物流企业有买断,代理关系并由第三方物流企业根据终端客户定单进行处理、配送、加工等。可以看出在这种模式下,第三人明知物流企业其实是某终端客户的代理人,只不过第三方物流企业没有以终端客户名义而是以自己名义与其发生关系,责任由最终客户承担。需要指出的是在此过程中,物流企业为了自己利益越权代理,行为无效。而且由于第三人过错造成终端客户损失,由第三人直接向终端客户承担责任（通常厂家的商品造成超市损失,由厂家承担过错责任向超市赔偿）。上述种种经营活动可以说明第三方物流的高级经营业态实际上是一种隐名代理的行为。

（八）市场现状

第三方物流是在物流渠道中由中间商提供的服务,中间商以合同的形式在一定期限内,提供企业所需的全部或部分物流服务。第三方物流提供者是一个为外部客户管理、控制和提供物流服务作业的公司,他们并不在产品供应链中占有一席之地,仅是第三方,但通过提供一整套物流活动来服务于产品供应链。

现代意义上的第三方物流是一个有 10～15 年历史的行业。在美国,第三方物流业被认为尚处于产品生命周期的发展期;在欧洲,尤其在英国,普遍认为第三方物流市场有一定的成熟程度。欧洲目前使用第三方物流服务的比例约为 76%,美国约为 58%,且其需求仍在增长。研究表明,欧洲 24% 和美国 33% 的非第三方物流服务用户正积极考虑使用第三方物流服务;欧洲 62% 和美国 72% 的第三方物流服务用户认为他们有可能在三年内增加对第三方物流服务的运用。一些行业观察家已对市场的规模做出估计,整个美国第三方物流业有相当于 4200 亿美元的市场规模,欧洲最近的潜在物流市场的规模估计约为 9500 亿美元。

由此可见,全世界的第三方物流市场具有潜力大、渐进性和增长率高的特征。这种状况使第三方物流业拥有大量服务提供者,大多数第三方物流服务公司是从传统的"内物流"业为起点而发展起来的,如仓储业、运输业、空运、海运、货运代理和企业内的物流部等,他们根据顾客的不同需求,通过提供各具特色的服务取得成功。美国目前有几百家第三方物流供应商,其中大多数公司开始时并不是第三方物流服务公司,而是逐渐发展进入该行业的。第三方物流的服务内容现在大都集中于传统意义上的运输、仓储范畴之内,运输、仓储企业对这些服务内容有着比较深刻的理解,对每个单项的服务内容都有一定的经验,关键是如何将这些单项的服务内容有机地结合起来,提供物流运输的整体方案。

在西方发达国家第三方物流的实践中,有以下几点值得注意:

第一,物流业务的范围不断扩大。商业机构和各大公司面对日趋激烈的竞争不得不将主要精力放在核心业务,将运输、仓储等相关业务环节交由更专业的物流企业进行操作,以求节约和高效;另一方面物流企业为提高服务质量,也在不断拓宽业务范围,提供配套服务。

第二,很多成功的物流企业根据第一方、第二方的谈判条款,分析比较自理的操作成本和代理费用,灵活运用自理和代理两种方式,提供客户定制的物流服务。

第三,物流产业的发展潜力巨大,具有广阔的发展前景。

物流业在二次世界大战后得到迅速发展,是由社会生产力发展水平决定的。二次大战以后,企业内部生产水平的进一步下降,伴随着存货管理已实现生产与分配间的"零库存"的优化,这意味着原材料、部件与组件的备货时间应该大大减少。同时全球经济一体化进程的迅速发展和新兴市场的形成,迫使企业采用全球战略,以寻求他们的生产资源,越来越多的产品作为全球产品在世界范围销售。这些需求构成了物流发展的源动力,其中企业内部生产水平的降低是其主要原因。同时,为了参与世界性竞争,企业必须降低产品的成本(包括生产成本和销售成本),降低库存(包括仓储和运送过程中的库存),增加效益;企业要求准确及时的信息,要求增加整个供应键流程的可视性。第三方物流提供者为企业解决了上述难题,因此越来越多的企业纷纷选择了物流业务的外包。

(九) 价值来源

1. 第三方物流创造利润的来源

第三方物流发展的推动力就是要为客户及自己创造利润。第三方物流公司必须以有吸引力的服务来满足客户需要,服务水平必须满足客户的期望,达到既能使客户在物流方面得到利润,同时也能使自己获益,因此,第三方物流公司必须通过自己物流作业的高效化、物流管理的信息化、物流设施的现代化、物流运作的专业化、物流量的规模化来创造利润。

（1）作业利益：第三方物流服务首先能为客户提供"物流作业"改进利益。一方面，第三方物流公司可以通过第三方物流服务，提供给客户自己不能自我提供的物流服务或物流服务所需要的生产要素，这是产生物流外包并获得发展的重要原因。在企业自行组织物流活动情况下，或者局限于组织物流活动所需要的专业知识，或者局限于自身的技术条件，是企业内部物流系统难以满足自身物流活动的需要，而企业自行改进或解决这一问题又往往是不经济的。物流作业的另一个改进就是改善企业内部管理的运作表现，增加作业的灵活性，提高质量和服务、速度和服务的一致性，使物流作业效率更高。

（2）经济利益：第三方物流服务为客户提供经济或与财务相关的利益是第三方物流服务存在的基础。一般低成本是由于低成本要素和规模经济的经济性而创造的，其中包括劳动力要素成本。通过物流外包，可以将固定成本转变成可变成本，又可以避免盲目投资而将资金用于其他用途从而降低成本。

稳定和可见的成本也是影响物流外包的重要因素，稳定成本时的规划和预算手续更为简便。一个环节的成本一般来讲难以清晰地与其他环节区分开来，但通过物流外包，使用第三方物流服务，则供应商要申明成本和费用，成本的明晰性就增加了。

（3）管理利益：第三方物流服务给客户带来的不仅仅是作业的改进及成本的降低，还应该给客户带来与管理相关的利益。正如前面所述，物流外包可以使用企业不具备的管理专业技能，也可以将企业内部管理资源用于别的利润更高的用途中去，并与企业核心战略相一致。物流外包可以使公司的人力资源更集中于公司的核心活动，同时获得的是别的公司（第三方物流公司）的核心经营能力。

此外，单一资源和减少供应商数目所带来的利益也是物流外包的潜在原因，单一资源减少了公关等费用，并减轻了公司在几个运输、搬运、仓储等服务商间协调的压力。第三方物流服务可以给客户带来的管理利益还有很多，如：订单的信息化管理、避免作业中断、运作协调一致等。

（4）战略利益：物流外包还能产生战略意义，其灵活性，包括地理范围块度的灵活性（设点或撤销）及根据环境变化进行调整的灵活性。集中主业在管理层次与战略层次高度一样具有重要性。共担风险的利益也可以通过第三方物流服务来获得。

2. 第三方物流运作价值

第三方物流服务供应商面临着的挑战是要能提供比客户自身物流运作更高的价值。他们不仅考虑同类服务的提供者的竞争，还要考虑到潜在客户的内部运作。第三方物流提供商一般需要从提高物流运作效率、与客户运作的整合、发展客户运作三方面创造运作价值。

（1）提高运作效率

物流运作效率的提高意味着对每一个最终形成物流的单独活动进行开发（如：运输仓储等）。例如：仓储的运作效率取决于足够的设施与设备及熟练的运作技能。在作业效率范围内另一个更先进的作用是协调连续的物流活动。除了作业技能外，还需要协调和沟通技能。协调和沟通技能在很大程度上与信息技术相关联，因为协调与沟通一般是通过信息技术这一工具来实现的。如果存在着有利的成本因素，并且公司的注意力集中在物流方面，那么用较低的成本提供更好的服务是非常有可能的。

（2）多客户整合

第三方物流服务带来增值的另一个方法是引入多客户运作,或者是在客户中分享资源。例如,多客户整合的仓储和运输网络,可以利用相似的结合起来的资源,整合的运作规模效益成为提高效率的重要方面。第三方物流整合运作的复杂性很高,需要更多的信息技术与技能。这一整合增值方式对于单个客户进行内部运作的不是很经济的运输与仓储网络也适用。因此表现出来的规模经济效益是递增的,如果运作得好,将能促进提高竞争优势及更大的客户基础。当然,一些拥有大量货流的大客户也常常投资协调和沟通技能及其资产,自行整合公司的物流资源。

（3）横向或者纵向整合

前面讨论的主要是第三方物流客户的内部运作外包化带来的效率的提高,其实从第三方物流服务供应商角度,也需要进行资源整合、业务外包。对无资产、主要是以管理外部资源为主的第三方物流服务提供商,这类公司为客户创造价值的技能是强有力的信息技术和物流规划管理与实施等技能,它可以通过纵向整合,购买具有成本和服务优势的单项物流功能作业或资源,发展同单一物流功能提供商的关系,也是创造价值的一种方法。这样,物流供应商可以专注于自己和新的能力的服务。在横向上,第三方物流公司如果能够结合类似的但不是竞争的公司,可以联合为客户服务,扩大为客户提供服务的地域覆盖面。

（4）发展客户

第三方物流公司为客户创造价值的另一类方式是通过发展客户公司及组织运作来获取价值,这种第三方物流服务基本上接近传统意义上的物流咨询公司所作的工作,所不同的是这时候提出的解决方案要由物流供应商自己来开发,完成运作。增值活动中的驱动力在于客户自身的业务过程,所增加的价值可以看作是源于供应链管理与整合。

3. 第三方物流的成本价值

在竞争激烈的市场上,降低成本、提高利润率往往是企业追求的首选目标。这也是物流在20世纪70年代石油危机之后其成本价值被挖掘出来作为"第三利润源"受到普遍重视的原因。物流成本通常被认为是企业经营中较高的成本之一,控制物流成本,就等于控制了总成本。完整的企业物流成本,应该包括物流设施设备等固定资产的投资、仓储、运输、配送等费用（即狭义的物流费用）,以及为管理、直辖市物流活动所需的管理费、人工费和伴随而来的信息传递、处理等所发生的信息费等广义的物流费用。在衡量物流成本的增减变动时,应全面考虑所有这些有关的费用构成的物流总成本,而不能仅以运输费用和仓储费用的简单之和作为考察物流成本变动的指标,否则企业在进行物流成本控制或采用第三方物流后,最终核算时有可能会得出企业物流成本不降反升的错误结论。

（十）中国第三方物流的发展思路

随着中国加入WTO,使国内市场国际化,会有更多的外资物流供应商进入国内物流市场,对中国第三方物流业形成严峻的挑战。当务之急是利用短暂的三年过渡期,采取切实有效的措施,加快中国第三方物流的发展,缩小与发达国家的差距。

1. 加快产权制度改革,激发企业活力

中国现有的第三方物流企业多数是从国有仓储、运输企业转型而来,带有许多计划经济的痕迹,不能适应国际市场竞争。因此,必须建立股权多元化的股份制企业和完善的法人治理结构,理顺权益关系,实现政企分开,所有权和经营权分离,保证企业按市场规则运作,激发企业活力,向现代物流业转化。特别是规模较大的企业,一方面要进行内部的整合,优化内部资源配置,中远集团在整合现有物流资源和中国外轮代理公司业务的基础上,2002年初成立中远物流公司,重新构建覆盖全球的物流服务网络;另一方面,借助资本市场的力量,进行企业改制上市,吸收和利用社会闲散资金,克服资本金不足的缺陷,促使企业快速成长、扩大,促使现代企业制度的建立和运作。

2. 以信息技术应用为核心,加强网点建设

信息化与否是衡量现代物流企业的重要标志之一,许多跨国物流企业都拥有"一流三网",即定单信息流,全球供应链资源网络,全球用户资源网络,计算机信息网络。借助信息技术,企业能够整合业务流程,能够融入客户的生产经营过程,建立一种"效率式交易"的管理与生产模式。在加入WTO的新形势下,物流市场从国内扩展到国际,能否有四通八达的网络愈发重要。企业要双管齐下抓网络建设:一方面,要根据实际情况建立有形网络,若企业规模大、业务多,可自建经营网点;若仅有零星业务,可考虑与其他物流企业合作,共建和共用网点;还可以与大客户合资或合作,共建网点。去年,中远集团和小天鹅、科龙联合成立一家物流公司,合理配置异地货源,取得可观效益。另一方面,要建立信息网络,通过因特网、管理信息系统、数据交换技术(EDI)等信息技术实现物流企业和客户共享资源,对物流各环节进行实时跟踪、有效控制与全程管理,形成相互依赖的市场共生关系。

3. 培育具有国际竞争力的物流集团,实行集约化经营

在市场经济中,一切要靠实力说话。只有具备强大的经济实力,才有可靠的资信保证,才能取信于人。中国仓储协会2001年调查显示,企业在选择第三方物流企业时最看重的是物流满足能力和作业质量。同时,第三方物流企业只有具备一定规模,才有可能提供全方位的服务,才能实现低成本扩张,实现规模效益。目前,许多第三方物流企业都是计划经济时期商业、物资、粮食等部门储运企业转型而来,都有特定的服务领域,彼此间竞争不大。若要适应入世后激烈竞争需要,必须打破业务范围、行业、地域、所有制等方面限制,树立全国一盘棋的思想,整合物流企业,鼓励强强联合,组建跨区域的大型集团,而且只有兼并联合,才能合理配置资源和健全经营网络,才有可能延伸触角至海外,参与国际市场竞争。

4. 强化增值服务,发展战略同盟关系

根据物流业的发展趋势看,那些既拥有大量物流设施、健全网络,又具有强大全程物流设计能力的混合型公司发展空间最大,只有这些企业能把信息技术和实施能力融为一体,提供"一站到位"的整体物流解决方案。因此,中国物流企业在提供基本物流服务的同时,要根据市场需求,不断细分市场、拓展业务范围,以为客户增效为己任,发展增值物流服务,广泛开展加工、配送、货代等业务,甚至还提供包括物流策略和流程解决方案、搭建信息平台等服务,用专业化服务满足个性化需求,提高服务质量,以服务求效益;公司要通过提供全方位服务的方式,与大客户加强业务联系,增强相互依赖性,发展战略伙伴关系。

5. 要重视物流人才培养,实施人才战略

企业的竞争归根到底是人才的竞争。我们与物流发达国家的差距,不仅仅是装备、技术、资金上的差距,更重要的是观念和知识上的差距。只有物流从业人员素质不断提高,不断学习与应用先进技术、方法,才能构建适合中国国情的第三方物流业。要解决目前专业物流人才缺乏的问题,较好的办法是加强物流企业与科研院所的合作,使理论研究和实际应用相结合,加快物流专业技术人才和管理人才的培养,造就一大批熟悉物流运作规律、并有开拓精神的人才队伍。物流企业在重视少数专业人才和管理人才培养的同时,还要重视所有员工的物流知识和业务培训,提高企业的整体素质。

另外,发展第三方物流是一项系统工程,仅靠物流企业自身的努力是远远不够的,还需要政府和行业协会的推动和调控作用,为第三方物流企业发展创造良好的外部环境。一是尽快建立健全相应的政策法规体系,特别是优惠政策的制定和实施,使第三方物流的发展有据可依;二是尽快建立规范的行业标准,实施行业自律,规范市场行为,使物流业务运作有规可循;三是发挥组织、协调、规划职能,统一规划,合理布局,建立多功能、高层次、集散功能强、辐射范围广的现代物流中心,克服条块分割的弊端,避免重复建设和资源浪费现象,促进第三方物流健康、有序发展。

二、国际物流

(一) 国际物流概念

第一阶段:20世纪50年代至80年代初。这一阶段物流设施和物流技术得到了极大的发展,建立了配送中心,广泛运用电子计算机进行管理,出现了立体无人仓库,一些国家建立了本国的物流标准化体系等。物流系统的改善促进了国际贸易的发展,物流活动已经超出了一国范围,但物流国际化的趋势还没有得到人们的重视。

第二阶段:20世纪80年代初至90年代初。随着经济技术的发展和国际经济往来的日益扩大,物流国际化趋势开始成为世界性的共同问题。美国密歇根州立大学教授波索克斯认为,进入80年代,美国经济已经失去了兴旺发展的势头,陷入倒退的危机之中。因此,必须强调改善国际性物流管理,降低产品成本,并且要改善服务,扩大销售,在激烈的国际竞争中获得胜利。与此同时,日本正处于成熟的经济发展期,以贸易立国,要实现与其对外贸易相适应的物流国际化,并采取了建立物流信息网络,加强物流全面质量管理等一系列措施,提高物流国际化的效率。这一阶段物流国际化的趋势局限在美、日和欧洲一些发达国家。

第三阶段:20世纪90年代初至今。这一阶段国际物流的概念和重要性已为各国政府和外贸部门所普遍接受。贸易伙伴遍布全球,必然要求物流国际化,即物流设施国际化、物流技术国际化、物流服务国际化、货物运输国际化、包装国际化和流通加工国际化等。世界各国广泛开展国际物流方面的理论和实践方面的大胆探索。人们已经形成共识:只有广泛开展国际物流合作,才能促进世界经济繁荣,物流无国界。

国际物流具有以下特点:

1. 物流环境存在差异

国际物流的一个非常重要的特点是,各国物流环境的差异,尤其是物流软环境的差异。不同国家的不同物流适用法律使国际物流的复杂性远高于一国的国内物流,甚至会阻断国际物流;不同国家不同经济和科技发展水平会造成国际物流处于不同科技条件的支撑下,甚至有些地区根本无法应用某些技术而迫使国际物流全系统水平的下降;不同国家不同标准,也造成国际间"接轨"的困难,因而使国际物流系统难以建立;不同国家的风俗人文也使国际物流受到很大局限。由于物流环境的差异就迫使一个国际物流系统需要在几个不同法律、人文、习俗、语言、科技、设施的环境下运行,无疑会大大增加物流的难度和系统的复杂性。

2. 物流系统范围广

前面已谈到,物流本身的功能要素、系统与外界的沟通就已是很复杂的,国际物流再在这复杂系统上增加不同国家的要素,这不仅是地域的广阔和空间的广阔,而且所涉及的内外因素更多,所需的时间更长,广阔范围带来的直接后果是难度和复杂性增加,风险增大。

当然,也正是因为如此,国际物流一旦溶入现代化系统技术之后,其效果才比以前更显著。例如,开通某个"大陆桥"之后,国际物流速度会成倍提高,效益显著增加,就说明了这一点。

3. 国际物流必须有国际化信息系统的支持

国际化信息系统是国际物流,尤其是国际联运非常重要的支持手段。国际信息系统建立的难度,一是管理困难,二是投资巨大,再由于世界上有些地区物流信息水平较高,有些地区较低,所以会出现信息水平不均衡因而信息系统的建立更为困难。

当前国际物流信息系统一个较好的建立办法是和各国海关的公共信息系统联机,以及时掌握有关各个港口、机场和联运线路、站场的实际状况,为供应或销售物流决策提供支持。国际物流是最早发展"电子数据交换"(EDI)的领域,以 EDI 为基础的国际物流将会对物流的国际化产生重大影响。

4. 国际物流的标准化要求较高

要使国际间物流畅通起来,统一标准是非常重要的,可以说,如果没有统一的标难,国际物流水平是提不高的。目前,美国、欧洲基本实现了物流工具、设施的统一标准,如托盘采用 1000×1200 毫米,集装箱的几种统一规格及条码技术等,这样一来,大大降低了物流费用,降低了转运的难度。而不向这一标准靠拢的国家,必然在转运、换车底等许多方面要多耗费时间和费用,从而降低其国际竞争能力。

在物流信息传递技术方面,欧洲各国不仅实现企业内部的标准化,而且实现了企业之间及欧洲统一市场的标准化,这就使欧洲各国之间系统比其与亚、非洲等国家交流更简单、更有效。

(二)国际物流发展的趋势

由于现代物流业对本国经济发展、国民生活提高和竞争实力增强有着重要的影响,因此,世界各国都十分重视物流业的现代化和国际化,从而使国际物流发展呈现出一系列新的趋势和特点:

1. 国际物流系统更加集成化

传统物流一般只是货物运输的起点到终点的流动过程,如产品出厂后从包装、运输、装卸到仓储这样一个流程,而现代物流,从纵向看:它将传统物流向两头延伸并注入新的内涵,即从最早的货物采购物流开始,经过生产物流再进入销售领域,其间要经过包装、运输、装卸、仓储、加工配送等过程到最终送达用户手中,甚至最后还有回收物流,整个过程包括了产品出"生"入"死"的全过程。从横向看:它将社会物流和企业物流、国际物流和国内物流等各种物流系统,通过利益输送、股权控制等形式将它们有机地组织在一起,即通过统筹协调、合理规划来掌控整个商品的流动过程,以满足各种用户的需求和不断变化的需要,争取做到效益最大和成本最小。

国际物流的集成化，是将整个物流系统打造成一个高效、通畅、可控制的流通体系，以此来减少流通环节、节约流通费用，达到实现科学的物流管理、提高流通的效率和效益的目的，以适应在经济全球化背景下"物流无国界"的发展趋势。可以说，过去物流企业的单个企业之间的竞争，现在已经演变成一群物流企业与另一群物流企业的竞争、一个供应链与另一个供应链的竞争、一个物流体系与另一个物流体系的竞争。物流企业所参与的国际物流系统的规模越大，物流的效率就越高，物流的成本就越低，物流企业的竞争力就越强，这种竞争是既有竞争、又有合作的"共赢"关系。

国际物流的这种集成化趋势，是一个国家为适应国际竞争正在形成的跨部门、跨行业、跨区域的社会系统，是一个国家流通业正在走向现代化的主要标志，也是一个国家综合国力的具体体现。当前，国际物流向集成化方向发展主要表现在两个方面：一是大力建设物流园区，二是加快物流企业整合。物流园区建设有利于实现物流企业的专业化和规模化，发挥它们的整体优势和互补优势；物流企业整合，特别是一些大型物流企业跨越国境展开"横联纵合"式的并购，或形成物流企业间的合作并建立战略联盟，有利于拓展国际物流市场，争取更大的市场份额，加速本国物流业深度地向国际化方向发展。

2. 国际物流管理更加网络化

在系统工程思想的指导下，以现代信息技术提供的条件，强化资源整合和优化物流过程是当今国际物流发展的最本质特征。信息化与标准化这两大关键技术对当前国际物流的整合与优化起到了革命性的影响。同时，又由于标准化的推行，使信息化的进一步普及获得了广泛的支撑，使国际物流可以实现跨国界、跨区域的信息共享，物流信息的传递更加方便、快捷、准确，加强了整个物流系统的信息连接。现代国际物流就是这样在信息系统和标准化的共同支撑下，借助于储运和运输等系统的参与、借助于各种物流设施的帮助，形成了一个纵横交错、四通八达的物流网络，使国际物流覆盖面不断扩大，规模经济效益更加明显。以法国 kn 公司为例，该公司在没有自己的轮船、汽车等运输工具的情况下，通过自行设计开发的全程物流信息系统，对世界各地的物流资源进行整合，在全球 98 个国家、600 个城市开展物流服务，形成了一个强大的物流网络。目前，该公司空运业务已排名世界第五，每周运输量1.9 万次，海运业务一年毛利约为 40 亿欧元。

3. 国际物流标准更加统一化

国际物流的标准化是以国际物流为一个大系统，制定系统内部设施、机械装备、专用工具等各个分系统的技术标准；制定各系统内分领域的包装、装卸、运输、配送等方面的工作标准；以系统为出发点，研究各分系统与分领域中技术标准与工作标准的配合性；按配合性要求，统一整个国际物流系统的标准；最后研究国际物流系统与其他相关系统的配合问题，谋求国际物流大系统标准的统一。随着经济全球化的不断深入，世界各国都很重视本国物流与国际物流的相互衔接问题，努力使本国物流在发展的初期，其标准就力求与国际物流的标准体系相一致。因为现在如果不这样做，以后不仅会加大与国际交往的技术难度，更重要的是，在现在的关税和运费本来就比较高的基础上，又增加了与国际标准不统一所造成的工作量，将使整个外贸物流成本增加。因此，国际物流的标准化问题不能不引起更多的重视。目前，跨国公司的全球化经营，正在极大地影响物流全球性标准化的建立。一些国际物流行业和协会，在国际集装箱和 EDI 技术发展的基础上，开始进一步对物流的交易条件、技术装备规格,特别是单证、法律条件、管理手段等方面推行统一的国际标准,使物流的国际标准更加深入地影响到国内标准,使国内物流日益与国际物流融为一体。

4. 国际物流配送更加精细化

随着现代经济的发展,各产业、部门、企业之间的交换关系和依赖程度也愈来愈错综复杂,物流是联系这些复杂关系的交换纽带,它使经济社会的各部分有机地连接起来。在市场需求瞬息万变和竞争环境日益激烈的情况下,要求物流在企业和整个系统必须具有更快的响应速度和协同配合的能力。更快的响应速度,要求物流企业必须及时了解客户的需求信息,全面跟踪和监控需求的过程,及时、准确、优质地将产品和服务递交到客户手中。协同配合的能力,要求物流企业必须与供应商和客户实现实时的沟通与协同,使供应商对自己的供应能力有预见性,能够提供更好的产品、价格和服务;使客户对自己的需求有清晰的计划性,以满足自己生产和消费的需要。国际物流为了达到零阻力、无时差的协同,需要做到与合作伙伴间业务流程的紧密集成,加强预测、规划和供应,共同分享业务数据、联合进行管理执行以及完成绩效评估等。只有这样,才能使物流作业更好地满足客户的需要。由于现代经济专业化分工越来越细,相当一些企业除了自己生产一部分主要部件外,大部分部件需要外购。国际间的加工贸易就是这样发展起来的,国际物流企业伴随着国际贸易的分工布局应运而生。为了适应各制造厂商的生产需求,以及多样、少量的生产方式,国际物流的高频度、小批量的配送也随之产生。

早在20世纪90年代,台湾电脑业就创建了一种"全球运筹式产销模式",就是采取按客户订单、分散生产形式,将电脑的所有零部件、元器件、芯片外包给世界各地的制造商去生产,然后通过国际物流网络将这些零部件、元器件、芯片集中到物流配送中心,再由该配送中心发送给电脑生产厂家。自20世纪80年代以来,美国、欧洲等一些发达国家开始进行了一场"物流革命",其内容是对物流各种功能、要素进行整合,使物流活动系统化、专业化,出现了专门从事物流服务活动的"第三方物流"企业。随后,各种专业化的物流服务企业在欧美发达国家大量涌现并加速发展,使物流服务功能更强大,服务质量更精细。物流产业已经成为发达国家服务业中的一个重要组成部分。

5. 国际物流园区更加便利化

为了适应国际贸易的急剧扩大,许多发达国家都致力于港口、机场、铁路、高速公路、立体仓库的建设,一些国际物流园区也因此应运而生。这些园区一般选择靠近大型港口和机场兴建,依托重要港口和机场,形成处理国际贸易的物流中心,并根据国际贸易的发展和要求,提供更多的物流服务。如日本,为了提高中心港口和机场的国际物流功能,重点在京滨港、名古屋港、大阪港、神户港进行超级中枢港口项目建设,对成田机场、关西机场、羽田机场进行扩建,并在这些国际中心港口和空港附近设立物流中心,提高国际货物的运输和处理能力。这些国际物流中心,一般都具有保税区的功能。此外,港口还实现24小时作业,国际空运货物实现24小时运营。在通关和其他办证方面,也提供许多便利。国际物流和国内物流,实际上是货物在两个关税区的转接和跨国界的流动,要实现国内流通体系和国际流通体系的无障碍连接,必须减轻国际物流企业的负担、简化行政手续、提高通关的便利化程度。日本在这方面实行了同一窗口办理方式,简化了进出口以及机场港口办理手续,迅速而准确地进行检疫、安全性和通关检查。因此,国际物流园区的便利化发展,不仅有赖于物流企业本身的努力,而且特别倚重于政府的支持。而如何围绕机场、港口建立保税区、保税仓库,提供"点到点"服务、"一站式"服务,则是国际物流中心规划必须深入考虑的问题。

6. 国际物流运输更加现代化

国际物流的支点离不开运输与仓储。而要适应当今国际竞争快节奏的特点,仓储和运输都要求现代化,要求通过实现高度的机械化、自动化、标准化手段来提高物流的速度和效率。国际物流运输的最主要方式是海运,有一部分是空运,但它还会渗透在其国内的其他一部分运输,因此,国际物流要求建立起海路、空运、铁路、公路的"立体化"运输体系,来实现快速便捷的"一条龙"服务。为了提高物流的便捷化,当前世界各国都在采用先进的物流技术,开发新的运输和装卸机械,大力改进运输方式,比如应用现代化物流手段和方式,发展集装箱运输、托盘技术等。美国的物流效率之所以高,原因在于美国的物流模式是善于将各种新技术有机融入具体物流运作中,因而能在世界上率先实现高度的物流集成化和便利化。这也使从事物流的企业,利润和投资收益持续增加,进而诱发新的研究开发投资,形成良性循环。总之,融合了信息技术与交通运输现代化手段的国际物流,对世界经济运行将继续产生积极的影响。

(三)我国国际物流现状及发展探析

随着改革开放和对外贸易的发展,我国国际物流业也有了一定的发展,但由于传统体制的影响,基础设施的不完善,管理技术水平以及服务质量等方面的落后,我国物流业的综合水平与发达国家相比还有很大差距。我国只有加快国际物流业的发展才能跟上国际贸易发展的步伐,才能适应世界经济竞争发展的需要。

1. 发展国际物流的必要性

随着现代科学技术的迅猛发展和经济全球化趋势的加强,现代物流作为一种先进的组织方式和管理理念,被广泛的认为是企业降低物耗、提高劳动生产率以外的第三利润源泉。

(1)国际物流是开展国际贸易的必要条件

世界范围的社会化大生产必然会引起不同的国际分工,任何国家都不能够包揽一切,因而需要国际间的合作。国际间的商品和劳务流动是由商流和物流组成的,前者由国际交易机构按照国际惯例进行,后者由物流企业按各个国家的生产和市场结构完成。为了克服他们之间的矛盾,这就要求开展与国际贸易相适应的国际物流。

(2)国际贸易对物流提出新的要求

1)质量要求。国际贸易结构正在发生巨大变化,传统的初级产品、原材料等贸易品种逐渐让位于高附加值、精密加工的产品。随着高附加值、高精密度商品流量的增加,对物流工作质量也提出了更高的要求。

2)效率要求。国际贸易合约的履行是由国际物流活动来完成的,而在整个物流活动中涉及不同运输工具、多种运输方式以及装卸搬运等多重环节的衔接,这就要求对整个物流系统进行整合,以促进物流效率的提高。

3)安全要求。国际物流所涉及的环节多、风险大、情况复杂,要受到自然和政治经济等多方面因素的影响,其中任何一个环节出现问题都会影响到整个物流活动的进行。因此,只有对各方面因素进行综合考虑才能保证国际物流安全、有效的运行。

4)经济要求。国际物流费用是国际贸易交易中的一项重要开支,国际贸易的特点决定了国际物流的环节多、运期长。这就要求国际物流企业要选择最佳的物流方案,控制物流费用,以减少国际贸易中的物流开支,提高国家贸易企业在国际市场上的竞争力。

2. 与美国国际物流的比较

(1)美国国际物流运行模式

1)以顾客服务驱动物流运作。以顾客为核心的服务观念几乎是美国企业国际物流运作模式成功的关键。

2)建立综合供应链系统。供应链系统包括对供应链中其他合作伙伴的综合协调管理以及在跨国合作中与合作伙伴结成国际联盟。

3)运用信息技术支持物流系统。经验表明,整个供应链成员同时分享物流作业的关键信息是高效物流运作的保障。

4)利用第三方物流运作。目的是降低物流成本,提高企业核心竞争力。

(2)美国物流业的特征

1)多渠道、多形式的物流结构。一方面,商品经济高度发达,加上地域广阔,物流业务数量巨大而且异常频繁;另一方面,在激烈的竞争环境中,物流企业也需要在维持较低水平物流成本的同时,以最大限度地满足客户需求为原则,采取最有利于用户利益、最容易被用户接受的经营方式和流通渠道,形成了灵活多样的物流供需结合方式。

2)高效率的物流运输系统。运输是物流系统的重要环节,完善的运输系统为高度发达的物流业奠定了基础。美国完善的运输系统不仅体现在运输方式多,技术水平高,更体现在充分利用各种运输方式的优势,构架了高效的综合运输体系。各种运输方式在综合运输体系中分工明确,衔接紧凑,节约了运输时间和运输费用,有效提高了运输效率。

3)现代化的物流技术。美国物流企业凭借现代化的信息和网络技术,建立了发达的物流信息系统,并使物流系统与之实现联动。信息技术的应用,一方面使物流企业能够提供缺品率低、小批量、迅速及时的交货及定时配送等高质量服务,有效地减少了库存;另一方面可以帮助生产厂家更容易地把握合理的库存量和市场信息,大大提高了企业在国际物流中的竞争力。

3. 我国国际物流的现状

(1)现阶段我国物流的现状

1)制造企业与物流企业战略合作。制造企业与物流企业发挥各自优势,达成战略合作,共同提升双方主业优势,逐渐达成共识。如中国远洋物流有限公司先后与海尔集团、长虹集团、中核集团、TCL 公司等结成战略合作关系。

2)大型领袖企业实现供应链管理。国内各行业的大型企业纷纷实施供应链(SCM)管理技术,提高企业竞争力。鲁能帆茂物流公司在煤炭领域实行从煤炭挖掘、运输,到煤渣的回收、利用和废弃物深埋,从煤矿的采购物流到分销物流的一体化的信息管理。供应链管理技术的应用是我国企业转变生产经营模式的重要体现。

3)外资物流企业不断进入。外资物流企业进入中国以后,都有较快的发展。如:美国联合包裹运送公司(UPS)的中国出口业务保持强劲增长势头,增幅高达 125%。英运物流有限公司(EXCL)2004 年业务量增长了 60% 以上。到 2004 年年底,中外运敦豪(DHL)的56 家分公司已覆盖全国 300 多个城市,业务保持 50% 的增长率。

（2）我国国际物流中存在的问题

1）物流基础设施"瓶颈"制约现象突出。目前我国只有 130 多万公里的公路,绝大多数还是二、三级以下的公路;6 万多公里铁路,平均 1000 平方公里的土地只有 6 公里铁路,不到欧洲的一半,与拥有四通八达运输网的北美相比更是有很大差距;2004 年港口接卸进口铁矿石 2 亿吨,同比增长 38%,由于输运能力不配套造成了压库压港,7 月份全国主要港口铁矿石港存达 3400 万吨,同比增长了 146%,年末仍高达 2400 万吨。而目前现有设施也由于种种原因而不能得到有效利用。

2）粗放经营的格局尚未根本改变。物流服务社会化程度低,物流企业"小、散、差"问题还比较突出。在运输市场上,大量规模小、实力弱的小企业和个体运输户从事道路运输,导致空驶和超载现象并存。在仓储方面,一些冷藏、冷冻、恒温、恒湿,以及危险化学品储存能力不足,特别是从农田到餐桌的"冷链"没有形成。有专家估算,我国鲜活、冷冻农副产品在采摘、运输、储存等流通环节上的损失率高达 25%～30%。

3）物流企业信息化程度仍然不高。据对北京货运市场的调查,22 家较大的货运市场共有货运企业 950 家左右,其中只有 4 家信息化超过 30%,采用信息系统的大约 130～140 家,不到七分之一。据中国物流信息中心调查,目前我国商业企业应用计算机系统的比例不到一半,服务业和运输业的比例更低,分别只有 24.3% 和 18.3%。除了 POS 和条形码技术外,其他信息技术在物流领域的应用程度普遍较低。物流技术和物流服务规范标准大多不统一。据《来华跨国公司物流服务需求调查报告》显示,受调查的近百家来华外商投资企业中,高达 80% 的企业对目前物流服务商满意度的评价为"一般"。受访企业认为在物流服务商需要改进的方面,信息传递效率排首位。

4）功能单一,缺乏特色。随着经济的快速发展,对物流服务业提出了更高的要求,物流企业不仅要提供门到门运输及有关的基本服务,还要实行一体化物流和供应链管理模式,提供从生产材料采购到产品送达消费者的一整套服务系统,包括相关的物流延伸服务,如包装、加工、配货等方面。而我国物流业由于受计划经济体制的影响,"顾客至上"的经营观念尚未完全落实到行动中,落后的管理、技术、设备也影响服务质量的提高。

5）物流专业人才缺乏,并不断流失。当前我国在物流人才的教育和培养上比较缓慢,市场上符合要求的物流人才较少,而且层次较低,物流专业人才缺乏。由于物流教育和培训的缺乏,能够切实为企业提供有效方案的中高级物流人才较少,制约了物流业的发展。而且在中国设立的物流服务业外企大都实施"人员本地化"的开发与应用战略,其雇员一般以中国人才为主,在外资企业优厚待遇吸引下,一些优秀人才流失已初见端倪。

6）物流发展的环境需要进一步改善。物流的产业形态和行业地位不明确,物流组织布局分散,物流资源和市场条块分割,地方封锁和行业垄断等对资源整合与一体化运作形成体制性障碍。另外,由于物流产业的复合性,造成了与物流有关的政策分属不同部门,缺乏统一、透明的产业政策体系。虽然国家发改委等九部委已经出台了《关于促进我国现代物流业发展的意见》,但仍需要落实。

4. 我国应对国际化物流采取的措施

（1）加强物流基础设施建设

1）在陆路方面:除加强主干线铁道运输能力以外,还应将铁路运输与公路运输结合起来,修建通往铁道运输站台的辅助公路,提高公路水平,加强中转站的建设,完善交通运输网络。

2)在水运方面:要使船舶现代化,船级及型号的选择要与实际运输量相适应;在建设港口上,既要重视集装箱化,又要考虑大批量散装的能源、物资的装卸。

3)注重专用的货站、自动化立体仓库、配送中心等的建设,逐步实现包装规范化,装卸机械化,运输集装箱化,积极开发推广先进适用仓储、装卸等标准化专用设备以实现国际物流作业连续性、快速化的要求。

4)鼓励利用国外的资金、设施和技术,参与国内物流设施的建设和经营。

(2)完善我国的物流网络,促进国际物流合理化

1)在规划网络内仓库数量、地点以及规模时,要围绕商品交易需要和我国对国际贸易的总体规划来进行;

2)要明确各级仓库的供应范围、分层关系以及供应或收购数量,注意各级仓库的有机衔接;

3)国际物流网点的规划要考虑现代物流技术的发展,留有余地,以备将来的扩建。

(3)建立完善的物流信息管理系统

1)通过条码技术、射频识别技术、全球卫星定位技术、地理信息系统技术等的应用,实现货物的自动识别、分拣、装卸、存取,提高物流作业效率;

2)对内管理和对外联系实现网络化,把物流信息及时反映在内部局域网的数据库上,由管理信息系统对数据进行分析和调度;外部联系通过英特网,既可以在网上登记需求和网上支付,又可以对物流服务进行跟踪调查;

3)建立一个公共物流信息平台。通过这个平台整合行业旧有资源,对行业资源实现共享,发挥物流行业的整体优势从根本上改善物流行业的现状,真正实现物流企业之间、企业与客户之间物流信息和物流功能的共享。

(4)建立和完善物流技术标准化体系

加快制定物流基础设施、技术装备、管理流程、信息网络的技术标准,尽快形成协调统一的现代物流技术标准化体系。广泛采用标准化、系列化、规范化的运输、仓储、装卸、包装机具设施和条形码、信息交换等技术。

(5)完善服务功能,强化增值服务

在欧美国家,物流服务业功能全、水平高,企业和客户联系紧密,甚至是战略合作伙伴。鉴于此,我国物流企业在提供基本物流服务的同时,要根据市场需求,不断细分市场,拓展业务范围,发展增值物流服务,广泛开展加工、配送、货代等业务,用专业化服务满足个性化需求,提高服务质量,以服务求效益;而且要通过提供全方位服务的方式,与大客户加强业务联系,增强相互依赖性,发展战略伙伴关系。

(6)加速培养开放性物流人才

1)要加强对物流企业在职职工的教育和培训,不仅要组织短期培训,还要组织系统的整体培训。

2)对国际物流人才的培养,不仅要注重物流基本理论知识的传授,更要注重加强计算机、网络、国际贸易、通信、标准化等知识的完善补充。

3)面对世界范围的人才争夺战,中国要积极改善生活和工作条件,以吸引国外高级物

流人才。

（7）政策上，要大力扶持和保护我国物流业发展

1）对从事运输服务、仓储服务、货运代理服务和批发配送业务的企业，允许它们根据自身业务优势，围绕市场需求，延伸物流服务范围和领域，逐渐成为部分或全程物流服务的供应者；

2）在规范市场准入标准的基础上，鼓励多元化投资主体进入物流服务市场；

3）培育大型物流企业，鼓励一些已经具备一定物流服务专长、组织基础和管理水平的大型企业加速向物流领域转变，尽快形成竞争优势，成为我国物流发展的领先者。

（四）中国国际物流电子商务现状的不足

（1）格式混乱

利用 WORD、EXCEL 制作的托书从内容上来讲是差不多的，但是格式却五花八门。其间数据的重复利用，只能通过复制、粘贴完成，基本上不具有自动、共享的属性。

（2）局限于定制数据传送

到目前为止，国际物流的电子商务仍然局限于定制数据的传送，如托书数据、舱单数据。基本上还没有涉及操作回馈数据和操作状态数据。

（3）手段落后，费用昂贵

目前所使用的 EDI 已经是一项比较过时的技术，它的缺点是显而易见的。如当 EDI 用户的贸易伙伴不再是几个而是几十个甚至几百个时，这种方式很费时间，需要许多重复发送。而且这种通信方式是同步的，不适于跨国家、跨行业之间的应用。再者，EDI 系统的运行维护费用相当惊人。

（4）未能向纵深发展

国际物流任务的顺利完成，有赖于协同协调工作。但是非常遗憾的是，在这之前，有关国际物流电子商务的探索仅仅停留在表面，未能向纵深发展。车队、仓库、报关行等直接参与国际物流的重要机构被系统排斥在外。

（5）关联性差

现存的各种系统在设计时就没有考虑信息共享、业务关联的问题。当人们步入 Internet 时代时，系统封闭的缺陷日益突显。

三、绿色物流

（一）简介

"在物流过程中抑制物流对环境造成危害的同时，实现对物流环境的净化，使物流资源得到最充分利用。"——摘自《物流术语》（GB/T 18354—2001）

"绿色物流"的概念："绿色物流是指以降低对环境的污染、减少资源消耗为目标，利用先进物流技术规划和实施运输、储存、包装、装卸、流通加工等物流活动。"

绿色物流是以经济学一般原理为基础，建立在可持续发展理论、生态经济学理论、生态伦理学理论、外部成本内部化理论和物流绩效评估的基础上的物流科学发展观。同时，绿色物流也是一种能抑制物流活动对环境的污染，减少资源消耗，利用先进的物流技术规划和实施运输、仓储、装卸搬运、流通加工、包装、配送等作业流程的物流活动。内涵绿色物流的内

涵包括以下五个方面：

（1）集约资源

这是绿色物流的本质内容，也是物流业发展的主要指导思想之一。通过整合现有资源，优化资源配置，企业可以提高资源利用率，减少资源浪费。

（2）绿色运输

运输过程中的燃油消耗和尾气排放，是物流活动造成环境污染的主要原因之一。因此，要想打造绿色物流，首先要对运输线路进行合理布局与规划，通过缩短运输路线，提高车辆装载率等措施，实现节能减排的目标。另外，还要注重对运输车辆的养护，使用清洁燃料，减少能耗及尾气排放。

（3）绿色仓储

绿色仓储一方面要求仓库选址要合理，有利于节约运输成本；另一方面，仓储布局要科学，使仓库得以充分利用，实现仓储面积利用的最大化，减少仓储成本。

（4）绿色包装

包装是物流活动的一个重要环节，绿色包装可以提高包装材料的回收利用率，有效控制资源消耗，避免环境污染。

（5）废弃物物流

废弃物物流是指在经济活动中失去原有价值的物品，根据实际需要对其进行搜集、分类、加工、包装、搬运、储存等，然后分送到专门处理场所后形成的物品流动活动。

（二）起因

1. 人类环境保护意识的觉醒

随着世界经济的不断发展，人类的生存环境也在不断恶化。具体表现是：能源危机，资源枯竭，臭氧层空洞扩大，环境遭受污染，生态系统失衡。以环境污染为例，全球20多个特大城市的空气污染超过世界卫生组织规定的标准。人类的认识往往滞后于客观自然界的发展，当前生态环境保护的意义逐渐被人类所认识。20世纪60年代以来，人类环境保护意识开始觉醒，十分关心和重视环境问题，认识到地球只有一个，不能破坏人类的家园。于是，绿色消费运动在世界各国兴起。消费者不仅关心自身的安全和健康，还关心地球环境的改善，拒绝接受不利于环境保护的产品、服务及相应的消费方式，进而促进绿色物流的发展。与此同时，绿色和平运动在世界范围内展开，环保勇士以不屈不挠的奋斗精神，给各种各样危害环境的行为以沉重打击，对于激励人们的环保热情、推动绿色物流的发展，也起到了极其重要的作用。

2. 各国政府和国际组织的倡导

绿色物流的发展与政府行为密切相关。凡是绿色物流发展较快的国家，都得益于政府的积极倡导。各国政府在推动绿色物流发展方面所起的作用主要表现在：一是追加投入以促进环保事业的发展；二是组织力量监督环保工作的开展；三是制定专门政策和法令来引导企业的环保行为。

环保事业是关系到人类生存与发展的伟大事业，国际组织为此做出了极大的努力并取得了显著成效。1992年，第27届联大决议通过把每年的6月5日作为世界环境日，每年的世界环境日都规定有专门的活动主题，以推动世界环境保护工作的发展。联合国环境署、世贸组织环境委员会等国际组织展开了许多环保方面的国际会议,签订了许多环保方面的国际公约与协定,也在一定程度上为绿色物流发展铺平了道路。

3. 经济全球化潮流的推动

随着经济全球化的发展,一些传统的关税和非关税壁垒逐渐淡化,环境壁垒逐渐兴起。为此,ISO14000成为众多企业进入国际市场的通行证。ISO14000的两个基本思想是预防污染和持续改进,它要求建立环境管理体系,使其经营活动、产品和服务的每一个环节对环境的影响最小化。ISO14000不仅适用于第一、二产业,也适用于第三产业,更适用于物流业。物流企业要想在国际市场上占一席之地,发展绿色物流是其理性选择。尤其是中国加入WTO后,将逐渐取消大部分外国股权限制,外国物流业将进入中国市场,势必给国内物流业带来巨大冲击,也意味着未来的物流业会有一场激烈的竞争。

4. 现代物流业可持续发展的需要

绿色物流是现代物流可持续发展的必然。物流业作为现代新兴产业,有赖于社会化大生产的专业分工和经济的高速发展。而物流要发展,一定要与绿色生产、绿色营销、绿色消费等绿色经济活动紧密衔接。人类的经济活动不能因物流而过分地消耗资源、破坏环境,以至于造成重复污染。此外,绿色物流还是企业最大限度降低经营成本的必由之路。一般认为,产品从投产到销出,制造加工时间仅占10%,而几乎90%的时间为仓储、运输、装卸、分装、流通加工、信息处理等物流过程。因此,物流专业化无疑为降低成本奠定了基础。

(三) 管理

1. 绿色供应商管理

供应商的原材料,半成品的质量的好坏优劣直接决定着最终产成品的性能,所以要实施绿色物流还要从源头上加以控制。由于政府对企业的环境行为的严格管制,并且供应商的成本绩效和运行状况对企业经济活动构成直接影响。因此在绿色供应物流中。有必要增加供应商选择和评价的环境指标,即要对供应商的环境绩效进行考察。

2. 绿色生产管理

绿色生产又包括绿色原材料的供应、绿色设计与制造以及绿色包装。

绿色产品的生产首先要求构成产品的原材料具有绿色特性,绿色原材料应符合以下要求:环境友好性;不加任何涂镀,废弃后能自然分解并能为自然界吸收的材料:易加工且加工中无污染或污染最小;易回收、易处理、可重用的材料,并尽量减少材料的种类,这样有利于原材料的循环使用。

绿色制造则追求两个目标,即通过可再生资源、二次能源的利用及节能降耗措施缓解资源枯竭,实施持续利用:减少废料和污染物的生成排放,提高工业品在生产过程和消费过程中与环境的相容程度,降低整个生产活动给人类和环境带来的风险,最终实现经济和环境效益的最优化。

包装是商品营销的一个重要手段,但大量的包装材料在使用一次以后就被消费者遗弃,从而造成环境问题。例如现在中国比较严重的白色污染问题,就是不可降解的塑料包装随地遗弃引起的。绿色包装是指采用节约资源、保护环境的包装,其特点是材料最省,废弃最少且节约资源和能源;易于回收利用和再循环;包装材料可自然降解并且降解周期短;包装材料对人的身体和生态无害。

绿色包装的途径主要有:促进生产部门采用尽量简化的以及由可降解材料制成的包装;在流通过程中,应采取措施实现包装的合理化与现代化:

(1)包装模数化。

(2)包装的大型化和集装化。

(3)包装多次、反复使用和废弃包装的处理。

(4)开发新的包装材料和包装器具。

3. 绿色运输管理

交通运输工具的大量能源消耗;运输过程中排放大量的有害气体,产生噪音污染;运输易燃、易爆、化学品等危险原材料或产品可能引起的爆炸、泄漏等事故。都会对环境造成很大的影响。因此构建企业绿色物流体系就显得至关重要。

(1)合理配置配送中心,制定配送计划,提高运输效率以降低货损量和货运量。开展共同配送,减少污染。共同配送是以城市一定区域内的配送需求为对象,人为地进行有目的、集约化地进行配送。它是由同一行业或同一区域的中小企业协同进行配送。共同配送统一集货、统一送货可以明显地减少货流;有效地消除交错运输缓解交通拥挤状况,可以提高市内货物运输效率,减少空载率;有利于提高配送服务水平,使企业库存水平大大降低,甚至实现"零"库存,降低物流成本。

(2)实施联合一贯制运输。联合一贯制运输是指以件杂货为对象,以单元装载系统为媒介,有效地巧妙组合各种运输工具,从发货方到收货方始终保持单元货物状态而进行的系统化运输方式。通过运输方式的转换可削减总行车量,包括转向铁路、海上和航空运输。联合一贯制运输是物流现代化的支柱之一。

(3)评价运输者的环境绩效,有专门运输企业使用专门运输工具负责危险品的运输,并制定应急保护措施。企业如果没有绿色运输,将会加大经济成本和社会环境成本,影响企业经济运行和社会形象。

4. 绿色仓储管理

仓储在物流系统中起着缓冲、调节和平衡的作用,是物流的一个中心环节。仓储的主要设施是仓库。现代化的仓库是促进绿色物流运转的物资集散中心。绿色仓储要求仓库布局合理,以节约运输成本。布局过于密集,会增加运输的次数,从而增加资源消耗;布局过于松散,则会降低运输的效率,增加空载率。仓库建设前还应当进行相应的环境影响评价,充分考虑仓库建设对所在地的环境影响。例如,易燃易爆商品仓库不应设置在居民区,有害物质仓库不应设置在重要水源地附近。采用现代储存保养技术是实现绿色储存的重要方面,如气幕隔潮、气调储存和塑料薄膜封闭等技术。

5. 绿色流通加工管理

流通加工是指在流通过程中继续对流通中商品进行生产性加工,以使其成为更加适合消费者的需求的最终产品。流通加工具有较强的生产性,也是流通部门对环境保护大有作为的领域。

绿色流通加工的途径主要分两个方面:一方面变消费者分散加工为专业集中加工,以规模作业方式提高资源利用效率,以减少环境污染;另一方面是集中处理消费品加工中产生的边角废料,以减少消费者分散加工所造成的废弃物污染。

6. 绿色装卸管理

装卸是跨越运输和物流设施而进行的，发生在输送、储存、包装前后的商品取放活动。实施绿色装卸要求企业在装卸过程中进行正当装卸，避免商品体的损坏，从而避免资源浪费以及废弃物环境造成污染。另外，绿色装卸还要求企业消除无效搬运，提高搬运的活性，合理利用现代化机械，保持物流的均衡顺畅。

7. 废弃物物流的管理

从环境的角度看，今后大量生产、大量消费的结果必然导致大量废弃物的产生，尽管已经采取了许多措施加速废弃物的处理并控制废弃物物流，但从总体上看，大量废弃物的出现仍然对社会产生了严重的消极影响，导致废弃物处理的困难，而且会引发社会资源的枯竭以及自然资源的恶化。因此，21 世纪的物流活动必须有利于有效利用资源和维护地球环境。

8. 产品绿色设计、绿色包装和标识

绿色物流建设应该起自于产品设计阶段，以产品生命周期分析等技术提高产品整个生命周期环境绩效，在推动绿色物流建设上发挥先锋作用。包装是绿色物流管理的一个重要方面，乳白色塑料的污染已经引起社会的广泛关注，过度的包装造成了资源的浪费。

在日本，经营食品的商人已放弃塑料包装，在食品界掀起"绿色革命"，取得了较大的成效。他们的食品包装已不只是要好和实用，考虑环境需要也成为包装业的重要课题。现在的人在给食品包装时尽量采用不污染环境的原料，用纸袋包装取代塑料容器，这也减少了将用过后的包装收集到工厂再循环所面对的技术和成本困难，绿色包装设计在这方面发挥很大作用。

（四）实施策略

1. 树立绿色物流观念

观念是一种带根本性和普遍意义的世界观，是一定生产力水平、生活水平和思想素质的反映，是人们活动的指南。由于长期的低生产力，人们更多地考虑温饱等低层次问题，往往为眼前利益忽视长远利益，为个体利益忽视社会利益，企业因这种非理性需求展开掠夺式经营，忽视长远利益和生态利益及社会利益，进而导致来自大自然的警告。

2. 推行绿色物流经营

物流企业要从保护环境的角度制定其绿色经营管理策略，以推动绿色物流进一步发展。

（1）选择绿色运输。通过有效利用车辆，降低车辆运行，提高配送效率。例如，合理规划网点及配送中心、优化配送路线、提高共同配送、提高往返载货率；改变运输方式，由公路运输转向铁路运输或海上运输；使用绿色工具，降低废气排放量，等等。

（2）提倡绿色包装。包装不仅是商品卫士，而且也是商品进入市场的通行证。绿色包装要醒目环保，还应符合 4R 要求，即少耗材（Reduction）、可再用（Reuse）、可回收（Reclaim）和可再循环（Recycle）。

（3）开展绿色流通加工。由分散加工转向专业集中加工，以规模作业方式提高资源利用率，减少环境污染；集中处理流通加工中产生的边角废料，减少废弃物污染等。

（4）搜集和管理绿色信息。物流不仅是商品空间的转移，也包括相关信息的搜集、整理、储存和利用。绿色物流要求搜集、整理、储存的都是各种绿色信息，并及时运用于物流中，促进物流的进一步绿色化。

3. 开发绿色物流技术

绿色物流的关键所在,不仅依赖绿色物流观念的树立、绿色物流经营的推行,更离不开绿色物流技术的应用和开发。没有先进物流技术的发展,就没有现代物流的立身之地;同样,没有先进绿色物流技术的发展,就没有绿色物流的立身之地。而我们的物流技术与绿色要求有较大的差距,如物流机械化方面、物流自动化方面、物流的信息化及网络化,与西方发达国家的物流技术相比,大概有 10 年至 20 年的差距。要大力开发绿色物流技术,否则绿色物流就无从谈起。

4. 制定绿色物流法规

绿色物流是当今经济可持续发展的一个重要组成部分,它对社会经济的不断发展和人类生活质量的不断提高具有重要意义。正因为如此,绿色物流的实施不仅是企业的事情,而且还必须从政府约束的角度,对现有的物流体制强化管理。

一些发达国家的政府非常重视制定政策法规,在宏观上对绿色物流进行管理和控制。尤其是要控制物流活动的污染发生源,物流活动的污染发生源主要表现在:运输工具的废气排放污染空气,流通加工的废水排放污染水质,一次性包装的丢弃污染环境,等等。因此,他们制定了诸如污染发生源、限制交通量、控制交通流等的相关政策和法规。国外的环保法规种类很多,有些规定相当具体、严厉,国际标准化组织制定的最新国际环境标准也已经颁布执行。

物流经营者应创造条件积极申请 ISO14000 环境管理体系标准认证,用国际标准来规范自身的物流行为,塑造绿色物流形象,进而增强在国际市场的竞争能力。

5. 加强对绿色物流人才的培养

绿色物流作为新生事物,对营运筹划人员和各专业人员的素质要求较高,因此,要实现绿色物流的目标,培养和造就一批熟悉绿色物流理论和实务的人才是当务之急。

（五）中国绿色物流的发展

1. 存在的不足

中国物流业的起步较晚,绿色物流还刚刚兴起,人们对它的认识还非常有限,在绿色物流的服务水平和研究方面还处于起步阶段,与国际上先进技术国家在绿色物流的观念上、政策上以及技术上均存在较大的差距,主要表现在:

（1）观念上的差距

一方面,政府的观念仍未转变,绿色物流的思想还没确立。部分政府领导对物流的推进尚且放任自流,更何况面向的是更进一步的绿色物流。仅有物流的思想而没有绿色化的概念,还缺乏发展的前瞻性,与时代的步伐存在差距。另一方面,经营者和消费者对域外物流绿色经营消费理念仍非常淡薄,绿色物流的思想几乎为零。经营者展现给我们的是绿色产品、绿色标志、绿色营销和绿色服务,消费者追求的是绿色消费、绿色享用和绿色保障,而其中的绿色通道——物流环节,谁也未有足够的重视和关心。因此在发展物流的同时,要尽快提高认识,更新思想,把绿色物流作为世界全方位绿色革命的重要组成部分,确认和面向绿色物流的未来。

（2）政策上的差距

绿色物流是当今经济可持续发展的一个重要组成部分,它对社会经济的不断发展和人类生活质量的不断提高具有重要的意义。正因为如此,绿色物流的实施不仅是企业的事情,而且还必须从政府约束的角度,对现有的物流体制强化管理,构筑绿色物流建立与发展的框架,做好绿色物流的政策性建设。一些发达国家的政府在绿色物流的政策性引导上,制订了诸如控制污染发生源,限制交通量和控制交通流的相关政策和法规,而且还从物流业发展的合理布局上为物流的绿色化铺平道路。如日本在1966年就制订了《流通业务城市街道整备法》,以提高大城市的流通机能,增强城市物流的绿色化功能。尽管我国自20世纪90年代以来,也一直在致力于环境污染方面的政策和法规的制订和颁布,但针对物流行业的还不是很多。另外,由于物流涉及的有关行业、部门、系统过多,而这些部门又都自成体系,独立运作,各做各的规划,各搞各的设计,各建各的物流基地或中心,导致物流行业的无序发展,造成资源配置的巨大浪费,也为以后物流运作上的环保问题增加了过多的负担。因此,打破地区、部门和行业的局限,按照大流通、绿色化的思路来进行全国的物流规划整体设计,是我国发展物流在政策性问题上必须正视的大事情。

　　(3) 技术上的差距

　　绿色物流的关键所在,不仅依赖物流绿色思想的建立,物流政策的制订和遵循,更离不开绿色技术的掌握和应用。而我们的物流技术和绿色要求有较大的差距。如中国的物流业还没有什么规模,基本上是各自为政,没有很好的规划,存在物流行业内部的无序发展和无序竞争状态,对环保造成很大的压力;在机械化方面,物流机械化的程度和先进性与绿色物流要求还有距离;物流材料的使用上,与绿色物流倡导的可重用性、可降解性也存在巨大的差距;另外,在物流的自动化、信息化和网络化环节上,绿色物流更是无从谈起。

　　由此可见,中国的绿色物流与发达国家尚有较大差距,物流绿色化对我们来说,还有相当漫长的一段路途。如今世界上的一些大的物流公司进入中国,跨国物流企业纷纷抢占中国市场。由于中国经济已经成为全球经济的一部分,故必须要加快物流的绿色化建设,物流企业必须加快调整和整合,如若不然,就会失去竞争力,一旦国外在物流业的绿色化上设置准入壁垒,我国稚嫩的物流业就将遭受巨大打击。可以说,发展绿色物流是参与全球物流业竞争的重要基础。

　　因此,大力加强对物流绿色化的政策和理论体系的建立和完善,对物流系统目标、物流设施设备和物流活动组织等进行改进与调整,实现物流系统的整体最优化和对环境的最低损害,将有利于中国国物流管理水平的提高,保护环境和可持续发展政策,对于我国经济的发展意义重大。

　　2. 我国政府的绿色物流管理措施

　　(1) 对发生源的管理

　　主要是对物流过程中产生环境问题的来源进行管理。由于物流活动的日益增加以及配送服务的发展,引起在途运输的车辆增加,必然导致大汽污染加重。可以采取以下措施对发生源进行控制:制定相应的环境法规,对废气排放量及车种进行限制;采取措施促进使用符合限制条件的车辆;普及使用低公害车辆;对车辆产生的噪音进行限制。我国自90年代末开始不断强化对污染源的控制,如北京市为治理大气污染发布两阶段治理目标,不仅对新生产的车辆制定了严格的排污标准,而且对在用车辆进行治理改造,在鼓励提高更新车辆的同时,采取限制行驶路线、增加车辆检测频次、按排污量收取排污费等措施,经过治理的车辆,污染物排放量大为降低。

（2）对交通量的管理

发挥政府的指导作用，推动企业从自用车运输向营业用货车运输转化；促进企业选择合理的运输方式，发展共同配送；政府统筹物流中心的建设；建设现代化的物流管理信息网络等，从而最终实现物流效益化，特别是要提高中小企业的物流效率。

（3）对交通流的管理

政府投入相应的资金，建立都市中心部环状道路，制定有关道路停车管理规定；采取措施实现交通管制系统的现代化；开展道路与铁路的立体交叉发展。以减少交通堵塞，提高配送的效率，达到环保的目的。

推进绿色物流除了加强政府管理外，还应重视民间绿色物流的倡导，加强企业的绿色经营意识，发挥企业在环境保护方面的作用，从而形成一种自律型的物流管理体系。

案　　例

世界十大物流公司

一、UPS

业务概况：UPS 是全球最大的速递机构，全球最大的包裹递送公司，同时也是世界上一家主要的专业运输和物流服务提供商。每个工作日，该公司为 180 万家客户送邮包，收件人数目高达 600 万。该公司的主要业务是在美国国内并遍及其他 200 多个国家和地区。该公司已经建立规模庞大、可信度高的全球运输基础设施，开发出全面、富有竞争力并且有担保的服务组合，并不断利用先进技术支持这些服务。该公司提供物流服务，其中包括一体化的供应链管理。

业务分布：UPS 的业务收入按照地区和运输方式来划分呈现出不同的分布特点。从地区来看，美国国内业务占总收入的 89%，欧洲及亚洲业务占 11%。从运输方式来看，国内陆上运输占 54%，国内空运占 19%，国内延迟运输占 10%，对外运输占 9%，非包裹业务占 4%。

2001 年 1 月 10 日，UPS 以发行价值 4.33 亿美元新股方式收购 Fritz 集团公司旗下的加利福尼亚物流公司，并将该公司并入 UPS 不断拓展的物流业务之中，使其成为更大规模的运输集团。2000 年 11 月 28 日，UPS 公司将其每周的环球飞行从 3 次增加到 5 次，以应付日渐增多的跨国运输业务。UPS 在这一路线上运输的货物总量每日增长 20 万磅。

二、FedEx

业务概况：FedEx 公司的前身为 FDX 公司，是一家环球运输、物流、电子商务和供应链管理服务供应商。该公司通过各子公司的独立网络，向客户提供一体化的业务解决方案。其子公司包括 FedEx Express（经营速递业务）、FedEx Ground（经营包装与地面送货服务）、Fed EXCustom Critical（经营高速运输投递服务）、FedEx Global（经营综合性的物流、技术和运输服务）以及 Viking Freight（美国西部的小型运输公司）。

业务分布:从地区来看,美国业务占总收入的 76%,国际业务占 24%。从运输方式来看,空运业务占总收入的 83%,公路占 11%,其他占 6%。2001 年 1 月 11 日,根据一项能够产生 63 亿美元收益的合约,FedEx 将在各机场间为美国邮政服务系统运送特急件和快递信件。在未来的 18 个月内,FedEx 将支付 1.26 亿至 1.32 亿美元给予邮局,作为在 10000 家邮局内设立收件箱的费用并保留在其余 38000 家邮局设立收件箱的权利。上述举措将使该公司获得约 9 亿美元的新增收入。

2000 年 12 月 29 日,FedEx 宣布计划按照每股 28.13 美元的价格收购 American Freightways 公司 1638 万股,以实现其最初提出的收购该公司 50.1% 股权的承诺。

三、德国邮政世界网(Deutsche Post WorldNet)

业务概况:德国邮政是德国的国家邮政局,是欧洲地区领先的物流公司,并着眼于成为世界第一。近期更换了品牌(改名为 Dertsche Post WorldNet,简称 DPWN)。一方面为挂牌买卖做准备,另一方面也是意识到了其业务的全球化特点以及电子商务日益重要的影响。DPWN 划分为四个自主运营的部门,即邮政、物流、速递和金融服务。

邮政部门由邮政、市场直销和出版物发放业务组成,建有最高水准的作业网络,由遍及德国的 83 家标准化分检中心组成,并越来越重视高成长的市场直销业务。速递部门通过 Euro Express Germany 和 Euro Express Europe 的全球邮政和国际邮政业务部门提供覆盖欧洲的快递业务;通过与 DHL(德国邮政世界网拥有其 25% 的股权)的合作提供全球业务。

通过几次收购 Danas 品牌下的公司,于 1999 年成立了物流部门。该部门提供一站式的服务,并提供整个物流链各个环节的服务。服务内容包括全球航空、海运、欧洲陆运服务和客户定制的物流解决方案。

同时,通过 Post bank 提供的金融服务于 1999 年 1 月成为一家全资的附属公司。在 2000 年 1 月收购了 DSL 银行(是一个精于私人和商业建筑贷款的银行),向私人和商业客户提供多渠道银行业务。

业务构成及分布:从净收入来看,DPWN 的四大业务邮政、快递、物流和金融分别占 49%、21%、18% 和 12%。特别是对于物流业务在地域上的分布来说(从净收入看),德国、法国、意大利和欧洲其他国家分别占 23%、17%、8% 和 23%,斯堪的纳维亚、美洲、远东澳洲分别占 12%、11% 和 6%。

2001 年 1 月,德国政府为邮政部门制定新的立法,新法律将允许国家出售其在德国邮政持有的多数股权。2000 年 11 月,德国经济部长称政府将不会按照原计划在 2002 年年底结束 Deutsche Post 的完全垄断。同时德国邮政有意将其在 DHL International 的持股比例从 50% 提高到 75%。

四、Maersk/A. P. Moeller

MaerskSealand 是世界上最大的航运公司,拥有 250 艘船舶,其中包括集装箱船舶、散货船舶、供给和特殊用途船舶、油轮等,该集团还拥有大量的装卸码头,并提供物流服务。Moeller 的附属公司同时还在挪威、委内瑞拉和其他国家进行石油和天然气的钻探。另外,该集团还从事船舶和联运集装箱的制造,药品生产,并经营一家国内航空公司 MaerskAir 和提供信息服务。另外,该公司还拥有丹麦第二大连锁超级市场。

五、NipponExpress(日通)

日本通运的业务主要分为汽车运输、空运、仓库及其他,分别占 44%、16%、5%及 25%。从地域上看,其经营收入有 93%来自于日本。其客户主要分布在电子、化学、汽车、零售和科技行业。

六、Ryder

业务概况:Ryder 系统公司在全球范围内提供一系列的技术领先的物流、供应链和运输管理服务。该公司提供的产品范围包括全面服务租赁、商业租赁、机动车的维修以及一体化服务。此外还提供全面性的供应链方案、前沿的物流管理服务和电子商务解决方案,从输入原材料供应到产品的配送,致力于支援客户的整条供应链。

业务分布:从地区来看,美国业务占总收入的 82%,国际业务占 18%。从业务板块来看,运输服务占 57%,物流占 32%,其他占 11%。

2000 年 11 月 20 日,Ryder 系统公司与丰田(美洲)公司及其日本母公司丰田集团共同组建了一家名为 TTR 物流公司的合资企业。新的实体由 Ryder 公司和丰田公司持有相同的股份,将主要集中留意与丰田以及其他在北美地区的日本汽车公司相关的运输与物流业务机会。2000 年 11 月 14 日,Ryder 公司和 From2GlobalSolutions 公司(全球各大公司国际物流技术和贸易智能的主要供应商之一)宣布达成策略性联盟关系。Ryder 系统公司将利用 From2 公司的解决方案,通过互联网向其顾客提供具体的国际贸易服务。

七、TNTPostGroup

业务概况:TPG 在全球超过 200 个国家和地区提供邮递、速递及物流服务,并拥有 Postkantoren(经营荷兰各邮局的机构)50%的股权。TPG 利用 TNT 品牌提供速递发送及物流服务(TNT 的物流业务主要集中在汽车、高科技以及泛欧洲领域),其物流领域现有 137 间仓库,共占地 155 万平方米。

业务划分及分布:按业务类型来看,TPG 的三大业务邮递、速递和物流(净收入)分别占 42%、41%及 17%,而从地域表现来看(净收入),欧洲占 85%,澳洲、北美、亚洲及其他地区分别占 6%、4%、2%、3%。如果从运营利润来看,邮递、速递和物流分别占 76%、15%和 9%。

2001 年 1 月,TNTLoop 从 Yamaha Motor Europe 手上取得一份 efulfilment 合约。TNT 将为日本汽车商提供网上商店,以提供"Back-End"服务,包括处理、仓储及发送。2000 年 12 月,CtilLogistix 与北美的 TNTLogitics 进行合并,成为北美第七大物流公司。2000 年 11 月,TPG 选择了 Vivaldi 软件作为全球客户关系管理系统,以图监控及改善销售活动并管理客户服务运营。2000 年 10 月,TPG 与上海汽车实业共同建立第三方物流合资公司。这个价值 3000 万美元的合资企业为 TPG 打开了中国汽车物流市场的大门。

八、Expeditors

业务概况:该公司注册地为美国,是一家提供全球物流服务的公司,向客户提供了一个尤缝的国际性网络,以支持商品的运输及策略性安置。公司的服务内容包括空运、海运(拼货服务)及货代业务。在美国的每个办事处以及许多海外办事处都提供报关服务,另外还提供包括配送管理、拼货、货物保险、订单管理以及客户为中心的物流信息服务。

业务分布:从业务类型来看,主要集中在空运、海运和货代方面,按照收入划分分别占63%、25%和12%。而从地区分布来看,主要集中在远东,占56%,在美国、欧洲和中东、南美、澳大利亚的收入分别占25%、15%、2%、1%。

九、Panalpina

业务概况:Panalpina是世界上最大的货运和物流集团之一,在65个国家地区拥有312个分支机构。Panalpina的核心业务是综合运输业务,所提供的服务是一体化、适合客户的解决方案。通过一体化货运服务,将自身定位于标准化运输解决方案和传统托运公司之间。除了处理传统货运以外,该集团还专长于提供物流服务予跨国公司,尤其是汽车、电子、电信、石油及能源、化学制品等领域的公司。

AirSeaBroker是Panalpina集团的全球性货运"批发商",同时它也协调Panalpina集团的海运系统与世界各地的定期联系,同时还为联合运输提供新型服务。AirSeaBroker下分三个业务部门:海运处、西非处、租船和重型起重处。

Swissglobalcargo是Panalpina和Sairlogistics于1999年7月建立的一家合资公司,这是世界上第一家提供完全一体化、门到门、有时限担保、无重量限制的航空货运公司。业务划分及分布:从总利润来看,Panalpina的四大业务即空运、海运、物流及其他分别占44.9%、31.3%、20.3%及3.5%。而在地域上又分布为欧洲/非洲占52.7%,美洲占33.9%,亚太占13.4%。

2000年12月,开创了一个以客户为中心的"电子商务"平台,该平台旨在连接其货运和物流作业所有运营阶段。这种"电子网络"提供了一个"综合系统",该系统既连接了Panalpina公司内部设备,又连接了为客户提供的外部电子平台。

十、Exel

业务概况:2000年7月26日,OceanGroup与NFC公司合并后更名为"Exel"。Exel分为5大业务部门:(消费品/零售/医疗)欧洲部、(消费品/零售/医疗)美洲部、开发和自动化部、技术和全球管理部以及亚太部。该公司全球网点达到1300个,50000多名员工。目前该公司三家主要运营子公司为Exel(旧的NFC)、Msas全球物流公司和CoryEnvironmental。Msas是世界上规模最大的货代之一,在全球范围内提供多式联运、地区配送、库存控制、增值物流、信息技术和供应链解决方案等各项服务。CoryEnvironmental是英国规模最大的废品处理公司之一。Exel在地面运输供应链服务方面占有很强的市场地位,所提供的服务包括仓储和配送、运输管理服务、以客户为中心的服务、JIT服务和全球售后市场物流服务。

业务分布:从业务种类来看,Exel主要集中在配送、运输管理和环境服务三个方面,按照净收入划分分别占58%、39%和3%,如果按照运营利润划分分别占62%、28%、10%。从地理分布来看,业务主要集中在英国与爱尔兰,同时遍及美洲、欧洲大陆和非洲以及亚太地区,按照净收入划分分别占39%、30%、21%和10%,如果按照运营利润划分则分别占54%、

27％、10％和9％。

2001年1月,Exel被选中来管理摩托罗拉公司在美国、欧洲和亚洲地区半导体产品的配送。该项合约价值约为1.34亿英镑。同时与MercedesBenzEspana签署了10年期合约,提供供应链服务。Exel汽车部赢得了一项为期7年的合约,向法国Sandouvilielear公司提供供应链管理服务。2000年12月,Exel收购了Total物流公司(一家总部设在澳大利亚和新西兰的地区性供应链管理公司,专门向30多家大型制药和医疗公司提供供应链管理服务)。同年10月,Exel和UPS共同为福特公司创建供应网络,并对福特公司在欧洲的供应链需求进行大规模改造。

本 章 小 结

现代物流(moderntimesLogistics)指的是将信息、运输、仓储、库存、装卸搬运以及包装等物流活动综合起来的一种新型的集成式管理,其任务是尽可能降低物流的总成本,为顾客提供最好的服务。在物流过程中抑制物流对环境造成危害的同时,实现对物流环境的净化,使物流资源得到最充分利用。只有充分理解物流的概念及其发展历史,才能对物流有更好的理解,才能促进物流更好的发展。

思 考 题

1.阐述物流的概念。

2.分析物流的基本功能,查阅资料学习物流的分类情况。

3.分析国内外物流的发展历程。

4.你接触过的物流有哪些? 谈谈你对物流的看法。

第二章 物流标准化

【本章导读】

物流标准化是指在运输、配送、包装、装卸、保管、流通加工、资源回收及信息管理等环节中,对重复性事物和概念通过制定发布和实施各类标准,达到协调统一,以获得最佳秩序和社会效益。

物流标准化工作复杂、难度大且涉及面广。由于物流系统思想形成晚,各子系统已实现了各自的标准化,因此物流标准化系统又属于二次系统即后标准化系统,它要求更高地体现科学性、民主性和经济性。而目前,我国物流标准化体系的建设相当不完善,尽管已建立了物流标识标准体系,并制定了一些重要的国家标准,如《商品条码》、《储运单元条码》、《物流单元条码》等,但这些标准的应用推广存在着严重问题。以《储运单元条码》为例,应用正确率不足15%。这种情况严重制约了我国物流业的发展。另外,物流标准化具有非常强的国际性,要求与国际物流标准化体系相一致。

【本章重点】

1.物流管理的内容、分类;2.物流标准化的内容;3.物流标准化的种类;4.物流标准化的作用和意义。

【学习目标】

通过本章的学习,了解物流管理的内容与分类,了解物流管理的重要原则。掌握物流标准化的概念与内容,掌握物流标准化的主要特点。了解物流标准化的作用及意义。

【关键概念】

物流管理   运输管理   配送管理   物流标准化   基点

第一节   物 流 管 理

一、物流管理的内容

物流管理(Logistics Management)是指在社会在生产过程中,根据物质资料实体流动的规律,应用管理的基本原理和科学方法,对物流活动进行计划、组织、指挥、协调、控制和监督,使各项物流活动实现最佳的协调与配合,以降低物流成本,提高物流效率和经济效益。

物流管理的内容包括三个方面的内容:即对物流活动诸要素的管理,包括运输、储存等环节的管理;对物流系统诸要素的管理,即对其中人、财、物、设备、方法和信息等六大要素的管理;对物流活动中具体职能的管理,主要包括物流计划、质量、技术、经济等职能的管理等。

(一)运输管理

运输管理,就是按照运输的规律和规则,对整个运输过程所涉及的运输市场,物品发送,物品接运甚至物品中转,对人力、运力、财力和运输设备,进行合理组织和平衡协调,监督实施,达到提高效率、降低成本的目的。

运输管理包括运输市场的宏观管理和物流业务的微观管理两个层面。运输市场的宏观管理是政府主管部门对运输行业的管理,包括市场准入的管理、"游戏规则"的管理等,已达到建立一个公开、公平、公正竞争的市场环境的目的。

运输市场的微观管理是企业对物品运输过程的管理,包括物品的发送、接运、中转和安全运输的管理,以达到提高效率、降低成本的目的。

发送业务是根据交通运输部门的规定,按照运输计划,将物品从起运地运往目的地的第一个环节。发送业务对整个运输运作有很大影响,关系到物品运输的及时性和安全性。接运业务是将到达的物品在办理了交接手续之后,及时接运到指定地点的工作,它关系到整个运输所需时间的长短,涉及物品质量,还涉及物品能否及时入库和使用或出售等问题。当物品从起运地到目的地之间不能依靠第一次运输直达时,就要经过二次运输而发生中转作业。中转作业具有承前启后的作用,它既要及时接运前一程的运输物品,又要通过二程运输,及时发送该物品。因此对提高运输工作质量而言,加强中转管理及显得极为重要。

在运输过程中,物品要经过多次装卸和搬移等环节,容易发生各种事故。因此,必须加强运输安全管理,减少货损货差。

(二)配送管理

配送作业是按照用户的要求,将货物分拣出来,按时按量发送到指定地点的过程。配送作业是物流中心运作的核心内容,因而配送作业流程的合理性,以及配送作业效率的高低都会直接影响整个物流系统的正常运行。

具体来讲,配送作业一般包括以下几项作业:(1)进货;(2)搬运装卸;(3)储存(必要时);(4)订单处理;(5)分拣;(6)补货;(7)配货;(8)送货。

在配送基本作业流程中,进货作业包括把货品等物资做实际上的领取,从货车上将货物卸下,开箱,检查其数量、质量,然后将有关信息书面化等一系列工作。

从接到客户订单开始着手准备拣货之间的作业阶段,称为订购单处理。通常包括订单资料确认、存货查询、单据处理等内容。

拣货作业是配送作业的中心环节。所谓拣货,是依据顾客的订货要求或配送中心的作业计划,尽可能迅速、准确地讲商品从其储存位置或其他区域拣出来的作业过程。

补货作业是将货物从仓库保管区域搬运到间或区域的工作。补货作业的目的是确保商品能保质保量准时送到指定的拣货区。补货方式主要有以下几种:(1)整箱补货;(2)托盘补货;(3)货架上层——货架下层补货。

配货作业是指把完成捡取分类的货品经过配货检查过程之后,装入容器和做好标识,再运到配货准备区,待装车后发送。

送货作业是利用配送车辆把用户订购的物品从制造商、生产基地、批发商、经销商或物流配送中心送到用户手中的过程。送货通常是一种短距离、小批量、高频率的运输形式。它以服务为目标,以尽可能满足客户需求为宗旨。

(三)仓储管理

仓储管理包括商品从入库到处库之间的装卸、搬运、仓库内部布局、储存养护和流通加工等一切与商品实务操作、设备、人力资源相关的作业。

1. 仓储作业

（1）货物入库管理。入库是将产品从收货装卸平台移动到仓库的储存区。这个过程包括确认产品（通过扫描产品的条码）和产品的储存为止，并将货物移动到合适的位置，最后更新仓库的储存记录，使之反映产品的接收及其在仓库的位置。

（2）货物储存和保管。影响货物储存和保管的因素很多，主要有货物自身的理化性质、储存的自然环境和储存期长短。货物自身具有的理化性质是货物发生质变和数量损耗的根本原因，它在很大程度上决定了货物的保管条件和方法；同时货物的理化性质还是决定仓库平面布局、库内设置、保管环境和码垛方式的重要因素。良好的储存策略可以减少出入库的距离，缩短作业时间、提高空间利用率，降低运行费用。在仓库的存储过程中，货物不断的进库和出库。有些货物因长期存放而品质下降或成为废品，不能满足用户需要，造成理论库存数与实际库存数可能不相符。为了有效掌握货品的数量和质量，必须定期或不定期的进行盘点。不定期盘点是依据物品种类轮流抽盘。应对已超过使用期限的物品进行处理，对即将到期的物品进行分类或处理；配合需求变动和品相变化及时调整仓储区域与储位分配。

（3）拣货与货物出库。订单拣货就是仓库人员从存货区将客户订购的物料拣出，订单信息通过拣货单传送给仓储员，合理安排拣货过程使拣货员的拣货路线最短，从而使订单的拣货率最高。自动储存物料处理补货系统（AS/RS）可以完成订单拣货工作（如从冷冻品仓库中把冰激凌拣出）。

2. 库存控制

库存控制是一个庞大的系统，总体可以归结为两个大系统，一个是定量订货系统，一个是定期订货系统。定量订货法和定期定货法是库存控制的最基本方法。他们可以适用于随机型库存，也可以适用于确定型库存。

这两类库存控制方法的共同点，就是根据用户需求量的大小，制定一个订货进货策略，来控制订货进货过程，达到既满足用户需求又控制库存水平达到库存总费用最小的目的。因此，这些库存控制方法，实际上又可以叫做订货策略。他们主要是解决与定货有关的三个问题：（1）什么时候订货，即订货点、订货时机；（2）订多少，即订货批量；（3）如何实施，即订货方法。

（四）物流信息管理

现代物流与传统物流运输、仓储之间一个很大的区别就在于现代物流采用信息管理的手段，将物流服务过程中的运输，包括空运、海运、陆运、河运、铁路运输等环节，以及仓储管理，包括存货、货物状态、组配加工、促销包装等每一环节所产生的信息及时传达给相关人员，准确的反映存货的数量，及时、动态的展示物流过程中订单的状态、货物状态、作业的状态。

物流信息管理系统是一个综合的、积极复杂的企业信息管理系统，涵盖了许多不同作业方式，因此，如何设计、开发、建设物流信息管理系统，如何对作业的信息有效的分类和处理，如何使不同的作业方式下产生的数据高效、准确的相互传递，如何对作业的结果进行评估等，设计信息技术的各个方面，是一个复杂的系统工程。

企业信息管理系统是为满足企业管理需求而建设的，不同方面的需求，信息管理系统所提供的使用功能也不同,但不论是什么方面的信息管理系统,其主要功能是满足企业日常生产活动中对资金、人事、业务流程管理、资产等的计划、监督、控制等方面的要求。因此信息管理系统有许多种,分别适应企业不同方面的要求。

二、物流管理的分类

物流管理的划分有以下分类标准:

1. 宏观物流与微观物流

宏观物流是指社会再生产总体的物流活动,是从社会再生产总体的角度来认识和研究物流活动。宏观物流主要研究社会再生产过程物流活动的运行规律以及物流活动的总体行为。

微观物流是指消费者、生产者企业所从事的实际的、具体的物流活动。在整个物流活动过程中,微观物流仅涉及系统中的一个局部、一个环节或一个地区。

2. 社会物流和企业物流

社会物流是指超越一家一户的以整个社会为范畴,以面向社会为目的的物流。这种物流的社会性很强,经常是由专业的物流承担者来完成。

企业物流是从企业角度上研究与之有关的物流活动,是具体的、微观的物流活动的典型领域,它由企业生产物流、企业供应物流、企业销售物流、企业回收物流、企业废弃物物流几部分组成。

3. 一般物流和特殊物流

一般物流是指物流活动的共同点和一般性,物流活动的一个重要特点是涉及全社会的广泛性,因此物流系统的建立及物流活动的开展必须有普遍的适用性。

特殊物流是指在遵循一般物流规律基础上,带有制约因素的特殊应用领域、特殊管理方式、特殊劳动对象、特殊机械装备特点的物流。

4. 国际物流和区域物流

国际物流是指当生产和消费在两个或两个以上的国家(或地区)独立进行的情况下,为了克服生产和消费之间的空间距离和时间距离,而对物资(货物)所进行的物理性移动的一项国际经济贸易活动。因此,国际物流是不同国家之间的物流,这种物流是国际间贸易的一个必然组成部分,各国之间的相互贸易最终通过国际物流来实现。国际物流是现代物流系统中重要的物流领域,近十几年有很大发展,也是一种新的物流形态。

区域物流是相对于国际物流而言的概念,指一个国家范围之内的物流,如一个城市的物流,一个经济区域的物流均属于区域物流。

三、物流管理的原则

1. 物流管理的总原则——物流合理化

物流管理的具体原则很多,但最根本的指导原则是保证物流合理化的实现。所谓物流合理化,就是对物流设备配置和物流活动组织进行调整改进,实现物流系统整体优化的过程。它具体表现在兼顾成本与服务上,即以尽可能低的物流成本,获得可以接受的物流服务,或以可以接受的物流成本达到尽可能高的服务水平。

2. 物流合理化的基本思想

物流活动各种成本之间经常存在着此消彼长的关系,物流合理化的一个基本的思想就是"均衡"的思想,从物流总成本的角度权衡得失。不求极限,但求均衡,均衡早就合理。

3. 物流管理面临的新挑战

近年来,很多先进的信息技术的出现,极大地推动了物流行业的巨变。我们不能再以传统的观念来认识信息时代的物流,物流也不再是物流功能的简单组合运作,它现在已是一个网的概念。加强连通物流结点的效率,加强系统的管理效率已成为整个物流产业面临的关键问题。

第二节 物流标准化

一、一般含义

标准化的内容,实际上就是经过优选之后的共同规则,为了推行这种共同规则,世界上大多数国家都有标准化组织,例如英国的标准化协会(BSI),我国的国家标准化管理委员会等。

在日内瓦的国际标准化组织(ISO)负责协调世界范围的标准化问题。

物流标准化是指从物流系统的整体出发,制定其各子系统的设施、设备、专用工具等的技术标准,以及业务工作标准;研究各子系统技术标准和业务工作标准的配合性,按配合性要求,统一整个物流系统的标准;研究物流系统与相关其他系统的配合性,谋求物流与社会大系统的和谐统一。

由此可看出物流标准化具有以下内涵:

1. 物流标准化是一个循环反复的过程

物流标准化是以制定标准、贯彻标准并随着发展的需要而修订标准的活动过程,是一个不断循环,螺旋式上升的过程。每完成一个循环,标准的水品就提高一步。因此,标准实施后,制定标准的部门应根据科学技术的发展和经济建设的需要适时进行复审,以确认现行标准是否继续有效或予以修订或废止。

2. 物流标准是物流标准化活动的产物

标准化的目的和作用,都是要通过制定和贯彻具体标准来实现的。因此,制定、修订和贯彻物流标准,是物流标准化的基本任务和主要内容。

3. 物流标准化的效果只有通过在社会实践中实施标准,才能表现出来

在物流标准化的全部过程中,贯彻实施标准是一个关键环节,是建立最佳秩序,取得最佳效益的落脚点。如整个物流实现标准化,每一项标准得到贯彻实施,可以加速运输、装卸的速度,降低暂存费用,减少中间损失,提高工作效率,获得显著的经济效益。

4. 物流标准化是一个相对的概念

无论是单个标准,还是标准系统,随着客观情况的变化都要经过不断调整。每经过一次调整,它的结构就更趋合理,功能水平就相应提高,并逐步向深层次发展。一项孤立的标准,即使很完整,水平很高,标准化的目的也是不容易实现的,还必须把与之相关的一系列标准都建立起来,形成一个系统,发挥系统的整体作用,这个系统在与其他系统相结合、配套,形成更大的系统。物流标准化的活动过程就是系统的建立和系统之间协调、发展的过程。

二、物流标准化的内容

物流标准化是指物流为一个大系统,制定并实施保证系统协调、安全、高效运行的标准,推动物流业健康、有序发展的标准化活动。即制定系统内部设施、机械装备、专用工具等的技术标准和包装、装卸、运输、配送等作业的作业标准和管理标准,以及作为为现代物流突出特征的物流信息标准形成全国以及和国际接轨的标准化体系,推动物流业的发展。物流标准化的作用不言而喻,他可以统一国内物流的概念,规范物流企业,提高物流效率,使国内物流与国际接轨,是物流发展的基础。

为了提高物流运作效率和效益,我国正在积极致力于建立与之相适应的现代化物流系统并使该系统标准化和规范化,尤其是随着全球经济一体化和物流国际化的发展,物流标准化和规范化作为实现物流合理化、高效化的基础,对促进我国现代化物流发展、提高物流服务质量和效率具有重要意义。

1. 物流技术方法标准

物流技术方法标准主要分为四部分,即物流技术方法通用标准、物流综合技术方法标准、物流环节方法标准和物流增值业务作业标准。

物流技术方法通用标准主要包括:物流技术方法的总则、术语、内容、分类等。

随着科学管理理念以及各种技术方法的不断进步,在物流行业出现了以达到物流资源集成、整合为目的的综合物流业务。物流综合技术方法标准是指主要以保证物流一体化服务质量为目标,体现集成、整合、协同、优化等物流综合特点,指导物流领域综合业务技术应用的支撑技术标准。物流综合技术方法标准主要包括:综合作业技术方法标准、包装技术方法标准、配送技术方法标准、装卸搬运技术方法标准、流通加工技术方法标准。

物流增值业务作业规范是指对这类延伸业务进行的作业规范。按照目前物流产业的发展状况以及未来的发展趋势,将这类增值业务作业技术标准分为采购销售延伸业务作业规范、专项代理业务作业规范、金融延伸业务作业规范、其他业务作业规范四类作业技术标准。

2. 物流设施设备标准

随着物流管理理论不断向一体化、综合化发展,作为基础支撑的物流设施,其发展也日趋整合,往往在多个物流要素中担当角色,如物流仓储、配送、流通加工等多项功能。根据各种物流设施自身的特点,本着分类清晰、能体现现代物流原则的特点,物流设施大致分为物流中心、仓库、货运站场、配套设施。

物流设施设备标准包括:基础标准、物流设施标准、集装化器具、物流设备标准。

(1)物流设施设备基础标准主要包括物流设施设备的原则、主要属于、分类、图示符号等。

(2)集装化器具标准化。现代物流的特许证之一是物料的集装单元化,集装单元化程度的高低是判断一个国家现代物流是否发达的重要标志之一。而标准化是集装单元化的关键。集装化术语的使用,集装工具的尺寸、强度、重量、试验方法等,都需要标准化,以便进行国内和国际的流通和交换。标准化是实现集装器具通用化所必须的。不同形式的集装化之间,其标准应相互适应,相互配合。例如,商品包装的标准必须与托盘协调,而托盘标准又必须与集装箱、汽车车厢和库房的柱网相适应。从集装单元使用的频繁程度上,主要有下面几种类型,他们也构成了集装单元化器具标准,分为托盘标准、集装箱标准、周转箱标准、其他集装器具标准。

(3) 物流设备标准化。物流设备的种类繁多,一种设备常常出现在物流的多个环节中。随着科学技术的不断提高,各种先进的物流设备不断涌现出来。对于物流设备来讲,传统的分类多是按照物流的环节,即各种设备所在的场所,如叉车,传统的分类归属于仓储设备。但是,传统的分类会导致频繁的交叉。因此,我国主要根据设备的功能来进行分类,即由设备的功能来决定类属,此外也参照了 ISO 和 JIS 的设备分类。其中,装卸搬运设备下又划分了工业搬运车辆、起重机械、连续搬运机械。叉车则属于装卸搬运设备。物流设备标准主要规范设备的尺寸,如火车车厢;性能要求,如冷藏车的制冷性能;稳定性试验,如叉车的稳定性等。而对具体的单体设备不做过多的关于参数性、部件性的要求。

3. 物流管理标准

物流管理标准分为物流管理基础标准、物流规划标准、物流安全标准、物流环保标准、物流卫生标准、物流统计标准、物流绩效评估标准。

(1) 物流管理基础标准主要包括物流管理术语标准、物流企业分类标准、物流从业人员标准等。

(2) 物流规划标准包括物流规划基础标准、区域物流规划标准、物流园区(基地)规划标准、物流中心规划标准四个方面。

(3) 物流安全标准包括物流设施设备安全标准、物流作业安全标准、物流人员安全标准、危险品/特殊物品标准。

(4) 物流环保标准包括物流基本业务环保标准、物流特殊业务环保标准、废弃物物流环保标准。

(5) 物流卫生标准包括物流人员卫生标准、物流设施卫生标准。

(6) 物流统计标准包括物流人员卫生标准、物流产业规模结构统计标准、物流基础设施设备标准、物流安全统计标准、物流环保统计标准、物流教育培训统计标准等。

(7) 物流绩效评估标准包括物流成本评估标准、物流风险评估标准、物流效率评估标准、物流客户服务评估标准。

4. 物流服务标准

物流服务标准包括物流服务基础标准和物理服务管理标准。物流服务基础标准由物流服务分类等标准组成,是制定其他服务标准的依据;物流服务标准是对物流企业建立质量管理体系中的质量方针、质量目标、质量职责评审等提出各项要求。

5. 物流信息标准

物流信息标准包括:物流信息基础标准、物流信息技术标准、物流信息服务标准等。

物流信息基础标准是物流信息系统建设中的通用标准。当前主要是指物流信息术语,该标准应包括物流信息技术术语、物流信息管理术语、物流信息服务术语的定义。

物流信息技术标准从信息的采集、加工、处理、交换和应用入手,分为物流信息分类编码标准、物流信息采集标准、物流信息交换标准和物流信息系统及信息平台标准。

我国物流标准化的基本轮廓如图 2-1 所示:

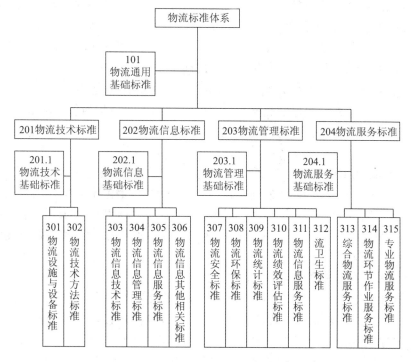

图 2-1 物流标准体系

三、主要特点

物流标准化的主要特点有以下几方面:

1. 涉及面更广

和一般标准化系统不同,物流系统的标准化涉及面更为广泛,其对象也不像一般标准化系统那样单一,而是包括了机电、建筑、工具、工作方法等许多种类。虽然处于一个大系统中,但缺乏共性,从而造成标准种类繁多,标准内容复杂,也给标准的统一性及配合性带来很大困难。

2. 物流标准化系统属于二次系统

这是由于物流及物流管理思想诞生较晚,组成物流大系统的各个分系统,过去在没有归入物流系统之前,早已分别实现了本系统的标准化。并且经多年的应用,不断发展和巩固,已很难改变。在推行物流标准化时,必须以此为依据,个别情况固然可将有关旧标准化体系推翻,按物流系统所提出的要求重建新的标准化体系,但通常还是在各个分系统标准化基础上建立物流标准化系统。这就必然从适应及协调角度建立新的物流标准化系统,而不可能全部创新。

3. 物流标准化更要求体现科学性、民主性和经济性

科学性、民主性和经济性,是标准的"三性",由于物流标准化的特殊性,必须非常突出地体现这三性,才能搞好这一标准化。

49

科学性的要求,是要体现现代科技成果,以科学试验为基础,在物流中,则还要求与物流的现代化(包括现代技术及管理)相适应,要求能将现代科技成果联结成物流大系统。否则,尽管各种具体的硬技术标准化水要求颇高,十分先进,但如果不能与系统协调,单项技术再高也是空的。甚至还起相反作用。所以,这种科学性不但反映本身的科学技术水平,还表现在协调与适应的能力方面,使综合的科技水平最优。

民主性指标准的制订,采用协商一致的办法,广泛考虑各种现实条件,广泛听取意见,而不能过分偏重某一个国家,使标准更具权威、减少阻力,易于贯彻执行。物流标准化由于涉及面广,要想达到协调和适应,民主决定问题,不过份偏向某个方面意见,使各分系统都能采纳接受,就更具有重要性。

经济性是标准化主要目的之一,也是标准化生命力如何的决定因素,物流过程不像深加工那样引起产品的大幅度增值,即使通过流通加工等方式,增值也是有限的。所以,物流费用多开支一分,就要影响到一分效益,但是,物流过程又必须大量投入消耗,如不注重标准的经济性,片面强调反映现代科学水平,片面顺从物流习惯及现状,引起物流成本的增加,自然会使标准失去生命力。

4. 物流标准化有非常强的国际性

由于经济全球化的趋势所带来的国际交往大幅度增加,而所有的国际贸易又最终靠国际物流来完成。各个国家都很重视本国物流与国际物流的衔接,在本国物流管理发展初期就力求使本国物流标准与国际物流标准化体系一致,若不如此,不但会加大国际交往的技术难度,更重要的是在本来就很高的关税及运费基础上又增加了因标准化系统不统一所造成的效益损失,使外贸成本增加。因此,物流标准化的国际性也是其不同于一般产品标准的重要特点。

5. 贯彻安全与保险的原则

物流安全问题也是近些年来非常突出的问题,往往是一个安全事故会将一个公司损失殆尽,几十万吨的超级油轮、货轮遭受灭顶损失的事例也并不乏见。当然,除了经济方面的损失外,人身伤害也是物流中经常出现的,如交通事故的伤害,物品对人的碰、撞伤害,危险品的爆炸、腐蚀、毒害的伤害等。所以,物流标准化的另一个特点是在物流标准中对物流安全性、可靠性的规定和为安全性、可靠性统一技术标准、工作标准。

物流保险的规定也是与安全性、可靠性标准有关的标准化内容。在物流中,尤其在国际物流中,都有世界公认的保险险别与保险条款,虽然许多规定并不是以标准化形式出现的,而是以立法形式出现的,但是,其共同约定、共同遵循的性质,是通用的,是具有标准化内含的,其中不少手续、申报、文件等都有具体的标准化规定,保险费用等的计算也受标准规定的约束,因而物流保险的相关标准化工作,也是物流标准化的重要内容。

四、物流标准化的种类

(一) 大系统配合性、统一性标准

1. 基础编码标准

是对物流对象编码,并且按物流过程的要求,转化成条形码,这是物流大系统能够实现衔接、配和的最基本的标准,也是采用信息技术对物流进行管理和组织、控制的技术标准。

在这个标准之上,才可能实现电子信息传递、远程数据交换、统计、核算等物流活动。

2. 物流基础模数尺寸标准

基础模数尺寸指标标准化的共同单位尺寸,或系统各标准尺寸的最小公约尺寸。在基础模数尺寸确定之后,各个具体的尺寸标准,都要以基础模数尺寸为依据,选取其整数倍数为规定的尺寸标准。由于基础模数尺寸的确定,只需在倍数系列进行标准尺寸选择其他的尺寸标准,这就大大减少了尺寸的复杂性。物流基础模数尺寸的确定不但要考虑国内物流系统,而且要考虑到与国际物流系统的衔接,具有一定难度和复杂性。

3. 物流建筑基础模数尺寸

主要是物流系统中各种建筑物所使用的基础模数,它是以物流基础模数尺寸为依据确定的,也可选择共同的模数尺寸。该尺寸是设计建筑物长、宽、高尺寸,门窗尺寸,建筑物柱间距,跨度及进深等尺寸的依据。

4. 集装模数尺寸

是在物流基础模数尺寸基础上,推导出的各种集装设备的基础尺寸,以此尺寸作为设计集装设备三向尺寸的依据。在物流系统中,由于集装是起贯穿作用的,集装尺寸必须与各环节物流设施、设备、机具相配合,因此,整个物流系统设计时往往以集装尺寸为核心,然后,在满足其他要求前提下决定各设计尺寸。因此,集装模数尺寸影响和决定着与其有关各环节标准化。

5. 物流专业名词标准

为了使大系统有效配合和统一,尤其在建立系统的情报信息网络之后,要求信息传递异常准确,这首先便要求专用语言及所代表的含义实现标准化,如果同一个指令,不同环节有不同的理解,这不仅会造成工作的混乱,而且容易出现大的损失。物流专业名词标准包括物流用语的统一化及定义的统一解释,还包括专业名词的统一编码。

6. 物流单据、票证的标准化

物流单据、票证的标准化,可以实现信息的录入和采集,将管理工作规范化和标准化,也是应用计算机和通信网络进行数据交换和传递的基础标准。它可用于物流核算、统计的规范化,是建立系统情报网、对系统进行统一管理的重要前提条件,也是对系统进行宏观控制与微观监测的必备前提。

7. 标志、图示和识别标准

物流中的物品、工具、机具都是在不断运动中,因此,识别和区分便十分重要,对于物流中的物流对象,需要有易于识别的又易于区分的标识,有时需要自动识别,这就可以用复条形码来代替用肉眼识别的标识。

8. 专业计量单位标准

除国家公布的统一计量标准外,物流系统还有许多专业的计量问题,必须在国家及国际标准基础上,确定本身专门的标准,同时,由于物流的国际性很突出,专业计量标准还需考虑国际计量方式的不一致性,还要考虑国际习惯用法,不能完全以国家统一计量标准为唯一依据。

（二）分系统技术标准

主要有:运输车船标准、作业车辆标准传输机具标准、仓库技术标准、包装、托盘、集装箱标准。包括包装、托盘、集装系列尺寸标准,包装物标准、货架储罐标准等。

五、物流标准化的基点

1. 集装是物流标准化的基点

物流是一个非常复杂的系统,涉及的面又很广泛,过去,构成物流这个大系统的许多组成部分也并非完全没有搞标准化,但是,这往往只形成局部标准化或与物流某一局部有关的横向系统的标准化。从物流系统来看,这些互相缺乏联系的局部的标准化之间缺乏配合性,不能形成纵向的标准化体系。所以,要形成整个物流体系的标准化,必须在这个局部中寻找一个共同的基点,这个基点能贯穿物流全过程,形成物流标准化工作的核心,这个基点的标准化成了衡量物流全系统的基准,为各个局部的标准化的准绳。

为了确定这个基点,人们将进入物流领域的产品(货物)分成了三类,即:零杂货物、散装货物与集装货物三类。这三类的标准化难易程度是不同的:

零杂货物及散装货物在物流的"结节"点上,例如在换载、装卸时,都必然发生组合数量及包装形式的变化,因此,要想在这些"结节"上实现操作及处理的标准化,那是相当困难的。

集装货物在物流过程的始终都是以一个集装体为基本单位,其包装形态在装卸、输送及保管的各个阶段都基本上不会发生变化,也就是说,集装货物在结点上容易实现标准化的处理。至于零杂货物的未来,一部分可向集装靠拢,向标准包装尺寸靠拢;另一部分还会保持其多样化的形态而难以实现标准化。

所以,不论是国际物流还是国内物流,都可以肯定讲:集装系统是使物流全过程贯通而形成体系,是保持物流各环节上使用的设备、装置及机械之间整体性及配合性的核心,所以,集装系统是使物流过程连贯而建立标准化体系的基点。

2. 物流全系统标准化取决于和集装的配合性

具体来讲,以集装系统为物流标准化的基点,这个基点的作用之一,就是以此为准来解决全面的标准化。因此,必须实现集装与物流其他各个环节之间的配合性。其中包括:

(1) 集装与生产企业最后工序(也是物流活动的初始环节)——包装的配合性。包装尺寸和集装尺寸的关系应当是:集装是包装尺寸的倍数系列,而包装是集装尺寸的分割系列。

(2) 集装与装卸机具、装卸场所、装卸小工具(如吊索、跳板等)的配合性。

(3) 集装与仓库站台、货架、搬运机械、保管设施乃至仓库建筑(净高度、门高、门宽、通路宽度等)的配合性。

(4) 集装与保管条件、工具、操作方式的配合性。

(5) 集装与运输设备、设施,如运输设备的载重、有效空间尺寸等的配合性。

在以集装为基本物流单位的物流系统中,经常有许多基本集装单位进一步组合成大集装单位或输送保管单位的情况。例如,将集装托盘货载放入大型集装箱或国际集装箱,就组成了以大型集装箱或国际集装箱为整体的更大的集装单位;将集装托盘货载或小型集装箱放入卡车车厢、货车车厢,就组成了一个大的运输单位等。如果形成了倍数系列的尺寸关系,就能提高装运的密度和形成坚实的货垛。

(6) 集装与末端物流的配合性。随着整个经济活动越来越以消费者(再生产者)的需要为转移,消费者的地位越来越强固,质量管理、生产管理、成本管理等经济管理活动都确立了"用户第一"的基本观念,这种观念在物流活动中的反映,就是末端物流越来越受到重视。

末端物流是送达给消费者的物流,因此是以消费者的旨趣为转移的。一般说来,占消费者中大多数的零星消费者的要求,是逆规格化方向而行的,消费者追求多样化,这就使多样化的末端物流与简单化的主体物流(集装系统)的配合性出现困难。

集装物流转变为末端物流,要对简单性的集装进行多样化的分割,以解决集装的简单化与末端物流多样化要求的矛盾。衔接消费者的"分割系列"与衔接生产者的"倍数系列"有时是有矛盾的,标准化要解决的就是要选择最优。

(7) 集装与国际物流的配合性。从国际经济交往来讲,由于我国是"后发性"国家,以国际标准为主体和国际标准接轨是我们集装标准化应该做的事情。其中最重要的是和国际海运集装箱接轨。这个接轨可以使国际海运集装箱通过我国的铁路和公路运输直达内地,从而充分发挥集装箱联运"门到门"的优势。

六、物流标准化的好处

物流业是一个综合性的行业,它涉及运输、包装、仓储、装卸搬运、流通加工、配送和信息等各个方面,而广义的物流更是涉及物流上下游企业间的贯通连接。我国的现代物流业是在传统行业的基础上发展起来的。由于传统的物流被人为地割裂为很多阶段,而各个阶段不能很好地衔接和协调,加上信息不能共享,造成物流的效率不高,这在很多小的医药物流企业表现得尤为明显。物流标准化是以物流作为一个大系统,制定系统内部设施、机械设备,专用工具等各个分系统的技术标准;制定系统内各个分领域如包装、装卸、运输等方面的工作标准;制定物流运作流程标准、服务质量标准,以系统为出发点,研究各分系统与分领域中技术标准与工作标准的配合性,统一整个物流系统的标准;研究物流系统与相关其他系统的配合性,进一步谋求物流大系统的标准统一。

企业实现物流标准化带来的好处主要有:

(1) 物流标准化是物流系统设计的前提

物流标准化是物流系统同一性、一致性的保证,是几个环节有机联系的必要前提。例如,集装箱标准化可以实现不同运输方式之间的无缝联接,对于发展广泛的水陆联运,提高物流作业效率都有着重要意义。

(2) 物流标准化对物流成本和效益有重大决定作用

实现物流标准化后,贯通了全系统,可以实现"一贯到户"式的物流,其效益由速度加快、中间装卸、搬运、暂存费用降低、中间损失降低而获得。从而物流成本大大降低,效益显著提高。

(3) 物流标准化可以加快物流管理发展进程

物流标准化可以加快物流系统建设,是迅速推行物流管理的捷径。建立物流系统的涉及面广,难度非常大,推行物流标准化可以少走很多弯路,加快推行物流管理的进程。

(4) 物流标准化为物流系统与外系统的创造了条件

物流系统不是孤立的,为了使物流外系统与物流系统更好衔接,通过物流标准化简化和统一衔接点是非常重要的。

七、物流标准化的作用

物流标准化的作用主要表现在下列几个方面:

（1）可以统一国内物流概念

我国的物流发展借鉴了很多国外的经验，但是由于各国在物流的认识上有着众多的学派，就造成了国内人士对物流的理解存在偏差。物流的发展不单单是学术问题，更重要的是要为国民经济服务、创造更多的实际价值。所以，我们要弄清物流的概念问题，并对物流涉及的相关内容达成统一的认识，为加快我国物流的发展扫清理论上的障碍。

（2）可以规范物流企业

目前我国市场上出现了越来越多的物流企业，其中不乏新生企业和从相关行业转行的企业，层出不穷的物流企业也使物流队伍良莠不齐。物流业整体水平不高，不同程度地存在着市场定位不准确、服务产品不合格、内部结构不合理、运作经营不规范等问题，影响了物流业的健康发展。建立与物流业相关的国家标准，对已进入物流市场和即将进入物流市场的企业进行规范化、标准化管理，是确保物流业稳步发展的需要。

（3）可以提高物流效率

物流业是一个综合性的行业，它涉及运输、包装、仓储、装卸搬运、流通加工、配送和信息等各个方面。我国的现代物流业是在传统行业的基础上发展起来的。由于传统的物流被人为地割裂为很多阶段，而各个阶段不能很好地衔接和协调，加上信息不能共享，造成物流的效率不高，这在很多小的医药物流企业表现得尤为明显。物流标准化是以物流作为一个大系统，制定系统内部设施、机械设备、专用工具等各个分系统的技术标准；制定系统内各个分领域如包装、装卸、运输等方面的工作标准，以系统为出发点，研究各分系统与分领域中技术标准与工作标准的配合性，统一整个物流系统的标准；研究物流系统与相关其他系统的配合性，进一步谋求物流大系统的标准统一。

（4）可以使国内物流与国际接轨

全球经济一体化的浪潮，使世界各国的跨国公司开始把发展目光集中到我国。特别是我国加入 WTO 后，物流业将受到来自国外物流公司的冲击。所以，我国的物流业必须全面与国际接轨，接纳最先进的思想，运用最科学的运作和管理方法，改造和武装我们的物流企业，以提高竞争力。从我国目前的情况看，物流的标准化建设是引导我国物流企业与国际物流接轨的最佳途径。

八、如何发展中国物流标准化

中国物流标准化的发展需要注意以下几个方面：

（1）确定物流系统标准化总体规范

各级政府往往集中精力和资金发展园区，而在技术支撑方面投入不够。因此，当务之急是对我国的物流标准化进行系统的研究，并在此基础上，制定出物流系统标准化的总体规范。

（2）确定物流基础设施设备标准规范

由于集装形式是未来主导形式，因此要在包装、运输、装卸搬运、储存等环节中，以集装系统为基点建立标准。参照 ISO60OHH 4D0HH 的基础模数尺寸，建立包括物流基础模数尺寸在内的各包装单元的尺寸标准、运输工具的尺寸标准、仓储设施的尺寸标准等。

（3）物流信息服务系统

"中国电子口岸"、港航 EDI 等网络信息技术的投入应用，为物流信息标准化建设提供一定的基础平台，应完善这个平台，并以此为基础，加紧扩大标准化数据在企业间信息交换中的应用。

（4）以国际标准为基本参照系

在全球经济一体化和加入 WTO 的今天，我国的国际贸易必将日渐频繁。中国物流融入国际物流大系统是大势所趋，因此物流标准必须与国际标准接轨，才能扫清我国国际贸易上的一些技术上的障碍。

（5）监督和政策支持

对一些由传统企业转型过来的企业以及准备进入物流行业的其他企业，政府可以在推广标准化方面予以政策支持和制约。例如采取物流企业市场准入条件来制约物流企业必须贯彻物流标准化。贯彻物流标准化的企业，政府则给予政策上的扶持等。通过政府部门对物流标准化建设的监督和政策支持，物流的标准化建设能够得到政府的有力支持而稳步发展。

案　　例

罗马战马屁股的宽度决定了美国航天飞机火箭助推器的直径？

美国境内的铁轨宽度统一为 4 英尺 8.5 英寸。看来是一个很合适的宽度，不是吗？但是，是什么人确定 4 英尺 8.5 英寸这个莫名其妙的数值作为铁轨宽度的呢？在花了一些时间之后，罗杰有了一些有趣的发现。国家铁路的第一批建设者就是那些修建市内有轨电车的人。那么选择与有轨电车相同的轨道宽度也就是顺理成章的事了，更何况有轨电车已经使用了几十年。

事实证明：铁轨工作得很好，选择确实很有道理。那么现在的疑问是，又是什么原因导致有轨电车的铁轨宽度采取这个特定的数值呢？在市内有轨电车建设的早期，许多制造公司是从马车生产商转产而来的。这些公司带来了他们生产马车的技术、经验和尺寸。既然如此，马车的宽度又是从哪里来的呢？美国的马车是从英国来的。英国的国家标准规定，马车的标准轮距是 4 英尺 8.5 英寸，任何不符合这个规定的马车显然都无法在道路上存在下去。

但是事情还没有结束，最终的答案还没有找到。那么又是谁修建了欧洲最早的公路呢？

是罗马人建立了欧洲最早的公路系统，以便于通商。同时，更重要的是帮助他们在庞大帝国的内部快速地运送军队。

这些公路最初通行的车辆是罗马战车。这样，其他使用这些公路的人，就必须遵守军队规定的宽度，否则他们的车轴就很容易折断。由于罗马帝国统一了度量衡，罗马军队的指挥官把公路的宽度规定为 4 英尺 8.5 英寸。罗马战车的轮距恰恰是这个宽度，因为这个宽度刚好适合两匹马并排拉车。

正是由于这样不断的继承,最终罗马战马屁股的宽度决定了美国航天飞机火箭助推器的直径。

而这一切又是怎么来的呢?制造火箭助推器的公司名叫 Thiokol,坐落于犹他州。最初,这家公司把火箭助推器设计得比后来的要大一些,但是遇到了一个小小的难题。要把助推器运到佛罗里达州的发射场必须用火车,而火车要翻山越岭穿山洞。火车隧道只比 4 英尺 8.5 英寸宽一点点。也就是说,如果按照最初的设计,火箭助推器会卡在山洞里。这样 Thiokol 公司的设计队伍重新设计了火箭助推器的外观,以便它能通过隧道。

这就是马屁股的宽度改变了人类有史以来最先进的推进系统的设计的由来。

本 章 小 结

物流管理(Logistics Management)是指在社会在生产过程中,根据物质资料实体流动的规律,应用管理的基本原理和科学方法,对物流活动进行计划、组织、指挥、协调、控制和监督,使各项物流活动实现最佳的协调与配合,以降低物流成本,提高物流效率和经济效益。物流管理包括运输管理、配送管理、仓储管理、物流信息管理四个方面,其中仓储管理又包括仓储作业与库存控制。

物流标准化是指以物流系统为对象,围绕运输、储存、装卸、包装以及物流信息处理等物流活动制定、发布和实施有关技术和工作方面的标准,并按照技术标准和工作标准的配合性要求,统一整个物流系统的标准的过程。

思 考 题

1.阐述物流管理的内容。

2.回顾物流标准化的内容及分类。

3.物流标准化能为企业带来哪些好处?

4.物流技术方法标准、物流设施设备标准、物流管理标准、物流服务标准、物流信息标准分别包括哪些标准。

5.什么是物流标准化的基点。

第三章 物流标准化国内外发展

【本章导读】

物流标准化是促进和保证物流运作快捷便利、高效通畅的重要措施,对于提高物流服务水平,优化物流作业流程,促进物流业健康发展,更好地与国际接轨,具有重要作用。目前,随着信息技术和电子商务、电子数据、供应链的快速发展,国际物流业已进入快速发展阶段。而物流系统的标准化和规范化已成为先进国家提高物流运作效率和效益,提高竞争力的必备手段。我国物流标准化方面的工作是随着建国以后我国标准化事业的发展而发展的,尤其是1978年国家标准局(原国家质量技术监督局)成立以后得到了快速的发展。尽管我国建立了物流标准体系,并制定了一些重要的国家标准,但这些标准的推广应用存在着严重问题。为了推动我国物流标准化的发展,使我国物流标准化能够推动现代物流的发展,使物流成为真正的我国经济增长的"第三利润源",我们应采取相应对策。

【本章重点】

1.物流管理的内容、分类;2.物流标准化的内容;3.物流标准化的种类;4.物流标准化的作用和意义。

【学习目标】

通过对本章的学习,了解国际物流标准化现状,了解我国物流标准化现状与趋势,建立对物流标准化的整体印象。

【关键概念】

国际标准化组织　全球第一商务标准化组织　物流标准化　物流标准化现状与发展

第一节　国际物流标准化现状

一、国际标准化组织

从世界范围来看,物流的标准化,在各个国家都还处于初始阶段,标准化的重点在于通过制定标准规格尺寸来实现整个物流系统的贯通,取得提高物流效率的初步成果。

目前,ISO/IEC下设了多个物流标准化的技术委员会负责全球的物流相关标准的制修订工作,见表3-1。相应的技术委员会已制定了200多项与物流设施、运作模式与管理、基础模数、物流标识、数据信息交换相关的标准。

表3-1　国际标准化组织 ISO 中与物流有关的标准化技术委员会

TC 号	名称	秘书处承担国家
TC8	造船与船舶技术	日本

TC 号	名称	秘书处承担国家
TC20	航空与航天器	美国
TC22	道路车辆	法国
TC51	单件货物搬运托盘	英国
TC52	薄壁金属容器	法国
TC63	玻璃容器	英国
TC96	起重机	
TC100	传动用和输送用链条及链轮	美国
TC101	连续式机械装卸设备	德国
TC104	货物集装箱	美国
TC110	工业车辆	德国
TC122	包装	土耳其
TC204	运输信息和管理系统	美国
TC211	地理信息	挪威

二、全球第一商务标准化组织

全球第一商务标准化组织(GSI)由国际物品编码协会(EAN)和美国统一代码委员会(UCC)合并而成。它将自身定位为全球第一商务标准化组织,其宗旨是推广"全球商务语言—EAN·UCC 系统"(在我国称为 ANCC 全球统一标识系统,简称 ANCC 系统)。

EAN·UCC 系统是一套国际通行的关于商品、物流单元、资产、位置和服务关系等的全球统一标识标准及相关的包括信息采集技术标准、信息交换技术标准和信息应用标准等商务标准。

EAN 成立于 1977 年,是基于比利时法律规定建立的一个非营利性质的国际组织,总部设在比利时首都布鲁塞尔。UCC 是北美地区 EAN 的对应机构。

EAN 的前身是欧洲物品编码协会,主要负责除北美以外的 EAN·UCC 系统的统一管理及推广工作,其会员遍及 100 多个国家和地区,全世界已有约百万家公司、企业通过各国或地区的编码组织加入到 EAN·UCC 系统中来。

EAN 自建立以来,始终致力于建立全球跨行业的产品、运输单元、资产、位置和服务的标识标准体系和通信标准体系。其目标是向物流参与方和系统用户提供增值服务,提高整个供应链的效率,加快实现包括全方位跟踪在内的电子商务进程。

从 20 世纪 90 年代起,为了使北美的标识系统尽快纳入 EAN·UCC 系统,EAN 加强了与 UCC 的合作,达成联盟,以共同开发、管理 EAN·UCC 系统。2004 年初,EAN 与 UCC 正式合并,并更名 GSI。

当前,GSI 作为一个用于商贸和供应链管理的世界第一大实用性的标准化组织,致力于开发全球的、开放的、多行业的标准,通过建立标准和促进标准在全球的应用,来改进供应链和需求链的效率,真正在全球商务中起到"引领未来"的作用。GSI 具有自身的特点:非营利性、中立性、开放性、用户需求驱动性、动态实时性、国际性。主要任务有:发展开放的多方参与的全球标准;开展标准方面的培训工作;通过帮助和提升标准的应用促进最佳商务方案的实施。

三、先进国家物流标准化

随着信息技术和电子商务、电子数据、供应链的快速发展,国际物流业已经进入快速发展阶段。而物流系统的标准化和规范化,已经成为先进国家提高物流运作效率和效益,提高竞争力的必备手段。在国际集装箱和 EDI 技术发展的基础上,各国开始进一步在物流的交易条件、技术装备规格,特别是单证、法律环境、管理手段等方面推行国际的统一标准,使国内物流与国际物流融为一体。

1. 美国

美国作为北大西洋公约组织成员之一,参加了北大西洋公约组织的物流标准制定工作,制定了物流结构、基本词汇、定义、物流技术规范、海上多国部队物流、物流信息识别系统等标准。美国国防部建立了军用和民用的物流数据记录、信息管理等方面的标准规范。美国国家标准协会(ANSI,American Nation Standards Institute)积极推进物流的运输、供应链、配送、仓储、电子数据交换(EDI)和进口等方面的标准化工作。美国与物流相关的标准约有 1200 余项,包括运输、包装、装卸、流通、仓储、配送和信息等。

在参加国际标准化活动方面,美国积极加入 ISO/TC 104(集装箱标准化技术委员会),在其国内设立了相应的第一(普通用途集装箱:General purpose cintainers)分委会,第二(特殊用途集装箱:Specific purpose cintainers)分委会和第四(识别和通信:Identification and communication)委员会。美国还加入了 ISO/TC 204(包装标准化技术委员会)、ISO/TC 154(管理、商业及工业中的文件和数据单元:Documents and data elementa in administration, commerce and industry)委员会。美国还加入了 ISO/TC 204(智能运输系统标准化技术委员会),并由美国智能运输系统协会为 ISO/TC 204 提供技术咨询,负责召集所有指定智能运输系统相关标准的机构成员共同制定美国国内的 ITS 标准。

美国统一代码委员会(UCC,Uniform Code Committee,2004 年与国际物品编码协会合并,更名为 GSI)给供应商和零售商提供一种标准化的库存单元(SKU)数据,早在 1996 年就发布了 UPC 数据通信指导性文件,美国标准协会也于同年制定了装运单元和运输包装的标签标准,用于物流单元的发货、收货、跟踪及分拣,规定了如何在标签上应用条码技术,甚至包括用二维条码四一七和 Maxicode,通过标签来传递各种信息,实现了 EDI 报文的传递,即所谓的"纸面 EDI",做到了物流和信息流的统一,为物流一体化发展提供了技术手段。

2. 日本

日本是对物流标准化比较重视的国家之一,标准化的速度也很快。日本在标准化体系研究中注重与美国和欧洲进行各种合作,将研究重点放在标准的国际通用性上。目前已经提出日本工业标准(JIS)关于物流方面的若干草案,它们包括物流模数体系、集装的基本尺寸、物流用语、物流设施的设备基准、输送用包装的系列尺寸(包装模数)、包装用语、大型集装箱、塑料制通用箱、平托盘、卡车车厢内壁尺寸等。在日本现有的标准体系中,与物流相关的标准约有 400 余条,其中运输 24 条、包装 29 条、流通 4 条、仓储 38 条、配送 20 条、信息 302 条。就基础标准而言,主要是名词术语及单元尺寸标准见表 3 - 2。

表 3 - 2　名词术语及单元尺寸标准

编号	名称
JIS　D6201	叉车术语
JIS　D6801	AGV 术语
JIS　Z0104	瓦楞纸术语
JIS　Z0106	托盘术语
JIS　Z0108	包装术语
JIS　Z0110	工业货架术语
JIS　Z0111	物流术语
JIS　Z0161	集装单元尺寸

涉及货物安全、防护、以及优化包装容器的标准见表 3 - 3。

表 3 - 3　货物安全、防护、以及优化包装容器的标准

编号	名称
JIS　Z0105	运输包装　运输包装的同等模数尺寸
JIS　Z0200	包装货物　一般实验规则
JIS　Z0200	包装货物　跌落试验方法
JIS　Z0205	包装货物　水平冲击试验方法
JIS　Z0216	包装容器的喷水试验方法
JIS　Z0232	包装货物　震动试验方法

与托盘相关的主要标准见表 3 - 4。

表 3 - 4　与托盘相关的主要标准

编号	名称
JIS　Z0601	连续运输用平托盘
JIS　Z0602	平托盘试验方法
JIS　Z0604	木制平托盘
JIS　Z0605	金属平托盘
JIS　Z0606	塑料平托盘
JIS　Z0607	薄板托盘

编号	名称
JIS　Z0610	箱式托盘
JIS　Z0611	联运箱式托盘
JIS　Z0612	联运箱式托盘试验方法
JIS　Z0614	冷藏用箱式托盘

与集装箱相关的主要标准见表3-5。

表3-5　与集装箱相关的主要标准

编号	名称
JIS　Z1610	国内用货物集装箱　内部尺寸及一般规范
JIS　Z1611	国内用隔热集装箱
JIS　Z1612	国内用隔热集装测试规范
JIS　Z1614	国际货运集装箱　外部尺寸及额定值
JIS　Z1618	国际贸易用普通货运集装箱
JIS　Z1619	国际贸易用冷藏集装箱
JIS　Z1621	国际贸易用敞口集装箱
JIS　Z1622	带有特定限制的国际贸易用平柜架式集装箱
JIS　Z1624	国际贸易用罐式液体和气体集装箱
JIS　Z1625	国际贸易用平台式集装箱
JIS　Z1626	国际贸易用货运集装箱的运输和加固
JIS　Z1651	散货集装箱
JIS　Z1655	可重复使用的塑料容器

涉及装卸搬运设备的主要标准见表3-6。

表3-6　涉及装卸搬运设备的主要标准

编号	名称
JIS　D1701	冷藏或冷冻车辆的车箱保冷性能的试验方法
JIS　D4001	冷藏冷冻汽车的保温车箱
JIS　D4002	载货汽车车箱的内倾斜度的尺寸
JIS　D6001	叉车　安全规程
JIS　D6011	叉车　稳定性和稳定性实验
JIS　D6023	叉车　制动性能和制动试验

续表

编号	名称
JIS D6024	叉车　挂钩型货叉及叉架、安装尺寸和结构
JIS D6202	叉车　规范的标准格式
JIS D6802	自动导引车系统　一般安全规范
JIS B8920	手推车
JIS B8924	手动搬运车　主要尺寸
JIS B8925	带升降台的手推车
JIS B8930	托盘搬运车　主要尺寸
JIS B8950	整货用垂直输送机
JIS B8951	托盘堆码机

3. 欧洲

欧洲标准化委员会（European Commttee for Standardization, CEN）是 1961 年由欧盟 16 国成立的标准化组织。该组织目前设立了第 320 技术委员会，负责运输、物流和服务（Transport、Logistics and services）的标准化工作，相关的还设立了第 278 技术委员会，负责道路交通和运输的信息化（Road Traffic and Transport Telemetric），分 14 个工作组和多个子工作组进行与 ISO/TC 204 内容大致相同的标准制定工作。另外还有第 119 技术委员会（Swap bodies for combined goods transport）和第 296（Tanks for transport of dangerous goods）技术委员会等。这些委员会共同推进物流标准化进程，在标准制定过程中进行多方面的联系与合作。

在英国现有的标准体系中，与物流相关的标准约有 2500 项左右，其中运输 733 项、包装 432 项、装卸 51 项、流通 51 项、仓储 400 项、配送 400 项、信息 400 项。

德国也形成了较完善的物流标准体系，该体系包含的与物流相关的标准有 2480 项左右，其中运输 788 项、包装 40 项、流通 124 项、仓储 500 项、配送 499 项、信息 499 项。

第二节　我国物流标准化现状与趋势

一、我国物流标准化的现有基础

近些年，我国国民经济与对外贸易的发展为中国物流标准化的发展提供了良好的机遇，尤其是近几年来，国内的专业化物流公司和商业企业配送中心渐成气候，一些大型制造企业也在物流配送方面有所动作。随着物流产业基础市场的发育，我国的物流标准化工作开始启动，并取得了一系列成绩。具体表现在以下几个方面。

1. 制定了一系列物流或与物流有关的标准

据粗略统计，在我国现已制定颁布的物流或与物流有关的标准已有近千个。在包装标准方面，我国已全面制定了包装术语、包装尺寸、包装标志、运输包装件基本试验、包装技术、包装材料、包装材料试验方法、包装容器、包装容器试验方法、产品包装、运输、贮存与标志等方面的标准;在物流机械与设施方面,我国制定了起重机械、输送机械、仓储设备、装卸机械、自动化物流装置以及托盘、集装箱等方面的标准。

从系统性的角度来看,已不仅仅是单纯制定技术标准,有关物流行业的通用标准、工作标准和管理标准也已开始制定。从标准层次性的角度来看,制定的与物流有关的标准不只有企业标准和地方、行业标准,也有不少的国家标准,其中有一部分标准还采用了国际标准或国外先进标准。从部门的角度来看,中国与物流关系比较密切的一些部门,如铁道部、交通部、机械工业部、冶金部、内贸易部等均制定了一系列与物流有关的标准,特别是制定了许多作为国家标准系列中比较欠缺的作业标准和管理标准。

2. 建立了与物流有关的标准化组织、机构

中国已经建立了一套以国家质量监督检验检疫总局为首的全国性的标准化研究管理机构体系,而这中间有许多机构和组织从事着与物流有关的标准化工作。据悉,国家质检总局即将成立全国供应链过程管理与控制标准化技术委员会。该委员会的对外名称是 SCM-CHINA,秘书处设在中国物品编码中心。

3. 积极参与国际物流标准化活动

中国参加了国际标准化组织 ISO 和国际电工委员会 IEC 与物流有关的各技术委员会与技术处,并明确了各自的技术归口单位。此外,还参加了国际铁路联盟 UIS 和社会主义国家铁路合作组织 OSJD 等两大国际铁路的权威机构。

4. 积极采用国际物流标准

在包装、标志、运输、贮存方面的近百个国家标准中,已采用国际标准的约占 30%;公路水路运输方面的国标中,已采用国际标准的约占 5%;在铁路方面的国标中,已采用国际标准的约占 20%;在车辆方面的国标中,已采用国际标准的约占 30%。此外,在商品条形码、企事业单位和社团代码、物流作业标志等方面也相应采用了一些国际标准。

5. 积极开展物流标准化的研究工作

在加入 WTO 的今天,中国物流国际化是必然的趋势,如何实现我国物流系统与国际物流大系统顺利接轨,关键在于物流标准化。至此,物流标准化工作被提到了前所未有的高度上来,全国不少相关科研院所、高等院校的科研机构,都投入到了这项研究工作当中。

二、我国物流标准化发展状况分析

在物流标准化研究方面,我国虽然尚未从物流系统角度全面开展各环节的标准化工作,也尚未研究物流系统的配合性等问题,但也进行了一些这个方面的研究并制定了一些相关标准。其中汽车、叉车、吊车等已全部实现了标准化,包装模数及包装尺寸、联运平托盘也制定了国家标准。参照国际标准,还制定了运输包装部位的标识方法国家标准。其中,联运平托盘外部尺寸系列规定优先选用两种尺寸,各为:800mm×1200mm,1000mm×1200mm;还可选用一种尺寸为 800mm×1000mm。托盘高度基本尺寸为 100mm、70mm 两种。

目前,比较典型的是包装标准化和集装箱标准化。

1. 包装标准化

从组织上来讲,1980 年、1981 年相继成立了中国包装技术协会和中国包装总公司。

1981 年,成立了中国包装技术协会包装标准委员会,秘书处设在原国家标准局。1982 年原国家标准局把包装标准化工作列为国家标准局的重点工作之一,并多次发表文章要求国务院各有关部、局,各省、市、自治区以及计划单列市的标准化机构,把包装标准化问题纳入标准化工作日程。1989 年,包装国家标准总数达到 362 个。80 年代以后,我国积极采用国际标准和国外先进标准,尤其是包装基础标准,更是优先采用。已批准、发布的 36 个包装基础标准中,采用国际标准和国外先进标准的有 23 个,占 64%。

1985 年,成立了全国包装标准化技术委员会,秘书处设在轻工部包装科学研究所。委员会由从事包装标准化的专家、学者、工程技术人员组成,并成立了包装试验方法、包装尺寸、包装袋等分技术委员会,从事各方面包装标准化的研究、标准的制修订工作及标准化的学术活动。

目前,我国的包装标准化体系已逐步得到完善,其构成主要包括以下几个方面:

(1) 综合基础标准。包括工作导则、包装标志、包装术语、包装尺寸、运输包装件试验方法、包装技术及方法、包装管理等方面的标准。

(2) 包装专业技术标准。包括包装机械、包装容器、包装材料等方面的标准。

(3) 产品包装标准。包括农业、水产、食品、医药、建材、化工、纺织、轻工、电子、仪器、兵器、机械、邮电等方面的产品包装标准。此外,还有其他一些相关标准,如托盘、集装箱及环境条件等方面的标准均属此类。

上述几个方面的标准互相配套,构成一个完整的包装标准体系。

2. 集装箱标准化

集装箱是集装箱包装运输业中的一项先进设备,1976 年我国成立了集装箱标准化联合工作组。1978 年 8 月完成了我国第一个集装箱规格尺寸的国家标准。集装箱尺寸的统一,有力的推动了我国集装箱运输事业的发展,并为制造其他集装箱标准奠定了基础。1979 年我国开始研究和试验使用集装箱、集装架包装运输、制定并实施了两项国家标准。

1980 年 3 月,成立了由铁道部、交通部、商业部等 21 个部门和单位组成的全国集装箱标准化技术委员会,有效地开展了标准化工作。参照采用 ISO668《系列 1 集装箱分类、尺寸和额定值》国际标准,规定了适用我国国内和国际联运的集装箱外部尺寸和重要系列,统一了我国集装箱的规格尺寸,为组织集装箱不同运输方式的联运和国际联动以及为实现我国交通运输业的机械化、自动化创造了条件,为研究制定集装箱的其他标准及相应配套设备的标准打下了良好的基础。

3. 信息标准化

随着信息技术尤其是电子商务技术的迅速发展,物流信息标准化的研究和制定工作迅速发展。如中国标准研究院完成了国家科委下达的科技基础性项目"流通领域信息标准化研究与标准研制"中的物流信息标准化体系研究专题;还制定了包括 GB 12904—2003《商品条码》,GB/T 16830—1997《储运单元条码》,GB/ 18347—2001《128 条码》等在内的、与物流配送系统有关的物流标识、物流信息自动采集及物流信息交换国家标准 40 多个。

目前,我国的相关物流部门如交通部、铁道部也都有相应的标准化研究机构,对该领域融入我国现代物流在标准化方面的要求进行了研究,如交通部完成了我国智能运输系统标准体系研究,交通部科学技术司及交通部标准计量研究所共同出版了《交通行业标准体系表》，确定了与物流有关的水陆联运、集装箱运输、成组运输、运输包装及运输市场管理等相关的标准明细。

一些从事物流研究的大专院校，科研院所及相关协会，如北方交通大学物流科学研究所、中国物资流通协会、中国物流与采购联合会、北京物资学院等也开始对我国的物流标准化进行研究。

鉴于物流标准化的重要性，我国的物流标准化工作无论从组织管理上、标准制定和企业推广应用上都得到了很大的发展。

首先从组织上，经国家标准化管理委员会批准，我国已经成立了全国物流标准化技术委员会和全国物流信息管理标准化技术委员会两个标准化技术委员会。全国物流标准化技术委员会主要负责物流信息以外的物流基础、物流技术、物流管理和物流服务等领域的标准化工作。全国物流信息管理标准化技术委员会主要负责物流信息基础、物流信息系统、物流信息安全、物流信息管理、物流信息应用等领域的标准化工作。

国家标准委、国家发展改革委等八部委联合印发《全国物流标准发展规划》，提出了我国物流标准化的指导思想和制修订任务，确立了以"物流技术、物流信息、物流管理、物流服务"为主体结构的物流标准框架体系。该规划的颁布与实施，对建立物流标准体系，加快社会急需的物流通用类型标准和专业标准的制修订工作，初步解决我国物流业标准短缺和滞后等问题，发挥了重要作用。

按照《全国物流标准发展规划》的要求，我国相继制定了物流术语、物流企业、物流成本、物流园区、物流服务、物流统计、物流中心、通用平托盘、国际货运代理等方面的通用类标准。物品编码、标识、单证以及信息交换等物流标准的制定和实施工作也已经逐步展开。冷链、港口、出版物、汽车和零部（配）件物流等方面的专业类项目的标准制定已开始起步。这些标准对于加强物流业规范化管理，提高行业整体发展水平，促进物流业与制造业的联动发展发挥重要作用。

同时，我国物流标准实施取得初步成效。近年来，政府部门、行业组织、生产流通企业积极推进物流标准的贯彻实施，取得初步成效。如：实施通用平托盘国家标准，为从根本上促进我国通用平托盘规格的统一，提高物流效率，进一步在我国建立托盘公用系统奠定了基础；国际货运代理系列国家标准已得到业界的普遍重视，并且该标准的实施对进一步规范国际货运代理服务，提高服务质量，推动更多企业走出国门，起到了重要作用；条码、电子数据交换报文等标准在物流领域的推广实施，促进了物流信息采集、识别和管理的统一，加快了物流信息化的发展。物流标准的实施，对于提高物流服务质量，推动物流企业健康发展，规范物流市场发挥了积极作用，产生了良好的社会效益。

国家标准化管理委员会、科技部及交通部等有关部委都对现代物流技术相匹配的标准化工作十分重视，投入了大量财力、人力进行有关标准规范的研究与制定工作。

科研上，"十一五"期间，科技部支持的物流标准化项目"物流配送系统标准体系及关键标准"和"我国电子商务与现代物流标准化体系及关键标准的研究与制定"取得了很大的成果。制定了我国的物流标准体系框架、电子商务标准体系框架及发展现代物流的关键标准。中国物品编码中心等单位通过科技部项目制定了《物流国家标准化体系表》，给出了我国物流国家标准的体系框架，并进行了系统分析，针对当前我国物流相关的国家标准的应用现状,提出了当前急需制定和推广的物流国家标准,该体系成为后来制定我国国家物流标准化发展规划的重要参照依据。

针对当前我国物流设备、物流作业以及物流系统的建立等尚未规范化,非标准化的物流装备、设施、信息表示和信息交换仍然相当普遍,制定了《物流表准化总体规范》。该规范规定了物流相关术语及概念、物流设施与装备、物流作业流程、关键支撑技术、物流系统建设等内容,是物流系统建设的基础。

鉴于信息技术在物流现代化中的关键作用,2003 年,物流信息标准化有了很大的进展。《物流条码技术应用规范》已经制定。该规范分析了现有物流管理中运用到的条码码制的技术特点及适用范围,给出了在物流管理中对各物流信息、物流设施、物流作业进行管理时,条码码制、条码放置位置的选择以及条码印刷的质量要求等,以指导物流管理中条码技术的应用,提高物流管理效率,为物流信息的自动采集、物流系统的建设打下技术基础。

针对当前物流信息系统建设中,物流信息标识的非标准化现象,中国物品编码中心进行了"现代物流信息标识体系研究",系统地分析了我国物流供应链上的各作业环节及各环节存在的各级包装单元、用到的物流设施和产生的物流单证等,给出其分类与编码方案,并提出目前实现物流现代化急需制定的物流信息标识标准。内容包括:贸易单元编码、物流单元编码、物流信息属性编码、物流节点编码、物流设施与装备编码、物流单证编码、物流作业编码等。该研究充分体现现代物流一体化的特点,制定的标识体系能够实现物流供应链上物流数据的一致性,可以提高物流信息在物流供应链上的透明度,为物流信息系统的建设打下技术基础。

随着当前电子商务的应用,利用互联网进行物流信息交换将逐步取代传统电子数据交换 EDI 方式而成为新型的物流信息交换模式 XML。XML 为现存的 EDI 交易提供了向后兼容性。近年来,有关的科研机构已经制定了一些物流行业的 XML 标准,开始系统开展物流信息交换标准化。

4. 重点行业物流技术和管理标准化成为我国物流标准化的重点

围绕新时期我国物流业发展的要求,依据 2009 年我国发布的《物流调整和振兴规划》中确定物流业发展重点,物流技术、物流管理、物流服务与管理、国际货运代理、粮食物流、冷链物流、医药物流、汽车和零部(配)件物流、邮政(含快递)物流、应急物流等 10 个领域的物流标准化工作将成为未来几年我国物流标准化工作的重中之重,制修订相关国家标准和行业标准将成为主要的工作任务。

5. 物联网建设标准化将成为我国物流信息化工作的重点

随着全球经济一体化、信息网络化进程的加快,在技术革新迅猛发展的背景下,基于编码技术、网络技术、信息采集技术应用的物联网建设日益成为人们关注的焦点,将给人类社会生活带来巨大的变革。物联网是指利用条码、射频识别、传感器、全球定位系统、激光扫描器等信息传感设备,按约定的协议,实现人与人、人与物、物与物的在任何时间,任何地点的链接,从而进行信息交换和通信,以实现智能化识别、定位、跟踪、监控和管理的一种网络系统。在分析物联网体系架构的基础上,研制我国物联网标准体系框架并制定关键的编码标准、接口标准、性能测试标准、安全标准及应用标准将成为未来一段时间我国物流信息标准化工作的重点。

6. 物品编码与解析标准化将成为物联网标准体系建设的重中之重

物联网建设必须以科学的物品编码和解析体系为基础。物品编码解决的是物联网底层数据结构如何统一的问题,物品编码解析解决的是物联网网络信息传播的路径问题。在物联网运行中,物品代码必须通过一定的转换机制对应到一个或多个网络地址,由用户端通过访问该网络地址才可以进一步找到此物品标识代码对应对象的详细信息。物品编码与解析体系建设是我国物联网发展的核心内容,由此物品编码与解析标准化将成为物联网标准体系建设的重中之重。

三、我国物流标准化工作存在的基本问题

尽管近几年来,我国的标准化工作取得了一定的进展,但由于诸多原因,目前我国的标准化状况仍不容乐观,存在着诸多问题。

1. 物流标准制定内容上存在的问题

(1) 条块分割、部门分割、地区分割

由于物流及其物流管理思想在我国诞生较晚,组成物流大系统的各个分系统在没有归入物流系统之前,早已分别实现了本系统的标准化。这就必然导致了在标准制定内容上的条块分割、部门分割。同时由于在长期计划经济体制的影响下,各地区各行业各自为政,物流标准不一致,跨区域性、多式联运物流效率下降。

(2) 在货物的仓储、装卸和运输等过程中缺乏基本设备的统一规范

仓储、装卸和运输是物流系统中极其重要的组成部分,其效率的高低直接影响物流速度和效率。目前,我国物流系统货物的仓储、装卸和运输等各环节因缺乏统一的规范而难以实现有效的衔接。如托盘的尺寸、卡车的大小、仓库货架的尺寸等无法配套使用。其中托盘标准存在的问题较为典型,我国的物流企业有的采用欧美标准,有的采用日韩标准,还有的干脆自己定义,由于与产品包装箱尺寸不匹配,严重影响了物流系统的运作效率。

(3) 信息标准化落后

目前我国许多部门和单位都在建自己的商品信息数据库,但数据库的字段、类型和长度都不一致,形成一个信息孤岛。严重影响了作为物流管理基础的信息交换和电子商务的运作。

(4) 采用国际标准的比例低

在长期计划经济的影响下,我国的标准包括物流相关标准在制定过程中较少考虑与国际标准的一致性。因此,目前能与国际标准接轨的物流标准所占比例很低,这必将为我国的国际贸易设下障碍。

2. 物流标准的推广、执行上存在的问题

尽管我国建立了物流标准体系,并制定了一些重要的国家标准,但这些标准的推广应用存在着严重问题。例如《储运单元条码》的应用正确率不足15%。这种现象的广泛存在,深刻揭示了我国物流标准化管理工作落后的现状。制约物流标准化的推广、执行的因素有很多,主要包括以下几个方面。

(1) 体制性障碍

如前所述,在长期计划经济体制的影响下,物流管理形成了一种条块分割、部门分割、地

区分割的状态。物流系统各分系统的标准往往由不同的政府部门分别管理,且执行的是本行业内的标准,这对于整个物流系统各环节的配合和衔接十分不利。

（2）物流标准化意识淡薄

一些国有企业和相关部门还没有意识到物流这个"第三利润源"的作用,企业的"大而全"、"小而全"的经营状况十分严重,市场经济要求社会化的专业细分,但现在分离进程非常缓慢,很多企业的物流都依赖自己的仓库和车队,标准化程度极低且破损率极高,大大降低了物流速度,提高了物流成本。

（3）物流市场发育不足

物流市场发育不足也是既有标准得不到推广的一个重要原因。在市场经济中,技术标准通常是从行业自发需求中产生的。在我国,市场需求还没有形成足够的规模,国内除了宝供、海尔等几家大企业之外,很多物流企业都是从传统行业转型过来的中小企业,尽管更换了公司名称,但操作理念和规范还比较陈旧。由于标准化的普及有赖于产业自身的发育程度,在这些企业中推行物流标准化显然具有很大难度。

（4）物流标准化人才极其匮乏

由于中国的物流及物流管理的思想诞生较晚,历年来在计划经济体制的影响下,对物流重视的程度不够,导致物流人才极其缺乏。目前物流行业的从业人员,绝大部分是从相关行业转过来的,真正具有扎实的现代物流理论基础与实践经验的人少之又少。特别是对于物流标准化而言,人才匮乏现象更为严重。

四、我国物流标准化对策

为了推动我国物流标准化的发展,使我国物流标准化能够推动现代物流的发展,使物流成为真正的我国经济增长的"第三利润源",我们应采取如下对策:

1. 充分发挥政府部门的组织和引导作用

政府部门是国家标准的组织制定者和推广者,在国家标准的制定中扮演着重要的角色。我国已经成立了中国物品编码中心,全国物流信息技术委员会和全国物流标准化技术委员会等全国物流标准化组织,其委员单位包括有关的科研机构、专业技术标委会、行业协会、物流企业,涵盖交通、铁路、民航、机械、贸易、邮政、出版、粮食、医药、信息产业、军事等多个行业。接下来的工作就是要协调好不同部门和不同行业的利益和观点,统一组织,最大程度地统一标准,结束各自为政的局面。同时,要建立专门的组织出钱、出力,负责全面推广标准。对于企业来说,只要不是强制性标准可以自由选择。如果任由物流标准自生自灭,其存活下来的可能性微乎其微。

2. 制定物流产业发展政策,创造产业发展机遇

国家有关部门已从全局和战略的高度,加快了培育流通领域大公司大集团的步伐,并针对当前培育大型流通企业工作中存在的突出问题,继续认真研究和制定相应的政策措施,消除流通企业工作中存在的突出问题,继续认真研究和制定相应的政策措施,消除流通企业改革和发展的体制性障碍,为流通企业的改革创造良好的环境,如通过制定政策和措施,鼓励物流企业采取整合、并购、联盟、合资或上市融资等方式快速扩大企业规模和实力,鼓励物流企业发展综合业务、塑造品牌形象、参与国际竞争。由政府创造产业发展机遇,随着产业不断成熟，物流企业实力增强，集中度提高，对标准化的需求就会增加，物流标准也将会在市场推动下逐步实现。

3. 了解企业需求，保证标准切实可行

许多企业确实需要标准，但起草的标准未必符合企业的需求。如果没有实际的用处，企业自然不会采纳。因此，要调查企业对于标准的需求，可采用典型调查的方法，对涉及各类企业选取典型进行调查，然后进行综合和统一。也可以让更多的企业直接参与到标准的研究与制定中，并且把一些企业应用较好的标准加以推广，标准的应用率就会提高。

4. 选择好标准的切入点，以点带线，以线带面

标准化过程是一个渐进的过程，要选择好标准化的切入点，形成示范和连锁效应。物流标准化应在内部联系紧密、与外部联系相对松散的物流系统中实现才能最终对系统进行优化，所以物流标准化的单位应该是整个供应链，而不是单个的企业。由于核心企业在供应链中起主导作用，可通过市场来控制供应链上下游企业的行为，所以我们选择切入点就是要选择对物流标准化需求迫切的供应链，同时支持核心企业首先进行物流标准化，并依靠这些核心企业的主导作用在整个供应链内逐步实现物流标准化。目前家电、手机、医药、日化、烟草、汽车等行业，十分重视物流和供应链管理，迫切需要通过物流标准化加强行业内部企业协调，进一步优化供应链，降低物流成本，提高物流服务水平。例如，宝洁公司为了实现供应链协调和优化在中国力推行业标准，公司于 2003 年 7 月底正式启动了中国 200 家分销商数据交换系统，按照计划，全国各大分销商的综合信息管理系统将于宝洁的系统进行链接。发达国家的行业标准大都是在市场推动下自发完成的，宝洁等跨国企业借助市场改造本土物流企业，其实已经是这种行业标准形成的初级形态。政府部门应借势加快物流标准的制定和推广，扶持这些跨国公司和核心企业，逐步实现供应链内部标准化，进而实现行业内部乃至整个社会物流标准化。这是一个由点带线，由线带面的连锁和示范过程。

5. 与信息化结合，与国际化接轨

现代物流的核心技术是物流系统的信息化，即借助计算机网络和信息技术，将原本分离的采购、运输、仓储、代理、配送等物流环节，以及物流、信息流和资金流进行统一协调控制，实现完整的供应链管理。因此，软件标准中的物流信息标准尤其重要，是现代物流标准化的关键。随着信息化水平的提高，在业务流程得到合理化、标准化的基础上，要融合先进的管理理念，整合几大软件公司的技术，开发先进的、符合实际的企业资源计划、配送需求计划、供应链管理系统，在企业内推广，从而将物流的标准化固化在企业的营运管理中。随着全球经济一体化进程的加快，国际标准的采用已经十分普遍，是否采用国际标准已经成为企业能否参与国际竞争及能否获得竞争优势的必要条件。物流标准必须与国际标准接轨才能促进中国企业参与到全球供应链竞争中。

6. 建立物流系统的探察机制，把握物流标准的动态性

当前，科学技术、信息技术和管理科学的发展日新月异，物流设施设备、操作流程、信息系统和管理方法也随之发生新的变革。如果物流标准保持一成不变，就会落后于物流实践，成为物流系统发展的绊脚石。因此，从观念上要把物流标准作为整个物流系统的一部分，保持物流标准和其他要素的协调性，坚持其服务定位，保证其开放型和动态性；从机制上要设立物流系统的探察机制，定期发掘新动向，及时、适时地修正物流标准。

五、我国物流标准化趋势

1. 重点开展新兴的信息技术标准化工作

当前,EPC(产品电子代码)是物流与信息管理的新技术,可以通过互联网搭建一个全球的、开放的供应链网络系统,对实物供应链全过程实时跟踪和管理,提高供应链的透明度,降低供应链成本,提高供应链效率、效益和安全保密性。在经济全球化和全球信息化快速发展的今天,EPC已受到世界各个国家和地区的高度重视。

中国国家标准化管理委员会一直十分关注有关EPC技术的发展动态及标准化进程。自2004年以来,先后主办并组织了由有关部委、科研单位、技术研发单位、用户参加的三届联席会及EPC与物联网高层论坛,并于2004年4月22日举行了EPCGlobalChina成立的接牌仪式,有效推动了我国在及时跟踪国际EPC与物联网技术的发展动态、研究开发EPC技术的相关产品、推进EPC技术的标准化、推广EPC技术应用等方面的工作,促进了我国EPC技术与国际的同步发展。

2. 发展全球电子商务数据标准化

进行物流数据的一致性研究,为电子商务打下技术基础,将是未来物流信息标准化的重点。因为,随着电子技术、网络技术的发展,全球经济、全球贸易及电子商务已成为当今发展趋势。贸易伙伴之间主数据是商务系统中最基本最重要的信息,在不同的经济体系中,全球产品与服务主数据能否共事和一致是提高电子商务效率和效益的关键。而电子商务与现代物流又是紧密联系的,针对当前严重影响现代物流建设与发展的物流数据一致性问题,急需展开这方面的标准化研究工作。

3. 推动物流基础标准,作业标准及其他管理与服务标准

首先,物流基础标准急需制定,具体指计量单位标准和模数尺寸标准。物流专业计量单位标准,是物流作业定量化的基础,目前我国还没有制定出统一的标准。它的制定要在国家的统一计量标准的基础上,考虑到许多专业的计量问题和与国际计量标准的接轨问题。物流基础模数尺寸标准是物流系统中各种设施建设和设备制造的尺寸依据,在此基础上可以确定出集装箱基础模数尺寸,进而确定物流的模数体系。目前,尚未形成国家的统一标准。

其次,由于当前我国物流系统中已有的标准主要来自各分系统的国家标准,而且现有标准多集中于技术方面,对于物流各分系统的作业标准涉及不多。作业标准主要是指对各项物流工作制定的统一要求和规范化规定,这方面的标准化也是今后物流标准化的重点。

由于管理和服务在现代经济中的重要地位,今后我们要积极制定物流管理的相关标准,使管理标准化,并通过一流的服务来加强市场竞争力。由于人与自然存在矛盾,可持续发展成为世界经济发展的潮流,同样物流在发展过程中也要考虑到环境和资源问题,也要建立与之配套的标准。

就目前来说,还需要进一步加强对物流系统各环节标准和物流系统的配合性标准的研究。对于涉及安全和环境方面的标准,探讨是否制定为强制性标准,如清洁空气法、综合环境责任法。就宏观管理角度来讲,现急需制定物流企业准入、物流市场规范、物流从业人员资格等标准。而且,物流统计标准、物流成本计算标准等也应尽快制定。

案　例

供应链流程标准化

21 世纪的市场竞争将不是企业和企业之间的竞争,而是供应链和供应链之间的竞争,随着外包趋势日益明显,供应链网络的复杂性及整个网络中协调工作的必要性大大加强。

沃尔玛每年可以做到 26 次的资金周转次数,而在国内顶尖的零售巨头交出的答卷上,这个数字仅为 14 次。这意味着同样投入一元钱,沃尔玛可以做到的营业额是国内企业的两倍。

紧临世界之窗和锦绣中华的深圳华侨城沃尔玛购物广场里,货架入口的两端时常会被深蓝色的绳子挡住,在这个狭小的区域里,沃尔玛的员工正紧张而有序地补货。

华侨城沃尔玛购物广场的层高大约有 4 米,货架的高度仅为 2 米,细心的顾客会发现 2 米高的货架上整齐地码放着几乎同货架等高的包装箱,这些被分割的零散区域就是这个营业面积超过 2000 平方米的卖场的除生鲜和食品部门之外的主要仓库。

美国供应链管理专业协会中国分会首席代表王国文博士认为,高效的资金周转和供应链管理是沃尔玛取得成功的难以复制的关键。

这就好比一个好胃口的人,吃得多不完全是因为肚子大,更是因为吃得频繁。

我们都曾置身于超市收银台前等待付款的长龙般的队伍。长时间的排队不仅消磨着消费者的耐心,也降低了卖场货物流通的效率。

为此,沃尔玛在部分商场试用了无线射频识别(RFID)技术,每件商品都配有一个可以被识别的无线发射器,里面记载着商品的价格、品类、数量等信息,顾客只要推着购物车通过收银台,所有购物车内的商品将自动登记并计算总价,这样就大大提高了 POS 终端的效率。

对于超市这样的零售企业来说,打造核心竞争力的关键因素,是尽可能缩短库存周转的周期。沃尔玛的管理系统,不断挑战最低安全库存,通过小批量、多频次的补货,有效降低库存量,加快了资金周转的周期。

虽然国内企业拥有跟沃尔玛类似的经营模式,也有 POS、条码等技术手段,但相对低效的管理能力和流程效率造成在资金周转上与世界一流企业存在差距。

作为美国供应链管理专业协会在中国的首席代表,王国文的主要工作就是通过引入先进的供应链体系,提升国内企业的竞争力。

美国生产和质量控制协会(APQC)的研究报告表明,好的企业的总供应链管理成本,要比一般的企业总体供应链成本低 35%～50%。每 1000 美元收入,好的企业的总体物流成本仅为 2.9 美元,差的企业,则达到 27.2 美元。对于库存周转问题,好的企业平均持有库存的天数是 23 天,不好的企业是 38 天。

通过不断提升物流管理,在 1985 年到 2001 年之间,美国企业平均现金周转周期缩短了 27 天,其中 17.5 天是由于库存周期的缩短。

美国物流管理协会 2005 年更名为美国供应链管理协会,重要的原因是物流一词已经不能准确涵盖该协会在降低企业运营成本方面所关注的整个流程体系。

从关注物流环节到关注整个供应链体系,"供应链管理"已经被提到了企业战略的高度,需要物流企业具有高度的计划、执行和控制能力。

这里所说的计划,是指供应链计划、供给需求计划、库存计划等能力,实际上就是管理能力;执行,是指运输、仓储、配送等方面的能力;而控制能力,就是流程的再造和提升。

在王国文的推动下,清华大学出版社最近出版了最新的《供应链管理流程标准》中文版,这套教材几乎与美国的英文版同步推出。

以波音、惠普、戴尔和微软为代表的美国企业,已经在应用和实施这套体系,作为先行者,他们的成功实践也在这套体系中得到了推广。

由于标准刚刚引进,中国的大部分企业尚处于学习、了解阶段,而率先学习这套标准的企业,如康佳、TCL 都希望借此实施供应链管理,建立核心竞争力。

2004 年 7 月成立的速必达商务服务有限公司是 TCL 集团投资建立的整合物流服务供应商,他们通过供应链管理建立了自己的核心竞争力。

速必达的特长在于深度配送,速必达公司副总经理姜还发说:"目前 TCL 的彩电 50% 的销量是在三、四级市场实现的,而对于 TCL 的第二品牌乐华,这个数字甚至高达 70%。速必达的物流系统可以保证 80% 的货物在 24 小时内完成发货。"

支撑这些数字的是速必达高效的 IT 系统,这正是供应链管理和创新的重要组成部分,对此,姜还发用来概括的四个字是"引以为傲"。

速必达不仅在"每一个时点可以了解到每一个型号分布在哪个仓库、哪个库位",并且,"在物流运作的每一个状态、每一个节点,都可以做到实时跟踪"。

更重要的是,在 IT 系统的支持下通过对途经同一配送点的不同线路的物流优化,速必达可以通过整合物流网络来达到对整个供应链效率的最大程度的优化。

在教育部、国家发改委、财政部联合启动的"现代远程教育工程试点示范项目"中,甲方要求 3 个月内将产品送往各县级的电教馆、甚至镇、村一级的学校,共计 497 个送达点,这一要求将大多数参与竞标的企业拒之门外,TCL 则在速必达深度配送的物流系统支持下,赢得了包括彩电 74782 台、DVD 机 74502 台在内的"三个包"的全部标的。

王国文介绍,供应链管理的理想模式,是生产企业和物流企业形成长期的、稳定的供应链伙伴关系,将物流企业作为生产企业能力的一部分。从原材料采购、生产制造到成本交付到维修回收,都采用一体化的供应链管理流程,因为只有这样才能降低总体供应链管理成本、提高资产回报率。

目前,国内领先的第三方物流企业已经具备了全过程管理供应链的能力。

这些企业从做运输开始,到运输+仓储+配送,再到分拣、包装、重组的物流价值增值服务,从成品到客户手上的配送物流,到管理原材料采购的进向物流,再扩展到生产过程的物料处理,将零部件配送到工位上。

典型的案例是一些为汽车生产企业服务的物流公司。它们的配送中心离工厂很近,能够实现短时间、多频次、少批量的配送。在配送之前,还可以将零件组装成总成,比如,将仪表组装到仪表板上,再配送到汽车生产线。

通过引入与汽车生产企业实时信息共享的 WMS 系统,采用条码和 RFID 通信手段,在管理和操作的绩效指标方面,这类公司接近了国际领先的物流企业的指标。

虽然效益明显,但建立和管理高效物流 IT 系统的成本巨大,这也成为资金有限的中小物流企业发展的重要瓶颈之一。因此,第三方的物流信息平台成为不少企业的首选。

"动力100"就是广东移动推出的一个信息化整体解决方案,移动供应链管理系统(M-SCM)是其中用于提升供应链流程效率的一个产品。

简单地说,M-SCM是一套基于短信技术的销售渠道管理软件,只需通过手机短信方式,即可实现渠道信息的采集和分析,这些信息通过短信的方式及时传回企业总部以供分析和决策。

通过这套系统,企业的营销总监可以在半小时内汇总并掌握全国各地的销售状况,制定销售策略,更重要的是,M-SCM有效地降低了企业的安全库存,提高了资金的使用效率。

对于快递企业来说,提高收件员的收件效率是有效提升企业效益的重点。相对于传统做法,广东移动提供的移动"巴枪"则利用条码技术,可以在收件环节就将物流的信息实时传送到物流企业,从而大大提高了收件效率。

广东移动深圳分公司集团客户部副总经理计大伟介绍,一家著名快递公司在应用"巴枪"后,收件员的收件效率从15单/天提升到40单/天,同时公司可以实时掌握物流的数量和目的地,调度的效率也大大提高。

英国的供应链管理专家马丁克里斯托弗(Martin Christopher)预言,21世纪的市场竞争将不是企业和企业之间的竞争,而是供应链和供应链之间的竞争,随着外包趋势日益明显,供应链网络的复杂性及整个网络中协调工作的必要性大大加强。

尽管近几年中国企业对于供应链管理的认识在逐渐深化,一些先进的技术和管理手段也在慢慢进入我们的视野,但就整个供应链体系而言,中国企业的效率还远远落后于国际先进指标,作为全球制造业转移的中心地区,中国企业在这方面需要改进的地方还很多。

产生这些问题的主要原因在于国内的第三方物流企业。王国文坦言:"企业要集中于核心产业,就需要将一些采购、供应商管理、客户服务等除研发与制造之外的非核心流程外包给物流企业。在这种情况下,就要选择管理能力强的第三方物流企业。遗憾的是,国内的很多第三方物流企业要达到承接生产企业流程的水平,还有很长的一段路要走。"

面对漫漫长路的不仅是国内的第三方物流企业,还有为供应链改善而不断努力的王国文以及更多的学者们。

本 章 小 结

物流的标准化在各个国家还处于初始阶段,目前已有多个物流标准化的技术委员会负责全球的物流相关标准的制修订工作,例如全球第一商务标准化组织。一些发达国家已经开始积极地参与到物流标准化的工作中。

随着物流产业基础市场的发育,我国的物流标准化工作开始启动,并取得了一系列成绩。在物流标准化研究方面,我国虽然尚未从物流系统角度全面开展各环节的标准化工作,也尚未研究物流系统的配合性等问题,但也进行了一些这个方面的研究并制定了一些相关标准。尽管近几年来,我国的标准化工作取得了一定的进展,但由于诸多原因,目前我国的标准化状况仍不容乐观,存在着诸多问题。由于管理和服务在现代经济中的重要地位,今后我们要积极制定物流管理的相关标准,使管理标准化,并通过一流的服务来加强市场竞争力。

思 考 题

1. 阐述物流管理的内容。
2. 回顾物流标准化的内容及分类。
3. 物流标准化能为企业带来哪些好处?
4. 物流技术方法标准、物流设施设备标准、物流管理标准、物流服务标准、物流信息标准分别包括哪些标准?
5. 什么是物流标准化的基点?

第四章 运输与包装标准化

【本章导读】

本章详细介绍了运输及包装的基本概念,包括运输的概念内涵、特点及其在无聊系统中的地位和作用。同时介绍了几种运输方式及其各自的特点和适用范围。在此基础上,对有关运输方式选择的理论进行了阐述,探讨了运输合理化的影响因素及实现合理化的方法和途径,最运输不合理的表现形式和实现运输合理化的具体措施作了介绍;介绍了包装的功能、分类及发展趋势、包装合理化,对运输包装进行了系统的设计,对现代物流标准化及运输标准化进行了分析,对运输包装尺寸进行了简要介绍。

【本章重点】

1.运输的概念;2.运输方式的分类;3.运输合理化;4.包装的概念;5.包装的种类;6.包装合理化。

【学习目标】

掌握物流系统运输作业规范,理解物流系统包装作业规范,掌握运输包装系统设计。了解运输标准化理论,了解现在物流标准化与包装标准化。

【关键概念】

运输　包装　物流标准化

第一节　物流系统运输作业规范

一、运输的内涵

运输是指人和物的载运及输送。货物运输以改变"物"的空间位置为目的。它指的是用设备和工具,将物品从一地点向另一地点运送的物流活动。运输又被认为是国民经济的根本。

运输的主要工具有自行车、板车、三轮车、摩托车、汽车、火车、飞机、轮船、宇宙飞船、火箭等。运输按服务对象不同分为客运和货运,现代物流中的运输只要是指货运。

运输是实现人和物空间位置变化的活动,与人类的生产和生活息息相关。运输在我们生活中各个方面都在发挥着自己的作用。如企业购买原材料需要将原材料从生产厂家运到企业,然后进行加工,制成成品后销售,还要讲产品运给买家。物流运输联系着企业的生产经营过程。现在更是越来越多的人喜欢网购,当我们拍下东西时,厂家需要按照我们的地址将货物送到我们住处。所以说运输是不可或缺的环节。

二、运输的实质及其作用

1. 保值

货物运输有保值作用。也就是说,任何产品从生产出来到最终消费,都必须经过一段时间、一段距离,在这段时间和距离过程中,都要经过运输、保管、包装、装卸搬运等多环节、多次数的货物运输活动。在这个过程中,产品可能会淋雨受潮、水浸、生锈、破损、丢失等。货物运输的使命就是防止上述现象的发生,保证产品从生产者到消费者移动过程中的质量和数量,祈祷产品的保值作用,即保护产品的存在价值,是该产品在到达消费者时实用价值不变。

2. 节约

搞好运输,能够节约自然资源、人力资源和能源,同时也能够节约费用。比如,集装箱化运输,可以简化商品包装,节省大量包装用纸和木材;实现机械化装卸作业,仓库保管自动化,能节省大量作业人员,大幅度降低人员开支。重视货物运输可节约费用的事例比比皆是。被称为"中国货物运输管理觉醒第一人"的海尔企业集团,加强运输管理,建设起现代化的国际自动化货物运输中心,一年时间将库存占压资金和采购资金,从 15 亿元降低到 7 亿元,节省了 8 亿元开支。

3. 缩短距离

货物运输可以克服时间间隔、距离间隔和人的间隔,这自然也是货物运输的实质。现代化的货物运输在缩短距离方面的例证不胜枚举。在北京可以买到世界各国的新鲜水果,全国各地的水果也常年不断;邮政部门改善了货物运输,使信件大大缩短了时间距离,全国快递两天内就到;美国联邦快递,能做到隔天送达亚洲 15 个城市;日本的配送中心可以做到上午 10 点前订货当天送到。这种运输速度,把人们之间的地理距离和时间距离一下子拉得很近。随着货物运输现代化的不断推进,国际运输能力大大加强,极大地促进了国际贸易,使人们逐渐感到这个地球变小了,各大洲的距离更近了。

城市里的居民不知不觉地享受到货运进步的成果。南方产的香蕉全国各大城市一年四季都能买到;新疆的哈密瓜、宁夏的白兰瓜、东北大米、天津小站米等都不分季节地供应市场;中国的纺织品、玩具、日用品等近年大量进入美国市场,除了中国的劳动力价格低廉等原因外,则是国际运输业发达,国际运费降低的缘故。

4. 增强企业竞争力、提高服务水平

在新经济时代,企业之间的竞争越来越激烈。在同样的经济环境下,制造企业,比如家电生产企业,相互之间的竞争主要表现在价格、质量、功能、款式、售后服务的竞争上,可以讲,像彩电、空调、冰箱等这类家电产品在工业科技如此进步的今天,质量、功能、款式及售后服务,目前各企业的水平已经没有太大的差别,唯一可比的地方往往是价格。近几年全国各大城市此起彼伏的家电价格大战,足以说明这一点。那么支撑降价的因素是什么? 如果说为了占领市场份额,一次、两次地亏本降价,待市场夺回来后再把这块亏损补回来也未尝不可。然而,如果降价亏本后仍不奏效又该如何呢? 不言而喻,企业可能就会一败涂地。在物资短缺年代,企业可以靠扩大产量、降低制造成本去攫取第一利润。在物资丰富的年代,企业又可以通过扩大销售攫取第二利润。可是在新世纪和新经济社会,第一利润源和第二利

润源已基本到了一定极限,目前剩下的一"未开垦的处女地"就是运输。降价是近几年家电行业企业之间主要的竞争手段,降价竞争的后盾是企业总成本的降低,即功能、质量、款式和售后服务以外的成本降价,也就是我们所说的降低运输成本。

国外的制造企业很早就认识到了货运是企业竞争力的法宝,搞好运输可以实现零库存、零距离和零流动资金占用,是提高为用户服务,构筑企业供应链,增加企业核心竞争力的重要途径。在经济全球化、信息全球化和资本全球化的 21 世纪,企业只有建立现代货物运输结构,才能在激烈的竞争中,求得生存和发展。

5. 加快商品流通、促进经济发展

在谈这个问题时,我们用配送中心的例子来讲最有说服力。可以说,配送中心的设立为连锁商业提供了广阔的发展空间。利用计算机网络,将超市、配送中心和供货商、生产企业连接,能够以配送中心为枢纽形成一个商业、运输业和生产企业的有效组合。有了计算机迅速及时的信息传递和分析,通过配送中心的高效率作业、及时配送,并将信息反馈给供货商和生产企业,可以形成一个高效率、高能量的商品流通网络,为企业管理决策提供重要依据,同时,还能够大大加快商品流通的速度,降低商品的零售价格,提高消费者的购买欲望,从而促进国民经济的发展。

6. 保护环境

环境问题是当今时代的主题,保护环境,治理污染和公害是世界各国的共同目标。有人会问,环保与货物运输有什么关系? 这里不妨介绍一下。

你走在马路上,有时会看到马路一层黄土,这是施工运土的卡车夜里从车上漏撒的,碰上拉水泥的卡车经过,你会更麻烦;马路上堵车越来越厉害,你连骑自行车都通不过去,噪声和废气使你不敢张嘴呼吸;深夜的运货大卡车不断地轰鸣,疲劳的你翻来复去睡不着……所有这一切问题都与货物运输落后有关。卡车撒黄土是装卸不当,车箱有缝;卡车水泥灰飞扬是水泥包装苦盖问题;马路堵车属流通设施建设不足。这些如果从货物运输的角度去考虑,都会迎刃而解。

比如,我们在城市外围多设几个货物运输中心、流通中心,大型货车不管白天还是晚上就都不用进城了,只利用小货车配送,夜晚的噪声就会减轻;政府重视货物运输,大力建设城市道路、车站、码头,城市的交通阻塞状况就会缓解,空气质量自然也会改善。

7. 创造社会效益和附加价值

实现装卸搬运作业机械化、自动化,不仅能提高劳动生产率,而且也能解放生产力。把工人从繁重的体力劳动中解脱出来,这本身就是对人的尊重,是创造社会效益。

比如,日本多年前开始的"宅急便"、"宅配便",国内近年来开展的"宅急送",都是为消费者服务的新行业,它们的出现使居民生活更舒适、更方便。当你去滑雪时,那些沉重的滑雪用具,不必你自己扛、自己搬、自己运,只要给"宅急便"打个电话就有人来取,人还没到滑雪场,你的滑雪板等用具已经先到了。

再如,超市购物时,那里不单单是商品便宜、安全,环境好,而且为你提供手推车,你可以省很多力气,轻松购物。手推车是搬运工具,这一个小小的服务,就能给消费者带来诸多方便,这也是创造了社会效益。

从以上的例子我们能够看到,运输创造社会效益。随着运输的发展,城市居民生活环境,人民的生活质量可以得到改善和提高,人的尊严也会得到更多体现。关于运输创造附加值,主要表现在流通加工方面,比如,把钢卷剪切成钢板、把原木加工成板材、把粮食加工成食品、把水果加工成罐头、名烟、名酒、名著、名画都会通过流通中的加工,使装帧更加精美,从而大大提高了商品的欣赏性和附加价值。

运输一般分为运输和配送。关于运输和配送的区分,有许多不同的观点,可以这样来说,所有物品的移动都是运输,而配送则专指短距离、小批量的运输。因此,可以说运输是指整体,配送则是指其中的一部分,而且配送的侧重点在于一个"配"字,它的主要意义也体现在"配"字上;而"送"是为最终实现资源配置的"配"而服务的。

运输功能要素。包括供应及销售物流中的车、船、飞机等方式的运输,生产物流中的管道、传送带等方式的运输。

三、运输方式及其特点

运输的方式共有五种,既有水路、铁路、公路,又有航空和管道。各种运输方式都有其优缺点,掌握其各自特点,有利于我们进行运输管理和选择。

1. 公路运输

公路运输是指使用汽车在公路上载运货物的运输方式。公路运输不仅可以直接运入或运出货物,而且也是车站、港口和机场集散的重要手段。大多数的消费品是通过公路运输的。公路运输有速度较快、可靠性高和对产品损伤较小的特点。汽车承运人具有灵活性,他们能够在各种类型的公路上进行运输,不像铁路那样要受到铁轨和站点的限制。所以公路比其他运输方式的市场覆盖面都要高。汽车运输的特点使得它特别适合于配送短距离高价值的产品。由于递送的灵活性,公路运输在中间产品和轻工产品的运输方面也有较大的竞争优势。

在各种运输方式中,汽车运输的固定成本很低,这是因为,运输企业并不需要拥有公路。但是,变动成本相对较高,因为公路的建设和维修费用经常是以税和收费站的形式向承运人征收的。运量较小,运输成本较高。运行持续性较差,而且安全性低,对环境有污染。

总的来说,公路运输在物流作业中起着骨干作用。公路运输比较适宜在内陆地区运输短途旅客和货物,因而,可以与铁路、水路、航空联运,为车站、机场、港口集疏运旅客和货物,也可以深入山区及偏僻的农村进行旅客和货物运输;在远离铁路的区域从事干线运输。

2. 铁路运输

铁路运输能力大,这使它适合于大批量低值产品的长距离运输;单车装载量大,加上有多种类型的车辆,使它几乎能承运任何商品,几乎可以不受重量和容积的限制;车速较高,平均车速在五种基本运输方式中排在第二位,仅次于航空运输;铁路运输受气候和自然条件影响较小,在运输的经常性方面占优势;可以方便地实现驮背运输、集装箱运输及多式联运。铁路能够远距离运输大批量货物,因此,它在城市之间拥有巨大的运量和收入。尤其在我国,幅员辽阔,铁路是货物运输的主要方式。现在世界上几乎所有大都市都通铁路,铁路在国际运输中也占有相当大的市场份额。但是铁路线路是专用的,固定成本很高,原始投资较大,建设周期较长;铁路按列车组织运行,在运输过程中需要有列车的编组、解体和中转改编等作业环节,占用时间较长,因而增加了货物在途中的时间;铁路运输中的货损率较高,而且由于装卸次数多,货物损毁或丢失事故通常比其他运输方式多;不能实现"门对门"的运输,通常要依靠其他运输方式配合,才能完成运输任务,除非托运人和收货人均有铁路支线。

虽然设备和站点等的限制使得铁路营运的固定成本很高,但是铁路营运的变动成本相对较低,这使得铁路运输的总成本通常比公路运输和航空运输要低。高固定成本和低变动成本使得铁路运输的规模经济十分明显。铁路运输是现代最重要的货物运输方式之一。在我国,每年有50%左右的货物运输工作是由铁路运输来完成的,它为货物在异地的交换起了重要的作用。综合考虑,铁路适于在内陆地区运送中长距离、大运量、时间性强、可靠性要求高的一般货物和特种货物运输。从投资效果看,在运输量比较大的地区之间建设铁路比较合理。

3. 水路运输

水路运输是指使用船舶及其他航运工具,在江河湖泊、运河和海洋上载运货物的一种运输方式。这是最古老的一种运输方式。其主要优点是能够运输数量巨大的货物,适合于运输低价值货物,例如谷物、矿石、煤炭、石油等。水路运输的主要缺点是其营运范围和运输速度受到限制。除非其起始地和目的地都近水道,否则必须要有铁路和公路补充运输。水运是国际货物运输的主要方式。

水路运输运载能力大、成本低、能耗少、投资省,是一些国家国内和国际运输的重要方式之一。受自然条件的限制与影响大。即受海洋与河流的地理分布及其地质、地貌、水文与气象等条件和因素的明显制约与影响;水运航线无法在广大陆地上任意延伸,所以,水运要与铁路、公路和管道运输配合,并实行联运。

在固定成本方面,水路运输排在铁路运输和公路运输之间。码头的开发和维护一般是由政府统一进行的。与铁路和公路相比,其固定成本适中。变动成本则只包括运营中的成本,而水路运营成本相对较低。因此,水路运输综合优势较为突出,适宜于运距长、运量大、时间性不太强的各种大宗物资运输。

4. 航空运输

航空运输的主要优点在于运输速度快,但货运的高成本使得空运并不适用于大众化的产品,通常航空一般用来运输高价值产品或时间要求比成本更为重要的产品。传统上,大多数城市间的航空货运都是利用定期的客运航班,这种做法虽然是经济的,但它降低了航空货运能力和灵活性。

与铁路、水路和管道相比,航空货运的固定成本较低。空中航线和飞机场通常是由国家投资来开发和维护的,航空货运的固定成本与购买飞机有关,也与所需特殊的搬运系统和货物集装箱有关。另一方面,由于燃料消耗、维修保养以及飞行人员和地勤人员费用较高,航空货运的变动成本是极高的。因此,航空运输只适宜远距离、体积小、价值高的货物运输,以及鲜活产品、时令性产品和邮件等货物的运输。

5. 管道运输

与其他所有的运输方式相比,管道运输具有独特的性质。它可以每天运营24小时,仅受到完全更换运输商品和管道维修保养的限制,可靠性非常高。它运量大、占地少,管道建设周期短,费用低,安全可靠,连续性强,耗能少,成本低,效益好。管道运输最明显的缺点是灵活性差。管道运输不如其他运输方式(如汽车运输)灵活,除承运的货物比较单一外,它也不容随便扩展管线。实现"门到门"的运输服务,对一般用户来说,管道运输常常要与铁路运输或汽车运输、水路运输配合才能完成全程输送。

相比其他运输方式,管运成本高。运输量不足时,运输成本会显著地增大。

四、物流运输的原则

物流运输的原则是"及时、准确、经济、安全"。

1. 及时

就是按照用户需要的时间把商品送到目的地,满足运送前承托人的时间要求。尽量缩短货物的在途时间。缩短流通时间的主要手段是改善交通,实现运输现代化。另外,应注意合理安排路线,不同运输方式之间的衔接工作,及时发运货物。同时做好委托中转工作,及时把货物转运出去。

2. 准确

就是在货物的运输过程中,切实防止各种差错事故,做到不错不乱,准确无误地完成任务。由于货物品种繁多,规格不一,加上运输过程中要经过多个环节,稍有疏忽,就容易发生差错。发运货物不仅要求数量准确,而且品种规格也不能搞错。这就要求加强岗位责任制,要有周密的检查制度,精心操作。

3. 经济

就是以最经济的方法调运商品,使总的运输成本最低。降低成本的方法很多,例如合理选择运输方式和运输路线,尽可能减少中间环节,防止空车运输和对流运输,缩短运输里程,力求用最少的费用,把货物运送到目的地。运输成本占得比例很高,如果可以使运输费用得到减少,那么就可以大幅度的提高利润。

4. 安全

就是保证商品在运输过程的安全。一是注意运输、装卸过程中的震动和冲击等外力的作用,防止商品的破损;二是防止商品由物理、化学或生物学变化等自然原因引起的商品耗损和变质。

五、运输系统的基本要素

1. 物流运输对象

物流运输对象统称为货物。根据货物对运输、装卸和储存的环境和技术要求,货物可以分为成件物品、液态物品、散碎物品、集装箱、危险物品、易腐物品、超长超重物品等大类。这种分类对制定物流共性标准有一定帮助。成件物品是指可以按"件"为装卸、运输、储存单元和体积适中的物品。例如机电产品、成件的百货商品、袋装或箱装的食品、袋装的水泥、筒装或罐装的液体商品等。散碎物品也称松散物料,是指不能以"件"为运输、装卸、储存单元的,呈颗粒状、碎块状或粉状的物品。例如煤炭、砂石、粮食、水泥等。液态物品是指呈液体状态的物品。例如石油及其液体石油产品等。易腐物品是指在物流过程中容易腐烂变质的物品。例如鱼类、肉类和蔬菜类鲜类食品等。危险物品是指易燃、易爆、有毒、有害等容易发生事故,造成人员伤害、财产损失或污染环境的物品。例如汽油、炸药、有毒化学物品、放射性物品等。

2. 物流运输的参与者

这里所说的运输参与者是指货主和承担运输任务的人员。他们是运输活动的主体。

（1）货主。是货物的所有者，包括委托人（或托运人）和收货人。托运人和收货人的共同目的是要在规定的时间内以最低的成本将货物从起始地转移到指定的地点，包括对收发货时间、转移时间、收发地点、有无丢失损坏和有关信息等方面的要求。

（2）承运人。承运人是运输活动的承担者，他们可能是运输企业或个体运输业者。承运人是受托运人或收货人的委托，按委托人的意愿以最低的成本完成委托人委托的运输任务，同时获得运输收入。承运人根据委托人的要求或在不影响委托人要求的前提下，合理地组织运输和配送，包括选择运输方式、运输路线，进行配货配载等，以降低运输成本，尽可能多地获得利润，同时满足托运人或收货人的各项要求。

（3）货运代理人。货运代理人是根据客户的指示，并为客户的利益而揽取货物运输的人，其本人不是承运人。货运代理人把来自各种客户手中的小批量货物整合成大批量装载，然后利用承运人进行运输。送达目的地后，货运代理人再把该大批量装载拆分为原先的较小的装载量，送往收货人。货运代理人的主要优势在于因大批量装载可以实现较低的费率，从中获得利润。货运代理人属非作业的中间商，也被称为无船承运人。

3. 运输手段

这里是指物质手段，主要包括运输工具、运输线路（通道）、运输站点及配套设施等。

（1）运输工具。运输工具是运输的主要手段，包括铁路机车和车辆、公路机动车辆、船舶、飞机等。

（2）运输线路（通道）。运输线路和通道是运输的基础设施，例如铁路线路、公路、水运航道和空运航线、运输管道等。

（3）运输站点及配套设施。运输站点就是运输网络的节点，例如铁路车站、编组站、汽车站、货场、转运站、港口、机场等，以及配套设施。

4. 其他资源要素

运输的资源要素除上述的人力、运输工具、运输线路（通道）、运输站点及配套设施外，还有信息、资金和时间等，运输管理就是有效利用这些资源，提高运输效率，降低运输成本，满足用户要求。

六、运输合理化

在物流系统中，运输通过转移物品的空间位置，创造了空间效用，是最重要的物流活动之一。运输合理化既是人们广泛关注的问题，也是实现物流系统优化的关键问题。因此，在进行物流系统设计和管理时，实现运输合理化是一项最基本的任务。

（一）合理运输的标志

从物流系统的观点来看，有三个因素对运输合理化来讲是十分重要的，即运输成本、运输速度和运输一致性。它们被看作是分析运输合理化的重要标志。

1. 运输成本

运输成本是指为两个地理位置间的运输所支付的款项以及与行政管理和维持运输中的存货有关的费用。物流系统的设计应该利用能把系统总成本降到最低程度的运输，这意味着最低费用的运输并不总是导致最低的运输总成本。我们追求的是达到目标的相关总成本最低,而不是单个成本的最低。

2. 运输速度

运输速度是指完成特定的运输所需的时间。运输速度和成本的关系,主要是运输成本与运输速度成正比关系,一般速度越快,说明需要使用相对快捷的交通工具,需要产生较高的成本费用。因此,选择期望的运输方式时,至关重要的问题就是如何平衡运输服务的速度和成本。这时可根据自己的实际需要,在满足需要的前提下尽量选择成本较低的运输方式。

3. 运输的一致性

运输的一致性是指在若干次装运中履行某一特定的运次所需的时间与原定时间或与前几次运输所需时间的一致性。它是运输可靠性的反映。多年来,人们已把一致性看作是高质量运输的最重要的特征。如果给定的一项运输服务第一次花费一天、第二次花费了三天,这种意想不到的变化就会产生严重的物流作业问题。如果运输缺乏一致性,就需要安全储备存货,以防预料不到的服务故障。运输一致性会影响买卖双方承担的存货义务和有关风险。

运输管理的目标是使最终的总运输成本达到最低,因此不能只考虑单独一个因素,要根据实际情况,综合考虑多个因素,才能取得好的效果。这就需要考虑到整体最优化的概念,我们追求的不是单个过程环节的最优,而是整体的最优即整体的最成本最低与质量的最高。在物流系统的设计中,必须精确地维持运输成本和服务质量之间的平衡,在结合自身情况下找到二者的最优点,发掘并管理所期望的低成本、高质量的运输,是物流的一项最基本的任务。

(二) 不合理运输表现形式

不合理运输是未达到现有条件下可以达到的运输水平,从而造成了运力浪费、运输时间增加、运费超支等问题的运输形式。目前我国存在主要不合理运输形式有:

1. 空驶

空车无货载行驶,可以说是不合理运输的最严重形式。在实际运输组织中,有时候必须调运空车,从管理上不能将其看成不合理运输。但是,因调运不当,货源计划不周,不采用运输社会化而形成的空驶,是不合理运输的表现。造成空驶的不合理运输主要有以下几种原因:

(1) 能利用社会化的运输体系而不利用,却依靠自备车送货提货,这往往出现单程重车,单程空驶的不合理运输。

(2) 由于工作失误或计划不周,造成货源不实,车辆空去空回,形成双程空驶。

(3) 由于车辆过分专用,无法搭运回程货,只能单程回空周转。

2. 对流运输

对流运输亦称"逆向运输"、"相向运输",指同一种货物,或彼此间可以互相代用而又不影响管理、技术及效益的货物,在同一线路上或平行线路上作相对方向的运送,而与对方运程的全部或一部分发生重叠交错的运输称对流运输。已经制定了合理流向图的产品,一般必须按合理流向的方向运输。如果与合理流向图指定的方向相反,也属对流运输。

在判断对流运输时需注意,有的对流运输是不很明显的隐蔽对流,例如不同时间的相向运输,从发生运输的那个时间看,并无出现对流,可能做出错误的判断,所以要注意隐蔽的对流运输。

对流运输的类型有两种,分为明显和隐蔽两种。明显是指同类货物沿着同一线路相向运输。隐蔽是指同类货物有不同运输方式在平行线路上进行的相反方向运输。

对流运输的缺点主要包括:

(1) 造成运力浪费,运费增加;

(2) 商品流动速度降低;

(3) 货物损耗增加。

3. 迂回运输

在交通图成圈的时候,由于表示调运方向的箭头,要按调运方向,画在交通线的右边,因此,流向图中,有些流向就在圈外,称为外圈流向;有些流向就在圈内,称为内圈流向。如果流向图中,内圈流向的总长(简称内流长)或外圈流向的总长(简称外流长)超过整个圈长的一半,就称为迂回运输。

迂回运输是指舍近取远的一种运输。可以选取短距离进行运输而不选,却选择路程较长路线进行运输的一种不合理形式。迂回运输有一定复杂性,不能简单处之,只有当计划不周、地理不熟、组织不当而发生的迂回,才属于不合理运输。如果最短距离有交通阻塞、道路情况不好或有对噪声、排气等特殊限制而不能使用时发生的迂回,不能称为不合理运输。

4. 重复运输

本来可以直接将货物运到目的地,但是在未达目的地之处,或目的地之外的其他场所将货卸下,再重复装运送达目的地,这是重复运输的一种形式。另一种形式是,同品种货物在同一地点一面运进,同时又向外运出。重复运输的最大弊端是增加了非必要的中间环节,延缓了流通速度,增加了费用,增大了货损。重复运输延长了运输里程,但增加了中间装卸环节,延长了货物在途时间,增加了装卸搬运费用,而且降低车、船使用效率,影响其他货物运输。

5. 倒流运输

倒流运输又称返流运输,是指货物从销地或中转地向产地或起运地回流的一种运输现象,其不合理程度要超过对流运输,因为往返两程的运输都是不必要的,形成了双程的浪费。倒流运输也可以看成是隐蔽对流的一种特殊形式。

倒流运输有两种形式:同一物资由销地运回产地或转运地;同种物资由乙地将甲地能够生产且已消费的同种物资运往甲地,而甲地的同种物资又运往丙地。

6. 过远运输

过远运输是指调运货物舍近求远,近处有资源不调而从远处调,造成可采取近程运输而未采取,拉长了货物运距的浪费现象。过远运输自然条件相差大,占用运力时间长,运输工具周转慢,货物占压资金时间长,又易出现货损,增加了费用支出。

7. 运力选择不当

未选择各种运输工具优势而不正确地利用运输工具造成的不合理现象,称为运力选择不当。常见有以下若干形式:

(1) 弃水走陆。在同时可以利用水运及陆运时,不利用成本较低的水运或水陆联运,而选择成本较高的铁路运输或汽车运输,使水运优势不能发挥。

（2）铁路、大型船舶的过近运输。不是铁路及大型船舶的经济运行里程却利用这些运力进行运输的不合理做法。主要不合理之处在于火车及大型船舶起运及到达目的地的准备、装卸时间长,且机动灵活性不足,在过近距离中利用,发挥不了运量大的优势。相反,由于装卸时间长,反而会延长运输时间。另外,和小型运输设备比较,火车及大型船舶装卸难度大、费用也较高。

（3）运输工具承载能力选择不当。不根据承运货物数量及重量选择,而盲目决定运输工具,造成过分超载、损坏车辆及货物不满载、浪费运力的现象,尤其是"大马拉小车"现象发生较多。由于装货量小,单位货物运输成本必然增加。

8. 托运方式选择不当

对于货主而言,在可以选择最好托运方式而未选择,造成运力浪费及费用支出加大的一种不合理运输。例如,应选择整车未选择,反而采取零担托运,应当直达而选择了中转运输等都属于这一类型的不合理运输。

上述的各种不合理运输形式都是在特定条件下表现出来,在进行判断时必须注意其不合理的前提条件,否则就容易出现判断的失误。例如,如果同一种产品,品牌不同,价格不同,所发生的对流,不能绝对看成不合理,因为其中存在着市场机制引导的竞争,优胜劣汰。如果强调因为表面的对流而不允许运输,就会起到保护落后、阻碍竞争甚至助长地区封锁的作用。

再者,以上对不合理运输的描述,主要就形式本身而言,主要是从微观观察得出的结论。在实践中,必须将其放在物流系统中做综合判断,否则,很可能出"效益悖反"现象。单从一种情况来看,避免了不合理,做到了合理,但它的合理却使其他部分出现不合理。只有从系统角度,综合进行判断才能有效避免"效益悖反"现象,从而优化全系统。

（三）影响运输合理化的要素

由于运输是物流中最重要的功能要素之一,物流合理化在很大程度上依赖于运输合理化。运输合理化的影响因素很多,起决定性作用的有五方面的因素,称作合理运输的"五要素"：

1. 运输距离

在运输时,运输时间、运输货损、运费、车辆或船舶周转等运输的若干技术经济指标,都与运距有一定比例关系,运距长短是运输是否合理的一个最基本因素。缩短运输距离对宏观、微观经营者都会带来好处。

2. 运输环节

每增加一次运输,不但会增加起运的运费和总运费,而且必须要增加运输的附属活动,如装卸、包装等,各项技术经济指标也会因此下降。所以,减少运输环节,尤其是同类运输工具的环节,对合理运输有促进作用。

3. 运输工具

各种运输工具都有其使用的优势领域,对运输工具进行优化选择,按运输工具特点进行装卸运输作业,最大发挥所用运输工具的作用,是运输合理化的重要一环。可根据所运输货物的数量大小等相关要求来选择最合适的运输工具。

4. 运输时间

运输是物流过程中需要花费较多时间的环节,尤其是远程运输。在全部物流时间中,运输时间占绝大部分,所以,运输时间的缩短对整个流通时间的缩短有决定性的作用。此外,运输时间短,有利于运输工具的加速周转,充分发挥运力的作用,有利于货主资金的周转,有利于运输线路通行能力的提高,对运输合理化有很大贡献。

5. 运输费用

前面已提及运费在全部物流费中占很大比例,运费高低在很大程度决定整个物流系统的竞争能力。实际上,运输费用的降低,无论对货主企业来讲还是对物流经营企业来讲,都是运输合理化的一个重要目标。运费的判断,也是各种合理化措施是否行之有效的最终判断依据之一。

从上述五方面考虑运输合理化,才能取得预想的结果。

(四)运输合理化措施

长期以来,我国劳动者在生产实践中探索和创立了不少运输合理化的途径,在一定时期内、一定条件下取得了显著效果。

1. 提高运输工具实载率

实载率有两个含义:一是单车实际载重与运距的乘积和标定载重与行驶里程的乘积的比率。这一比率在安排单车、单船运输时,是作为判断装载合理与否的重要指标;二是车船的统计指标,即一定时期内车船实际完成的货物周转量(以吨公里计)占车船载重吨位与行驶公里的乘积的百分比。在计算时车船行驶的公里数,不但包括载货行驶里程,也包括空驶里程。

提高实载率的意义在于:充分利用运输工具的额定能力,减少车船空驶和不满载行驶的时间,减少浪费,从而求得运输的合理化。

在铁路运输中,采用整车运输、合装整车、整车分卸及整车零卸等具体措施,都是提高实载率的有效措施。

2. 减少动力投入,增加运输能力

这种合理化的要点是,少投入、多产出,走高效益之路。运输的投入主要是能耗和基础设施的建设。在设施建设已定型和完成的情况下,尽量减少能源投入,是少投入的核心。做到了这一点就能大大节约运费,降低单位货物的运输成本,达到合理化的目的。

国内外在这方面的有效措施有:

(1)在铁路机车能力允许的情况下,多加挂车皮。我国在客运紧张时,也采取加长列车、多挂车皮办法,在不增加机车情况下增加运输量。

(2)水运拖排和拖带法。竹、木等物资的运输,利用竹、木本身浮力,不用运输工具载运,采取拖带法运输,可省去运输工具本身的动力消耗从而求得合理;将无动力驳船编成一定队形(一般是"纵列"),用拖轮拖带行驶,获得比船舶载乘运输运量大的优点,求得合理化。

(3)顶推法。是我国内河货运采取的一种有效方法。将内河驳船编成一定队形,由机动船顶推前进的航行方法。其优点是航行阻力小,顶推量大,速度较快,运输成本很低。

(4)汽车挂车。汽车挂车的原理和船舶拖带、火车加挂基本相同,都是在充分利用动力能力的基础上,增加运输能力。

3. 发展社会化的运输体系

运输社会化的含义是发展运输的大生产优势,实行专业分工,打破一家一户自成运输体系的状况。实行运输社会化,可以统一安排运输工具,避免对流、倒流、空驶、运力不当等多种不合理形式,不但可以追求组织效益,而且可以追求规模效益,所以发展社会化的运输体系是运输合理化的非常重要措施。

一家一户的运输小生产,车辆自有,自我服务,不能形成规模,且一家一户运量需求有限,难于自我调剂,因而经常容易出现空驶、运力选择不当(因为运输工具有限,选择范围太窄)、不能满载等浪费现象,且配套的接、发货设施,装卸搬运设施也很难有效地运行,所以物流资源浪费颇大。

当前火车运输的社会化运输体系已经较完善,而在公路运输中,小生产生产方式非常普遍,是建立社会化运输体系的重点。社会化运输体系中,各种联运体系是其中水平较高的方式。联运方式充分利用面向社会的各种运输系统,通过协议进行一票到底的运输,有效打破了一家一户的小生产,受到了欢迎。

我国在利用联运这种社会化运输体系时,创造"一条龙"货运方式。对产、销地及产、销量都较稳定的产品,事先通过与铁路、交通等社会运输部门签订协议,规定专门收、到站,专门航线及运输路线,专门船舶和泊位等,有效保证了许多工业产品的稳定运输,取得了很大成绩。

4. 开展中短距离铁路公路分流,"以公代铁"的运输

这一措施的要点,是在公路运输经济里程范围内,或者经过论证,超出通常平均经济里程范围,也尽量利用公路。这种运输合理化的表现主要有两点:一是对于比较紧张的铁路运输,用公路分流后,可以得到一定程度的缓解,从而加大这一区段的运输通过能力;二是充分利用公路门到门和中短途运输中速度快且灵活机动的优势,实现铁路运输服务难以达到的水平。

5. 尽量发展直达运输

直达运输是追求运输合理化的重要形式,其对合理化的追求要点是通过减少中转过载换载,从而提高运输速度,省却装卸费用,降低中转货损。直达的优势,尤其是在一次运输批量和用户一次需求量达到了整车时表现最为突出。此外,在生产资料、生活资料运输中,通过直达,建立稳定的产销关系和运输系统,也有利于提高运输的计划水平、技术水平和运输效率。

特别需要一提的是,如同其他合理化措施一样,直达运输的合理性也是在一定条件下才会有所表现,不能绝对认为直达一定优于中转。这要根据用户的要求,从物流总体出发做综合判断。如果从用户需要量看,批量大到一定程度,直达是合理的,批量较小时中转是合理的。

6. 配载运输

这是充分利用运输工具载重量和容积,合理安排装载的货物及载运方法以求得合理化的一种运输方式。配载运输也是提高运输工具实载率的一种有效形式。

配载运输往往是轻重商品的混合配载。在以重质货物运输为主的情况下,同时搭载一些轻泡货物,如海运矿石、黄沙等重质货物,在上面捎运木材、毛竹等,铁路运矿石、钢材等重

物上面搭运轻泡农、副产品等。在基本不增加运力投入情况下,在基本不减少重质货物运输情况下,解决了轻泡货物的搭运,因而效果显著。

7. "四就"直拨运输

"四就"直拨是由管理机构预先筹划,然后就厂或就站(码头)、就库、就车(船)将货物分送给用户,而勿需再入库了。

"四就"直拨是减少中转运输环节,力求以最少的中转次数完成运输任务的一种形式。一般批量到站或到港的货物,首先要进批发部门或配送部门的仓库,然后再按程序分拨或销售给用户。这样一来,往往出现不合理运输。

8. 发展特殊运输技术和运输工具

依靠科技进步是运输合理化的重要途径。例如,专用散装罐车,解决了粉状、液状物运输损耗大,安全性差等问题;袋鼠式车皮,大型半挂车解决了大型设备整体运输问题;"滚装船"解决了车载货的运输问题;集装箱高速直达车船加快了运输速度,增加了运输量等。这些都是通过先进的科学技术来实现合理化。

9. 通过流通加工,使运输合理化

有不少产品,由于产品本身形态及特性问题,很难实现运输的合理化,如果进行适当加工,就能够有效解决合理运输问题。例如将造纸材在产地预先加工成干纸浆,然后压缩体积运输,就能解决造纸材运输不满载的问题。轻泡产品预先捆紧包装成规定尺寸,装车就容易提高装载量;水产品及肉类预先冷冻,就可提高车辆装载率并降低运输损耗等。

以上方法均可以实现运输合理化,在实际中应该结合具体情况恰当选择。

七、装载方法

要组织合理运输,必须采用必要的方法提高技术装载量,以提高运输效率。具体做法有以下几种。

(1)组织轻重配装

它是把较重货物和较轻货物组装在一起,既可以充分利用车船装载容积,又能达到装载重量,使运输工具得到充分利用,以提高运输工具的综合利用率。

(2)实行解体运输

它是针对一些体积大且笨重、不易装卸又容易碰撞致损的货物所采取的一种装载技术。例如,大型机电产品、科学仪器、自行车、缝纫机等,可将其拆卸装车,分别包装,以缩小其所占据的空间位置,从而使有限的空间装载更多的货物,达到便利装卸搬运和提高运输装载效率的目的。

(3)堆码技术的运用

应根据车船的货位情况及不同货位的包装状态、形状,采取有效的堆码技术,如多层装载、骑缝装载、紧密装载等技术,以达到提高运输效率的目的。与此同时,改进包装技术,逐步实行单元化、托盘化,对提高车船技术装载量也有重要的意义。

八、运输成本管理

影响运输成本的因素有距离、装载量、产品密度、空间利用率、搬运的难度、责任以及市场等。

1. 距离

距离是影响运输成本的主要因素。成本的高低很大部分取决于路途的远近,在相同的运输环境下,一般距离越远成本越高。

2. 装载量

大多数物流活动中存在着规模经济,装载量的大小也会影响运输成本,装载量增加时,每单位重量的运输成本减少,这是因为装载、运送及管理成本等固定成本可以分摊到每一装载量。所以尽量要充分利用可用空间,达到最大装载量,从而降低单位成本。

3. 产品密度

产品密度是指产品的质量和体积之比。通常密度小的产品每重量所花费的运输成本比密度大的产品要高。这是因为一般运载货物的空间体积是一定的,从而密度大的质量较大,而单位质量的成本较低。

4. 空间利用率

空间利用率是指产品的具体尺寸及其对运输工具的空间利用程度的影响。由于某些产品具有古怪的尺寸和形状,以及超重或超长等特征,因而通常不能很好地利用空间。例如,谷类、矿石及石油产品可以完全地装满容器,能很好地利用空间;而汽车、机械设备等的空间利用率则不高。

5. 搬运的难易

显然同质的产品或用通用设备搬运的产品比较容易搬运,而特别的搬运设备则会提高总的运输成本。

6. 责任

责任主要关系到货物损坏风险和导致索赔事故,对产品要考虑的因素是易损换性、货运财产损害责任、易腐性、易盗性、易自燃性或自爆性等。承运人承担的责任较大时,他所要的运输费用也就越高。承运人必须通过向保险公司投保来预防可能发生的索赔,托运人可以通过改善保护性包装,或通过建设货物丢失损坏的可能性来降低其风险,最终降低运输成本。

7. 市场

除了与产品有关的因素外,市场因素也对物流成本有重要影响。影响比较大的市场因素有:同种运输方式间的竞争以及不同种运输方式间的竞争;市场的位置;政府对承运人限制的现状和趋势;运输活动的季节性等。

九、运输决策

1. 运输成本决策

运输作业的定价有按服务成本定价或按运输价值定价两种。前者是从承运人角度出发的,后者则是从托运人角度出发的。

按服务成本定价是一种“累积”的方法,承运人根据提供这类服务的成本加上毛利润来确定运输费率。这种服务成本方法代表了基本或最低的运输收费,是对低价值货物或在高度竞争的情况下使用的一种定价方法。

按运输价值定价是根据托运人所能感觉到的服务价值,而不是实际提供这种服务的成本来收取运费的。例如,托运人感觉到,运输某公斤的电子设备要比运输同样重量的煤炭更重要或更有价值。托运人可能愿意多支付些运输费用。显然,对于高价值货物,承运人趋向于使用预算价值定价,这样可以收取较高的运输费用。

综合定价策略是在最低的服务成本和最大的运输(服务)价值之间来确定某种中间水平的运价。大多数运输公司都使用这种中间值的运价。因此,物流经理必须要了解运价浮动的范围和可供选择的策略,以便在谈判时有所依据。

2. 自行运输还是委托运输

企业内部自行运输,便于控制。但是实施低成本、高效率的自行运输需要企业内部各部门之间的广泛的合作和沟通。

企业之所以会自行运输,最主要的原因是考虑到承运人不一定能达到自己所需要的服务水平,通常而言,企业有自己的车队的原因是:服务的可靠性,定货提前期较短,意外事件反映能力强,与客户的合作关系。

委托运输减轻了企业的压力,可以使企业集中精力于新产品的开发和产品的生产。但是,另一方面,委托运输需要处理与企业外部的承运商之间的关系,增加了交易成本,也增加了对运输控制的难度。关于委托运输还是自行运输的决策不仅是运输决策,更是财务决策。

3. 运输方式及承运人选择决策

经济和资源的限制、竞争压力、客户需求都要求企业做出最有效的运输方式和承运人选择。因为运输影响到客户服务水平、送货时间、服务的连续性、库存、包装、能源消耗、环境污染及其他因素,运输部门必须开发最佳的运输方式及承运人选择策略。

运输方式及承运人选择可以分为以下四步:

(1)问题确定。问题确定要考虑的因素有:客户要求、现有的模式的不足以及企业的分销模式的改变。通常最重要的是于服务相关的一些因素。

(2)承运人分析。分析中要考虑的信息有:过去的经验、企业的运输记录、客户意见等。

(3)选择决策。选择过程中要做的工作是在可行的运输方式和承运人中做出选择。

(4)选择后评价。一旦企业做出选择之后,还必须制定评估机制来评价运输方式及承运人的表现。评估技术有成本研究、审计、适时运输和服务性能的记录等。

4. 车辆路线计划

合理的车辆路线计划可带来如下好处:更高的车辆利用率、更高的服务水平、更低的运输成本、减少设备资金投入、更好的决策管理。对托运人而言,路线计划可以降低他们的成本并提高其所接受的服务水平。

路线计划有如下类型:单一出发地和单一目的地,且出发地和目的地不同;多出发地和多目的地;出发地和目的地是同一地点。

(1)单一起点和终点,且起点与终点不同。单一的出发地和目的地的车辆路线计划问题可以看作网络规划问题,可以用运筹学的方法解决,其中最简单的直接的方法是最短路线方法。

(2)多起点、多终点。实际运输中常碰到有多个供应商并供应给多个工厂的问题,或者把不同工厂生产的同一产品分配到不同客户处的问题,在这些问题中,起点和终点都不是单一的。

（3）起点与终点为同一地点。自有车辆运输时，车辆往往要回到起点。比较常见的情况是，车辆从一座仓库出发到不同的零售点送货并回到仓库，这一问题实际是出发地和目的地不同的问题的延伸，但相对而言更为复杂一些。它的目标是找到一个可以走遍所有地点的最佳顺序，使得总运输时间最少或距离最短。

第二节　物流系统包装作业规范

一、包装概述

包装是为在流通过程中保护产品、方便储运、促进销售，按一定技术方法而采用的容器、材料及辅助物等的总体名称。也指未来达到上述目的而采用容器、材料和辅助物的过程中施加一定技术方法等的操作活动。简言之，包装是包装物及包装操作的总称。

二、包装的功能及地位

1．包装的功能

（1）保护货物。货物在整个流动过程中，要经过多次的装卸、存取、运输、甚至拆卸和再包装，会受到各种各样的外力冲击、碰撞、摩擦。这是维持产品质量的功能，是包装的基本功能。在物流过程中各种自然因素（温度、湿度、日照、有害物质、生物等），对产品的质量发生的影响，会使产品损坏、变质。在装卸搬运、运输过程中，撞击、震动也会使产品受损。为了维持产品在物流过程中的完整性，必须对产品进行科学的包装、避免各种外界不良因素对产品的影响。另外，有可能在恶劣环境中受到有害物质的侵蚀，为了保护商品，避免不必要的货物损失，货物必须包装。

（2）便于处理。通过包装方便物料处理也是工业包装的目的之一。货物的形态是各种各样的，有固体、液体、气体之分，有大有小，有规则与不规则，有块状与粉末状，有硬有软等各种特性，而装卸、运输的工具式样却要少得多。为了提高物料处理的效率，也必须对货物进行包装。物料处理的劳动生产率指标一般都用包装后所组成的货物单元来描述，如每小时装箱数量、每小时分拣了多少箱货物等。大多数货物都采用成组化或集装化的包装。这样方便了运输过程中的各种处理过程。经过包装的商品能为商品流转提供许多方便的条件。运输、装卸搬运通常是以包装的体积、重量为基本单位的，托盘、集装箱、货车等也是按一定包装单位来装运的。合适的包装形状、尺寸、重量和材料，能够方便运输、装卸搬运、保管的操作，提高其他物流环节的效率，降低流通费用。

（3）促进销售。包装是商品的组成部分，它是商品的形象。包装上的商标、图案、文字说明等，是商品的广告和"无声的推销员"，它是宣传推销商品的媒体，诱导和激发着消费者的购买欲望。包装在物流活动中的作用如此重要，作为物流行业中的成员应该将其更加重视。

（4）识别产品。通过包装上的标识，工作人员能快速准确地找到相应的货物。

总体而言，包装即为在维护产品的存在价值和实现产品的是使用价值方法发挥作用。

2. 包装在物流中的地位

在社会再生产过程中,包装处于生产过程的末尾和物流过程的开头,既是生产的终点,又是物流的始点。

在现代物流观念形成以前,包装被天经地义地看成生产的终点。因而一直是生产领域的活动,包装的设计往往主要从生产终结的要求出发,因而常常不能满足流通的要求。物流的研究认为,包装与物流的关系,比之与生产的关系要密切得多,其作为物流始点的意义比之作为生产终点的意义要大的多。因此,包装应进入物流系统之中,这是现代物流的一个新观念。

三、包装的种类

包装按目的、功能、形态分有不同类型,通常分为两类:一类是为市场销售而包装,称为商业包装;另一类是为了物流运输而包装,称为工业包装。

1. 商业包装

为了吸引消费者的注意力,成功的商业包装能够方便顾客、引起消费者的购买欲,并能提高商品的价格。商业包装是以促进销售为主要目的的包装,这种包装的特点是外形美观,有必要的装潢,包装单位适于顾客的购买量以及商店陈设的要求。在流通过程中,商品越接近顾客,越要求包装有促进销售的效果。但是,理想的商业包装从物流的角度看又往往是不合适的。例如,重量只有 24 克的洋参胶囊,为了引起消费者的注意,设计的包装盒体积有 $3100mm^3$。对于物流来说这样做会过大地占据运输工具和仓库的空间,是不合理的。

2. 工业包装

为了达到方便装卸、存储、保管、运输的目的,货物都需要包装,这类包装就是工业包装。工业包装又称为运输包装,是物资运输、保管等物流环节所需要的必要包装。

工业包装以强化运输、保护商品、便于储运为主要目的。对于生产资料,工业包装的作用尤其突出。这是因为生产资料的生产与消费,批量大,数量多,因而导致物资的运输量和储存量都大大超过生活资料。工业包装要在满足物流要求的基础上使包装费用越低越好。一般来说,为了降低包装费用,包装的保护性也往往随之降低,故商品的流转损失亦会加大;反之,如是增强包装,包装费用相应增加,而流转损失会有所下降,因此对于普通物资的工业包装其程度应对适中,才会有最佳的经济效果。工业包装又有内包装和外包装之分。如卷烟的条包装为内包装,大箱包装为外包装。运用包装手段,将单个的商品或零部件用盒、包、袋、箱等方式集中成组,以提高物流管理的效率。这种将单个分散的商品组装成一个更大单元的方式称为成组化或集装化,这是物流包装中的一个重要研究课题。

对于某些商品,商业包装与工业包装往往有矛盾。例如,为了便于运输,包装往往应当结实,但外部形体不够美观,因而不利于销售,反之,促进销售效果的优美的商业包装,大多比较单薄,强度较低,保护效果较差。为了实现物流的合理化,工业包装采用与商业包装同样的创意,工业包装同时具有商业包装的功能。

四、包装材料

包装材料是指用于制造包装容器、包装装潢、包装印刷、包装运输等满足产品包装要求所使用的材料,它即包括金属、塑料、玻璃、陶瓷、纸、竹本、野生麻类、天然纤维、化学纤维、复合材料等主要包装材料,又包括涂料、粘合剂、捆扎带、装潢、印刷材料等辅助材料。

(1) 纸及纸制品:牛皮纸、玻璃纸、植物羊皮纸、沥青纸、板纸、瓦楞纸板。

(2) 塑料及塑料制品:聚乙烯、聚丙烯、聚苯乙烯、聚氯乙烯、钙塑材料。

(3) 木材及木制品。

(4) 金属:镀锡薄板、涂料铁、铝合金。

(5) 玻璃、陶瓷。

(6) 复合材料。

五、包装技术

包装技术可分销售包装技术和物流包装技术。物流包装技术又可分为包括容器设计和标记技术的外包装技术,以及包括防震、防潮、防锈、防虫等技术的内包装技术。容器设计主要是容器尺寸和强度设计,标记技术是指把必要的注意事项标志在容器上的技术。

六、包装的发展趋势

在当今社会中,环保问题越来越引起人们的重视,保护环境,走可持续发展道路已被各行各业接受。因此我们要大力提倡绿色包装,我国绿色包装发展趋势主要表现在新老交替的趋势明显,全行业素质的不断提高;绿色包装原材料多样,设备、技术不断更新改进;绿色包装制品应用领域广泛,为环保不断增添新手段;绿色包装系列产品由单纯内销型朝外向扩张型转变。

1. 适合于环境保护的绿色包装设计

21 世纪是环保的世纪,现代包装设计在漫长的一段时间里还将继续延续 20 世纪 80～90 年代提出的绿色包装设计概念。经济的快速发展,加快了对自然生态环境的破坏;人民生活水平的提高,各种包装固体废弃物随着人们对商品需求量的增加而增多。

据统计 1998 年中国生产的包装品总量 1813 万 t,70％的包装制品在使用后被丢弃,被丢弃的包装固体废物就加剧了对环境的污染。包装所带来的环境问题日益突出,人们纷纷致力于研究新的包装材料和环保型设计方法来减少包装固体废物带来的环境问题。在包装材料上的革新,有如:用于隔热、防震、防冲击和易腐烂的纸浆模塑包装材料;植物果壳合成树脂混合物制成的易分解的材料;天然淀粉包装材料;自动降解的包装材料;在设计上力求减少后期不易分解的材料用于包装上,尽量采用质量轻、体积小、易压碎或压扁、易分离的材料;尽量多采用不受生物及化学作用就易退化的材料,在保证包装的保护、运输、储藏和销售功能时,尽量减少材料的使用总量等。

2. 适合于突出商品个性化的包装设计

个性化包装设计是一种牵涉广泛而影响较大的设计方法,主要是针对超市、仓储式销售等因销售环境、场地的不同而采用的不同的设计方法。不论是对企业形象、产品本身还是社会效果均有莫大的关联与影响。包装形象的塑造与表现向自然活泼的人性化、有机性造型发展,赋予包装个性品质、独特风格来吸引消费者,设计时就必须系统考虑,对实际情况作不同的分析,考虑各种因素。如运用酒桶造型的"酒桶酒"包装设计、运用地方民间戏剧脸谱门神造型的"平安酒"包装设计、运用笑口常开的弥勒佛造型的"开口笑酒"包装设计……等的仿生个性化造型包装设计,其构思标新立异,个性鲜明、突出,视觉效果都非常强烈。这样的商品包装在琳琅满目的货架上就很容易引起消费者的兴趣,被消费者接受。

3. 适合于电子商务销售的现代商品的包装设计

网络作为传递信息的载体,已渗透到全球的每一个角落,需求与分配的组织化已不分国家、市场、投资、贸易的大小,一律将通过网络来完成,按照网络秩序来活动。早在 2001 年的日本总务省就研究出网络技术传递花香的技术,虽然目前仅限于苹果等有限香型,但却改变了以前网络传递仅限于传递图像和声音,只是视觉和听觉的传递技术,现又增添了嗅觉传递技术,运用这些技术将增强如化妆品、香水等具有气味的商品的网络销售,图、声、味三者的结合必将对电子商务销售带业冲击。许多传统企业正面临挑战,网络技术彻底改变了顾客的消费行为和消费方式,包装装潢的促销功能也将随之被淡化,失去了它昔日耀眼的光环。社会进入到电子商务时代,对包装的功能提出了新的要求,随之商品的包装设计了遇到了新的问题。

4. 安全防伪的包装设计

现代科技的高速发达,一般的包装设计防伪技术对造假者已产生不了作用。研究远东包装设计与技术的专家克里斯廷·罗梅尔指出中国大陆在包装设计中的模仿抄袭已成为很多小型企业实际操作中所采取的策略。他们与市场上的名牌产品的包装设计以细微的变化来混淆视听,如五粮液酒厂生产的金六福酒被一小厂仿制成"金大福",他们直接利用高精度的扫描仪获取金六福酒包装的包装设计效果图,再通过 photoshop 等图形软件进行加工处理,把"六"改成"大"保持整体效果不变,使消费者在初看之下不易察觉所做的改动,以次充好,以假乱真!

七、包装合理化

1. 包装合理化的概念

所谓的包装合理化,是指在包装过程中适用适当的材料和适当的技术,制成与物品相适应的容器,节约包装费用,降低包装成本,既满足包装保护商品、方便储运、有利销售的要求,又要提高包装的经济效益的包装综合管理活动。

2. 包装不合理的表现

(1)包装不足。包装不足指的是以下几方面:包装强度不足,从而使包装防护性不足,造成被包装物的损失;包装材料水平不足,材料不能很好承担运输防护及促进销售作用;包装容器的层次及容积不足,缺少必要层次与不足所需体积造成的损失;包装成本过低,不能保证有效的包装。

由于包装不足,造成的主要问题是增大物流过程中的损失和降低促销能力。这一点不可忽视。我国曾经举行过的全国包装大检查,经过统计分析,认定由于包装不足引起的损失,一年高达 100 亿元以上。

(2)包装过剩。包装过剩指的是以下几方面:包装物强度设计过高,如包装材料截面过大,包装方式大大超过强度要求等,从而使包装防护性过高;包装材料选择不当,选择过高,如可以用纸板却不用而采用镀锌、镀锡材料等;包装技术过高;包装层次过多,包装体积过大;包装成本过高。一方面可能使包装成本支出大大超过减少损失可能获得的效益,另一方面,包装成本在商品成本中比重过高,损害了消费者利益。

3. 包装合理化的途径

(1) 包装的轻薄化。由于物流包装只是起保护作用,对产品使用价值没有任何意义,因此在强度、寿命、成本相同的条件下,采用更轻、更薄、更短、更小的包装,可以提高装卸搬运的效率。而且轻薄短小的包装一般价格比较便宜,如果用作一次性包装还可以减少废弃包装材料的数量。

(2) 包装的单纯化。为了提高包装作业的效率,包装材料及规格应力求单纯化,包装规格还应标准化,包装形状和种类也应单纯化。

(3) 包装的标准化。包装的规格和托盘、集装箱关系密切,应考虑到和运输车辆、搬运机械的匹配,从系统的观点制定包装的尺寸标准。

(4) 包装的机械化。为了提高作业效率和包装现代化水平,各种包装机械的开发和应用很重要。

(5) 包装的绿色化。绿色包装是指无害少污染的符合环保要求的各类包装物品,主要包括:纸包装、可降解塑料包装、生物包装和可食用包装等。这是包装合理化的发展主流。

(6) 包装设计合理化。包装设计需要运用专门的设计技术,将物流需求、加工制造、市场营销及产品设计等因素结合起来综合考虑,尽可能满足多方面的需要。当然,对物流包装来说,设计中考虑的首要因素是货物的保护功能。包装设计基本上决定了货物的保护程度,但不能忽视费用问题。包装设计应正好符合保护货物的要求,过度的包装会增加包装费用,而且包装的尺寸大小会影响运输工具和仓库容积使用率。

第三节　运输包装系统设计

一、运输包装的最优化

1. 合理的运输包装应考虑的因素

合理的运输包装应考虑的因素包括:流通环境;产品特性;包装因素;经济性;包装技术与方法;包装试验;销售与消费。

2. 实现合理运输包装应满足的条件

实现合理运输包装应满足的条件包括:发挥经济功能;协调包装与制造工序的关系;便于装卸;便于收件人的取出;便于废弃物处理。

二、运输包装件规格标准化

1. 运输包装件规格标准化的概念

运输包装件规格标准化,就是通过包装尺寸以及与货物流通有关的一切空间尺寸的规格化,来提高物流效率。这里所指的空间尺寸,包括铁路货车、载重汽车、船舶、集装箱等运输设备的载货空间尺寸,以及仓库、零售商店的储存空间尺寸等。这一概念的基础是货物流通合理化。

2. 运输包装件规格标准化的作用和意义

（1）提高包装容器的生产效率。标准尺寸可以减少用户停机调整规格的时间，提高了生产效率。

（2）加速货物流通。

（3）便于包装自动化、节省包装成本。

（4）包装标准规格尺寸系列对改进商业经营具有特殊的意义，便于改进商业经营、简化商店仓库管理。

3. 国际标准

国际标准化组织（ISO）于 1975 年公布以 600mm×400mm 的底面积（模数）为基础，规定了一系列刚性长方形运输包装尺寸。其原则是运输包装的有效外部尺寸（长和宽）可通过用一个整数乘或除标准底面积（模数）而求得，见表 4-1 和图 4-1。运输包装的高度可根据需要自由选择。表 4-1 为运输包装尺寸。

表 4-1　运输包装尺寸　　　　　　　　　　　　单位：mm

模数	倍数	约数
600×400	1200×1000	600×400
		300×400
		200×400
	1200×800	150×400
		120×400
	1200×600	600×200
		300×200
	1200×400	200×200
		150×200
	800×600	120×200
		600×133
		300×133
		200×133
		150×133
		120×133

注：①倍数是以 600×400 为模数的大包装尺寸，与托盘尺寸相同；

②运输包装模数的约数为以 600×400 标准底面积等分小包装尺寸。

模数为 600×400，倍数是以 600×400 为模数的大包装尺寸，与托盘尺寸相同：

运输包装模数的约数为以 600×400 标准底面积等分小包装尺寸。等分小包装均可在大包装以 600mm×400mm 为模数的集装托盘上组合排列。例如包装尺寸为 400mm×200mm 的小包装，在 1200mm×800mm 上排列的实例如图 4-2 所示。

其中图为包装尺寸 400mm×800mm 在 400mm×800mm 上排列。

单位:mm

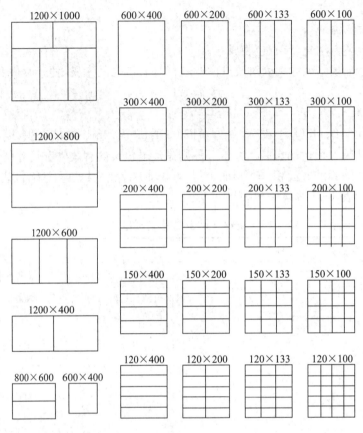

图 4-1

4. 国家标准 GB 4892

(1) 标准制定目的

便于包装货物的物流合理化,实现集装单元运输或集合包装。

国标中共有120个典型图谱,其中 A 单元尺寸图谱号由 1 到 51 包括顺列堆码和交错堆码共有 68 个;B 单元尺寸图谱号由 101 到 139,包括顺列和交错堆码共有 52 个。下面给出图谱号为1、2、6、16c、13、13c、101、102、139、134c 的图谱;它们的对应尺寸分别为:

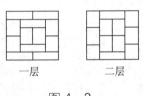

一层　　二层

图 4-2

1、1200×1000;2:1200×500;6:600×1000;16c:600×200;13c:600×400;101:1200×800;102:1200×400;139:133×133;134c:200×133。

(2) 包装标准的基础数值及其组合

包装标准尺寸是以 1200 等分数列分别与 1000 等分数列以及 800 等分数列的组合构成最基本的数值组合(见表 4-2)

表4-2　包装标准尺寸数列

等分数(N)	1200	1000	800	等分数(N)	1200	1000	800
	A_1	A_2	A_3		A_1	A_2	A
1	1200	1000	800	7	170		
2	600	500	400	8	150		100
3	400	330	265	9	133		
4	300	250	200	10		100	
5	240	200	160	11			
6	200	160	133	12	100		

5. 常用运输工具的箱体尺寸

运输工具有汽车、火车、飞机、轮船等,我国铁路目前主要的通用货车有平车、敞车、棚车,其主要技术参数见表4-3:

表4-3　运输工具箱体尺寸

名称	车型	自重(t)	载重(t)	车内容积(m³)	车内尺寸(m)			计费重量	特点
平车	N17	20	60		13	2.9		60	装运大件货物
敞车	C62	20.6	60	68.8	12.5	2.8	2	60	装运散装货物
棚车	P62	24	60	120	15.5	2.8	2.7	60	装运贵重货物

随客机空运的包装件外形尺寸一般不应超过 400mm×600mm×1000mm,专用运输机舱门的尺寸为 1500mm×1600mm,大型运输机机舱尺寸为 2400mm×3000mm×13500mm。

这些常用的运输工具的箱体尺寸,供包装工程技术人员在设计时参考。

三、运输包装标志

(一)运输包装标志的含义和作用

1. 运输包装标志的含义

运输包装标志是用图形或者文字(文字说明、字母标记或阿拉伯数字),在货物运输包装上制作的特定记号和说明事项。有了运输包装标志就可以使货物与运输文件相互对照起来,容易区别不同批的货物、容易知道货物运输的目的地、收货人、发货人,以及转运地点、注意事项、重量、体积等。

2. 运输包装的作用

(1)由于货物的品类繁杂,包装各异,到达地点不一,货主众多,要做到准确无误,保证安全地将货物运交指定地点,与收货人完成交接任务,就需要运输包装标志。

(2)货物运输包装标志可以表达发货人的意图。正确地使用包装标志,可以保护货物与作业安全,防止发生货损、货差及危险性事故。

（3）流通过程中运输包装标志要在单证、货物上同时表现出来。它是核对单证,货物并使之货单相符,以利于正确快速地辨认货物,高效率地进行装卸搬运作业,安全顺利地完成流通全过程,准确无误地交付货物的关键,从而可以避免误装、误卸、误交付。

（4）运输包装标志可以节省制作单据的手续与时间,易于称呼。

（5）识别标志使得货物易于辨认,节省人力与时间。

（二）运输包装标志的分类与内容

1. 运输包装标志的分类

运输包装可以分为三大类,即收发货标志、储运图示标志和危险货物包装标志。其中收发货标志又可分为14项,储运图示标志可分为10项,危险货物包装标志可分为16项。

（1）收发货标志

包括:商品分类图示标志;供货号;贷号;品名规格;数量;重量;生产日期;生产工厂;体积;有效期限;收货地点和单位;发货单位;运输号码;发运件数。

（2）储运图示标志

包括:小心轻放;禁用手钩;向上;怕热;由此吊起;怕湿;重心点;禁止滚翻;堆码极限;温度极限。

（3）危险货物包装标志

包括:爆炸品;易燃气体;不燃压缩气体;有毒气体;易燃液体;易燃固体;自燃物品;遇湿危险;氧化剂;有机过氧化物;有毒品;剧毒品;有害品;感染性物品;放射性物品;腐蚀性物品。

此外,还有对辐射能敏感的摄影材料的运输包装图示标志。

如按标志的使用方法分类,又有粘贴标志、栓挂标志、涂打标志,钉附标志以及书写标志等种类。

2. 运输包装标志的内容

（1）运输包装收发货标志（GB 6388）:

收发货标志是指外包装件上的商品分类图示标志及其他的文字说明排列格式的总称。

商品分类图示标志,代号 FL,英文 GLASSIFICATIONMARKS。它是表明商品类别的特定符号,标准中有 12 种商品分类图示标志:百货、文化、五金、交电、化工、针纺、医药、食品、农副产品、农药、化肥、机械。它们都是用圆弧、多边形以及它们的组合图形将特征字包起来,最后用四边形边框围起来表示。对商品分类图示标志的要求见表 4-4:

表 4-4 商品分类图示标志尺寸　　　　　　　　　　　单位:mm

包装件高度（袋按长度）	分类图案尺寸	图形的具体参数		备注
		外框线宽	内框线宽	
500 以下	50×50	1	2	平视 5m,包装标志清晰可见
500～1000	80×80	1	2	
1000 以上	100×100	1	2	平视 10m,包装标志清晰可见

1) 供货号。代号 GH,英文 CONTRACT No。货物的供货清单号码（出口商品用合同号码）。

2）货号，代号 HH，英文 ART No。它表示商品顺序编号，以便出入库、收发货登记和核定商品价格。

3）品名规格。代号 PG，英文 SPECIFICATIONS。它表示商品名称或代号，标明单一商品的规格、型号、尺寸、花色等。

4）数量。代号 SL，英文 QUANTITY。它表示包装容器内含商品的数量。

5）重量。代号 ZL，分毛重和净重，英文 GROSSWT；NETWT。它表示包装件的重量(kg)。

6）生产日期。代号 CQ，英文 DATE OF PRODUCTION。它表示产品生产的年，月，日。

7）生产工厂。代号 CC，英文 MANUFACTURER。它表示生产该产品的工厂名称。

8）体积。代号 TJ。英文 VOLUME。它表示包装件的外形尺寸。

9）有效期限。代号 XQ。英文 TERM OFVALIDITY。它表示商品有效期至×年×月。

10）收货地点和单位。代号 SH，英文 PLACE OF DESTINATION AND CONSIGNEE。它表示货物到达站、港和某单位（人）收（可用贴签或涂写）。

11）发货单位(FH)。英文 CONSIGNOR。它表示发货单位或人。

12）运输号码(YH)。英文 SHIPPING No.。它表示运输单号码。

13）发运件数(JS)。英文 SHIPPING PIECES。它表示发运的件数。

（2）包装储运图示标志(GB 191)。

储运图示标志是根据货物特性，对易破碎、残损、变质的货物所提出的搬运、储存、保管以及运输安全的注意事项(图 4-3)。

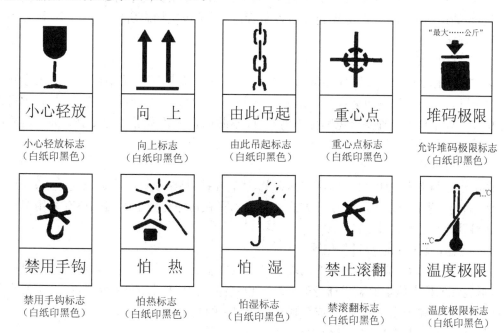

图 4-3　储运图示标志示例

包装储运图示标志的内容如下：

1）小心轻放：用于指示货物碰震易碎，需轻拿轻放。

2）禁用手钩：用于指示货物不得使用手钩搬运。

3）向上：用于指示货物不得倾倒。

4）怕热：用于指示货物怕热。

5）由此吊起：用于指示吊运时放链条或绳索的位置。

6）怕湿：用于指示怕湿。

7）重心点：用于指示货物重心所在处。

8）禁止翻滚：用于指示货物不得滚动搬运。

9）堆码极限：用于指示货物允许最大堆码重量或层数。

10）温度极限：用于指示一些特殊货物所需要控制的湿度。

（3）危险货物包装标志（GB 190）。

为保证作业安全，应根据各种危险货物的特性，在内装危险品的运输包装上加用特别的图示标志，必要时加以说明，以便于采取防护措施。同时提醒作业人员，谨慎小心，严防发生事故。

（三）运输包装标志的要求及应用

1. 运输包装标志的使用方法

（1）标志的使用

执行国家标准并参照国际有关规章办理。

货物运输包装标志的目的是为明确表达发货人意图，保证流通过程的作业安全，提高流通效率，因此可以采用图示标志或文字说明，亦可以二者兼用。国家标准"危险货物包装标志"、"包装储运图示标志"和"运输包装收发货标志"对于包装标志所使用的文字、符号和图形都作了规定。

（2）标志的书写

运输包装标志的文字书写应与底边平行。带棱角的包装，其棱角不得将标志图形和文字说明分开。出口货物的包装标志原则上按照我国规定的标准办理，但根据需要，标志可以不印中文。如果根据国外要求免贴标志时，可以不贴标志。必须用外文表示的标志名称或补充说明，应写在标志的下边。

（3）标志的印刷

图示标志与文字说明，可以印刷在标签上，然后拴挂、粘贴或钉附在运输包装上；亦可以用油漆、油墨或墨汁，以楼模、印模等方式涂打或书写在运输包装上。国外还有采用烙烫和雕刻法将其标在运输包装上的。

（4）运输包装标志的数目与位置

如箱形包装，标志应位于包装的两端或两侧的左上方；袋、捆包装标志应位于明显的一面；桶形包装的标志位于桶盖或桶身的四周。包装储运图示标志的"由此吊起"、"重心点"、"由此开启"应根据要求粘贴、涂打或钉附在运输包装的实际位置。

对于运输包装收发货标志的位置，国标的要求如下：

1）六面体包装件的分类图示标志位置。按 GB 3538《运输包装件各部位的标志方法》规定，放在包装件 5、6 两面的左上角。

2）袋类包装件的分类图示标志放在两大面的左上角。

3）桶类包装的分类图示标志放在左上方。

4）筐、篓捆扎件等拴挂式收发货标志,应拴挂在包装件的两端;革包、麻袋拴挂式收发货标志应栓挂在包装件的两上角。

2. 对运输包装的要求

（1）运输包装标志要求正确、明显、牢固

图案要清楚,文字要精练,字迹要清晰,包装标志要易于辨认,便于制作,一目了燃。国标 GB 6388 规定了收发货标志的字体要求,中文用仿宋体字,代号用汉语拼音大写字母,数码用阿拉伯数码,英文用大写字母。

（2）包装标志颜色要求

“包装储运图示标志”都要求以白色为底,标以黑色的图案或文字说明。如果直接标于运输包装上,其颜色影响标志的清晰度,则可以采用合适的对比色。危险货物包装标志的图形要求按图规定的颜色印刷和标打。标志应采用厚度适当、有韧性的纸张印刷。

国标中具体要求是:

爆炸品标志,橙红色纸印黑色;

易燃气体标志,正红色纸印黑色或白色;

不燃压缩气体标志,绿色纸印黑色或白色;

易燃液体标志,正红色纸印黑色或白色;

易燃固体标志,白色红条底色纸印黑色;

自燃物品标志,上自下红底色纸印黑色;

遇湿危险标志,蓝色纸印黑色或白色;

氧化剂标志、有机过氧化物标志,拧橡黄色纸印黑色;

有毒气体标志、有毒品标志、剧毒品标志、有害品标志、感染性物品标志、腐蚀性物品标志,都采用白色纸印黑色;

一级放射性物品标志,白纸印黑色,附一级红竖条;

二、三级放射性物品标志,上黄下白底色纸印黑色,分别附二、三级红竖条。

运输包装收发货标志的颜色:

纸箱、纸袋、塑料袋、钙塑箱类别以:规定的颜色用单色印刷;

麻袋、布袋用绿色或黑色印刷,木箱、木桶不分类别,一律用黑色印刷;

铁桶可用黑、红、绿、蓝任一底色印白字,灰底印黑字;

表内未包括的其他商品,包装标志的颜色按其属性归类。

制作标志的颜料,应具有耐湿、耐晒、耐摩擦和不溶于水的性能,不易发生脱落、退色或模糊不清的现象。用于制作酸性、碱性、氧化物和其他腐蚀性货物的包装标志的颜料,应选用相应的抗腐蚀性材料,以免因受内装物品的侵蚀而模糊不清。

（3）货物运输包装标志如采用货签时,应选用坚韧的纸材

对于不适于用纸质货签的运输包装,可采用金属、木质、塑料或者布制货签。

（4）货物运输包装标志的尺寸

我国“包装储运图示标志”和“危险货物包装标志”标准规定的标志尺寸分别有 3 种和 4 种。

包装体积特大或特小的货物,其标志的幅面不受上述尺寸的限制。

国际标准化组织推荐的尺寸为10cm、15cm、20cm，没有指明整个标志的实际尺寸，以便灵活应用。

对于标志的文字、图形、数字号码的大小，应与包装的大小相称。笔划的粗细要适当。体积较大或较小的运输包装，可以相应增大或缩小整个标志的尺寸。

用于粘贴的标志单面印刷，用于拴挂的标志规定双面印刷。印刷时，外框线及标志的名称都要印上，涂打时则可以省略。

（5）货物运输包装标志的标打

应由生产单位在货物出厂前标打。出厂后如改换包装，则由发货单位标打。更换标志时，应把原有废弃的包装标志痕迹清除干净，以免与新标志混淆不清，造成事故。

（6）其他规定

在货物运输包装上，禁止加广告性宣传文字或图案，以免与安全指示标记混杂，影响标志的正确作用。同时，严禁乱写乱涂。

四、国内外运输包装尺寸系列状况

通过对运输包装尺寸标准化以及国内外运输包装尺寸系列状况的论述，阐明了运输包装尺寸标准化的重要意义，重点分析了运输包装尺寸系列制定的方法和流程，为运输包装标准化尺寸的制定提供了理论依据。最后提出了基于运输包装尺寸系列的运输包装标准化尺寸取用模型，为运输包装尺寸标准化提供方法依据，促进物流运输行业的规模化、标准化进程。

包装是生产的终点，物流的起点。包装合理化是物流合理化的重要对象，也是物流合理化的基础。近代工业包装是以大量生产、大量消费背景下的商品流通为对象，以大量、迅速、低廉和省力为目标推动合理化进程。包装合理化正朝着包装尺寸标准化、包装作业机械标准化、包装成本低廉化和包装单元大型化等方向发展。运输包装件规格标准化就是通过包装尺寸以及与货物流通有关的一切空间尺寸的规格化，来提高物流效率。包装规格标准化是科学管理的组成部分，是组织现代化流通的重要手段。它可以改进包装容器的生产和空间利用率，提高运输效率，改善商业经营方式。包装尺寸标准化决定着包装标准化的进程。

（一）当前国内外运输包装尺寸系列状况

我国已经制定了一些包装尺寸标准，如硬质直方运输包装尺寸系列标准（GB/T 4892），主要基于包装货物的物流合理化，大方向是连续与托盘化（集装单元运输或集合包装），提出了以托盘尺寸为媒介的规范尺寸；圆柱体运输包装尺寸系列标准（GB/T 13201），制定了钢、纸、塑料等各种材质圆柱体运输包装的最大外轮廓直径，适用于圆柱体运输包装；袋类运输包装尺寸系列标准（GB/T 1357），规定了纸、麻、布和塑编等材质的袋类运输包装满装平卧时的底面最大外轮廓尺寸，适用于单元货物的袋类运输包装。但是，目前我国很多企业的运输包装尺寸系列缺乏标准规范，主要存在以下几个问题：

1. 包装尺寸的确定

过去大多数是从保护内部物品、便于人工搬运装卸搬运工作和节约包装材料的角度考虑，与物流的其他作业环节、其他运载工具的关联性考虑的不多。但随着物流搬运的机械化和自动化程度的不断提升，物料的搬运装卸大多由机械来完成，包装尺寸与运载工具之间的协调变得尤为重要。而我国目前很多企业还未从协调物流的角度来制定包装尺寸系列,这就使包装容器变得种类繁多,同时搬运设备也不能通用,增加了搬运的成本。

2. 包装尺寸系列与集装尺寸缺乏协调

当前的运输已不是单件小批量运输,集装箱运输已经以一种高效率、低成本的运输方式为物流企业所接受,并且,国际上已制定集装箱标准尺寸,我国也采用了国际标准。由于缺乏与之相匹配的包装尺寸系列,集装箱的空间不能很好的利用。同时,又增加了装箱的难度,往往要用复杂的数学计算,来尽量的使装箱合理化。最终导致物流无效作业增多,物流速度降低,物流事故增加,物流成本上升,物流管理质量下降,物流服务质量落后,严重影响我国物流企业和其他产品生产企业的效益和竞争力。我国加入 WTO 后,这个问题显得更加突出。

3. 包装标准化人才短缺

目前具有高层次的包装物流专业人才目前市场上十分紧缺,很多企业的包装还很不正规,没有专业的包装队伍,包装方案还处于摸索或照抄的阶段。真正懂得物流、包装、标准化、国际贸易、WTO 规则、TBT 的高层次人才,能适应和胜任物流标准化工作的人才是我国物流包装重点培养的对象。

在世界发达国家,物流标准化一直都被作为物流工作的重心,同时又十分注重本国物流标准与国际标准的衔接,而包装尺寸系列标准,又是这些物流标准中的重中之重。日本是比较重视包装尺寸系列标准化的国家之一,建立了物流模数体系、集装的基本尺寸、运输包装的系列尺寸、大型集装箱、塑料通用箱、平托盘、卡车车厢内壁尺寸等。此外,澳大利亚在运输工具和包装容器的标准化方面做出了成果,物流信息系统的标准化率先迈出了一步,从而提高了整个运输系统的效率。美国、欧洲目前基本实现了物流工具和设施的统一标准,大大降低了系统的运转难度。在欧洲,对于包装容器规格方面实现了企业与欧洲统一市场的标准化。

标准化与标准不同,标准是一种规范文件,而标准化就是制定这些规范性文件的活动。其最终目的是在标准化领域内获得最佳的秩序和社会效益。

目前我国对各行各业都制定了相关标准,按照级别不同可分为:国家标准、行业标准、地方标准、企业标准四个层次。各层次之间有一定的依从关系和内在联系,形成一个覆盖全中国又层次分明的标准体系。

(二)运输包装尺寸标准化意义

首先,运输包装尺寸标准化是合理利用资源和原料的有效手段,标准化的主要特征之一就是重复性,标准化的功能就是对重复发生的事物尽量减少或消除不必要的劳动,并促使以往的劳动成果重复利用。运输包装尺寸的标准化有利于合理利用包装材料和包装制品的回收利用。

再者,运输包装尺寸标准化是在现代集装运输的背景下产生的,也是推进物流标准化的必由之路。随着集装箱运输的标准化,运输企业迫切需要与之相匹配的运输包装尺寸系列,因为杂乱的包装尺寸会加大装箱的难度,使集装箱的利用率大大减少。而系列化的标准尺寸系列便于尺寸的组合优化,可以使装箱变得简单、实用。

此外,运输包装尺寸标准化不仅是企业内部联系得桥梁,同时也是企业间衔接的纽带。

供应链管理中从供应商的供应商到顾客的顾客整个供应链无缝衔接,快速反应,适时、适量、适地的准时供应,物流运输包装尺寸标准化是基础,否则,供应链管理就很难进行。

运输包装尺寸标准化是运输包装标准化的基础,运输包装件要实现规格标准化,就是通过包装尺寸及货物流通有关的一切空间尺寸的规格化,来提高物流效率。这里所说的一切空间尺寸,包括铁路货车、载重汽车、轮船等。这一概念的基础是货物流通的科学化、合理化。包装规格标准化是科学管理组成部分,是组织现代化流通的重要手段。它可以改进与指导包装容器的生产。提高运输效率,改善商业经营方式。所以,运输包装尺寸标准化对国民经济,特别是国际贸易有重要意义。

(三) 运输包装系列尺寸的制定方法

确定包装尺寸的基础是包装模数尺寸。所谓包装模数是指为实现包装货物流通合理化而制定的包装尺寸系列,用这个系列规格尺寸确定的容器长度乘宽度的组合尺寸称之为包装模数尺寸,包装模数尺寸的基础数值,即包装模数则是根据托盘的尺寸,以托盘高效率承载包装物为前提确定的,标准的包装尺寸应该与包装模数相一致,只有这样,才能保证物流各个环节的有效衔接,按照包装模数尺寸设计的包装箱就可以按照一定的堆码方式合理高效地码放在托盘上。如文献所述,日本 JIS 标准中托盘尺寸为(1100×1100)mm,(800×110)mm 两种。美国 ANSI 标准中还有(1100×880)mm、(1200×1000)以及(1100×825)mm集装尺寸。

运输包装标准尺寸系列的制定方法及步骤如下:

1. 确定集装基础模数尺寸

包装尺寸系列标准的制定主要是基于包装货物的物流合理化,因此,最小集装尺寸可以从物流基础模数尺寸(600×400)mm 按倍数系列推倒出来,也可以在满足(600×400)mm 的前提下,从运输设备或集装箱的尺寸分割出来,集装基础模数尺寸的国际标准以(1200×1000)mm 为主,也允许(1200×800)mm 和(1200×1100)mm,这个尺寸也就是托盘标准尺寸。

2. 以分割及组合的方法确定包装系列尺寸

运输包装系列尺寸以集装基础模数尺寸为基础,以分割及组合的方法确定包装系列尺寸(分割后得到的长和宽的尺寸要大于 200mm)。包装物生产制造尺寸从系列尺寸中选取。分割及组合方式有,整数分割、组合和其他组合。

例:为了不失一般性,以$(M×N)$mm 为例。($M×N$ 为 600×400 的倍数系列)

①整数分割。两边分别被以 1 为首的连续整数除,计算出各边的尺寸,最大为$(M×N)$mm,最小为$(200×200)$mm。

②组合分割。组合分割是将物流包装的长(c)和宽(d)按比例分割后组合并存在以下关系:

$$nc+md+A=Nn'd+m'c+A=M$$

式中:n,m 分别为沿托盘宽度(N)方向上摆放横向和纵向包装个数;n',m' 分别为沿托盘长度(M)方向摆放横向和纵向包装个数;c/d 的比值很多,因此可以求出很多组物流包装的长和宽的尺码数据,常使用的 c/d 的比值有 3/2、4/3、5/4、6/5、17/12 等。

组合分割法确定的物流包装的长度和宽度,可以在托盘上组合码成各种形式,有利于托盘的利用,其中当 c/d 为 3/2 时,托盘的表面利用率可达 96%。

③其他组合。由于产品规格和形状的多样性,以上的分隔及组合尺寸系列不能满足所有包装物包装的需求,因此除了以上的分隔和组合外,另外还有其他 8 种系列组合,以 c 和 d 代表包装的长度和宽度: ⅰ) $c+3d=M,2c=N$; ⅱ) $2c+d=M,4d=N$; ⅲ) $2c+d=M,3d=N$; ⅳ) $2c+d=N$; ⅴ) $c+4d=M,3c=N$; ⅵ) $3c+d=M,4d=N$; ⅶ) $4c=M,c+3d=N$; ⅷ) $6d=M,2c+d=N$。

根据集装基础模数也可以推出运输包装的系列尺寸。例如,日本工业标准(JIS)中,(1200×1000)mm 集装尺寸就可以被分割成 40 个运输包装尺寸系列。

(四)系列尺寸的选用

以上通过分割和组合方法得到的尺寸系列保证了包装尺寸与集装尺寸的协调,但包装尺寸还必须与包装物的空间尺寸相协调。尺寸过小,包装物无法装入;尺寸过大,集装空间就无法充分利用,空间利用率也无从谈起,因此运输包装应选用以上分割或组合系列尺寸中最优的尺寸。选取的标准是从尺寸系列中选取的包装尺寸与零部件在水平方向的投影(长度和宽度方向上的最小包裹矩形)尺寸应满足以下关系:设包装尺寸 $(x×y)$mm, $x>y$,零部件在水平方向的投影 $(m×n)$mm, $m>n$。包装容器的壁厚为 $s$mm。

一般来说,不同品种的产品有不同的包装尺寸标准,因此要为不同的产品或零部件制定不同的包装规格尺寸标准,标准的制定过程如上所述,运输包装尺寸标准一经确定,就要以文件的形式规定下来,作为企业的一项正式标准。包装活动就要严格按此标准进行,并且要成立专门的执行和监督部门,以确保标准的顺利实施。

随着我国经济的快速发展以及物流标准化和与之相配套包装标准化的逐步实施,促进运输包装尺寸标准化已成为摆在企业面前的重要任务。运输包装尺寸标准化有利于提高运输容器的空间利用率、减少搬运设备的种类和加快企业信息化、标准化建设,是现代物流运输提高运输效率、节约成本的首选途径,也是促进企业信息标准化建设的加速器。因此,随着运输行业规模化、集装化和高效率化的发展,运输包装尺寸标准化将会在减少运输成本方面起到重要作用。

第四节　运输标准化

一、交通运输标准的新需求

标准是为了在一定范围内获得最佳秩序,经协商一致制定并由公认机构批准,可共同使用和重复使用的一种规范性文件。标准是一项重要的技术政策,其体现了技术创新,有利于科技的发展和科技成果的转化。

1. 交通运输标准发挥了重要作用

交通运输标准是指交通运输行业内的国家标准和行业标准。目前我国交通运输标准经过多年不断的发展,已渗透到交通运输行业的各个专业领域,在促进交通行业技术进步,提高交通产品竞争力、交通建设质量和运输服务水平等方面,取得了明显成效。

2. 新形势需要交通运输安全、环保和运输服务标准

党的"十六大"提出了全面建设小康社会的奋斗目标。全面建设小康社会将带来国民经济的发展和人民生活质量的提高,引起服务消费品的需求扩大,促进第三产业的发展,交通、通讯消费也会成为持续增长的消费热点。小康社会的全面建设,需求的不断增加,要求交通运输必须达到高效、快捷的运输标准,提高交通运输服务水平;十六届六中全会上党中央又通过了《中共中央关于构建社会主义和谐社会若干重大问题的决定》,明确要求"按照民主法治、公平正义、诚信友爱、充满活力、安定有序、人与自然和谐相处的总要求,以解决人民群众最关心、最直接、最现实的利益问题为重点,着力发展社会事业,促进社会公平正义,建设和谐文化,完善社会管理,增强社会创造活力";党的十七大则进一步提出了"认真落实国家中长期科学和技术发展规划纲要,加大对自主创新投入,引导和支持创新要素向企业集聚,促进科技成果向现实生产力转化"的工作重点。这就要求我们在交通运输的发展过程中必须以"以人为本"和"人与自然和谐"为理念,树立"全面、协调、可持续"的发展观,建立能力充分、组织协调、运行高效、服务优质、安全环保的公路、水路运输系统。而要完成以上任务和目标,就必须加快交通运输标准制修订步伐,以公路、水路旅客和货物运输安全、服务、环保等标准作为其强大的技术支撑。

然而,目前我国公路、水路旅客和货物运输安全、服务、环保等标准的制定还存在许多困难和问题,有许多工作亟待加强,这就要求标准化管理部门和各相关企事业单位在党的"十六大"、"十七大"精神指引下,认真贯彻落实国家、交通行业有关标准化的一系列要求,继续走自主创新之路,坚持科学采标,为实施交通标准战略,加快实现交通行业标准化工作的跨越式发展,努力去开创标准化事业的新局面。

二、铁路运输标准化管理

铁路运输是一种较大众化的运输方式,在全国的中长途大容量的运输中承担主力军的角色。解放以来,交通基础设施的大规模建设和运输装备的不断改善,使铁路的运输能力不断成倍提高。铁路运输自身所具有的运输能力大,低成本,低能耗等特点使它与其他运输方式相比具有独特的优势。但在整个的运输系统中,铁路运输还存在很多问题。

(一)铁路运输的现状及问题

1. 运输产品较单一

我国的铁路主要是以煤、石油等大宗运输为主,对于其他的像工业制成品等中小型高附加值产品,运输比例则较小。现代物流不仅仅是针对工业产品市场的服务,消费品运输也是一个巨大的市场。现代物流要求物流服务系统能够充分的利用现代科技手段,实现运输、仓储、包装、配送、信息服务等环节的有机结合。铁路运输应该积极向现代物流转型以争取现代物流中的巨大市场。然而,面对日趋激烈的市场,铁路运输反应迟钝,缺乏竞争活力,其所占市场份额也呈现持续下降的状态,铁路运输的潜力尚未发挥。

2. 服务理念尚未转变,效率低下

进入21世纪,现代物流对于服务的效率和质量十分重视,力求提高顾客满意度。然而,在传统运输模式中,铁路运输是以计划经济的管理模式来运作的,对于客户利益至上的服务观念还没有完全树立起来。在当今的物流中,服务质量对于顾客的利益起着至关重要的作用。对于许多消费品的生产和销售企业来说,时间就是金钱。

(二)铁路运输的标准化

针对以上情况,铁路运输应该思考自己的发展战略。最近几年,高速铁路的大规模建设并陆续投入运营,客货分离给铁路货运腾出了巨大的发展空间。同时,最新的技术变革和发展趋势也给铁路货运指明了方向。中国铁路货运应该向标准化和信息化方向发展。

铁路货运的标准化可以分为设备标准化和管理标准化两个方面。

1. 设备标准化

设备标准化是指运载工具和装卸工具的标准化。运载工具的标准化主要通过提高集装箱在运输中的比例来实现。运载工具的标准化也会要求装卸工具实现标准化,进而实现相关技术和运输流程的标准化。

来自国家统计局的数据显示,2007年全国港口货物吞吐量达到64.1亿吨,而集装箱吞吐量也达到1.1亿标箱。近年来内陆省份的出口量大幅增加。以四川为例,虽然有金融海啸的冲击,但2009年也实现出口总值141.5亿元,同比增长7.8%;实现进口总值100.8亿元,同比增长12.2%。这些基本上都是通过海运实现的。四川离最近的出海口北部湾的平均直线距离超过1000公里,铁路集装箱运输无疑是最好的方式。集装箱运输可以极大地促进铁路与公路、海运的联合运输,大幅提高运输效率,降低物流成本。

这样在增加铁路货运量,调整工业产品在铁路总货运量的比重,改善货运结构的同时,也能降低运输单位能耗,减少二氧化碳排放量,达到节能环保的目的。值得注意的是,设备标准化应该尽量实现单一的标准,增加不同物流单元的协调性。

2. 管理标准化

管理标准化要求铁路部门进行改革,转变经营方式,以客户为中心,加强铁路物流中心的建设,集中力量发展现代物流。具体来说铁路的经营和建设可以由政府和私人企业联合提供公共产品或服务。铁路以及铁路物流中心的建设涉及国家整体发展战略,必须由政府集中进行统筹规划。但是,铁路和铁路物流中心的建设需要大量资金,后续的运营成本也较高,单靠政府难以有效完成任务。引入市场机制,让物流中心自主经营是较好的方式。

第五节　现代物流标准化与包装标准化

一、包装在现代物流中的作用和地位

20世纪80年代中期,美国物流管理协会对物流这一概念提出了明确的定义,即为符合顾客的需求条件,完成从生产地到销售地的物质、服务以及信息的流通过程,和为达到有效低成本的保存管理目标而从事的计划、实施和控制的行为。物流的概念和定义根据时间和地域的不同,在文字描述上也稍有差异,但是现代物流的实际根据用户或顾客的要求与愿望,把供应主体和需求主体联结起来,克服时间和空间上的障碍,实现有效而快速的商品及服务流通过程的经济过程的主旨则是相同的。

将现代物流的供应链环节进行分解,其具体的构成要素主要包括运输、储藏、搬运装卸、包装、流通加工、物流信息管理、物流网络、在库管理、物流组织管理、物流成本的管理和控制等。包装是物流的起点,包装的合理化、现代化、低成本是现代物流物质流动的合理化、有序化、现代化、低成本,包装是其最根本的组成部分、基础和物质保证,而包装标准化是根本的途径和有效的保障。包装与物流供应链的密切关系可以通过以下方面来全面深入地得到反映。

1. 对产品的防护性

包装最根本的目的就是给产品以保护和防护,产品防护性指的是产品本身强度、刚度和包装抗损性以及由于流通环境中产生外界载荷之间相互的影响等。产品防护性可以通过合理的包装来实现,根据运输、搬运、仓储的手段、条件,考虑物流的时间和环境,根据产品的特性和保护要求而选择合理的包装材料、包装技术、缓冲设计、包装结构、尺寸、规格等要素,才能实现物流中的首要任务——将产品完好无损地实现物理转移。

2. 物流信息管理的合理性和物流网络的控制性

物流信息管理是现代物流标准化的关键和核心,产品的各种信息都会在产品的各种包装上得以反映和体现。所以在不同层次的包装上应该设置哪些标签、标记、代码和其他相关信息,对于物流信息管理、整个物流供应链管理乃至整个物流系统的管理都是至关重要的。信息是物流网络控制的根本依据和决策依据,只有在掌握了物流系统中全面、及时、准确的信息后,才能保证物流网络的可控性。

3. 物流组织管理的有序性

物流组织的管理不是单纯的人事、信息、财务管理等,支撑这些管理内容的是重要的技术管理。对于物流系统来说,更具体地讲,对于物流供应链的技术管理,最主要的内容就是完成在供应链中各类与包装有关的技术管理。只有在包装基本的物质在有序、可控地流动,才能实现整个物流组织管理的有序性。

4. 对物流成本的降低

由于物流系统中的所有环节均与包装有关,所以包装对于物流成本的控制则显得至关重要。比如采用纸箱、托盘加集装箱的方式则可以改变原有的木箱包装而节省运输成本;采用现代化的叉车搬运而非人工搬运则可以省却单元小包装造成的高人工费和产品损伤;有效地设计包装容器的堆码层高,可以很好地提高仓库的利用率而节省费用;合理的包装减少破损;合理的包装尺寸和规格提高运输容积率;及时、全面、准确的信息保证物流供应链的畅通等,都可以确保包装在各个环节帮助和实现物流成本的有效降低。

5. 物流整体运营的综合效率性

通过包装,将物流链乃至物流系统中的各个环节有机、高效、系统地组合成一个产生综合效率性的整体。同时注意各个物流环节与包装的密切关系,则可以在整体运营中取得先机。对于越来越多的走向国际市场的企业来说,注意与国际物流及包装法规、标准的接轨,是实现国际化运营的根本保证。

二、物流标准化与包装标准化的内涵

1. 包装标准化的概念与内涵

这里的包装标准化不是单纯的包装本身的事情,而是在整个物流系统实现合理化、有序化、现代化、低成本的前提下的包装合理化及现代化。包装标准是对各种包装标志、包装所用材料规格、质量、包装的技术规范要求、包装的检验方法等的技术规定。这些规定并不是孤立的,而是制定在整个物流供应链中统一考虑和实施,以达到各环节,包括运输、储藏、搬运装卸、包装、流通加工、物流信息管理、物流网络、在库管理、物流组织管理、物流成本的管理和控制等达到对产品的防护性、物流信息管理的合理性、物流网络的控制性、物流组织管理的有序性、物流成本的低成本和物流整体运营的综合效率性。

2. 物流标准化的概念与内涵

物流标准化是物流现代化管理的必要条件和重要体现,它是以整个物流系统为出发点,这个系统包括包括运输、储藏、搬运装卸、包装、流通加工、物流信息管理、物流网络、在库管理、物流组织管理、物流成本的管理和控制等,以及物流标准化是以整个物流系统中的每一项具体的、重复性的事物或概念为对象(包括技术、管理、工作方面对象),通过指定标准、组织标准和对标准的实施进行监督,达到整个系统的协调统一,以获得最佳秩序和经济效益。

3. 包装标准化对于物流标准化的重要作用

建立和实施物流标准化,其主要目的是因为物流标准化是实现物流管理现代化的重要手段和必要条件,它可以保证整个物流系统功能的发挥,从而保证物品在流通过程中的质量完好性,以最终降低物流成本而增强企业的市场竞争力。

物流包装标准化是以物流包装为对象,对包装类型、规格、容量、使用材料、包装容器的结构类型、印刷标志、产品的盛放、规格、缓冲措施、封装方法、名词术语、检验要求等给予统一的政策和技术措施。物流包装标准化是提高物流包装质量的技术保证和物质保证,同时它也是供应链管理中核心企业与节点企业及节点企业间无缝链接的基础。物流包装的标准化可以保证资源和原材料的合理利用,并提高包装制品的生产效率,保证在物流整个供应链中的畅通沟通。我国加入WTO后,包装标准化与国际接轨,可以减少贸易技术壁垒中的国际物流争端,降低损耗,减少运输费用,提高运输效率,进而提高产品在国际市场上的竞争能力。

三、国内外包装标准化和物流标准化工作

鉴于物流标准化对物流发展的重要作用,世界各国对物流标准化建设都比较重视,并且十分强调本国物流标准与国际物流的衔接。日本是对物流比较重视的国家之一,物流标准化的建设速度也很快,建立许多与物流有关的标准,主要侧重于物流模数体系、集装的基本尺寸、输送用包装的系列尺寸、包装用语、大型集装箱、塑料通用箱、平托盘、卡车车厢内壁尺寸等。此外,澳大利亚在运输工具和包装容器的标准化方面做出了成果,物流信息系统的标准化率先迈出了一步,从而提高了整个运输的效率。美国、欧洲目前基本实现了物流工具和设施的统一标准,大大降低了系统的运转难度。从发达国家的工作不难看出实现物流标准化,必须先实现包装标准化。

目前虽然在发达国家内部建立了完善的包装标准和物流标准,但是物流体系的全球化统一工作还任重道远,所以下一步各国物流标准化工作的重点一方面是完善原有的标准,更重要的是建立全球统一的接轨包装标准和物流标准,以实现物流系统的无国界。近年来,我国物流业的飞速发展也使得物流标准化建设取得了一定成绩,制定了不少相关标准,如集装箱标准、包装标准、物流信息管理标准及其他相关标准等。但目前仍处于发展的低级阶段,存在不少问题。如各种运输方式之间装备标准不统一,物流器具标准不配套,而最关键的是

物流包装标准与物流设施标准之间缺乏有效衔接,在物流供应链中缺乏必要的行业规范和标准。这些标准、规范的不统一和非标准化,最终导致物流无效作业增多,物流速度降低,物流事故增加,物流成本上升,物流管理质量下降,物流服务质量落后,严重影响我国物流企业和其他产品生产企业的效益和竞争力。

四、我国物流标准化与包装标准化

1. 学习、消化和吸收发达国家在制定、实施物流标准时的经验、方法和手段

发达国家在物流标准的制定、组织实施和监督修订等方面已做了长期的探索和努力,取得了丰硕的成果。他们很多成功和失败的经验、方法、手段等都是制定、组织实施和监督物流标准的宝贵财富。对于标准制定、实施和监督的规律是相通的,我国应首先加强对于发达国家这些方面的研究,才能使我们的工作处于一个高起点。国家、政府、行业、企业等都应积极选派人员,组织专门的机构,协调统筹、规划和管理物流标准化工作。因为物流几乎涉及各个行业,所以必须由政府出面进行面上的组织协调工作。单纯依靠个别行业或企业的个别行为是不能达到目的的。国外发达国家的经验中,这是最重要的一条。

2. 借鉴发达国家的物流标准,结合我国国情,以实现我国物流标准的制定

发达国家不仅在物流标准的制定、组织实施和监督修订方面的经验、方法和手段需要学习,更重要的目的是为了学以致用,以最终形成有中国特色、又符合国际通用标准的物流标准。很多发达国家目前实施的标准很可能逐步演变成国际标准,所以研究、学习、消化吸收他们的物流标准系统和内容,是保证我国物流标准实现与国际标准接轨的最有效途径。政府、行业和企业要加大对发达国家现有物流标准的研究力度,并跟踪他们的发展趋势,以便及时修订我国的物流标准。

3. 建立相应的政府性物流标准实施和监督中心

如前所述,物流标准化工作是一个政府、行业和企业结合共同努力实现的工作。而这个物流标准建立、实施和监督平台,必须由政府出面,形成一种强制性的执行机制。只有这样,才能保证物流标准化工作顺利、有效、有序地开展。

4. 通过强制执行、普及宣传等手段提升企业对物流标准化工作的重要性认识

我国现有物流标准化工作的相应落后和开展缓慢,是和行业及企业对标准化工作重要程度认识不足有很大关系的。甚至有些国际大公司到中国后,也在相当长的时间内因没有完善的物流系统而造成物流成本居高不下、交货时间难以保证、货物受损严重等物流问题。所以要全面深入地推进物流标准化工作,不仅要从行业法规的角度强行执行,同时更重要的是要进行普及性宣传和教育工作,以提升广大从业者对于标准化工作重要性的认识。只有他们深刻体会到标准化给他们带来的效益和利益,他们才会更自觉地遵守和执行,物流标准化工作才能稳步进展。

5. 加快物流标准化信息网络平台建设和内涵建设

现代化的物流标准化工作离不开信息,在全国乃至在全球建立物流标准化信息网络平台,才能实现企业、行业、国家之间及企业与行业、行业与国家等之间的无缝链接和信息共享,才能真正实现物流标准的全球化工程。当务之急,我国政府应搭建这个信息平台,实现国内企业、行业与政府物流标准工作的信息共享。

6. 加强包装物流专业技术高层次人才的培养

人才是所有工作的根本保证,具有高层次的包装物流专业人才目前市场上十分紧缺,也就提出了更为迫切的要求,要尽快完善和加强包装物流专业技术高层次人才的培养。只有懂得物流、包装、标准化、国际贸易、WTO规则、TBT的高层次人才,才能适应和胜任物流标准化工作的要求。可以通过正规的学习、成人、职业、职业培训等多种方式来实现人才的培养。

案 例

交通运输行业 RFID 技术应用标准化研究

一、RFID 技术在交通运输行业的应用情况及前景

RFID技术作为一种自动识别与数据采集手段,具有非接触、远距离、移动、批量、准确进行信息采集的技术优势,能够有效解决信息流传递过程中的基础性、关键性问题。RFID技术的应用有助于交通运输管理部门和企业实现对运输工具、货物、人员等的有效管理,对于提高交通运输管理效率和服务水平、提升交通运输信息化水平、促进交通运输可持续发展具有重要作用。目前RFID技术在城市公共交通、道路运输IC卡电子证件等运输车辆管理、内河船舶监控、集装箱跟踪与管理、港口管理、从业人员管理等方面得到了不同,程度的应用,取得了良好的效果。

二、交通运输行业 RFID 应用标准化现状

RFID的应用具有跨行业、跨区域、跨部门甚至全球性等特点,RFID标准能够确保设备、系统间的互联互通以及系统的安全性和稳定性,实现资源共享、数据集成、流程协同,直接影响着大范围、规模化应用的形成和发展。RFID标准大致可分为通用标准和应用标准,前者是指对所有RFID应用领域的共同要求和属性进行规范化的标准,涉及术语、编码、频率、空气接口协议、中间件、测试等多个方面;后者是在通用标准的基础上,各应用领域针对不同应用对象、业务需求和应用场合,在使用条件、标签尺寸、标签位置、标签编码、数据内容和格式、使用频段等方面的特定应用要求的具体规范,同时也包括数据的完整性、人工识别等其他一些要求。

当前,交通运输行业内RFID应用标准体系尚未建立,应用标准的研制工作也相对落后,仅在若干个示范及试点项目的基础上制定了相关的应用标准,如道路运输证IC卡应用规范、集装箱电子标签应用规范等。标准的滞后阻碍了交通运输行业不同领域应用范围的不断扩大和应用水平的逐步提高,同时标准的缺乏也使得RFID应用仍处于工具型应用阶段,即RFID只是作为一种数据采集工具,应用局限于闭环环境,例如,某个交通运输管理部门或运输企业内部或有限的区域内,只是有限的信息得到加工和整合,而资源型应用尚待开发和挖掘。这种资源型应用是扩展到跨区域、跨部门、跨各种运输方式甚至跨行业的大范围应用,通过硬件设备的共享、应用功能的集成和系统之间的互联,实现数据大规模流转、处理、查找和共享,形成物联网,对不同应用领域的互通性和互操作性要求更高,因此更加需要

完善的标准体系和包括应用标准在内的相关标准的支撑。

三、交通运输行业 RFID 应用标准体系基本框架及主要内容

交通运输行业 RFID 应用标准体系在引用基础技术标准的基础上,根据行业应用的特点,结合具体应用领域的需求和目标对基础技术标准进行补充和扩展,制定相应的应用标准。如基础技术标准中的电子标签、读写器产品标准仅仅是所有产品的一些共性要求,本身还不能构成一个产品,只有与应用标准结合才能构成实用的产品。交通运输行业 RFID 应用标准体系基本框架如下图所示。

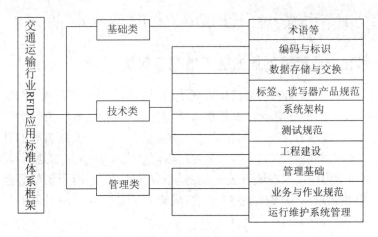

RFID 应用标准体系框架图

交通运输行业 RFID 应用标准体系基本框架的第一层分为基础类、技术类和管理类三类,第二层又对每一类内容进行细分,其主要内容包括以下三类。

1. 基础类

基础类标准包括技术引用标准及参考体系、术语规范等。

2. 技术类

技术类标准包括编码与标识、数据存储与交换、标签、读写器、系统架构、测试规范和工程建设,具体可作如下分析:

(1)编码与标识。包括规定或引用物品唯一编码规范、规定 RFID 应用过程中所涉及编码或条码与物品唯一编码规范之间的编码转换规则、规定编码对应的可视信息标识等;

(2)数据存储和交换格式。在数据格式标准(属于基础标)的基础上,补充规定在不同应用环节之间涉及的数据存储和数据交换格式;

(3)标签、读写器产品规范。规定应用中适用的频率范围(引用的空中接口标准)、规定应用对读写器的技术性能要求(包括环境条件、电气特征、处理对象、技术指标和安全可靠性等)以及试验方法与检验规则等、规定应用对标签的技术性能要求、规定标签的存在形式,包括规格样式、外形尺寸、色泽规格和封装技术指标(如材料、拉力和印刷质量等)等;

(4)系统架构。规定 RFID 应用系统的系统功能、性能指标、规定或引用中间件标准、规定或引用通讯和网络接口标准、规定或引用信息共享、信息采集、信息查询和数据更新机制、规定或引用信息安全标准等;

（5）测试规范。规定 RFID 应用系统的测试环境、条件、测试方法和内容等；

（6）工程建设。各应用环节的设备配置标准、规定系统建设流程及系统建设过程中的设备安装和工程施工标准、验收规范和工程质量检验评定标准等。

3. 管理类

管理类标准包括管理基础、业务与作业规范、运行维护和系统管理，具体可作如下分析：

（1）管理基础。规定保证物品编码唯一性的机制、规定 RFID 应用系统管理体系的构成和形式、规定管理指标的类别、名称、定义，并对各个指标及数据来源、抽样方法和测算方法等进行说明等；

（2）业务与作业规范。类规定 RFID 应用系统业务流程或作业流程、对使用和维护人员的要求、环境要求、设备使用基本要求、安全要求及维修基本要求等；

（3）运行维护和系统管理类。规定 RFID 应用系统的运行维护指标、权重和方法等。交通运输行业 RFID 应用标准体系只是提供一个基本框架，制定具体 RFID 应用标准时，应根据实际需要，结合应用领域和应用对象（包括集装箱、车辆、船舶及装卸设备等）的特点，选择 RFID 应用标准体系中的部分内容进行规定，在 RFID 应用标准体系中有些内容需要制定国家标准，有些内容则可以制定行业标准、地方标准，以对国家标准形成补充。

本 章 小 结

运输是指"人"和物的载运及输送。这里专指物的载运及输送，它是在不同的地域范围间（例如，两个国家、两个城市、两个工厂之间，或一个大企业内相距较远的两个车间之间），以改变物的空间位置为目的的活动，是对物进行的空间位移。运输方式主要包括公路运输，铁路运输，水路运输，航空运输和管道运输，各有各的优缺点，要视情况而选择。包装是为在流通过程中保护产品、方便储运、促进销售，按一定技术方法而采用的容器、材料及辅助物等的总体名称。也指未来达到上述目的而采用容器、材料和辅助物的过程中施加一定技术方法等的操作活动。在运输中应合理设计运输包装系统。交通运输需要一定的标准，需要交通运输安全，环保和运输服务标准。包装在现代物流中具有重要地位和作用，特别是包装标准化对与物流标准化有重要作用。

思 考 题

1. 结合实例说明运输的功能与原理。

2. 如何理解运输在物流工作中具有的重要地位？

3. 常用的运输方式及各个的优缺点有哪些？

4. 不合理运输的表现形式有哪些？

5. 运输合理化的有效措施有哪些？

6. 包装是怎样进行分类的？

7. 包装合理化的具体措施有哪些？

8. 常见的包装材料有哪些？它们各有什么特性？

第五章 仓储与库存管理标准化

【本章导读】

本章从介绍仓储的概念入手,区别了库存、储备和储存,介绍了仓储的种类、仓储管理及仓储标准化及其标志;介绍了库存的概念及库存的控制及管理,分析了标准化与现代仓储业的发展、物流的标准化管理及库存标准化及其应用。

【本章重点】

1. 仓储的概念;2. 仓储的种类;3. 仓储合理化的概念;4. 库存的概念;5. 库存管理的概念。

【学习目标】

掌握仓储管理和库存管理,了解我国仓储管理标准化的内容以及现代仓储标准化的发展,认识质量管理体系在仓储管理的作用,掌握物料的标准化管理和库存管理标准化及其应用。

【关键概念】

仓储管理　库存管理　标准化　质量管理体系

第一节 仓储管理概述

一、仓储的概念及功能

(一)仓储的概念

"仓"即仓库,为存放、保管、储存物品的建筑物和场地的总称,可以是房屋建筑、洞穴、大型容器或特定的场地等,具有存放和保护物品的功能。"储"即储存、储备,表示收存以备使用,具有收存、保管、交付使用的意思。仓储就是指:通过仓库对商品与物品的储存与保管。仓储是集中反映工厂物资活动状况的综合场所,是连接生产、供应、销售的中转站,对促进生产提高效率起着重要的辅助作用。仓储是产品生产、流通过程中因订单前置或市场预测前置而使产品、物品暂时存放。它是集中反映工厂物资活动状况的综合场所,是连接生产、供应、销售的中转站,对促进生产提高效率起着重要的辅助作用。同时,围绕着仓储实体活动,清晰准确的报表、单据账目、会计部门核算的准确信息也同时进行着,因此仓储是物流、信息流、单证流的合一。

(二)仓储的功能

1. 基本功能

基本功能指为了满足市场的基本储存需求,仓库所具有的基本的操作或行为,包括储存、保管、拼装、分类等基础作业。其中,储存和保管是仓储最基础的功能。通过基础作业,货物得到了有效的、符合市场和客户需求的仓储处理,例如,拼装可以为进入物流过程中的下一个物流环节做好准备。

2. 增值功能

通过基本功能的实现,而获得的利益体现了仓储的基本价值。增值功能则是指通过仓储高质量的作业和服务,使经营方或供需方获取除这一部分以外的利益,这个过程称为附加增值。这是物流中心与传统仓库的重要区别之一。增值功能的典型表现方式包括:一是提高客户的满意度。当客户下达订单时,物流中心能够迅速组织货物,并按要求及时送达,提高了客户对服务的满意度,从而增加了潜在的销售量。二是信息的传递。在仓库管理的各项事务中,经营方和供需方都需要及时而准确的仓库信息。例如,仓库利用水平、进出货频率、仓库的地理位置、仓库的运输情况、客户需求状况、仓库人员的配置等信息,这些信息为用户或经营方进行正确的商业决策提供了可靠的依据,提高了用户对市场的响应速度,提高了经营效率,降低了经营成本,从而带来了额外的经济利益。

3. 社会功能

仓储的基础作业和增值作业会给整个社会物流过程的运转带来不同的影响,良好的仓储作业与管理会带来下面的影响。例如,保证了生产、生活的连续性,反之会带来负面的效应。这些功能称之为社会功能,主要从三个方面理解:第一,时间调整功能。一般情况下,生产与消费之间会产生时间差,通过储存可以克服货物产销在时间上的隔离(如季节生产,但需全年消费的大米);第二,价格调整功能。生产和消费之间也会产生价格差,供过于求、供不应求都会对价格产生影响,因此通过仓储可以克服货物在产销量上的不平衡,达到调控价格的效果。第三,衔接商品流通的功能。商品仓储是商品流通的必要条件,为保证商品流通过程连续进行,就必须有仓储活动。通过仓储,可以防范突发事件,保证商品顺利流通。例如,运输被延误,卖主缺货。对供货仓库而言,这项功能是非常重要的,因为原材料供应的延迟将导致产品的生产流程的延迟。

4. 仓储的经济功能

仓储的基本经济功能有 4 个:整合、分类和交叉站台、加工/延期和堆存。分别讨论和说明如下。

(1) 整合

装运整合是仓储的一个经济利益,通过这种安排,整合仓库接收来月自一系列制造工厂指定送往某一特定额的材料,然后把它们整合成单一的一票装运,其好处是有可能实现最低的运输费率,并减少在一顾客的收货站台处发生拥塞,该仓库可以把从制造商到仓库的内向转移和从仓库到顾客的外向转移都整合成更大的装运。

为了提供有效的整合装运,每一个制造工厂都必须把该仓库用作货运储备地点或用作产品分类和组装设施。因为,整合装运的主要利益是,把几票小批量装运的物流流程结合起来联系到一个特定的市场地区。整合仓库可以由单独一家厂商使用,也可以由几家厂商联合起来共同使用出租方式的整合服务。通过这种整合方案的利用,每一个单独的制造商或托运人都能够享受到物流总成本低于其各自分别直接装运的成本。

(2) 分类和交叉站台

除了不对产品进行储存外,分类和交叉站台的仓库作业与整合仓库作业相类似。

分类作业接收来自制造商的顾客组合订货,并把它们装运到个别的顾客处去。分类仓库或分类站把组合订货分类或分割成个别的订货、并安排当地的运输部门负责递送。由于长距离运输转移的是大批量装运,所以运输成本相对比较低,进行跟踪也不太困难。

除涉及多个制造商外、交叉站台设施具有类似的功能。零售连锁店广泛地采用交叉站台作为补充快速转移的商店存货。零售业对交叉站台的应用时,交叉站台先从多个制造商处运来整车的货物;收到产品后,如果有标签的,就按顾客进行分类,如果没有标签的,则按地点进行分配;然后,产品就像"交叉。一词的意思那样穿过"站台"装上指定去适当顾客处的拖车;一旦该拖车装满了来自多个制造商的组合产品后,它就被放行运往零售店去。于是,交叉站台的经济利益中包括从制造商到仓库的拖车的满载运输,以及从仓库到顾客的满载运输。

由于产品不需要储存。降低了在交叉站台设施处的搬运成本。此外,由于所有的车辆都进行了充分装载,更有效地利用了站台设施,使站台装载利用率达到最大程度。

(3)加工/延期

仓库还可以通过承担加工或参与少量的制造活动,被用来延期或延迟生产。具有包装能力或加标签能力的仓库可以把产品的最后一道生产一直推迟到知道该产品的需求时为止。例如,蔬菜就可以在制造商处加工,制成罐头"上光"。上光是指还没有贴上标签的罐头产品,但它可以利用上光贴上私人标签。因此上光意味着该产品还没有被指定用于具体的顾客,或包装配置还在制造商的工厂里。一旦按到具体的顾客订单,仓库就能够给产品加上标签,完成最后一道加工,并最后敲定包装。

加工/延期提供了两个基本经济利益:第一,风险最小化,因为最后的包装要等到敲定具体的订购标签和收到包装材料时才完成;第二,通过对基本产品(如上光罐头)使用各种标签和包装配置,可以降低存货水平。于是,降低风险与降低存货水平相结合,往往能够降低物流系统的总成本。即使在仓库包装成本要比在制造商的工厂处包装更贵。

(4)堆存

这种仓储服务的直接经济利益从属于这样一个事实,即对于所选择的业务来进行季节性的储存是至关重要的。例如,草坪家具和玩具是全年生产的,但主要是在非常短的一段市场营销期内销售的。与此相反,农产品是在特定的时间内收获的、但氏层的消费则是在全年进行的。这两种情况都需要仓库的堆存(stockpiling)来支持市场营销活动。堆存提供了存货缓冲,使生产活动在受到材料来源和顾客需求的限制条件下提高效率。

5. 仓储的作用

仓库是指存放货物的场所。这里的场所是指用来为防止物品的丢失和损耗实施仓储活动的建筑物以及为防止物品的丢失和损伤而实施仓储工作的水面或土地甚至洞穴。

仓库在物流活动中发挥着不可替代的作用。主要有:

(1)缩短供货时间

仓库可以靠近目标顾客的位置设置,更好地防止顾客采购货物的短缺,缩短顾客预购货物的时间,为顾客提供满意的仓储服务。

(2)调整供求

有的商品集中生产,却是持续消费,例如粮食;有的商品是持续生产,却是集中消费,如皮装等季节性商品。诸如此类的商品都要靠仓库调节市场供求。

（3）降低价格波动的风险

市场经济条件下的商品价格变化莫测，经常给商家或是生产企业带来价格风险，厂家和商家可以在他们认为价格合适的时候采购或是储备，在原材料价格上涨前或商品价格下降时大量储存，减少损失。

（4）避免缺货损失

有时，某些商品的缺货会在经济和信誉上带来巨大的损失，其中有些损失是直接的，有些损失是间接的。为了对市场需求做出快速反应，企业必须保持一定的存货来避免缺货损失。另外，为了避免战争、灾荒等意外引起的缺货，国家也要储备一些生活物资、救灾物资及设备。

二、仓储的种类

仓库可以按不同的标志进行分类，以便对不同类型的仓库实行不同的管理。

1. 按仓库在社会再生产过程中所处的位置不同分类

（1）生产领域仓库。包括原材料仓库，半成品、在制品和产成品仓库。其中，原材料仓库，是指结束了流通阶段，进入生产准备阶段的原材料存放场所；产成品库，是指存放生产企业的已经制成并经检验合格，进入销售阶段但还未离开生产企业的成品的场所；半成品、在制品仓库，是指在企业生产过程中，处于各生产阶段之间的半成品库和在制品库，其目的在于衔接各生产阶段和保证生产过程连续不断地进行。

（2）流通领域仓库。包括物流企业中转仓库和商业企业的自用仓库，主要用于商品的仓储、分类、中转和配送。这种类型的仓库以商品的流通中转和配送为主要功能，机械化程度比较高，周转快，仓储时间短，功能齐全。

（3）储备型仓库。这种类型的仓库以物资的长期仓储或储备为目的，货物在库时间长，周转速度慢，如国家粮食储备库。

2. 按仓库的使用范围分类

（1）企业仓库。是指企业自己投资兴建，用于仓储自己生产经营所需货物的仓库。

（2）营业仓库。是指面向社会提供仓储服务而修建的仓库。这类仓库以出租库房和仓储设备，提供装卸、包装、流通加工、送货等服务为经营目的，功能比较齐全，服务范围比较广，进出货频繁，吞吐量大，使用效率较高。

（3）公用仓库。是由国家或一个主管部门修建的，为社会物流业务服务的公用仓库，如车站货场仓库、港口码头仓库等。其特点是公共、公益性强，功能比较单一，仓库结构相对简单。

3. 按仓库仓储的条件分类

（1）普通仓库。设施一般，只能仓储无特殊要求的货物。

（2）恒温保湿仓库。库房始终能保持一定的温度和湿度。

（3）冷藏仓库。有冷冻设备使库房保持一定的低温。

（4）特种仓库。用于存放有特殊要求如易燃、易爆、有毒的货物。

4. 按仓库建筑的结构分类

（1）简易仓库。它的构造简单，造价低廉，一般是在仓库能力不足而又不能及时建库的情况下，采取临时代用的办法，包括一些固定或活动的简易仓棚等。

（2）平房仓库。它的构造较为简单，造价较低，一般只有一层，不设楼梯，有效高度不超过 6 米，适宜于人工操作，各项作业也较为方便简单。

（3）楼房仓库。是指两层及两层以上的仓库。它可以减少土地占用，分摊的地价便宜，但进出库需要采用机械化或半机械化作业，日常装卸搬运费用比较高。

（4）高层货架仓库。也称为立体仓库，是当前经济发达国家较普遍采用的一种先进仓库，主要采用电子计算机进行管理和控制，实行机械化、自动化作业。

（5）罐式仓库。它的构造特殊，或球形或柱式，形状像一个大罐子，主要用于储存石油、天然气和液体化工产品等。

5. 按仓库所处的位置分类

（1）港口仓库。是以船舶发到货物为储存对象的仓库，一般仓库地址选择在港口附近，以便进行船舶的装卸作业。

（2）车站仓库。是以铁路运输发到货物为储存对象的仓库，通常在火车货运站附近建库。

（3）汽车终端仓库。是指在汽车货物运输的中转地点建设的仓库，为汽车运输提供方便条件。

（4）工厂仓库。是在企业内建设的仓库，如原材料仓库、产成品仓库、半成品仓库等。

（5）保税仓库。是存放保税货物的仓库。为满足国际贸易的需要，设置在一国国土之上，但在海关关境之外的仓库。

三、仓储作业规范

在仓储业务中，按一定的规范对货物进行仓储，可以提高作业绩效，方便仓储运作，实现合理库存，改善仓储环境。主要的作业规范要求如下：

（1）面向通道

为使货物容易识别，出入库方便，容易在仓库内移动，货物的标识码、货架上货物的朝向应该面对通道。

（2）先进先出

由于存在商品的多样化、个性化和保质期，商品的使用寿命普遍缩短。根据货物入库时间决定发货送出次序，先入先出，加快货物周转。这不仅符合会计上的谨慎原则，而且也可以防止货物因仓储时期过长而发生变质损耗现象。如：对于易变质、易破损、易腐败的物品以及对于机能易退化、老化的物品，放在靠近出入口，易于作业的地方。

（3）周转频率对应

依据货物进发货的不同频率来确定货物的存放位置。进出频繁的货物放置在靠近仓库进出口的位置，流动性差的物品放在距离出入口稍远的地方，季节性物品则按照季节特性来选择放置的场所。这样便于货物的搬运，提高物流效率。

（4）同类归一

相同或相类似的货物存放在相同或相近的位置，以便于分拣，提高物流效率。员工对库内物品放置位置的熟悉程度，直接影响着出入库时间。同类归一便于员工操作。

（5）重量对应

是指根据货物的重量确定存放的位置和仓储的方法。较重的货物放置在地上或货架的底层，反之则放在货架的上层，需要人工搬运的大型物品码放在腰部以下的位置，轻型物品码放在腰部以上的位置，以方便搬运，提高效率，保证安全。

（6）形状对应

是指根据货物的形状确定货物存放的位置和仓储方法。包装标准化的货物放在货架或托盘上仓储，非标准化的货物对应于形状进行仓储。

（7）标记明确

对仓储货物的品种、数量及仓储位置作明确详细的标记，便于作业人员识别，以便于货物的查找，提高上货和取货的速度，避免差错的发生。

（8）分层堆放

选用货架等仓储设备对货物进行分层堆放仓储，尽量向高处码放，以有效利用库内容积，提高仓库利用效率。为防止破损，保证安全，应当尽可能使用棚架等仓储设备。

（9）五五堆放

以五或五的倍数在固定区域内堆放，使货物"五五成行、五五成方、五五成包、五五成堆、五五成层"，堆放横竖对齐，上下垂直，过目知数，以方便货物的数量控制，清点盘存。

（10）网络化

通过网络化仓储，保持网络上点与点之间货物流动的系统性和一致性。这样可以保证整个物流网络有最优的库存总水平及库存分布，将干线运输与支线末端配送结合起来，形成快速灵活的供应通道。

四、仓库设施和装备

仓储除了需要仓库除这个主体建筑（库房、货棚、货场）之外，还需一定的技术装置与机具。各种类别的仓库设施或设备，是仓储不可缺少的物质技术基础。仓库设施或设备是提高劳动效率，缩短商品进出库时间，提高仓储服务质量，充分利用仓容和降低仓库费用的必要条件。

仓库设施及设备是按识别和使用方便的需要来进行分类的，其中按设施及设备的主要用途和特征，可划分为装卸搬运设备、仓储设备等。

1. 装卸搬运设备

这一类设备是商品出入库和在库堆码以及翻跺作业而使用的设备，它对于改进仓储管理，减轻仓储劳动强度，提高收发货劳动效率，减少操作中的商品损失，具有重要作用。现有的仓库装卸搬运设备一般分为：

（1）装卸堆码设备。包括各型起重机、吊车、叉车、堆码机等。其中巷道堆码起重机是仓库中的专用起重、堆垛、装卸设备，按有无导轨可分为有轨巷道堆码起重机和无轨巷道堆码起重机两类，主要应用于巷道式货架仓库中。其中，有轨式起重高度高，运行稳定，行走通道较狭窄,是巷道堆码起重机中主要的类别。

(2)搬运传送设备。包括各种手推车、电瓶、内燃机搬运车、拉车、运货卡车、各式平面和垂直传送装置等。近年来,仓库叉车增多,使用托盘和滑片逐渐增加。托盘是仓库叉车用以装卸、堆码、输送商品的配套设备,能扩大商品的盛载面,有平托盘、箱型托盘、有柱托盘等。因为托盘在装卸、搬运中都广泛使用,所以列为装卸搬运设备。

2. 仓储设备

仓储设备对于在库商品质量的维护有着重要的作用。在各种类型的仓库中,仓储设备都是不可缺少的,且数量很大。仓储设备通常可分为以下几种:

(1)苫垫用品。主要包括苫布、垫垛用品等。这类设备在机械化水平低、仓库建筑标准低的条件下使用,是仓库必要的仓储设备。

(2)存货用具。包括各种货架、货橱等。货架是仓库中常用的装置,是专门用于放置成件物品的保管设备。货架在业务量大的仓库中起的作用很大,既方便商品存取与进出业务,又能提高仓容利用率,扩大和延伸仓储面积,大幅度提高库存能力。货橱对于储存贵重商品或有特别养护要求的商品是必备的设备。

(3)计量设备。是商品进出库的计量、点数,以及在库盘点、检查中经常使用的度量衡设备。仓库中使用的计量装置种类很多,从计量方法角度可以分为:重量计量设备,包括各种磅秤、地下及轨道衡器、电子秤等;流体容积计量设备,包括流量计、液面液位计;长度计量设备,包括检尺器、自动长度计量仪等;个数计量装置,如自动计数器及自动计数显示装置等;还有综合的多功能计量设备等。这类设备的管理,对商品进出库工作效率关系重大。

(4)养护检验设备。这种设备是商品入库验收与在库养护、测试、化验,以及防止商品发生变质、失效的一系列机具、仪器、仪表等技术装备。主要有测湿仪、红外线装置、空气调节器以及测试、化验使用的部分仪器和工具。

(5)通风、照明、保暖设备。这是商品养护工作和库内作业使用的设备。

(6)安全设备。包括保障消防安全和劳动安全的必要设备,例如,各种报警器、灭火器材、劳动保护用品等。

(7)其他用品及工具。这是杂项的工具、用品,按实际需要选购配备。凡不归属以上七类的各种用品和工具都列入此类,例如,小型打包机、标号打印机等。

五、仓储管理

仓库管理是仓库功能得以充分发挥的保障。仓库管理的目标是:库容利用好、货物周转快、保管质量高、安全有保障。此外同样重要的是要使仓库和账面保持一致。

库容利用好是指库房内货物的存放量大,库容利用率高。一般情况下,托盘货物堆码可以充分利用库容;货物周转快是指进出库货物的批次多,频度大,仓库的利用效率高;保管质量高是指库存货物在保管期内,不丢失、不损耗、不变质、不生锈、不腐烂、不变味、不虫咬、不发霉、不燃不爆等;安全有保障是指在防火灾、防盗窃等方面不发生问题。

仓库管理作业可以分为物的流动过程和信息流动过程。物的流动过程是指货物从库外流向库内,在库内作合理停留后再流向库外的过程,其内容包括货物入库、保管、出库等三个阶段。

　　信息的流动过程是指保管货物的信息流动,它是借助于一系列的信息文件来实现的。这些文件包括各种货物单据、凭证、台账、报表、资料等。它们在仓库作业各阶段的传递过程中逐渐形成了信息流。信息流一方面伴随着物流而产生,另一方面它又保证和调节着物流的数量、方向、速度和目标,使之按一定的目标和规则运动。

1. 入库

　　货物入库只是货物在整个物流供应链上的短暂停留,而准确的验货和及时的收货能够加强此环节的效率。在仓库入库的具体作业过程中,主要包括以下几个步骤:

　　(1)核对入库凭证。根据货物运输部门开出的入库单核对收货仓库的名称、印章是否有误;商品的名称、代号、规格和数量等是否一致;有无更改的痕迹等。只有经过仔细的核对无误后才能确定是否收货。

　　(2)入库验收。货物的验收包括对货物规格、数量、质量和包装方面的验收。对货物规格的验收主要是对货物品名、代号、花色等方面的验收;对货物数量的验收主要有对散装货物进行称量,对整件货物进行数目清点,对贵重物品进行仔细的查收等;对货物质量的验收主要有货物是否符合仓库质量管理的要求,产品的质量是否达到规定的标准等;对货物包装方面的验收主要有核对货物的包装是否完好无损,包装标志是否达到规定的要求等。

　　(3)记账登录。如果货物的验收准确无误,则应该在入库单上签字,确定收货,安排货物存放的库位和编号,并登记仓库保管账务。如果发现货物有问题,则应另行作好记录,交给有关部门处理。

2. 保管阶段

　　货物进入仓库进行保管,需要安全地、经济地保持好货物原有的质量水平和使用价值,防止由于不合理的保管措施所引起的货物磨损和变质或者流失等现象,具体步骤如下:

　　(1)堆码。由于仓库一般实行按区分类的库位管理制度,因而仓库管理员应当按照货物的存贮特性和入库单上指定的货区和库位进行综合的考虑和堆码,做到既能够充分利用仓库的库位空间,又能够满足货物保管的要求。

　　(2)养护。仓库管理员应当经常或定期对仓储货物进行检查和养护,对于易变质或存储环境比较特殊的货物,应当经常进行检查和养护。检查工作的主要目的是尽早发现潜在的问题,养护工作主要是以预防为主。在仓库管理过程中,采取适当的温度、湿度和防护措施,预防破损、腐烂或失窃等,达到存储货物的安全。

　　(3)盘点。对仓库中贵重的和易变质的货物,盘点的次数越多越好,其余的货物应当定期进行盘点(例如每年盘点一次或两次)。盘点时应当做好记录,与仓库账务核对。如果出现问题,应当尽快查出原因,及时处理。

3. 出库

　　仓库管理员根据提货清单,在保证货物原先的质量和价值的情况下,进行货物的搬运和简易包装,然后发货。主要包括以下步骤:

　　(1)核对出库凭证。仓库管理员根据提货单,核对无误后才能发货,除了保证出库货物的品名、规格和编号与提货单一致外,还必须在提货单上注明货物所处的货区和库位编号,以便能够比较轻松地找出所需的货物。

　　(2)配货出库。在提货单上,凡是涉及较多的货物,仓库管理员应该认真复核,交与提货人。凡是需要发运的货物,仓库管理员应当在货物的包装上做好标记,而且可以对出库货物进行简易的包装,在填写有关的出库手续后,可以放行。

(3) 记账清点。每次发货完毕之后,仓库管理员应该做好仓库发货的详细记录,并与仓库的盘点工作结合在一起,以便于以后的仓库管理工作。

六、仓储合理化概念及标志

1. 储存合理化的概念

存合理化的含义是用最经济的办法实现储存的功能。储存的功能是对需要的满足,实现被储物的"时间价值",这就"必须有一定储量"。马克思讲:"商品储备必须有一定的量,才能在一定时期内满足需要量。"(《资本论》第 2 卷,第 164 页)这是合理化的前提或本质,如果不能保证储存功能的实现,其他问题便无从谈起了。但是,储存的不合理又往往表现在对储存功能实现的过分强调,因而是过分投入储存力量和其他储存劳动所造成的。所以,合理储存的实质是,在保证储存功能实现前提下的尽量少的投入,也是一个投入产出的关系问题。

2. 储存合理化的主要标志

(1) 质量标志。保证被储存物的质量,是完成储存功能的根本要求,只有这样,商品的使用价值才能通过物流之后得以最终实现。在储存中增加了多少时间价值或是得到了多少利润,都是以保证质量为前提的。所以,储存合理化的主要标志中,为首的应当是反映使用价值的质量。

现代物流系统已经拥有很有效的维护物资质量、保证物资价值的技术手段和管理手段,也正在探索物流系统的全面质量管理问题,即通过物流过程的控制,通过工作质量来保证储存物的质量;

(2) 数量标志。在保证功能实现前提下有一个合理的数量范围。目前管理科学的方法已能在各种约束条件的情况下,对合理数量范围做出决策,但是较为实用的还是在消耗稳定、资源及运输可控的约束条件下,所形成的储存数量控制方法,此点将在后面叙述。

(3) 时间标志。在保证功能实现前提下,寻求一个合理的储存时间,这是和数量有关的问题,储存量越大而消耗速率越慢,则储存的时间必然长,相反则必然短。在具体衡量时往往用周转速度指标来反映时间标志,如周转天数、周转次数等。

在总时间一定前提下,个别被储物的储存时间也能反映合理程度。如果少量被储物长期储存,成了呆滞物或储存期过长,虽反映不到宏观周转指标中去,也标志储存存在不合理。

(4) 结构标志。是从被储物不同品种、不同规格、不同花色的储存数量的比例关系对储存合理性的判断。尤其是相关性很强的各种物资之间的比例关系更能反映储存合理与否。由于这些物资之间相关性很强,只要有一种物资出现耗尽,即使其他种物资仍有一定数量,也会无法投入使用。所以,不合理的结构影响面并不仅局限在某一种物资身上,而是有扩展性。结构标志重要性也可由此确定。

(5) 分布标志。指不同地区储存的数量比例关系,以此判断和当地需求比,对需求的保障程度,也可以此判断对整个物流的影响。

(6) 费用标志。仓租费、维护费、保管费、损失费、资金占用利息支出等,都能从实际费用上判断储存的合理与否。

第二节 库 存 管 理

一、库存的概念

库存,是仓库中实际储存的货物。可以分两类:一类是生产库存,即直接消耗物资的基层企业、事业的库存物资,它是为了保证企业、事业单位所消耗的物资能够不间断地供应而储存的;另一类是流通库存,即生产企业的成品库存,生产主管部门的库存和各级物资主管部门的库存。此外,还有特殊形式的国家储备物资,它们主要是为了保证及时、齐备地将物资供应或销售给基层企业、事业单位的供销库存。

二、库存的类型

库存可以从几个方面来分类,从生产过程的角度可以分为原材料库存、零部件及半成品库存、成品库存三类。从库存物品所处状态可分为静态库存和动态库存。静态库存指长期或暂时处于储存状态的库存,这是人们一般意义上认识的库存概念。实际上广义的库存还包括处于制造加工状态或运输状态的库存,即动态库存。

从经营过程的角度可将库存主要分为以下七种类型。

(1)经常库存。企业在正常的经营环境下为满足日常的需要而建立的库存。这种库存随着每日需要不断减少,当库存降低到某一水平时(如订货点),就要进行订货来补充库存。这种库存补充是按一定的规则反复地进行。

(2)安全库存。为了防止由于不确定因素(如大量突发性订货、交货期突然延期等)而准备的缓冲库存。

(3)生产加工和运输过程的库存。生产加工过程的库存指处于加工状态以及为了生产的需要暂时处于储存状态的零部件、半成品或成品。运输过程的库存指处于运输状态或为了运输的目的而暂时处于储存状态的物品。

(4)季节性库存。为了满足特定季节中出现的特定需要(如夏天对空调机的需要)而建立的库存,或指对季节性生产的原材料(如大米、棉花、水果等农产品)在生产的季节大量收购所建立的库存。

(5)促销库存。为了对应企业的促销活动产品的预期销售增加而建立的库存。

(6)投机库存。为了避免因货物价格上涨造成损失或为了从商品价格上涨中获利而建立的库存。

(7)积压库存。因物品品质变坏不再有效用的库存或因没有市场销路而卖不出去的商品库存。

三、库存的功能与弊端

一般来说,库存的功能有:

(1)防止断档。缩短从接受订单到送达货物的时间,以保证优质服务,同时又要防止脱销。

（2）保证适当的库存量,节约库存费用。

（3）降低物流成本。用适当的时间间隔与需求量像适应的合理的货物量以降低物流成本,消除或避免销售波动的影响。

（4）保证生产的计划性、平稳性以消除或避免销售波动的影响。

（5）展示功能。

（6）储备功能。在价格下降时大量储存,减少损失,以应对灾害等不时之需。

但库存也相应存在自身的弊端,其中包括:

（1）固定费用支出。库存会引起仓库建设、仓库管理、仓库员工福利等费用开支增加。

（2）机会损失。仓储货物占用资金所付之利息,以及这部分资金如果用于另外项目可能会有的更高的收益,所以,利息损失和机会损失都是很大的。

（3）陈旧损失和跌价损失。货物在库存期间可能发生各种物理、化学、生物、机械等损失,严重者会失去全部价值及使用价值,随仓储时间的增加,存货无时无刻不在,一旦错过有利的销售期,就不可避免出现跌价损失。

（4）保险费支出。几年来为分担风险,我国已经开始对仓储物采取投保缴纳保险费方法,保险费支出在有些国家、地区已经达到相当大的比例,在网络经济时代,社会保障体系和安全体系日益完善,这个费用的支出还会呈上升的趋势。

（5）进货、验收、保管、发货、搬运等可变费用。

（6）仓储可能增加企业经营风险。不适当的仓储可能导致成本上升。同时,仓储还将导致占用流动资金,影响企业的正常运作。仓储的风险不仅表现在增加了成本、占用了流动资金,而且也表现为仓储品的价值减少。一方面,仓储过程中货物将出现有形损耗,同时也可能出现无形损耗,这在高新技术行业尤其明显。

四、库存控制

1. 库存管理及其作用

库存管理是指在物流过程中对商品数量的管理。库存多,占用资金多,利息负担加重。但是如果过分降低库存,则会出现断档。

库存处于企业经营过程的各个环节之间,在采购、生产、销售的不断循环的过程中,库存使各个环节相对独立的经济活动成为可能。同时库存可以调节各个环节之间由于供求品种及数量的不一致而发生的变化,把采购、生产和销售等企业经营的各个环节连接起来起到润滑剂的作用。

对于库存在企业中的角色,不同的部门存在不同的看法。总之,库存管理部门和其他部门的目标存在冲突,为了实现最佳库存管理,需要协调和整合各个部门的活动,使每个部门不仅以有效实现本部门的功能为目标,更要以实现企业的整体效益为目标。

高的顾客满意度和低的库存投资似乎是一对相冲突的目标,曾经认为这对目标不可能同时实现。现在,通过应用创新的物流管理技术,同时伴随改进企业内部管理和强化部门协调,企业可同时实现这一目标。

2. 合理库存与组织合理库存的意义

合理库存是指以保证商品流通和社会再生产需要为限度的储存。合理库存是合理的储存量、合理库存结构分布与合理库存时间的有机统一。

组织合理库存量的重要意义在于：

(1) 组织合理库存可以减少国家财富的占用。

(2) 组织合理库存，可以缩短物资流通的周期，从而加速再生产的过程。

(3) 合理库存可以减少费用开支。

(4) 组织合理库存，可以减少不必要的中转环节，避免迂回、倒流运输，节约运力。

3. 最低库存

最低库存的目标涉及资产负担和相关的周转速度。通过整个物流系统进行存货配置的金融价值是物流作业的总的负担。结合存货可得性的高周转率，意味着分布在存货上的资金得到了有效的利用。因此，保持最低库存的目标是要把存货配置减少到与顾客服务目标相一致的最低水平，以实现最低的物流总成本。随着经理们谋求减少存货配置的设想，类似零库存之类的概念已变得越来越流行。重新涉及系统的现实是，作业的缺陷一直要到存货被减少到其最低可能的水平时才会显露出来。虽然消除一切存货的目标很具吸引力，但必须记住，存货在一个物流系统中能够并且确实有助于某些重要利益的实现。当存货在制造和次采购中产生规模经济时，它能够提高投资报酬率。其目标是要将存货减少和控制在最低可能的水平上，而同时实现所期望的作业目标。要实现最低存货的目标，物流系统设计必须控制整个公司而不仅是每一个业务点的资金担负和周转速度。

第三节 我国仓储标准化工作

根据国家标准化管理委员会、国家发展和改革委员会、商务部、铁道部、交通部、国家质量监督检验检疫总局、中国民用航空总局、国家统计局等八部门联合发布了《全国物流标准2005年～2010年发展规划》，在国家标准委的支持与全国物流标准化技术委员会的直接组织下，2007年我国仓储标准化工作取得较大的进展。由中国仓储协会组织起草的《仓储从业人员职业资质》(GB/T 21070—2007)、《仓储服务质量要求》(GB/T 21071—2007)、《通用仓库等级》(GB/T 21072—2007)等一批仓储基础标准，于2007年9月由国家标准化管理委员会发布，2008年3月实施；重新修订的仓储相关标准《物流术语》(GB/T 18354—2006)、《联运通用平托盘主要尺寸及公差》(GB/T 2934—2007)，由国家标准化管理委员会分别于2006年12月、2007年10月发布，2007年5月、2008年3月实施。

一、三项仓储标准的基本内容

《仓储从业人员职业资质》、《仓储服务质量要求》、《通用仓库等级》三项国家标准均属首次制定，针对中国仓储业的现状、行业需求以及发展趋势，这三项标准分别对仓储从业人员的素质、仓储服务质量标准、仓储的硬件设施提出了最基本的要求，是我国仓储业的重要基础标准，这三项标准的实施，对于提高我国仓储业发展的整体水平和服务质量、引导与促进仓储业的现代化，具有十分重要的促进作用。

《仓储从业人员职业资质》根据现代仓储管理的实际，将原来"商品仓储员"的称谓修改为国际上通行的"仓储管理员"，并定义为"从事物品储存、仓储的一线操作人员"；同时首次提出"仓储经理"的岗位称谓,定义为"负责本企业或本库区物品储存的组织管理工作的相关人员"。在标准中,分别从基本条件、基本知识、基本技能三个方面,对"仓储管理员"和"仓储经理"的职业资质提出了具体要求。其中:基本条件在学历与工作经历做出了不同规定;基本知识中,对"仓储管理员"侧重的是对库存物品的相关知识与仓储作业流程,对"仓储经理"要求除具有应该掌握的基本知识以外,提出了应具备管理知识的具体要求;在基本技能中,"仓储管理员"的"基本技能"要求定位在仓储作业流程的操作能力上,"仓储经理"的"基本技能"则要求应该具备组织协调、制度建设、方案规划、成本控制、质量管理等多方面的能力。

《仓储服务质量要求》标准分别从仓储运作管理、运作服务、运作规范、运作环境、信息安全、运作质量等方面提出定性、定量的质量要求和考核指标。标准中在强调仓储服务应贯彻以"客户为中心"的服务理念,强化运作质量管理同时,从运作管理、安全管理、作业环境等提出了十个方面的定性要求。标准根据仓储服务的特点,并参考国际通用的一些指标,在标准中提出了 3 大类共 7 项指标,并明确了各指标的计算公式与最低标准要求:其中仓储服务的基本指标包括:出库差错率、责任货损率、账货相符率三项,反映的是仓储(物流)企业在完成入库、出库、在库仓储及其信息记录等最基本的仓储作业服务的要求,是长期以来通行的对仓储服务考核的基本指标;仓储服务的现代指标,包括:订单按时完成率、单据与信息传递准确率、数据与信息传输准时率三项,反映的是仓储(物流)企业的快速反应能力与增值服务理念;仓储服务的效果指标,即:有效投诉率。

《通用仓库等级》标准从仓库设施条件、从业人员素质、服务功能、管理水平四个方面对不同等级的仓库提出划分条件:仓库设施条件从仓库的面积与类型、机械化作业水平、信息系统的应用等,提出不同等级通用仓库应具备的基本条件;从业人员素质中除对管理层提出要求外,对操作人员的要求是持证上岗;服务功能要求三星级以上仓库,应具备二十四小时服务的能力,四星级以上仓库,应能满足客户差异化需求;管理水平除要求四星级以上仓库要通过 ISO9000 认证、拥有报警系统和立体库喷淋灭火系统外,从安全管理、管理制度、制度执行、作业现场四个方面提出了统一要求。

二、三项仓储标准的宣传贯彻

《通用仓库等级》、《仓储服务质量要求》、《仓储从业人员职业资质》等三项仓储国家标准的发布,受到业内各方面的广泛关注,认为这三项国家标准对于仓储企业的改善仓库硬件条件、提高服务质量和人员素质,具有积极的推动作用。为做好这三项标准的宣传贯彻,中国仓储协会针对三项标准的不同要求与特点,开展了多种形式的宣传与贯彻工作。

(1) 分别组建了"通用仓库等级评定"、"仓储服务质量达标评鉴"、"仓储从业人员培训与认证"三个专家委员会和日常办事机构,制定开展活动的具体办法和实施细则(具体内容详见中国仓储协会官方网站:www.caws.org.cn)。

(2) 在 2007 年 11 月中国仓储协会的会员大会上,除了对标准进行介绍外,会议通过了《关于协会会员企业率先推行仓储业国家标准的决议》,要求协会中的企业会员要率先做好宣传贯彻工作,首先应该组织本企业的管理团队与一线操作人员认真学习标准的内容,掌握标准的核心条款与界定指标;其次应该对照国家标准寻找本企业的差距,增补与完善各种软硬件与服务功能,提高服务质量;在此基础上积极申报参加"通用仓库等级评定"与"仓储服务质量达标评鉴",组织本企业一线员工积极参加"仓储管理员"与"仓储经理"的培训认证。

（3）在上海、广州、重庆等地进行试点的基础上,中国仓储协会先后在郑州、北京、石家庄召开了《通用仓库等级》、《仓储服务质量要求》两项仓储国家标准的宣贯会,在平等自愿的基础上,与全国绝大部分地区的仓储相关协会建立了联系,并签订了开展标准实施工作的协议,共同开展《通用仓库等级》、《仓储服务质量要求》两项仓储国家标准的宣传贯彻及"通用仓库等级评定"与"仓储服务质量达标评鉴"工作。遵循公开、公正、公平、自愿的原则,经过试点及各地区评定机构的积极工作,已评鉴并公布的"仓储服务质量达标"企业9家,正在公示的有4家,组织现场评审的1家;已评定并公布的星级仓库15个（其中三星级2个,四星级9个,五星级4个）,正在公示的有14个（其中三星级2个,五星级6个）,正在进行评定的有4个。

（4）根据《仓储从业人员职业资质》国家标准,中国仓储协会正在分别组织编写"仓储管理员"与"仓储经理"培训教材,并结合国家对职业资质认证的统一清理,另行组织相关培训与认证工作。

三、仓储相关标准情况

于2007年5月实施的修订后《物流术语》（GB/T 18354—2006）,由2001年版的145条增加到249条,在结构上增加了物流信息与国际物流部分;于2008年3月实施的《联运通用平托盘主要尺寸及公差》（GB/T 2934—2007）,将1996年版的四种规格,修订为1200mm×1000mm和1100mm×1100mm两种规格,该标准的修订,将从根本上促进我国通用平托盘规格的统一,有利仓储与物流作业效率的提高。同时,针对一些企业新建的仓库及库区在规划设计方面存在的问题,为了满足行业的需要,交流、引导并最终规范现代仓库及库区规划设计,充分发挥仓库在物流中的重要作用,中国仓储协会组织部分新建仓库较多的仓储企业,起草了《现代仓库及库区规划设计参数》,该《参数》作为协会推荐性的标准,从满足现代物流与供应链管理对仓储业务要求的角度出发,提出了在新建或建造仓库、库区时,在选址、库区规划、仓库参数、相关设施等方面,应考虑的主要因素、基本要求与参数等,供新建仓库区、旧库区改造的业主与规划设计机构参照执行。根据仓储企业的要求,中国仓储协会已计划将《参数》申报为国家标准。

四、仓储标准化工作的展望

1. 标准化推动仓储业服务规范化与设施现代化

随着《仓储从业人员职业资质》、《仓储服务质量要求》、《通用仓库等级》等国家标准的逐步贯彻实施,不仅为仓储（物流）企业提高仓库的技术条件与管理水平提供了目标,将有利推动仓储业的立体化、机械化与信息化;而且提出了仓储服务的基本要求,为仓储（物流）企业提高服务质量,明确了努力方向,将大大推动我国仓储业管理、服务水平、人员素质的提高,加快仓储现代化的进程。

2. 仓储业及相关物流标准建设速度将进一步加快

为推动我国物流标准化工作,国家标准化管理委员会已批准全国物流标准化技术委员会成立物流作业、托盘、第三方物流服务、物流管理四个分技术委员会,四个分技术委员会的成立,标志着我国物流(仓储)标准化工作力度将进一步加大,必将加快我国仓储(物流)标准的建设速度。

3. 仓储标准建设将由通用性向专业性标准发展

《通用仓库等级》等三项仓储基础标准的发布,得到业内各方面的广泛关注,同时也希望中国仓储协会在加强通用仓储标准建设的同时,对专业性仓储标准的建设也应提上日程。为满足仓储企业的需求,中国仓储协会分别于 2007 年 12 月和 2008 年 5 月成立了冷藏库分会与危险品仓储分会,两个分会将在调查研究的基础上,组织起草相关的标准。

第四节　标准化与现代仓储业发展

一、仓储标准化势在必行

仓储是物流、供应链的节点。节点的设施水平、服务质量直接关系到整个物流网络、供应链系统的运作效率。从 2007 年国际仓联(IFWLA)年会、美国仓储教育协会(WERC)第 30 届年会与 2007 中国仓储业大会(CAWS 年会)上得到的信息,国内外物流专家一致认为,全球化的供应链管理将使原材料与产品的库存得到有效控制,在这种情况下,仓储业的功能与作用将得到极大提升,需要功能齐全的综合物流企业和专业化的仓储企业。

近几年,仓储业发展势头迅猛。一方面,全国各地的城市扩建给仓库建设带来新一轮的发展机遇。由于过去的仓库多设在城乡结合处附近,随着城市规模的扩展,大批仓库面临拆迁。北京的马连道仓库就是其中的典型代表。另一方面,大型生产企业、商贸流通企业、物流企业的网络布点带动了物流中心的大范围兴建。此外,以普洛斯、宝湾为代表的物流地产业发展快速,加之外资企业大量涌入等因素,都对仓储业提出了更高的要求。

在全国仓储业国家标准宣贯会上,中国仓储协会会长指出,现阶段中国仓储业的稳定发展有三方面特点:一是仓库及其设施的变化。现代物流的需要不仅推动了立体仓库的成批新建,也促进了传统平房仓库与楼房仓库的库内设施的立体化改造;二是仓储业的业态变化。货主企业专业化、个性化的需求不仅促使仓储地产的兴起与发展,也促使仓储服务向物流中心、配送中心、分拨中心等多种业态发展;三是仓储业的经营主题与仓库布局的变化,城市规模的扩大及其规划调整、新的投资人进入、国有企业的重组改制与并构,促进了城内仓库区的用途改变、商业开发或土地置换,催生了多元化的投资与经营主体,仓库向城市外环与高速公路周边发展。

基于现阶段仓储业的发展态势及特点,仓储业标准化工作在引导与规范现代仓库的规划建设、促进仓储增值服务的发展、保障仓储服务质量等方面具有重要意义。据了解,我国仓储业的标准化工作始于 20 世纪 80 年代,原国内贸易部、原外贸部都曾经颁布过许多仓储管理方面的规章制度,也颁布过粮库、冷库等专业仓库的规划建设标准。2005 年,国家标准化管理委员会等八部门联合发布了《全国物流标准 2005~2010 年发展规划》,该规划首次提出了我国物流标准体系表,提出 2005 至 2010 年我国将修订物流标准 33 项,制定标准 275 项,在规划制定的标准中直接涉及仓储设施、作业、信息、安全、服务等方面的标准有 20 多项。

二、标准的制定与实施

20 世纪 90 年代大规模兴建的仓库主要集中在流通领域,平房仓约占 80%,楼房仓不到 20%;立体库只是少量的存在于军队系统,用于军用物资的仓储。就国内现有的仓库情况来看,平房仓仍然占到总量的 70% 左右,楼房仓 20% 左右,大量的国有仓储企业升级改造传统仓库成为普遍的现象。同时,近年来,立体仓库发展迅速,其比例已经上升到 10%~15%。据估计,在未来 3~5 年,立体库的比例将会达到 40% 左右,而平房仓的新建比例会非常小。因此,相关标准的引导和规范对于仓储行业和企业的发展意义重大。

作为仓储业的基础性标准,《通用仓库等级》《仓储服务质量要求》《仓储从业人员职业资质》三项国家标准相辅相成,分别侧重在仓库建设、服务水平、人员素质,目的在于促进仓储行业的整体发展。其中,《通用仓库等级》标准一方面为货主企业选择不同等级的仓库提供依据,节省考察与交易成本;另一方面为仓储(物流)企业提高仓库的技术条件与管理水平提供了目标,有利于仓储服务的优质优价。《仓储服务质量要求》标准为货主企业、中介组织评介考核公共仓储业服务水平,提供了统一依据。《仓储从业人员职业资质》标准则对仓储业从业人员的培训和资格确立了方向和细则。这三项国家标准的颁布,填补了空白,来之不易。就仓库等级与仓储服务质量标准而言,目前国际上并没有同名称、同内容的标准可以借鉴,只有一些国家和地区的咨询公司和行业组织的推荐性标准。《通用仓库等级》和《仓储服务质量要求》两项标准的制定主要是基于原商业部的一些指标,参照美国、俄罗斯、日本等同行业的指标,以及一些经营规范的国内大型仓储企业的内控指标。尺度的统一和思路的制订是标准制定过程中的一大难点。

《通用仓库等级》标准在内容与等级划分依据上借鉴了"旅游饭店星级的划分与评定"的标准,即坚持硬件与软件相结合,以仓储设施的硬件为基础与前提,再加上服务与管理,综合界定。仓库等级的划分主要立足中国的实际,给出方向和目标。该标准从仓库设施条件、从业人员素质、服务功能、管理水平等四个方面对不同等级的仓库提出划分条件。其中,仓库设施是划分通用仓库等级的基本条件,重点考察的内容包括仓库面积、装卸机具、库内通道、信息系统等设施数量与质量等。根据《通用仓库等级》标准分析,我国目前 50% 的仓库属于"三星",30% 属于"一、二星",20% 属于"四、五星"。

《仓储服务质量要求》标准结构包括定性的基本要求和定量的具体指标两部分,指标体系设计只列入企业外部的服务质量指标,具体指标中既保留了仓储服务的传统指标(基本指标),又提出供应链管理环境下的现代仓储服务指标,突出服务的效果与客户认可度。指标具体数值的设置则是在立足中国实际情况的前提下,借鉴了国外先进指标。《仓储服务质量要求》标准中提出了 3 大类共 7 项指标,即:出库差错率、责任货损率、账货相符率三项仓储服务基本指标,订单按时完成率、单据与信息传递准确率、数据与信息传输准时率三项仓储服务现代指标,有效投诉率一项仓储服务效果指标,并明确了各指标的计算公式与最低标准要求。

为保证标准在全国范围内的顺利推广,中国仓储协会自 2007 年 11 月起,分别在上海、广州两个仓储物流较为发达并有示范引导作用的地区以及具有一定工作基础的重庆地区开展了星级仓库的评定试点。依据《通用仓库等级》和《仓储服务质量要求》两项标准,最终共有 13 家企业库区获得了首批"中国星级仓库"标牌。

企业受益在全国仓储业国家标准宣贯会上,首批获得"中国星级仓库"标牌的企业代表与大家分享了他们参与评定工作的体会,充分肯定了标准对促进企业和行业规范发展的引导意义。国药集团医药物流公司的代表认为,《通用仓库等级》和《仓储服务质量要求》两项标准在仓库管理方面有较强的实用性和操作性,参与仓库等级评定有助于企业发现管理薄弱环节,持续进行改进。据悉,现阶段,国内医药物流企业普遍存在设备差、信息系统滞后或不对称、作业延时、集约化程度低等问题。而《通用仓库等级》和《仓储服务质量要求》两项标准对医药现代物流所具备的仓库管理自动化、信息系统开放化、基础设施现代化、物流人员专业化、物流配送集约化和物流功能一体化的建设起到了积极的推动作用。

在参与星级仓库评定过程中,国药集团医药物流公司参照标准进行了一系列的改进,建立健全了更为可靠完整的管理体系。例如:增加消防安全、警示等方面的标识,使整个库区的标识管理更加准确、醒目;增加堆码垛、周转箱的倾斜等标识,提高现场管理规范化。同时,国药集团医药物流公司意识到,企业外部的服务质量指标更准确。为了更好地服务于内部客户,公司借鉴标准中的量化指标,健全了服务质量考核体系。此举将有利于提高内外部客户对公司的信任度,减少重复审核,丰富企业质量体系内涵,提升公司知名度和品牌效应。

据一家第三方物流企业代表反映,随着公司业务的不断发展和客户需求的不断提高,如何持续改进客户服务,加强仓储内部规范化管理已成为他们面临的重要课题。其中,信息化管理是一大趋势,越来越多的客户希望能掌握仓库实时信息以及各种动态查询。这意味着,第三方物流公司必须加强信息系统建设,实现相关操作的优化管理。对此,有关专家分析,《通用仓库等级》和《仓储服务质量要求》两项标准将有助于第三方物流企业培养自己的核心竞争力,改变目前物流企业市场定位不准确,服务水平不合格、经营运作不规范等问题,引导整个行业的健康发展。

仓储物流管理现代化已成为必然,将来会有越来越多的仓储(物流)企业意识到,以人工为主的传统操作管理模式将面临成本压力、大型节假日时的劳动力短缺,以及操作过程中的效率、准确率、货损率等诸多问题。标准为企业解决这些问题提供了参考和依据。

三、健全仓储业标准体系

目前我国仓储行业的现状是,仓储企业平均规模偏小,经济效益偏低,资产负债率极高。同时,还伴随着各类型仓库的构成比例不合理,许多仓储设施已经陈旧老化,且缺少更新改造资金等问题。对此,《通用仓库等级》、《仓储服务质量要求》、《仓储从业人员职业资质》三项国家标准作为推荐性标准,只能循序渐进地引导行业发展。

据悉,中国仓储协会拟在 2008 年 5 月组织第二次标准宣贯与评审员培训。标准化工作是协会一项长期性、基础性、根本性的工作。仓储业标准化工作应该立足于中国仓储业的实际情况和现代物流的国际水准,逐步建立健全仓储业标准体系与标准化工作体系。其中包括,随着中国仓库建设水平和管理水平的提升,通用仓库等级评定标准将被逐步修订。同时,随着近两年物流专业化程度的不断提高,危险品物流,钢材、水泥等生产资料储运的专业仓库等级评定标准也将被列入仓储业标准化工作体系。

第五节　ISO 9001 质量管理体系在仓储精细化管理中的应用

一、ISO 9001 质量管理体系简况

ISO 9001 质量管理标准作为一种先进的管理模式,已被全世界越来越多的国家和行业用于企业管理,其标准的核心是质量,管理模式是过程方法,即 PDCA 循环(也称戴明环),就是策划(Plan)、实施(Do)、检查(Check)和改进(Act)。建立有效管理体系的关键是把标准要求与部门职责、具体工作实践紧密结合,正确把握和贯彻好 ISO 9001 质量管理体系的内涵和理念。仓库引入 ISO 9001 质量管理体系,首先是积极做好引入的基础工作。一方面组织开展人员素质培训和标准知识的培训,强化全员管理、全员参与的理念,增强全体职工对体系标准内涵的理解;另一方面加强制度建设,健全各项规章制度,形成让制度管理人员、管理事务、管理过程、管理结果的严谨规范的制度体系。其次是按照 ISO 9001 质量管理体系的标准要求建立仓库质量管理体系。围绕仓储工作目标,对所有的工作内容和工作程序进行归纳、整理,合理的定岗、定责,划分事权,明确工作职责及工作关系。对日常重复性出现的工作,要确定过程,建立工作流程。第三,结合本单位实际和工作特点,编制了《质量手册》、程序文件、作业文件和各类质量记录,合理确定了企业的质量方针、质量目标、部门职责,建立了有效的管理评审、质量评价体系,确保工作不断创新、方式方法持续改进。

二、ISO 9001 质量管理体系运用

ISO 9001 质量管理体系在仓库仓储精细化管理中的运用及成效:

1. ISO 9001 质量管理体系重点

ISOISO 9001 质量管理体系强调质量管理必须有一定的组织结构和规范化、标准化、制度化的工作程序,以及全过程的管理和所需配备的人力资源仓库根据标准要求和工作实际,首先建立以分管主任—业务科长—业务组长—业务骨干为框架的仓储管理组织网络,对照各级职能分配和岗位职责,采用逐级管理的方法,让员工从仓储精细化作业标准、规范、出入库流程和仓储流程的配合上,建立自我启发、相互启发、发现问题、检讨问题和解决问题的机制。业务科还从粮食仓储业务流程各个环节进行综合考虑,合理配备保化人员,制定紧急状态下人力资源调配方案,确保了储备粮食质量安全的需要。

2. 全员参与制订仓储质量管理标准

制定一个科学、完善的质量管理标准来衡量仓储精细化工作,是仓储质量管理取得成功的重要环节。ISO 9001 质量管理体系的基本原则中要求以顾客为关注焦点,强调"该说的要说到,该做的要做到"。这就要求建立一个优良质量管理制度时要有一套标准化的管理原则。组织和发动了全库干部员工参与仓储质量管理标准体系的策划、文件编写、运行、改进等工作,不但要重新修订、补充各项管理规章制度、仓储精细化管理实施细则、各岗位人员职责、安全防范措施等,还要制订保证各项措施有效运行的控制标准和方法。同时,注重规范精细化管理流程,对仓储每一项业务均设计了合理的操作流程。根据仓储质量改进活动的

总体指导方针,按季度、分层次培训各岗位员工,形成自上而下、自下而上、全员参与、全员知晓的认证氛围。让员工知道企业的管理目标和对社会的承诺,并不断地向着这个目标和承诺努力。使每个员工既有工作责任心又有工作成就感,充分调动他们的工作积极性。

3. 落实仓储质量管理标准,确保仓储精细化管理有效实施

仓储质量管理是仓储管理的核心,不断提高仓储安全储存水平、降低储存成本是企业管理的永恒主题之一。ISO 9001 质量管理标准的一个核心概念就是"过程控制",控制过程便能得到预期的效果。同样,仓储质量也是通过仓储环节中各项工作过程形成的。因此,围绕质量目标,细化仓储质量百分考核内容,注重环节控制、过程控制,加大管理人员和仓储员质量责任意识,运用机械通风、自然降温、密闭隔温以及清洁卫生防治等绿色储粮技术,保证仓储质量良好,储存安全,而且降低了储存成本。

(1)确立仓储质量管理标准,量化考核细则

依托 ISO 9001 质量管理体系这一管理平台,开展仓储质量精细化管理和考评,全面了解、评估仓储质量管理状况,严格奖惩兑现,调动员工"比、学、赶、帮、超"的热情,有力地推动了仓库仓储精细化管理工作。

(2)注重内涵建设,强化环节管理,做到规范操作,确保储粮安全

重点抓四个关键:一抓关键的制度,如月查评比制度、清洁卫生制度、安全值班制度等。二抓关键的过程,如出入库过程、日常保洁过程、机械通风过程、环流熏蒸过程、设备养护过程等。三抓关键的人员,如防化员,检验员,仓储骨干,思想波动人员,责任心不强、技术差、新上岗人员等。四抓关键的时间,如节假日、特别繁忙季节和异常气候、恶劣天气等。五抓科技创新。除应用现有科技仓储手段外,每年制定科技研讨项目和实施方案。

(3)坚持质量标准与环节管理相结合

坚持质量标准,坚持环节管理,按规定的步骤,定期检查评估,不断调整细节,持续改进,做到"写我所做的,做我所写的,记录所做的,验证所记的,改进不足的"。仓储质量管理过程以 PDCA(计划、实施、检查、反馈)的程序进行,在执行每一项工作任务时也都按照 PDCA 循环法运行,反馈的问题进入下一个 PDCA 循环解决,形成了环环相扣的系统管理方式,不仅促进了仓库精细化管理活动的规范和储备粮质量的提高,而且减少了工作差错率,提高了工作效率。

三、ISO 9001 质量管理体系优点

1. 促进了仓储精细化管理人性化

ISO 9001 的导入,细化和深化了仓储管理职责和各作业流程,理顺了内部各科室之间的接口关系,明确了仓储精细化管理目标,减少了资源浪费和不必要的成本。库管理层积极深入到仓储一线,了解第一手信息,全体保化人员能自觉正确认识自我、正确把握自我、正确对待自我、正确定位自我,不断追求最完美的工作质量,所有人员不再把考核、检查、评比作为一项负担,而是作为一种职责、义务和荣誉,积极参与。作为管理者,应积极发挥质量控制、指导、协调和监督作用,做好各环节的管理,增强员工的质量意识,明确质量改进工作是一种不间断的过程,只有不断创新,才能满足新形势下储备粮的管理要求,更好地体现"以人为本"的指导思想,促进仓储质量管理的不断提高。

2. 促进了仓储精细化管理标准化

ISO 9001 质量管理体系是一种标准,它强调科学的管理,使一切工作都具有循证性、可操作性,形成了"人人有职责,事事有规章"的管理体系。仓储精细化管理将精细管理内涵贯穿于整个管理过程,对被管理对象(人、财、物、时间、信息)实施连续、动态、全程的共性管理,使仓储业务各个过程的各个环节,都处于受控状态,减少和消除质量缺陷,预防质量问题的发生。如果出现差错,通过系统性的溯源,可以找出原由,并实施有效的纠正,防止差错的重复发生。因此,有效运转的 ISO 9001 质量体系,在仓储精细化管理应用中让客户、管理者和员工都明显地感受到仓储管理质量的提高。

3. 促进了仓储精细化管理规范化

在 ISO 9001 标准中,所有策划活动都要求基于事实分析,并在权衡经验和直觉之后完成策划方案。制定和规范各项规章制度、质量标准、岗位标准、质量监控制度、科室风险应急预案、流程、告知等标准体系。仓储管理行为、操作行为受到了标准化制度和规范操作程序的约束,不仅对仓储精细化管理很有帮助,而且增强了员工的服务意识和质量意识。工作质量和服务态度方面有了明显提高,各项仓储管理指标,如科学储粮率、设备完好率、顾客满意率、轮换计划完成率、安全粮和宜存粮比例、员工业务培训合格率等指标,全库均按标准完成。上级对仓库工作的满意度不断提高,年年被评为"仓储工作先进单位"。

总而言之,由于 ISO 9001 质量管理标准只提供一种思路,具体的标准、规范、程序由各企业根据实际制订,难免有疏漏、标准不规范、程序不合理的情况,从而出现了管理体系的反复修改,浪费了一定的人力、财力。另外,质量管理体系不是永恒不变的,随着体系的运行不断升华,才能获得体系的有效性。例如,随着科学技术的不断发展,新技术、新理论在仓储中的不断应用,如不能及时进行修改和规范,有些质量管理标准、技术操作规程和实际操作产生差别,容易造成员工有章不循,导致员工对不规范流程、操作、行为等习以为常,致使其质量意识逐渐淡薄。

第六节　物料的标准化管理

一、物料标准化管理概述

物料成本在每项产品的制造成本中都占较大的比重,搞好产品的物料管理直接关系到产品成本控制的有效性。就企业生产过程的物料而言,一般分为进货材料、生产过程的半成品、成品和备件等几种,分别由企业的原材料库房、中转库房、成品库房和备件库房实施物料管理。虽然各库房名称有所不同,但在管理方面的要求和内容大致相同。

(一)物料管理的基本要求

要求仓储人员熟悉库存物料的来源、特点、用途及仓储方法。符合安全生产和定置管理的要求,即库房的管理工作要做到库容整洁,物料摆放规格化、架子化,整齐合理,标记明确;储存做到物清、账清、标记清。对于一些有储存要求的物料,如静电敏感器件要有防静电措施,金属物料需要有通风条件并保持干燥,以及稀贵金属或有毒物料等,应实施有效的特殊定置管理,以确保安全和物料的质量。定期开展安全检查,发现隐患,及时采取措施,严防各种事故的发生,确保物资存放的绝对安全。

严格按照物料入库、出库交接手续办理,做到物料出、入有凭据。定期进行库存物料统计并及时将物料库存情况反馈给计划管理人员和财务部门。物料入库必须按类别、型号、规格,分区、分类存放,建立明细账并填写物料卡,做到账、物、卡三相符,收料、发料、记账三及时。物料发放在满足批次管理要求的基础上,执行"先进先出"的原则,确保先进的物料先发放,减少存放期过长造成的质量损失和经济损失。为保证供应,掌握库存物料的动态,仓储人员应及时、准确地反映库存情况,尤其是最高库存和最低库存要求。超过保存期物料在发放时,应首先提交质量部门复检,合格后方可发放,不合格品应及时报废处理。库存物料原则上一律不得私自外借。因特殊情况需要借用的,需经主管部门和计划部门同意,并办理借用手续方可出库。

(二)物料收发管理

1. 物料的入库

企业所涉及的生产物料的入库,必须在规定的验收、检验活动完成并经确认符合要求后,由需要办理入库的人员持物料检验合格单、物料入库单等单据到相应的库房办理。各库房仓储员需核实入库单据、入库物料是否与检验合格单相符,并清点实际入库数量,并在相应单据上签字确认。库房在验收入库物料时,如发现产品规格不符、数量缺少、受损等情况,应停止入库,及时与相关质量检验人员联系并向主管部门汇报。

物料入库应明确计量单位,对于日后出库需要标注其他计量单位的物料,应同时标注所需计量单位。如金属型材入库的总重量,每根长度,本批次共计多少根等。物料入库单一般一式四联,一联自存备查,一联交库房,另外两联由入库人员交计划管理部门、财务部门。

2. 物料的出库

为正确核算产品的生产成本,和方便财务部门稽查,库房发出物料时,应由领料单位填写领料凭证,领料凭证通常有领料单、限额领料单、领料登记表等几种形式。仓储员应核实领料单上的规格、型号、请领数量,真实地填写领料单上的实发数,并对其负责;领料人员应认真核实实发数是否正确,是否符合要求。一般来说,不允许实领数大于请领数,但对于不可分割的物料,如钢材,实领数允许大于请领数,但要在领料单上备注应退回的余料数量。物料入库时的计量单位有时与生产车间领用时的计量单位不一致,如金属型材入库计量单位一般是重量,而生产车间领用时的计量单位时长度,则需要在领料单上注明"某型材重量是多少,每根长度是多少,共计领走多少根,即总长度是多少。方便财务稽查和进行产品成本的计算。

3. 物料盈亏管理

物料在仓储过程中的自然损耗,按库存物料仓储自然亏损标准办理,通常每年考核一次。不合理的盈亏,一年内不得超过3%;半成品、成品不允许盈亏发生。稀贵金属或其他贵重物料发放计量要准确无误,即不允许盈亏发生。库存物料的自然变质和失效,以及经国家批准的淘汰物料,按有关规定及时处理;超过仓储期限的物料,领用前由库房提交质量检验部门复检,检验合格入库待用,账上应注明,物料有复检合格标识,不得混和仓储。检验不合格的物料应报废处理,转入质量部门的废品库,并及时注销原明细账卡。

不合理的物料盈亏要查明原因,明确责任,属于个人责任的要追究经济责任,情节严重的给予一定处分和处罚。

4. 退料管理制度

企业要进行产品的成本核算，首先要建立退料管理制度。大多数企业的物料管理仅仅做到收发账目清晰，却没有反映出生产所有物料的真实性，造成大量的浪费，也就导致生产成本太高，产品利润空间太小。

（1）退料管理

由于生产计划的变更，或产品的改进，生产部门或研发部门应填写退料单，将多余物料退回库房。退料部门人员需将将清理出的物料，列出清单，提交质量检验部门进行复检，合格后方可返库，不合格则按《不合格品控制程序》进行处理。

库房接受退回物料应将退回的物料加上退回日期、数量等标识，与同型号物料放置在一起，但不得和其他批次混合，并且作为优先出库物料。对于已领未用、又是下月需要继续耗用的材料，为避免本月末交库，下月初又领用的繁琐手续，可以办理"假退料"手续，即填写本月退料单或红字填写领料单，同时填写下月领料单，物料不需要移动，也不需要提交质量检验部门进行复检，达到简化料领、退料手续的目的。值得一提的是，这一入一出的"假退料"单据应在账目上清晰地反映出来，否则就失去了保证正确计算当月产品成本的意义。

（2）余料管理

余料大多指不可分割的物料，经过下料工序后多余的部分，考虑到还有再加工利用的价值，应按规定退回库房仓储。余料管理直接关系到生产成本的核算，企业不进行余料管理就无法计算物料的利用率，也就无法减少物料的消耗。余料退库一般应在毛坯加工之后，由工艺人员、生产车间管理人员、检验人员确认其再加工利用的价值后，退回库房。仓储人员应标识清晰，按该规格物料的储存要求、定置管理要求纳入管理。生产车间再领料时，仓储人员应在满足加工件的情况下，依据余料的重量、体积、面积提供合适的物料，不应首先发放大块物料。

（3）废料的管理

毛坯在加工的过程会产生许多废料，诸如铝屑、铜屑、铁屑等，考虑到没有再加工的价值，不作为余料收回，但应纳入废料管理中。许多企业也考虑到回收处理，大多由生产车间自行回收处理，形成成本管理中的一个盲区。废料的合理性直接关系到工艺、生产以及原材料的合理性，例如使用 $\phi 12$、$\phi 15$、$\phi 18$ 的原材料加工 $\phi 10$ 的工件，所产生的废料是不同的。

综合管理生产废料，关系到企业正确计算投入产出比、正确核算生产成本两方面的问题。不合理的废料所暴露的问题很多，也会涉及企业的许多部门，首先是工艺文件是否要求采购合适的原材料、其次是采购人员是否采购到合适的原材料、继而是生产操作人员是否发生领料错误、是否有涉及人员的代料通知，加工过程是否存在浪费现象等。退库的废料可以同材质混放在一起，但应由实际的重量以及是何种工件所余废料等详细记录，便于企业进行产品的成本核算和降低生产成本。定期评估废料价值，及时处理，但应保留详细的明细账表。

5. 物料管理的监控

就企业生产流程而言，采购、生产部门都受控于企业的计划部门，采购物料的数量、各道工序间的半成品数量、成品数量以及备件数量，都由生产计划限制着。因此，计划部门每月应统计包括原材料、半成品、成品以及备件等方面所下达的生产计划,对各库房的物料进行数量上的监督和管理。各串行库房间的物料数量上的差异,应是生产车间在制品的数量,例如,某月元器件库房依据计划被生产车间领出某型号印制板物料 100 套,查库时下行半成品库尚未接受或部分接受该批印制板入库,说明该批印制板尚未装配完毕,或部分装配完毕入库。为正确核算生产成本,生产车间在制品数量的监控,也应纳入计划部门的监督管理中。

为保证计划监管的有效性,计划管理部门要做到"六核实",即核实计划、核实定额、核实储备量、核实库存、核实在途物料、核实尚未办理入库手续却已发放物料的数量;同时应深入科研、生产第一线,对采购物料的急缓程度、使用情况、市场货源等做到心中有数,并与库房仓储员保持密切配合,及时掌握库存物料的变化情况,将库存物料控制在储备定额内。传统的进货物料管理和采购管理由同一个职能部门负责,半成品管理由其生产车间负责,从表面上看,采购和生产拥有自己的库房,方便物料管理,存在着不利于产品成本核算的弊病,比如采购的超计划购进原材料,生产车间的超计划生产等,同时也不利于计划部门按一定的周期实施监管。

二、物料库存管理标准化的内容

随着现代化企业的生产制造过程的自动化、柔性化,经营环境的网络化、信息化,生产制造系统效率越来越高,越需要加强生产用物料的管理。据统计,在整个生产过程中仅有 5% 的时间用于库存、装卸、检测、包装、等待和运输,而库存、运输等费用占生产成本的 40% 左右,可见物料的库存管理是降低成本的重点。

"物料"是为了制造可销售产品而需要列入计划的一切不可缺少的物品的统称。包括原材料(金属有黑色、有色之分)、元器件、毛坯(有铸件、锻件之分)、在制品、半成品、成品、外购件、外协件、包装材料,甚至包括工装、劳保用品。物料库存管理的目的在于调节生产和销售的作用,防止延迟和缺货,使进货与销售全面平衡;减少超额存货投资,保持合理库存量,降低库存成本;减少呆料、废料的发生,降低损失成本。因此合理的库存管理是把物料库存量控制在适当标准之内,既不造成物料积压,浪费资源,又能满足客户需求。物料库存管理标准化是运用标准化的原理和方法,充分考虑最大限度地利用空间,最有效地利用劳动力和设备,最安全经济地搬运物料,最良好地保护和管理物料,实现减少在库质量损失,降低物料库存管理成本,提高经济效益的目的。

1. 物料信息内容的标准化

库存物料的分类标准、命名原则和标识方法必须在全企业实现统一,并在一定时期内保持相对的稳定。物料分类标准应根据企业的具体情况,从业务主题类型及产品特征出发逐级划分。如企业是以产品自制为主导还是以产品外购、外协装配为主导,企业的产品是多品种、宽系列还是单一品种、窄系列。以公司的汽车齿轮产品为例,物料的分类大致可划分为原材料(主要是各种钢材)、毛坯(铸、锻坯)、半成品、成品、废品、外购件(含标准件)、外协件、包装材料、辅助元器件和工装、劳保用品。这种分类标准是库区划分的依据,物料代码设置的前提。物料的命名原则是使用简明的词组描述一个物料的意义和用途。其一般结构是修饰词+基本词+类别词,如 6T53 变速器总成 21A;后桥螺旋主被动圆锥齿轮(7:38)。任一物料在整个企业的应用过程必须只有一个通用"法定"的标准名称,这不仅仅是为了适应ERP等应用系统的需要,也是组织信息交流的需要。但在实际的设计、制造和销售领域对同一物料的叫法存在差异,有的是为了保持与供应商和客户的一致性,因此有必要形成物料标准名称、俗称和简称等的对照汇编标准,以企业标准的形式予以发布,供应用现场使用。

物料的编码标准是根据物料的分类情况及命名标准,形成相应的代码进行标识,以有利于物料的计算机管理。代码属性必须是一物一码,是企业所有的物料应用领域中唯一的标识,在代码编制过程中应主要体现那些不可改变的属性,那些可能会改变的属性不能放在代码中,可在物料卡上其他信息中体现。如物料是外购、外协、自制属性;物料是进口还是国产这些属性都不应在代码中体现。

物料标识卡的制作是为了物料库存实现定置化管理和有效识别。物料标识卡的内容应根据ERP系统需要将主要、常用的属性进行设置,如产品代码、图号、规格型号、计量单位、库位(库号、库区、架号、层号、位置号)、存货属性(自制、外购、外协等)、各种库存量(最高库存、安全库存、最低库存等)、价格、质量状态及其他属性。另外标识卡的格式应全企业统一制定。通过形成物料分类标准、命名标准和编码标准三个汇总表,再加上一张物料标识卡,从而实现物料本身信息内容的标准化。

2. 库位划分的标准化

定义仓库和库位是企业定置管理的重要内容。在设置仓库时,要先定义仓库的类型,这应根据物料的分类标准进行。以公司为例,设置有钢材库(三个)、自制零部件库(两个)、外购件库、外协件库、成品库、包装库、工具装备库和五金电器库等。库位设置前,应先对整个仓库分区,在ERP系统中,库区设置主要以物理方位进行,如东、西、南、北,若要细分,可设置南1区、南2区……

库区的设置应考虑根据运输设备、方式定义通道宽度标准和布局;根据物料的形状尺寸、重量和性质来选择货架材质及结构定义货架的尺寸设计标准;根据产品性质、使用频率、大小和重量等划分来定义库区的分类数量和分区大小标准以及物料库区的标识方法(是采用标识卡、涂色还是立牌)。库位准确地讲就是仓库中物料存放的货架,在库区中按地点和功能进行划分,来存放不同类型或处于不同状态的物料,如物料质量检验前后应分开存放。库位的设置可方便仓库对物料的组织以及出入库时对物料的管理。

库位在按地点和功能划分的基础上还应考虑以下情况:大批量的选大储区,小批量选择小储区;笨重体大的货物储于坚固的货架及接近发货区,小而轻且易于处理货物储于远储区,或储于上层货架;相同和相似货物尽可能靠近储存;周转率低的货物储于远离进货、发货区及仓库较高区,周转率高的货物储于接近发货区及低储位;有特殊要求的物品应定位管理。如易燃易爆物品必须存于一定高度,并满足安全标准及防火条件的位置,重要物品须有专门的位置。

3. 库存管理作业内容标准化

(1) 库存管理流程化设置

物料库存是生产制造过程中重要的一环,是企业ERP系统的重要物料信息源。管理过程的标准化有利于保持物料在库存期间的质量,有利于物料信息在ERP系统中的通畅流通和获得,及时导向企业计划、制造和销售等过程。

（2）物料各种存量期量标准的设置

物料库存量必须保持在最高存量和最低存量之间。准确的物料库存量信息对生产、销售计划的制定与安排非常重要。MRP 系统所用到的物料存量信息主要有：现有库存量；计划收到量（正在进行中的采购订单或生产订单在未来某个时间内将要入库或将要完成的数量）；已分配量（指尚在库存中但已分配下去的数量）；提前期（指执行某任务由开始到完成时所消耗的时间）；已订购数量；安全库存量（理论值与实际值）等。制定期量标准要以生产能力和销售需求为依据，如物料清单与产品结构，要具体到所有零部件、元器件及结构关系；生产和销售计划，要具体到产品品种型号与数量。关键要理顺采购与车间需求的关系，两者脱节是期量标准设置不准确，造成库存大或物料短缺的根本原因，所以应将生产提交的需求计划与采购计划对接，并通过 ERP 系统进行一体化控制，有效地提高物料供应的准时性和准确性。

（3）库存物料质量控制标准的制定和收集

通过与供应商和用户的联系与沟通，在双方协议的基础上制定验收标准，通过对相关国家、行业现行有效标准的收集，形成产品质量与验收标准汇编手册，并随时跟踪，动态更新管理。

（4）各种制度、报表、单据的标准化

如合格供应商评价标准和级别确定及其清单；库存物料 ABC 分类与控制标准；产品抽样方案和检验规程标准；产品检验项目的规定，物料标识规定，相关印章管理等；入（出）库单、检验单、各类申请表、各种计划单，物料标识卡等表单的设置等，这样有利于企业物料信息传递，物料管理过程规范统一。

（5）盘点——物料账物卡的动态控制标准

在库存物料管理过程中，随着生产、销售和采购过程的不断变化，物料存量也在不断地增减。为了不造成超额库存和发生物料短缺，企业必须定期对库存物料进行盘点，随时对物料的账、物、卡进行核对，动态地向生产、销售和采购等相关部门发布物料存量信息（可以通过企业局域网发布），及时地对库存物料进行 5S 管理，减少呆、废料的发生。库存物料本身是静态的，但随着物料的入库、出库而呈动态，物料的质与量也随着时间推移而变化，因此库存管理过程也应是动态的，为了在动态的、持久的物料库存管理过程中保持前期和后期库存信息的一致性，对物料库存管理过程实施标准化很有必要。

第七节　库存管理标准化及其应用

一、库存管理标准化及其内涵

1. 库存管理的范畴

存货是为适应供给与需求之间的变动和不确定性而产生的。它一方面作为原材料的"蓄水池"保证了生产的延续和进行，另一方面又作为销售的"缓冲器"确保了销售变动时的货品供应，从而获取规模经济利益。高效率、标准化的库存管理也是物流服务型企业业务流程的一项重要环节。库存管理由一系列流程所组成，主要有：

（1）入库管理。这是库存管理的起始环节，具体的环节包括信息的输入、入库单和入库发票的填制、入库物品数量和质量的检查以及入库物品的堆码存放等。需要注意的是，物品的入库管理不是以简单的摆放完毕为目的，而是要从此环节开始，做好物品的信息收集和跟踪管理。

（2）出库管理。包括信息的输入、出库单和销售发票的开制、出库物品数量和质量的检验、货物的提取、清点提交等。与入库管理类似，物品的出库管理也不是以简单的出库行为为结束，而是要做好信息的及时反馈与跟踪，做到物流与信息流的协调一致。

（3）库存汇总。包括库存期间数量和质量的跟踪管理、期末的汇总报表等。这是期间库存管理的阶段性总结，也是库存物品清点的重要环节。阶段性的库存汇总是掌握库存总体变化的重要步骤。

（4）库存绩效评估。这是对库存管理结果和水平的阶段性总结、反馈。包括期间库存管理的效率、效果评估、库存管理人员素质和管理水平的评估、库存物品仓储状况的评估等。

2. 库存管理与标准化的关系

信息化的快速发展，提升了物流业的现代化水平，目前在推行物流系统标准化的过程中，正逐步实现运输集装箱化和全程托盘化。以第三方物流、供应商库存管理、大规模定制等为特征的新型物流体系正在加速建立，库存管理也借此具有了更高的要求和评价标准。而标准化的导入，则是库存管理达到信息化水平和规范化发展的必然。一套标准化的库存管理，不仅能够极大地提高物流效率，降低库存成本压力，还可以为生产和流通提供最大程度上的便利。越来越多的企业以标准化为手段，致力于提高库存管理水平和效率，使得物料在供应链中的流动更加快捷和有效。DELL公司的"零库存"管理模式，沃尔玛的信息化库存管理系统等都是标准化库存管理的典范。标准化是库存管理的核心，是现代企业管理的基石，企业正将标准化的库存管理作为其改进的目标和发展方向。

3. 库存管理标准化的内涵

库存管理标准化是指以实现最优化库存管理为目标，制定并实施一系列标准化的入库、出库、库存汇总、库存绩效评估等流程，研究库存管理各个分系统中的操作标准与其他物流环节的配合性，谋求与物流大系统标准的统一，以库存管理为节点，提高物流流程的整体效率。在ISO现有与物流相关的约2000条标准中，仓储类标准占93条。发达国家也十分重视库存管理的标准化，日本工业标准（JIS）体系中，与物流相关的标准约有400条，其中仓储类占38条；美国1200余条物流标准中，仓储类多达487条；英国的2500条物流标准中，仓储类占400条；德国的2480余条物流标准中，仓储类达500条。随着物流业在我国迅速发展，我国在物流标准化的推进方面也取得了一定的进展，发布了一系列国家标准，促进了我国物流业的健康协调发展。其中《物流术语》成为发展物流业的基础性标准，《数码仓库应用系统规范》成为仓储业务应用网络信息技术和自动化技术的标准，推动了库存管理标准化的发展。

二、库存管理标准化的作用

1. 库存管理标准化构筑了库存管理的信息化平台

在现代物流体系中，信息系统的建立至关重要。对库存管理来说，标准化的信息平台是库存管理规范化和效率提升的前提和基础。随着信息技术的发展,特别是标准化领域中电子数据交换(Electronic Data Interchange,EDI)系统、无线射频识别技术(Radio Frequency Identification,RFID)等的发展使计算机处理库存数据成为现实,并带来了库存管理的"无纸化"革命。

2. 库存管理标准化保证了库存管理的高效运作

标准化作为一种手段的实施,其目的就是保证流程的规范化和高效率,消除供应链系统中的"牛鞭效应(Bullwhip Effect)"。没有标准化作为支撑的库存管理体系,往往带来管理的混乱和低效,延滞物流系统的运作,影响企业的盈利。当前很多中小企业对库存管理标准化工作重视不够,一方面没有信息化的平台处理系统,另一方面在库存管理规范方面随意性很强,因此库存管理往往错误百出,损失巨大。

3. 库存管理标准化有助于物流流程的无缝连接

库存管理作为采购与生产、制造与销售之间的重要结点,在整个物流系统中具有承上启下的关键作用。一套标准化的库存管理流程,特别是在企业整个物流系统中具有标准兼容性的标准化库存管理流程,能大大增强库存管理的科学性和操作性,有助于物流体系中各个流程之间的衔接。

4. 库存管理标准化增强了企业间数据交换的便利程度

由于库存管理不仅关系到企业的内部管理和生产问题,还涉及了企业的对外采购、销售等经济行为,这就不可避免地带来了结算和清点库存物品的标准问题。相关企业间完全可以建立基于相同平台的标准化库存管理体系,这就在很大程度上增强了企业间数据交换的便利程度,有利于库存管理数据的核查与交换。

三、库存管理标准化的应用

1. 使用标准化识别系统进行出入库管理,实现出入库管理标准化

出入库管理是库存管理中最容易出现失误的程序。如果使用标准化的识别系统进行出入库的管理,能够显著提高出入库管理的精确性。条形码技术是进行出入库管理标准化的有效手段。随着物流的迅速发展,仓库已不再是一个静止的概念,而是包含了原料、商品快速出入的流动的概念。在此基础上,需要一个高效的技术进行出入库管理。条码技术以其便捷性和信息化的特点适合作为标准化的手段对出入库进行管理。随着无限射频识别技术(RFID)的不断成熟,包含了更全面信息的条码技术将会在更大程度上便利出入库的管理。

以韩国浦项(POSCO)制铁为例,其出口到中国的每卷卷板上都有清晰的条码标识和产品数据,甚至检验员的个人资料。入库员通过手持扫码器扫描条码,就能够采集到每卷卷板的详细信息。扫码器能够自动记录所查验数据,并能够与管理人员的计算机数据进行互联,从而实现电子记录,降低出错率。相比之下,当前很多企业尚处于手工记录阶段,需要手工抄写,再录入电脑,既降低了入库的效率,又容易发生差错。

2. 使用标准化存储系统进行货物存放,实现堆码摆放标准化

对于一个企业内部来说,建立一个标准化的存储系统是十分必要的。以往的货品存储都是依靠管理人员的记忆,然而这种方法易错且效率低下。完全自动化仓库需要由计算机控制的自动存取系统(AS/RS)进行管理,通过企业内部的标准化的"暗示性储位标号",在很短时间便能找到库存仓储的每一个节点。

例如某企业设定的标签号 103－15－723：其中"10－BLDG"指储存区域；3－FLOOR"指厂房楼层；"15－STACK,列"指较长列,又称"CrossRow"；"72－ROW,架"指较短列,即以货架区分,又称"MainRow"；"3－LEVEL"指每一货架由下向上数的层数。

3. 依靠电子信息系统进行库存优化管理,实现管理系统标准化

仓库的无纸化管理是当今库存管理的趋势。依靠完善的电子信息系统,对原料、商品等出入库信息进行管理,能够避免第二手资料的输入延迟,及时更新库存数据,使得仓库处理速度加快,尤其对第三方仓库的管理具有十分重要的意义。其中最为有效的就是电子数据交换系统(EDI)及预先计划和安排(Advanced Planning and Scheduling,APS)技术。EDI 标准为计算机阅读、理解、处理商业单证提供了所需的计算机结构。但与目前缺少 RFID 的相关国际标准类似,制约 EDI 发展的最大因素就是缺少唯一的 EDI 标准或语言格式。APS 技术不仅仅是关于库存记录和控制的软件系统,而是包括了长期的战略规划和市场需求预测,包括了供应链网络设计的综合平台。这一技术考虑了一个优化的能够充分使用材料和设备能力的计划,帮助企业实现最小化库存成本和最大化整个设备使用程度。

以戴尔(DELL)公司为例,其通过网络、电话、传真等组成了一个高效信息网络,当订单产生时即可传至 DELL 信息中心,由信息中心将订单分解为子任务,并通过 Internet 和企业间信息网分派给各区域中心,各区域中心按 DELL 电子订单进行组装,并按时间表在约定的时间内准时供货(通常不超过 48 小时),从而使订货、制造、供应"一站式"完成,有效地防止了"牛鞭效应"的产生,并为众多企业树立了定制生产、追求零库存的榜样。

4. 进行有效的供应商管理,实现库存绩效评估标准化

在拓展库存管理手段方面,供应商管理库存办法(Vendor Managed nventory,VMI)正日益得到广泛应用。VMI 运用供应链集成化思想,取消了各自为政的内部库存,按库存管理者自己的需求减少现有库存。惠而浦公司的全球物流副总裁鲍罗·底特曼在一次国际物流会议上提出"将库存推向供应链上游"乃是大势所趋,他认为可以通过 VMI 的方式把库存交给供应商管理,库存管理职能转由供应商负责。特别是对很多大型制造企业来说,原材料的采购和管理可以普遍采用外包的方式,目的是减少库存和流动资金压力,这就对供应商提出了很高的要求,二者形成了相互制约的关系。一方面原料供应商获得了比较稳定的业务来源,另一方面这些大型企业能够根据自己的生产进度情况随时调整原料需求计划,做到及时生产。

在绩效评估标准化方面,标杆管理(Benchmarking)无疑具有很大的指导意义。这一术语是由施乐公司创造的。意指企业将自己的产品、服务和经营管理方式同行业内或其他行业的领袖企业进行比较和衡量,并在此基础上进行一种持续不断的学习过程,从而提高自身产品质量和经营管理水平,增强企业竞争力。常见的库存绩效评估标准指标主要包括:财务指标,用以衡量库存对收益和损失的反映和相对于预算的绩效情况;运作指标,衡量库存周转率、服务水平、库存准确率、仓库有效面积利用率;营销指标,衡量库存可用性、缺货、订单丢失和备份订单、服务和维修费用等。

第八节 构建存货标准化管理体系

存货是企业重要的财产物资,加强各类存货合理储存、供应是企业安全、经济运行不可或缺的保障。适时开展存货管理标准建设是企业贯彻国网公司"集团化运作、集约化发展、精细化管理、标准化建设"经营思路,着力提高财务基础管理水平的重要举措。

企业在实施存货管理标准化过程中,应结合实际,着重解决好以下问题:一是改善存货管理现状,研究各存货管理环节,采取有效措施防范风险,提高存货管理水平;二是加强内部控制制度建设,不断规范会计行为、经济行为,用制度风险规避职业判断风险,消除存货管理随个人经验、责任心不同而波动;三是利用现代化手段提升管理效率,夯实存货管理与核算的信息基础;四是适应会计环境变化对存货管理标准化的影响。

企业存货管理标准化工作,从存货业务活动源头开始梳理,以过程控制为核心,将防范控制风险、提高效率作为重点,通过标准化体系的建立和实施,完成财产风险点的可控、在控,加速实物、价值流转,降低运营成本,促进工作观念转变。

一、存货标准化管理体系

建立流程规范、控制点明确、操作性强的存货标准化管理体系。规范存货管理流程和核算流程,优化存货实物流转与价值流转程序。存货实物流转程序控制主要涉及采购、验收、存储、发货等环节的工作流程设计、职能划分、控制点设置、信息传递及授权要求;存货价值流转记录程序控制是建立从采购到投入使用、废旧物资回收全过程记录。针对存货每一业务流转环节,采取与相关职能部门访谈、直接到现场了解情况、咨询有关专家等方式,将原有流程中不必要、重复的环节去掉,增加重要控制环节,从整个存货业务流程考虑优化,加速实物、价值流转,提高工作效率,降低管理风险。理顺流程后,再利用流程目录、图表及说明对所有业务进行直观描述,规范业务流程描述,使用统一版本的软件和标准模具,以图形的方式对业务操作进行直观描述。

确定存货管理、核算关键控制点。研究确定存货管理、核算过程中存在的风险点,分析原因、可能产生的后果及严重程度等,综合这些信息建立存货管理、核算风险数据库,并依据重要性和可行性确定关键控制点,以流程图为主线,建立关键控制点文档,规范与关键控制点相关的控制措施、证据,在各个流程说明之后附相应风险点控制证据。做到责任明确、有据可循,体现了"凡事有人负责、凡事有章可循、凡事有人监督、凡事有据可查"的管理理念。

建立健全存货管理制度,使存货管理控制有法可依。首先,制度体现不相容职务分离原则。建立存货业务岗位责任制,明确相关部门、岗位职责、权限,确保办理存货业务不相容岗位相互分离、制约、监督。其次,体现授权审批控制手段。对存货业务建立严格授权批准制度,明确审批人员对存货业务授权批准方式、权限、程序、责任和相关控制措施,规定经办人员职责范围、工作要求,审批人员根据授权批准制度规定,在授权范围内审批,不得超越审批权限。经办人员在职责范围内按照审批人员批准意见办理存货业务。最后,存货管理各环节建立相关工作程序、方法,使存货管理依制度开展工作和实施管理。

二、存货管理基础信息库

建立存货管理基础信息库,实现财务核算、存货采购和仓储信息共享。建立的存货管理信息平台,即通过ERP系统将存货实物流转过程同价值流转过程连结到一起,形成一个存货实物管理与财务部门价值管理并行的"双轨"模式,实现实时入账、账实相符,"物资流、资金流、信息流"三流合一,让各业务流程动态信息达到共享,减轻工作量,避免人为经营管理差错,增强管理的科学性。具体做法如下:理顺物资采购与供应商管理。在ERP系统中,实现采购计划、合同与供应商信息连接,对供应商资信等级、经营和财务状况、服务质量等有关信息进行全面调查,建立信息档案数据库。按照采购需求和比价、询价、招投标程序,使采购过程更加规范、有序,原材料价格更加透明、准确,提高采购有效性,加强成本管理,解决原来物资采购管理过程中存在的管理不集中、信息不集成、库存资源不共享、局部利益与整体利益矛盾等问题。

加强仓储管理。ERP系统可用来控制存储物资数量,实时显示采购渠道、入库、领用、库存、资金占用等信息,实现信息在线共享和动态监测,保证物资流稳定和正常生产。库存管理与财务软件自动接口,细化库存物资管理,降低库存资金积压,减少流动资金占用。库存管理一体化解决了原先库存管理数据不准、账物不符、物料短缺与积压并存等混乱现象,实现了金额账与数量账同步变化,改变了以往业务部门数量账与财务部门金额账由于单据传递时间差而造成的差异情况。

实现资源管理与实时分析并行。ERP系统把公司内部生产活动以及供应商制造资源整合在一起,形成完整的供应链,并对供应链上的所有环节进行有效管理,对风险点进行有效控制。通过在线分析处理,可将设计、生产、运输等集成起来,并行处理各相关作业。该系统实现了财务核算的三个转变:由事后被动反映向实时监督控制转变,由事务性处理向管理型转变,由封闭核算向开放核算转变。从而,提升了财务管理核心地位和企业综合管理水平。

三、存货管理模式

建立最佳经济批量模型,优化存货管理模式。针对企业存货业务情况,设计了两个最优经济批量模型,即连续需求量最优经济补货批量和离散时间动态补货批量。以连续需求量最优经济补货批量模型为例,其适用于日常维修维护使用耗材以及项目工程使用耗材等、需求根据人工确定使用标准值的各类物资,因而这种物资的耗用可以看做是单位时间确定的,其库存物资消耗呈现连续性特征。具体模型的使用,这里不再赘述。

存货管理标准化体系的建立与实施,完善了企业相关的管理制度,实现了对存货管理风险的控制,使公司各项存货管理环节都处于受控状态,实现了公司资源高效配置。通过标准化流程规范存货管理行为,有效推动了内控制度建设,为"SG186"信息工程顺利实施奠定了基础,提高了资产经营效率和效益,树立起了科学的理财观,推进了公司财务管理标准化建设进程。存货管理贯穿企业生产经营的全过程,业务流、资金流、信息流要做到有效衔接,必须有清晰的工作程序和工作流程。企业凭借省公司标准化建设契机,通过建立和实施存货管理标准化体系,为企业注入了生机与活力,帮助企业树立起科学理财观,为财务管理水平跨越式、创新式发展夯实了基础。

案　例

摩托罗拉(中国)电子有限公司的库存管理

作为加工制造型企业的突出代表,以摩托罗拉(中国)电子有限公司的库存标准化管理为例,对于我国目前众多的加工制造型和生产型的企业无疑具有很好的借鉴意义。

在库存信息平台方面,摩托罗拉(中国)电子有限公司于 1999 年启动了企业资源计划(EnterpriseResource Planning, ERP)项目建设。这一项目包含了原材料采购、材料管理、计划管理(包括销售计划、制造计划、生产调度等)、销售管理、质量管理以及生产系统等各个方面的应用模块,并与摩托罗拉全球产品数据管理、产品研发、工程管理和仓储管理(包括VMI)等相关系统进行了连接,使得全球任何一个国家或地区的订单信息进入系统后,都可以了解原材料配额情况、库存状况、当前生产的能力等各种资源状况,使计划部门可以迅速制定给客户一个交货计划,并根据客户订单的要求进行相应的原材料采购,制定相应的生产计划并配备生产线和人员。由于全球系统平台的统一,使得全球范围内的工厂可以相互协调彼此间的生产和制造情况。

在库存管理操作方面,摩托罗拉手机工厂的仓库由几个部分组成:一是原料库,设在天津港保税区,采用了较为先进的供应商 HUB 管理模式。由于全球供应商都与 HUB 相联网,供应商可以根据与摩托罗拉的计划共享系统(Schedule aring system)来管理库存(VMI),库存状况非常透明而直接。二是成品库,由物流服务商管理。现在,摩托罗拉的生产量已经是过去的 4 倍,但库存只有过去的 1/3,大约 30 多家大的零部件供应商在天津工厂的周边地区设有工厂或仓库,摩托罗拉每天将原料、零部件需求计划提供给这些供应商,供应商每天实行 4 次送货,真正地实现了 JIT(Just—In—Time)生产。

在物流服务提供商评估和考核方面,由于 IT 电子产品价值高,在运输过程中,往往这些产品的服务费用不包含保险费,因此,对摩托罗拉来说,选择稳定和可靠的物流服务商非常重要。为此,摩托罗拉成立了一个全球性物流资源公司,对获得为其提供物流服务资格的企业进行严格的月度作业考评。主要考核内容包括:运输周期、信息反馈、单证资料准确率、财务结算、货物安全、客户投诉等,考核标准是按照各项的完成率加权,以百分制评定。摩托罗拉根据这些考核结果确定其服务质量,并与之订立合同以及分配业务量挂钩,如果分数值在98 分以上,属于优秀服务商,则可以增加其业务量;如果分数值在 94 分到 98 分之间,属于合格服务商,则要求其作进一步的改进;如果分数值在 93 分以下,会与其自动解除合同。

标准化的库存流程体系不仅体现在摩托罗拉的管理信息平台和操作中,也体现在与库存管理相联系的其他业务流程上。例如,摩托罗拉为了保证生产线原料及时供应,保证生产线的稳定运转,在产品通关报检环节也力求做到单证标准、齐全、准确、专业,从而缩短因单证问题所造成的清关延误。2003 年 7 月,摩托罗拉的电子账册与海关正式联网,将自己的原材料与成品进出口业务对海关透明,这一方面有助于海关对企业实行监管,从根本上在海关树立诚信度。同时,它还提高了保税工厂的保税核销工作效率,过去需要 2 个月完成的工作现在仅需 24 小时即可完成。各项工作的标准化流程使摩托罗拉自海关实行分级制度以来,在海关的诚信级别中一直处于最高级(AA级),摩托罗良好的信用级别和标准化的流程在最大程度上保证了生产的正常运转。

总之,库存管理已经成为了物流系统的重要环节,建立标准化的库存管理体系,无论对于整个物流体系的高效运作,还是对企业整体经营效率的提升,都具有重要意义。在中国制造产业不断发展、产业集群初现、物流配送网络逐渐形成的形势下,建立标准化的库存管理体系,既具有前瞻性,又具有急迫性。

本 章 小 结

在现代经济社会中,由于消费的多样化、个性化要求越来越普遍,使得生产和物流活动也愈加复杂化。经济活动和人们生活中的不均衡和不同步现象普遍存在,致使许多产品都需要经过一定时间的仓储和储存,才能进入消费领域,因此,仓储作为克服产品生产和消费在时间上间隔的一种措施不可缺少。在仓储业务中有一系列的规范。仓库管理是仓库功能得以充分发挥的保障。仓库管理的目标是:库容利用好、货物周转快、保管质量高、安全有保障。

储存合理化的含义是用最经济的办法实现储存的功能。储存的功能是对需要的满足,实现被储物的"时间价值"。一般来说,企业在销售阶段,为了能及时满足顾客的要求,避免发生缺货或延期交货现象,需要有一定的成品库存。库存管理是指在物流过程中对商品数量的管理。库存多,占用资金多,利息负担加重。但是如果过分降低库存,则会出现断档。所以要在库存管理中协调二者,权衡利弊,达到利润最大化。仓储的标准化已经成为了仓储管理的发展趋势。

思 考 题

1. 如何理解仓储的概念?
2. 仓储保管在物流中的作用有哪些?
3. 仓储的分类有哪些?
4. 仓储合理化的具体措施有哪些?
5. 仓储管理的原则有哪些?
6. 简述库存的概念。
7. 如何理解库存管理标准化及其应用?

第六章　配送与流通标准化

【本章导读】

本章首先介绍了配送概念、特点、作用及配送的意义,在此基础上介绍了配送中心的概念、功能、类型、作业流程及配送中心的建设和规划,配送合理化等。其次介绍了流通加工的概念、作用、类型及流通加工的合理化,对流通企业物流配送的模式进行比较分析,介绍了物流配送标准化管理的实践。

【本章重点】

1.配送的概念;2.配送的类型;3.配送中心的概念;4.配送中心的类型;5.流通加工的概念。

【学习目标】

通过本章的学习,了解配送的概念及其功能、特点,了解物流配送的过程,了解一些先进物流配送的理念。

【关键概念】

物流配送　配送中心　流通加工

第一节　配送概述

为了满足不同消费者对商品的需求,物流企业需要对运输资源及路线进行合理规划,已达到最大程度满足客户需求。

一、配送的概念及特点

配送是指在经济合理区域范围内,根据客户要求,对物品进行拣选、加工、包装、分割、组配等作业,并按时送达指定地点的物流活动。配送是物流中一种特殊的、综合的活动形式,是商流与物流紧密结合,包含了商流活动和物流活动,也包含了物流中若干功能要素的一种形式。

配送的特点如下:

(1)配送是从物流据点至用户的一种特殊送货形式。在整个输送过程中是处于"二次输送"、"支线输送"、"终端输送"的位置,配送是"中转"型送货,其起止点是物流据点至用户。通常是短距离少量货物的移动。

(2)从事送货的是专职流通企业(配送),用户(企业)需要什么配送什么,而不是生产企业(送货)生产什么送什么。

(3)配送不是单纯的运输或输送,而是运输与其他活动共同构成的组合体。配送要组织物资订货、签约、进货、分拣、包装、配装等及时对物资分配、供应处理。

（4）配送是以供给者送货到户式的服务性供应。从服务方式来讲，是一种"门到门"的服务，可以将货物从物流据点一直送到用户的仓库、营业所、车间乃至生产线的起点或个体消费者手中。

（5）配送是在全面配货基础上，完全按用户要求，包括种类、品种搭配、数量、时间等方面的要求所进行的运送。因此，除了各种"运"与"送"的活动外，还要从事大量分货、配货、配装等工作，是"配"和"送"的有机结合形式。

二、现代配送的作用

配送主要涉及从供应链的制造商到终端客户的运输和储存活动。运输的功能在于完成产品空间上的物理转移，克服制造商与客户之间的空间距离，从而产生空间效用；而储存的功能就是将产品保存起来，客户产品供应与需求在时间上的差距，创造时间效用。所以配送创造了时间效用和空间效用。

（1）推行配送有利于物流运动实现合理化。

（2）完善了运输和整个物流系统。

（3）提高了末端物流的效益。

（4）通过集中库存使企业实现低库存或零库存。

（5）简化事务，方便用户。

（6）提高供应保证程度。

（7）配送为电子商务的发展提供了基础和支持。

三、配送的类型

配送的分类通常有下列四种分类方法：

1. 按配送时间和数量分类

（1）定时配送。根据规定的时间进行配送，如一天或几天一次、几小时一次等。每次配送的品种及数量，都是按事前拟定的计划进行。

（2）定量配送。按规定的数量进行配送，但不严格规定时间，只限定一个期限范围，在这个期限内按批量进行配送。

（3）定时定量配送。按规定的时间和规定的数量进行配送，即发挥上述定时与定量配送方式两种优势，综合采用。

（4）定时定线配送。在确定的运送路线上，指定运送时间表。配送中心按运送时间表进行配送；用户则按到达时间表，在规定路线（站）等待接货。这种方式要求计划性很强。

（5）随时配送。不预先规定配送数量、时间、路线，而是完全按用户的临时要求，临时组织配送。这种配送方式时间快、质量高、灵活性大，很受客户欢迎。

（6）快递配送。这是一种向社会广泛提供服务的配送方式。配送的对象主要是小件物品，而且以快速、便利为特色，如日本的"宅急便"，美国的"联邦快递"等。

2. 按配送组织者分类

（1）工厂配送。一般是大批量的商品，由工厂直接运送给商业批发部门或大用户。也有小型加工厂在某城市一定范围内，每日给各零售商店送货。

（2）批发站配送。即各商业批发站，给零售商店配送。根据合同订货，或临时要货，由批发站拣选、备货、送货。

（3）商店配送。零售商根据用户或消费者的要求，将商品备齐，按时送给用户或消费者。

（4）配送中心（或物流企业）配送。这是配送的主要形式，也可以说是物流服务型的综合体。配送中心专业性强，储存量大，商品比较齐全，一般都和用户建立了固定的配送关系，实行计划配送，配送对象包括工业、商业、大的个体用户等。

3. 按配送货物品种、数量分类

（1）单品种大批量配送。用户单个品种或少数品种一次要货量就可达到整车运输，不需要再与其他货物搭配，由工厂、批发站或配送中心组织配送。

（2）多品种小批量配送。将各用户所需数量不大的各种货物，选好备齐，凑装整车，然后配送运输到一个或几个用户。

（3）配套或成套配送。是按企业生产需要，将生产每一台产品所需要的零部件，配齐成套，按指定时间送到指定地点，企业即可随时将这些成套部件组装。

4. 按配送经营模式分

（1）企业自营型配送模式。即企业通过独立组建配送中心，实现内部各部门、厂、店的货物供应。它在满足企业内部生产材料供应、产品外销、零售场、连锁门店供货和区域外市场拓展等自身需求方面发挥了重要作用。较典型的就是连锁企业的配送。

（2）单项服务外包型配送模式。主要是由具有一定规模的物流设施设备（库存、站台、车辆等）及专业经验、技能的批发、储运或其他物流业务经营企业，利用自身业务优势，承担其他生产性企业在该区域内市场开拓或产品营销而开展的纯服务性的配送。

（3）社会化的中介型配送模式。即通过与上家（生产、加工企业）建立广泛的代理或买断关系，与下家（零售店铺）形成较稳定的契约关系，从而将生产、加工企业的商品或信息进行统一组合、处理后，按客户订单的要求，配送到店铺。

（4）协同配送模式。即由多个企业联合组织实施的配送活动。企业间为了实现整体的配送合理化，以互惠互利为原则，建立互相提供便利的配送服务协议关系。

四、配送的组织

配送实际上是一个货物集散过程。从总体上讲，配送是由备货、理货、送货三个基本步骤组成。其中每个步骤又包含若干个具体的、枝节性的环节，如集货、分拣、配货、配装、送货等。这些都是配送的一般环节，并不是所有的配送都必须按这样的环节进行，如燃料油配送就不存在分拣、配货环节。

1. 备货

备货指准备货物的系列活动，它是配送的基础环节。严格来说，备货应当包括两项具体活动：筹集货物和存储货物。在不同的经济体制下，筹集货物（或称组织货源）是由不同的行为主体去完成的。若生产企业直接进行配送，筹集货物的工作自然是由企业自己去组织的；而在专业化流通体制下，组织货源和筹集货物的工作则会出现两种情况：其一，由提供配送服务的配送企业直接承担。一般是通过向生产企业订货来完成此项工作。其二，选择商流、物流分开的模式进行配送。订货等筹集货物的工作通常是由货主自己去做,配送组织只负责进货和集货等工作,货物所有权属于货主(配送服务的需求者)。然而,就总体活动而言,筹集货物都是由订货、进货、集货及相关的验货、结算等一系列活动组成的。

存储货物是订货、进货活动的延续。在配送活动中,货物存储有两种表现形态:一种是暂停形态;另一种是储备形态。暂停形态的存储是指按照分拣、配货工序要求,在理货场地储存少量货物。这种形态的货物存储是为了适应日配、即时配送的需要而设置的,其数量多少对下一个环节的工作方便与否会产生很大影响,但不会影响储存活动的总体效益。储备形态的存储是按照一定时期配送活动要求和根据货源的到货情况有计划地确定的,它是使配送持续运作的资源保证。用于支持配送的货物储备有两种具体形态,即周转储备和保险储备。然而不管是哪一种形态的储备,相对来说,数量都比较多。因此,货物储备合理与否,会直接影响配送的整体效益。

2. 理货

理货是配送的一项重要内容,也是配送区别于一般送货的重要标志。理货包括货物分拣、配货和包装等项经济活动。

分拣是将物品按品种、出入库先后顺序进行分门别类堆放的作业。分拣货物需要采用适当的方式和手段。分拣一般采取两种方式来操作:一种是摘果式,一种是播种式。所谓的摘果式分拣,就好像在果园中摘果子那样去拣选货物。具体做法是:作业人员拉着集货箱(或称分拣箱)在排列整齐的仓库货架间巡回走动,按照订单处理后的分拣单上所列的品种、规格、数量等信息,将客户所需的货物拣出并装入集货箱内。在一般情况下,每次拣选只为一个客户配装。目前不少配送中心,由于推广和应用了自动化分拣技术,并装配了自动化分拣设施等,大大提高了分拣作业的劳动效率。播种式分拣货物形似于田野中的播种操作。其做法是:将一批客户的订单汇总,以同品种商品为配货单位形成若干拣货单,分拣时,先持拣货单从储存仓位上集中取出某商品,然后搬运到理货场,将商品按客户各自需求量分放到对应货位,暂储待运。再按同样的方法去拣取其他商品,直至全部订单配货完毕。

为了完好无损地运送货物和便于识别配备好的货物,有些经过分拣、配备好的货物还需要重新包装,并且要在包装物上贴上标签,记载货物的品种、数量、收货人的姓名、地址及运抵时间等。

3. 送货

送货是配送活动的核心,也是备货和理货工序的延伸。在物流活动中,送货实际上就是货物的运输。

因此,常常以运输代表送货。但是,组成配送活动的运输与通常所讲的干线运输是有很大区别的。由于配送中的送货需面对众多的客户,并且要多方向运动,因此,在送货过程中,常常进行三种选择:运输方式、运输路线和运输工具。按照配送合理化的要求,必须在全面计划的基础上,制定科学的、距离较短的货运路线,选择经济、迅速、安全的运输方式和选用适宜的运输工具。通常,配送中的送货都把汽车作为主要的运输工具。

在配送过程中,根据用户要求或配送对象的特点,有时需要在未配货之前先对货物进行加工(如钢材剪切、木材截锯等),以求提高配送质量,更好地满足用户需要。融合在配送中的货物加工是流通加工的一种特殊形式,其主要目的是使配送的货物完全适合用户的需要和提高资源的利用率。

五、物流配送的意义

1. 完善了输送及整个物流系统

第二次世界大战之后,由于大吨位、高效率运输力量的出现,使干线运输无论在铁路、海运抑或公路方面都达到了较高水平,长距离、大批量的运输实现了低成本化。但是,在所有的干线运输之后,往往都要辅以支线或小搬运,这种支线转运或小搬运,这种支线运输及小搬运成了物流过程的一个薄弱环节。这个环节有和干线运输不同的许多特点,如要求灵活性、适应性、服务性,致使运力往往利用不合理、成本过高等问题难以解决。采用配送方式,从范围来讲将支线运输及小搬运统一起来,加上上述的各种优点使输送过程得以优化和完善。

2. 提高了末端物流的效益

采用配送方式,通过增大经济批量来达到经济地进货,又通过将各种商品用户集中一起进行一次发货,代替分别向不同用户小批量发货来达到经济地发货使末端物流经济效益提高。

3. 通过集中库存使企业实低库存或零库存

实现了高水平的配送之后,尤其是采取准时配送方式之后,生产企业可以完全依靠配送中心的准时配送而不需保持自己的库存。或者,生产企业只需保持少量保险储备而不必留有经常储备,这就可以实现生产企业多年追求的"零库存",将企业从库存的包袱中解脱出来,同时解放出大量储备资金,从而改善企业的财务状况。实行集中库存,集中库存的总量远低于不实行集中库存时各企业分散库存之总量。同时增加了调节能力,也提高了社会经济效益。此外,采用集中库存是可利用规模经济的优势,使单位存货成本下降。

4. "简化事务,方间用户"

采用配送方式,用户只需向一处订购,或和一个进货单位联系就可订购到以往需去许多地方才能订到的货物,只需组织对一个配送单位的接货便可代替现有的高频率接货,因而大大减轻了用户工作量和负担,也节省了事务开支。

5. 提高供应保证程度

用生产企业自己保持库存,维持生产,供应保证程度很难提高(受到库存费用的制约),采取配送方式,配送中心可以比任何单位企业的储备量更大,因而对每个企业而言,中断供应、影响生产的风险便相对缩小,使用户免去短缺之忧。

第二节　配送计划的组织与实施

配送首先要做配送计划,因为配送往往涉及多个品种、多个用户、多车辆、各种车的载重量不同等多种因素,所以需要认真制定配送计划,实现科学组织,合理调配资源,达到既满足用户要求又总费用最省、车辆充分利用、效益最好的目的。

一、配送计划的制定

配送计划一般包括配送主计划、每日配送计划和特殊配送计划。

配送主计划,是指针对未来一定时期内,对已知客户需求进行前期的配送规划,便于对车辆、人员、支出等作统筹安排,以满足客户的需求。例如,为迎接家电行业 3～7 月份空调销售旺季的到来,某公司于年初制定空调配送主计划,根据各个零售店往年销售情况加上相应系数预测配送需求量,提前安排车辆、人员等,制定配送主计划,全面保障销售任务完成。

每日配送计划,是针对上述配送主计划,逐日进行实际配送作业的调度计划。

特殊配送计划,是指针对突发事件或者不在主计划规划范围内的配送业务,或者不影响正常性每日配送业务所作的计划。

1. 配送计划制定的步骤

一个高效的配送计划是在分析外部需求和内部条件的基础上按一定的步骤制定出来的。

第一步,确定配送计划的目的。

物流业务的经营运作是以满足客户需求为导向的,并且需要与企业自身拥有的资源、运作能力相匹配。但往往由于企业受到自身能力和资源的限制,对满足客户需求的多变性、复杂性有一定难度。这需要企业在制定配送计划时必须考虑制定配送计划的目的。例如,配送业务是为了满足短期实效性要求,还是长期稳定性要求;配送业务是服务于临时性特定顾客还是服务于长期固定客户。配送目的不同,具体的计划安排就不同。

第二步,搜集相关数据资料。

不了解客户的需求,就无法满足客户需求,因此搜集整理服务对象的相关数据资料是提高配送服务水平的关键。就长期固定客户而言,对该货物近年来的需求量以及淡季和旺季的需求量变化等相关统计数据是制定配送计划时必不可少的第一手数据资料。另外,了解当年销售计划、生产计划、流通渠道的规模以及变化情况、配送中心的数量、规模、运输费用、仓储费用、管理费用也是十分必要的。

第三步,整理配送的七要素。

配送七要素是指货物、客户、车辆、人员、路线、地点、时间七项内容,也称作配送的功能要素。在制定配送计划时要对这些要素进行综合分析。

第四步,制定初步配送计划。

在完成以上三个步骤后,结合自身能力以及客户需求,便可初步确定配送计划。其中包括:配送路线的确定原则、每日最大配送量、配送业务的起止时间、使用车辆的种类等,并且可以有针对性地解决客户的现存的问题。

第五步,与客户协调沟通。

给客户制定配送计划的主要目的就是要让客户了解在充分利用有限资源的前提下,给客户所能得到的服务水平。因此,在制定了初步的配送计划之后,一定要与客户进行沟通,请客户充分参与意见,共同完善配送计划。并且应该让客户了解其现有的各项作业环节在未来操作时可能出现的各种变化情况,以免客户的预期与具体操作产生重大落差。在具体业务的操作上,要取得良好的配送服务质量,是需要客户与配送公司密切配合的,并不是单纯某一方的责任。

第六步,确定配送计划。

经过与客户基础协调沟通之后,初步配送计划经过反复修改最终确定。已经确定的配送计划应该成为配送合同中的重要组成部分,并且应该让执行此配送计划的上方或者多方人员全面了解,确保具体配送业务的顺利操作,确保配送服务质量。

2. 配送计划的内容

一个较完整的配送计划主要包括以下内容。

分配地点、数量与配送任务;确定车辆数量;确定车队构成以及车辆组合;控制车辆最长行驶里程;车辆容积、载重限制;路网机构的选择;时间范围的确定;与客户作业层面的衔接;达到最佳化目标。

二、配送作业与车辆配装

配送作业是配送中心运作的核心内容,它由一个完整的作业流程组成,这将在下一节介绍,下面介绍配货作业与车辆配装。

1. 配货作业方法

(1) 摘取方式

摘取方式又叫拣选方式,是在配送中心分别为每个用户拣选其所需货物,此方法的特点是配送中心的每种货物的位置是固定的,对于货物类型多、数量少的情况,这种配货方式便于管理和实现现代化。

在进行拣选配送时,以出货单为准,每位拣货员按照品类顺序或诸位顺序,到每种品类的诸位下层的拣货区拣取该出货单内、该品类的数量,码放在托盘上。再继续拣取下一个品类,一直到该出货单结束后,将拣好的货品与出货单放于待运区制定的位置后,由出货验放人员接手。

其优点是:以出货单为单位,一人负责一单,出错的几率较少,而且易于追查。有些配送中心以摘取式进行配货,甚至省略了出货验放的工作,而由拣货员兼任出货验放的工作。

(2) 播种方式

播种方式又叫分货方式,是将需配送的同一种货物,从配送中心集中搬运到发货场地,然后再根据各用户对该种货物的需求量进行二次分配,就像播种一样。这种方式适用货物易于集中移动且对同一种货物需求量较大的情况。

此方法的不足是需要相当的空间为待验区,对于仓储空间有限的业者而言,有相当的困难。而且出货时间必需有一定的间隔,不能像摘取式配货那样可以逐单、连续出货。

2. 车辆的配装

配送车辆配装技术要解决的主要问题就是在充分保证货物质量和数量完好的前提下,尽可能提高车辆在容积和载货两方面的装载量,以提高车辆利用率,节省运力,降低配送费用。

具体车辆配装要根据需配送货物的具体情况以及车辆情况,主要是依靠经验或简单的计算来选择最优的装车方案。凭经验配装时,应遵循以下原则:

(1) 为了减少或避免差错,尽量把外观相近、容易混淆的货物分开装载;

(2) 重不压轻,大不压小,轻货应放在重货上面,包装强度差的应该放在包装强度好的上面;

(3) 尽量做到"后送先装"。由于配送车辆大多是后开门的厢式货车,故先卸车的货物

应装在厢后部,后卸车的货物装在前部;

(4) 货与货之间、货与车辆之间应留有空隙并适当衬垫,防止货损;

(5) 不将散发臭味的货物与具有吸臭性的食品混装;

(6) 尽量不将散发粉尘的货物与清洁货物混装;

(7) 切勿将渗水货物与易受潮货物一同存放;

(8) 包装不同的货物应分开装载;

(9) 具有尖角或其他突出物的货物应和其他货物分开装载或用木板隔离;

(10) 装载易滚动的卷状、桶状货物,要垂直摆放;

(11) 装货完毕,应在门端处采取适当的稳固措施,防止在开门卸货时,货物倾倒造成货物损伤或人身伤亡。

解决车辆配装量问题,当数据量小时还能用手工计算,当数据量大时,依靠手工计算将变得非常困难,需用数学方法来求解。

三、配送路线的优化

配送路线是指各送货车辆向各个用户送货时所要经过的路线。配送路线合理与否对配送速度、车辆的合理利用和配送费用都有直接影响,因此配送线路的优化问题是配送工作的主要问题之一。采用科学的合理的方法来确定配送路线,是配送活动中非常重要的一项工作。

配送线路规划的目标可以有多种选择:如以效益最高为目标、以成本最低目标、以路程最短为目标、以吨公里数最小为目标、以准确性最高为目标、以运力利用最合理为目标、以劳动消耗最低为目标。

1. 确定配送路线的约束条件

一般配送路线的约束条件有以下几项:

(1) 满足所有收货人对货物品种、规格、数量的要求;

(2) 满足收货人对货物到达时间范围的要求;

(3) 在允许通行的时间段内进行配送

(4) 各配送路线的货物量不得超过车辆载重量的限制;

(5) 在配送中心现有运力允许的范围内。

2. 配送路线优化的方法

随着配送的复杂化,配送线路的优化一般要结合数学方法及计算机求解的方法来制定合理的配送方案,较成熟的方法为节约法,也叫节约里程法。

(1) 节约法的基本规定

利用节约法确定配送路线的主要出发点是,根据配送中心的运输能力和配送中心到各个用户以及各个用户之间的距离来制定使总的车辆运输的吨公里数最小的配送方案。另外还需要满足以下条件:①所有用户的要求;②不使任何一辆车超载;③每辆车每天的总运行时间或行驶里程不超过规定的上限;④用户到货时间要求。

(2) 节约法的基本思想

节约法的基本思路是为了达到高效率的配送,使配送的时间最小、距离最短、成本最低、而寻找的最佳配送路线。

第三节　配　送　中　心

一、配送中心的概念

配送中心是从事配送业务的物流场所或组织,是以组织配送性销售或供应,执行实物配送为主要职能的流通型节点。它把收货验货、储存保管、装卸搬运、拣选、分拣、流通加工、配送、结算和信息处理,甚至订货等作业,有机地结合起来,形成多功能、集约化和全方位服务的供货枢纽。可以说,配送中心实际上是集货中心、分货中心、加工中心等功能的综合,并有了配与送的更高水平。

二、配送中心的主要类型

1. 按配送中心的运营主体分类

(1) 制造商型配送中心。制造商配送中心是以制造商为主体的配送中心。这种配送中心的物品完全是由自己生产制造,用以降低流通费用、提高售后服务质量和及时地将预先配齐的成元器件运送到规定的加工和装配工位。从物品制造到生产出来后条码和包装的配合等多方面都较易控制,所以按照现代化、自动化的配送中心设计比较容易,但不具备社会化的要求。

(2) 批发商型配送中心。批发商型配送中心是指由批发企业为主体建立的配送中心。批发是物品从制造者到消费者手中之间的传统流通环节之一,一般是按部门或物品类别的不同,把每个制造厂的物品集中起来,然后以单一品种或搭配向消费地的零售商进行配送。

(3) 零售商型配送中心。零售商型配送中心是由零售商向上整合所成立的配送中心,是以零售业为主体的配送中心。零售商发展到一定规模后,就可以考虑建立自己的配送中心,为专业物品零售店、超级市场、百货商店、建材商场、粮油食品商店、宾馆饭店等服务,其社会化程度介于前两者之间。

(4) 专业物流配送中心。专业物流配送中心是以第三方物流企业或传统的仓储企业、运输企业为主体的配送中心。这种配送中心有很强的运输配送能力,地理位置优越,可迅速将达到的货物配送给用户。它为制造商或供应商提供物流服务,而配送中心的货物仍属于制造商或供应商所有,配送中心只是提供仓储管理和运输配送服务。这种配送中心的现代化程度往往较高。

2. 按服务对象划分

(1) 面向最终消费者的配送中心。在商物分离的交易模式下,消费者在店铺看样品挑选购买后,商品由配送中心直接到达消费者手中。

(2) 面向制造企业的配送中心。根据制造企业的生产需要,将生产所需的原材料或零部件,按照生产计划调度的安排,送达到企业的仓库或直接送到生产现场。这种类型的配送中心承担了生产企业大部分原材料或零部件的供应工作,减少了企业物流作业活动,也为企业实现零库存经营提供了物流条件。

(3) 面向零售商的配送中心。配送中心按照零售店的订货要求,将各种商品备齐后送达到零售店铺。包括为连锁店服务的配送中心和为百货店服务的配送中心等。

3. 按配送中心功能划分

（1）通过型配送中心。通过型配送中心的特点是商品在这里停留的时间非常短，一般只有几个小时或半天，商品途径配送中心的目的是为了将大批量的商品分解为小批量的商品，将不同种类的商品组合在一起，满足店铺多品种小批量订货的要求；通过集中与分散的结合，减少运输次数，提供运输效率以及理货作业效率等。

（2）集中库存型配送中心。集中库存型配送中心具有储存功能，大量采购的商品储存在这里，各个工厂或店铺不再保有库存，根据生产和销售需要由配送中心及时组织配送。

（3）流通加工型配送中心。流通加工型配送中心除了开展配送服务外，还根据用户的需要在配送前对商品进行流通加工。这样可以减少店铺作业的压力，集中加工也有助于开展机械化作业，提高流通加工效率。还有一种情况是出于提高运输保管效率的考虑，在运输保管过程中保持散件状态，向用户配送前进行组装加工。

三、配送中心的功能

1. 集散功能

货物由几个公司集中到配送中心里，再进行发运、或向几个公司发运。凭借其特殊的地位以及拥有的各种先进的设施和设备，配送中心能够将分散在各个生产企业的产品集中到一起，然后经过分拣、配装向多家用户发运. 集散功能也可以将其他公司的货物放入该配送中心来处理、发运，以提高卡车的满载率，降低费用成本。

2. 储存功能

配送是依靠集中库存来实现对多个用户服务的。为了满足市场的需求，以及保证配货、流通加工等环节的正常运转，配送中心必须保持一定的库存。利用配送中心的储存功能，可有效地组织货源，调节商品的生产与消费、进货与销售之间的时间差。

3. 分拣功能

所谓分拣是指将一批相同或不同的货物，按照不同的要求，分别拣开、集中在一起，进行配送。分拣是配送活动不可缺少的一个环节。在商品批次很多、批量极零星、客户要货时间很紧，而且物流量很大的情况下，分拣任务十分繁重。针对这种情况，为了有效地进行配送，即为了同时向不同的用户配送多种货物，配送中心必须采取适当的方式对组织来的货物进行拣选，并且在此基础上，按照配送计划分装和配装货物。这样，在商品流通实践中，配送中心就又增加了分拣货物的功能，发挥分拣中心的作用。

4. 流通加工功能

货物在从生产领域向消费领域流动的过程中，为了能够促进销售、维护产品质量和提高物流效率，有时按照用户对货物的不同要求对商品进行分装、配装等加工活动。多数配送中心都要对配送的货物进行不同程度的加工，加工活动在有的配送中心成为关键活动。流通加工能增强客户的满意度，有效提高配送服务水平。

5. 配货功能

根据客户订单的要求，将拣取出来的货物配齐。在单个客户的需求数量不能达到车辆的有效载运负荷时，就需要配装。即集中不同客户的订货，进行搭配装载以充分利用车辆的运能、运力。

6. 输送功能

按客户要求的送货时间、送货地点,进行车辆调度和运输路线的优化,将配载好的货物及时送交给客户。通过配送中心的输送功能使连锁店实现了低库存或零库存,降低了供货的缺货率。

7. 信息处理功能

信息系统在配送中心起着中枢神经的作用。配送中心有相当完整的信息处理系统,能有效地为整个流通过程的控制、决策和运转提供决策依据。无论在集货、储存、拣选、流通加工、分拣、送货等一系列物流环节的控制,还是在物流成本费用和结算方面,均可实现信息共享。通过信息系统,对外与供货商、批发商和客户联网,对内向内部各部门传递信息,整合物流活动。

四、配送中心的作业流程

不同模式的配送中心作业内容有所不同,一般来说配送中心执行如下作业流程进货→储存→订单处理→拣货→补货→出货→送货。归纳而言,配送中心的作业管理主要有进货入库作业管理、在库保管作业管理、加工作业管理、理货作业管理和出库送货作业管理。

1. 进货入库作业管理

进货入库作业主要包括收货、验收和入库三个流程。收货是指配送中心对订购的货物进行接收。一般来说,配送中心收货员应做好如下准备:及时掌握连锁总部(或客户)计划中或在途中的进货量、可用的库房空储仓位、装卸人力等情况,并及时与有关部门、人员进行沟通,做好接货计划。

验收活动包括核对采购订单与供货商发货单是否相符、检查商品的包装和外观有无损坏、清点商品的数量有无出入、检测商品的品质有无变质等。收货检验工作一定要慎之又慎,因为一旦商品入库,配送中心就要担负起商品完整的责任。

经检查准确无误后方可在厂商发货单上签字将商品入库,并及时登录有关入库信息,转达采购部,经采购部确认后开具收货单,从而使已入库的商品及时进入可配送状态。

2. 在库保管作业管理

商品在库保管的主要目的是加强商品养护,确保商品质量安全。同时还要加强货位合理化工作和储存商品的数量管理工作。商品货位可根据商品属性、周转率、理货单位等因素来确定。储存商品的数量管理则需依靠健全的商品账务制度和盘点制度。商品货位合理与否、商品数量管理精确与否将直接影响商品配送作业效率。

3. 加工作业管理

主要是指对即将配送的产品或半成品按销售要求进行再加工,包括:①分割加工,如对大尺寸产品按不同用途进行切割;②分装加工,如将散装或大包装的产品按零售要求进行重新包装;③分选加工,如对农副产品按质量、规格进行分选,并分别包装;④促销包装,如促销赠品搭配;⑤贴标加工,如粘贴价格标签,打制条形码。加工作业完成后,商品即进入可配送状态。

4. 理货作业管理

理货作业是配货作业最主要的前置工作。即配送中心接到配送指令后,及时组织理货作业人员,按照出货优先顺序、货位区域、配送车辆趟次、门店号、先进先出等方法和原则,把配货商品整理出来,经复核人员确认无误后,放置到暂存区,准备装货上车。

5. 送货作业管理

首先,根据客户或连锁门店的远近及订货要求,配送的性质和特点,运输方式和车辆种类,现有库存的保证能力,现时的交通条件等因素,决定配送频率、送货时间、送货车辆、装车货物的比例和最佳行驶路线。

然后,将到货时间、到货品种、规格、数量以及车辆型号通知各客户或门店做好接车准备,同时组织发运,并向各职能部门传递信息。如果门店有退货、调货的要求,则应将退调商品随车带回,并完成有关单证手续。

五、配送中心的建设规划

配送中心的规划设计一定要按照步骤来进行工作,每个阶段都要进行仔细的调查。分析,编制出最优的设计建设计划。据有关方面研究,在制作企业的总成本中拥有物流搬运费用的占20%～50%,如果合理规划,则可以降低10%～30%。配送中心是大批商品物流集散的场所,物流搬运是最中心的作业活动,合理规划的经济效果更为显著。因为配送中心一旦建成就难以改变,即使效率低,也不得不长期使用。另外,即使编制计划时是最优计划,也会由于环境、条件的变化变得不合理。所以,编制设施建设计划必须十分慎重。

1. 配送中心建设规划的原则

(1) 配送中心的建立要适当地考虑物流发展及市场需要

物流配送中心是依靠集中库存来满足相当部分用户需要的,应该具有进货验收、分货、配货、加工、送货等功能。投资方向要根据市场的需求。

(2) 选址和物流成本有直接的关系,适宜选址城市范围内,但与居民密集区相对隔离

选址应满足以下要求:

1) 选在所服务对象的周围。要计算出发送商品范围辐射半径是多少千米,配送中心的距离客户多长合适,要做好测算。

2) 要选在进出商品快捷的地区。商品运输量越来越大,因此应选在与交通干线相衔接的地方,以减少运输费用。

3) 要选在预算将来有发展的地区。如配送中心当前建成后只能满足50家商品的配送,今后能否发展至200家、300家的配送,因此,设计规划要有弹性,要考虑到未来的发展。

(3) 根据系统的概念,运用系统分析的方法,求得整体最优化

配送中心的选址要适应周边的大环境系统,规划设计要先进行系统总体部署,再进行子系统详细布置。子系统详细布置方案又要反馈到系统整体布置方案中去评价,再加以修正,甚至从头做起。

(4) 配送中心要有足够的处理能力,尽可能减少瓶颈

物流配送中心要有很强的计划性,如多个厂家多种商品同时入库,堆积如山,这将影响货物的下一步进行。

（5）减少或消除不必要的作业流程

这是提高配送中心运作效率和减少消耗的有效方法之一。只有在时间上缩短作业周期，空间上减少占地面积，物料上减少停留、搬运和库存，才能保证投入的资金量最少，成本最低。

（6）重视人的因素

作业地点的设计，实际上是人机环境的综合设计，要考虑构造一个良好舒适的工作环境。相邻的道路交通、站点设置、港口和机场的设置等环境因素，如何与中心内的道路、物料路线衔接，形成内外一体，圆滑通畅的物流通道是至关重要的。

2. 影响配送中心规划的七大要素

影响配送中心规划的七大要素包括：配送的对象；配送的商品种类；商品的配送数量和库存量；配送的渠道；物流服务；物流的交货时间；配送商品的价值或建造物流中心的预算。

3. 配送中心建设规划流程

（1）规划准备阶段

主要工作：组建配送中心规划建设项目组，成员应来自投资方、工程设计部门等；明确制定配送中心未来的功能和运营目标，以利于资料收集与规划需求分析；收集所处地区的有关发展资料和有关基本建设的政策、规范、标准，还有自然条件资料和交通等协作条件资料。资料收集的目的在于把握现状、掌握市场容量。

（2）系统规划设计阶段

主要工作：资料整理；规划条件设定；作业需求功能规划；设施需求规划与选用；信息情报系统规划；整体布局设计。

（3）方案评估决策阶段

一般的规划过程均会产生多种方案，应由有关部门依照原规划的基本方针和基准加以评估，选出最佳方案。

（4）局部规划设计阶段

局部规划设计阶段的主要任务是在已经选定的建设地址上规划各项设施设备等的实际方位和占地面积。当局部规划的结果改变了以上系统规划的内容时，必须返回前段程序，做出必要的修正后继续进行局部规划设计。

（5）计划执行阶段

当各项成本恶化效益评估完成以后，如果企业决定建设该配送中心，则可以进入计划执行阶段，即配送中心建设阶段。

六、配送合理化

1. 不合理配送的表现形式

配送的决策是全面、综合决策，在决策时要避免由于不合理配送出现所造成的损失。配送不合理主要有以下形式：

（1）进货的不合理

配送应该是通过大批量进货的规模效益来降低进货成本，使配送的进货成本低于用户自己进货成本，从而取得优势。但是实际操作中经常出现仅仅是为一两家客户代为进货，因购买量少而没有显著的价格优惠,对用户来讲,就不仅不能降低进货成本,相反还要多支付一笔配送企业的配送费用,因而是不合理的。进货不合理还有其他表现形式,如配送量计划不准,进货量过多或过少等。

(2)库存决策不合理

配送应充分利用集中库存总量低于各用户分散库存总量,从而大大节约社会财富,同时降低用户实际平均分摊库存负担。因此,配送企业必须依靠科学管理来实现一个低总量的库存,否则就会出现单是库存转移,而未解决库存降低的不合理。配送企业库存决策不合理还表现在储存量不足,不能保证随机需求,失去了应有的市场。

(3)价格不合理

配送的价格应低于用户自己进货时产品购买价格加上自己提货、运输的成本总和,这样才会使用户有利可图。但如果配送价格普遍高于用户自己进货价格,损伤了用户利益,就是一种不合理表现。价格制定过低,使配送企业处于无利或亏损状态下运行,会损伤整个供应链,也是不合理的。

(4)配送与直达的决策不合理

配送虽然增加了环节,但降低了用户平均库存水平,这不但抵消了增加环节的支出,而且还能取得剩余效益。但是如果用户用货批量大,由厂商直接送货给客户比通过配送中转更经济时,不直送货而通过配送,就属于不合理范畴。

(5)送货中不合理运输

配送与一家一户自提相比,可大大节省运力和运费。如果不能利用这一优势,仍然是一户一送,而车辆达不到满载,则就属于不合理。此外,不合理运输若干表现形式,在配送中都可能出现,会使配送变得不合理。

(6)经营观念的不合理

在配送实施中,有许多是经营观念不合理,使配送优势无从发挥,相反却损坏了配送的形象。这是在开展配送时尤其需要注意克服的不合理现象。

2. 配送合理化的主要标志

对于配送合理化与否的判断,是配送的决策系统的重要内容,目前有以下标志:

(1)库存标志

库存是判断配送合理与否的重要标志。具体指标有以下两方面:

1)库存总量。中心库存量加上各用户在实行配送后库存量之和,应低于实行配送前各用户库存量之和。

2)库存周转。配送中心的库存周转一般总是快于原来各企业库存周转。

(2)资金标志

总的来讲,实行配送应有利于资金占用降低及资金运用的科学化。具体判断标准如下:

1)资金总量。用于资源筹措所占用流动资金总量,随库存总量的下降及供应方式的改变必然有一个较大的降低。

2)资金周转。从资金运用来讲,由于整个节奏加快,资金充分发挥作用,所以资金周转是否加快,是衡量配送合理与否的标志。

3)资金投向的改变。实行配送后,资金应当从分散投入改为集中投入,以增加调控作用。

（3）效益标志

总效益、宏观效益、微观效益、资源筹措成本都是判断配送合理化的重要标志。实行配送后带来的总效益、宏观效益、微观效益应高于配送前。

（4）供应保证标志

实行配送，各用户最担心是供应保证程度降低。配送的重要一点是必须提高对用户的供应保证能力，才算实现了合理。供应保证能力可以从以下方面判断：

1）实行配送后，缺货次数和该到货而未到货次数必须下降。

2）配送企业集中库存量的保证供应能力，应高于配送前单个企业保证程度。

3）及时配送的能力及速度应高于单个用户的紧急进货能力及速度。

（5）社会运力节约标志

运能、运力使用合理化，是配送合理化的重要标志。实施配送后应该有以下效果：社会车辆总数减少，承运量增加；自提自运减少，社会化运输增加；社会车辆空驶减少。

（6）客户资源节约标志

实行配送后，各用户库存量、仓库面积、仓库管理人员等资源减少即为合理化。

（7）物流合理化标志

物流的合理化是配送要解决的重要问题，也是衡量配送本身的重要标志，配送必须有利于物流合理化。

一般从以下几方面判断：

1）是否降低了物流费用。

2）是否减少了物流损失。

3）是否加快了物流速度。

4）是否发挥了各种物流方式的最优效果。

5）是否有效衔接了干线运输和末端运输。

6）是否不增加实际的物流中转次数。

7）是否采用了先进的技术手段。

3. 配送合理化的主要措施

（1）实行专业化配送

通过采用专业设备、设施，实行专业化的管理及操作程序，取得较好的配送效果并降低配送过分综合化的复杂程度及难度，从而追求配送合理化。

（2）实行加工配送

加工借助于配送，可以避免了盲目性，使加工目的更明确，和用户联系更紧密。这两者有机结合，投入不增加太多却可追求两种优势，是配送合理化的重要经验。

（3）实行共同配送

通过共同配送，聚少成多，可以以最近的路程、最低的配送成本完成配送，从而追求合理化。

（4）实行送取结合

在配送时，将用户所需的货物送到，再将该客户生产的产品用同一车运回，为客户代存代储,免去了生产企业库存包袱。这种送取结合,使运力充分利用,也使配送企业功能有更大的发挥,从而追求合理化。

（5）实行准时配送

配送做到了准时,用户才有货源把握,可以放心地实施低库存或零库存,可以有效地安排接货的人力、物力,以追求最高效率的工作。因此,供应能力的保证,取决于准时供应。从国外的经验看,准时供应配送是现在许多配送企业追求配送合理化的重要手段。

第四节　流通加工

一、流通加工的概念

流通加工是流通过程中的加工活动,是为了方便流通、运输、储存、配送以及方便用户充分、综合利用货物而进行的加工活动。

流通加工和一般生产加工相比较,在加工方法、加工组织、生产管理方面无显著区别,但在加工对象、加工程度方面差别较大。其差别主要体现在:

（1）加工对象不同

流通加工的对象是进入流通过程的商品,具有商品的属性;而生产加工对象不是最终产品,而是原材料、零配件及半成品。

（2）加工内容不同

流通加工大多是简单加工,主要是解包分包、裁剪分割、组配集合、废物再生利用等;而生产加工一般是复杂加工。

（3）加工目的不同

商品生产是为交换、为消费而进行的生产,而流通加工的一个重要目的是为了消费（或再生产）所进行的加工,这一点与商品生产有共同之处。但是流通加工有时候也是以自身流通为目的,纯粹是为流通创造条件,这种为流通所进行的加工与直接为消费进行的加工在目的上是有所区别的,这也是流通加工不同于一般生产加工的特殊之处。

（4）所处领域不同

流通加工处在流通领域,由流通企业完成;而生产加工处在生产领域,由生产企业完成。

（5）价值观点不同

从价值观点看,生产加工目的在于创造价值及使用价值;而流通加工则在于完善其使用价值并在不做大改变情况下提高价值,更好地满足客户的多样化需要,降低物流成本,提高物流质量和效率。

二、流通加工的地位和作用

（1）方便流通

方便流通包括方便运输、方便储存、方便销售、方便用户。

（2）提高了生产效益,也提高了流通效益

由于采用流通加工,生产企业可以进行标准化、整包装生产,这样做适应大生产的特点,提高了生产效率,节约了包装费用和运输费用、降低了成本;物流企业可以促进销售,增加销售收入,也提高了流通效益。

(3) 方便了用户购买和使用,降低了用户成本

用量小或临时需要的用户,缺乏进行高效率初级加工的能力,依靠流通加工可使用户省去进行初级加工的机器设备的投资及人力,降低了成本。目前发展较快的初级加工有:净菜加工、将水泥加工成混凝土、将原木或板方材加工成门窗、冷拉钢筋及冲制异形零件、钢板预处理、整形、打孔等加工。

(4) 提高加工效率及设备利用率

由于建立集中加工点,可以采用效率高、技术先进、加工量大的专用机具和设备。这样做的好处在于:一是提高了加工质量;二是提高了设备利用率;三是提高了加工效率。其结果是降低了加工费用及原材料成本。例如,一般的使用部门在对钢板下料时,采用气割的方法,需要留出较大的加工余量,不但出材率低,而且由于加工容易改变钢的组织,加工质量也不好。集中加工后可采用高效率的剪切设备,在一定程度上防止了上述缺点。

(5) 充分发挥各种输送手段的最高效率

流通加工环节将实物的流通分为两个阶段。一般来说由于流通加工环节设置在消费地,从生产企业到流通个这一阶段输送距离长,可以采用船舶、火车等大运量输送手段;而从流通加工到消费环节这一阶段距离短,主要是利用汽车和其他小型车辆来配送经过流通加工后的多规格、小批量、多用户的产品。这样,可以充分发挥各种运输手段的最高效率,加快输送速度,节省运力运费。

(6) 可实现废物再生、物资充分利用、综合利用,提高物资利用率

如集中下料可以优才优用、小材大用、合理套裁,具有明显地提高原材料利用率的效果。再比如,北京、济南等城市曾对平板玻璃进行流通加工,玻璃利用率从 60% 左右提高到 85%～95%。木屑压制成木板、边角废料改制等流通加工都可以实现废物再生利用,提高物资的利用率。

(7) 改变功能,增加商品价值,提高收益

在流通过程中进行一些改变产品某些功能的简单加工,其作用除上述几点外还可以提高产品销售的经济效益。例如,内地的为许多制成品在深圳进行简单的装潢加工,改变了产品外观,仅此一项就可以使售价提高 20% 以上。

三、流通加工的类型和方式

流通加工的内容有装袋、定量化小包装、挂牌子、贴标签、配货、挑选、混装、刷标记等。流通加工不仅能够提高物流系统效率,而且对于标准化的建设、销售效率的提高、商品价值的改进也越来越重要。

按照加工对象,流通加工又分为以下几种:

(1) 食品的流通加工

流通加工最多的是食品行业。为了便于保存,提高流通效率,食品的流通加工是不可缺少的,如鱼和肉类的冷冻、蛋品加工、生鲜食品的原包装、大米的自动包装、牛奶的灭菌等。

（2）日用品的流通加工

日用品的流通加工是以服务客户、促进销售为目的，如衣料品的标识和商标印记、粘贴标签、家具的组装等。

（3）生产资料的流通加工

典型的生产资料加工是钢板的加工，如钢板的切割、薄板卷材的展平、厚板切割成形钢材等。

四、流通加工的合理化

1. 不合理流通加工的几种形式

流通加工是在流通领域中对生产的辅助性加工。从某种意义来讲它不仅是生产过程的延续，更是生产本身或生产工艺在流通领域的延续。这个延续可能有正、反两方面的作用，即一方面可能有效地起到补充完善的作用，但是，也可能对整个过程产生负效应。几种不合理流通加工形式如下：

（1）流通加工地点设置的不合理

流通加工地点设置即布局状况是使整个流通加工是否有效的重要因素。一般而言，为衔接单品种大批量生产与多样化需求的流通加工，加工地宜设置在需求地区，这样才能实现大批量的干线运输与多品种末端配送的物流优势。为方便物流的流通加工环节应设在产出地，设置在进入社会物流之前，如果将其设置在物流之后，即设置在消费地，则不但不能解决物流效率问题，反而在流通中增加了一个中转环节。

即使是产地或需求地设置流通加工的选址是正确的，还有一个流通加工在小地域范围的正确选址问题，如果处理不善，仍然会出现不合理现象。这种不合理主要表现在交通不便，流通加工与生产企业或客户之间距离较远，流通加工点的投资过高（如受选址的地价影响），加工点周围社会、环境条件不良等。

（2）流通加工方式选择不当

流通加工不是对生产加工的代替，而是一种补充和完善。所以，如果工艺复杂，技术装备要求较高，或加工可以由生产过程延续或轻易解决的都不宜再设置流通加工，尤其不宜与生产过程争夺技术要求较高、效益较高的生产环节，更不宜利用一个时期市场的压力使生产者变成初级加工或前期加工，而流通企业完成装配或最终形成产品的加工。如果流通加工方式选择不当，就会出现与生产夺利的后果。

（3）流通加工作用不大，形成多余环节

有的流通加工过于简单，甚至是盲目的，对生产者和消费者的作用都不大，未能解决品种、规格、质量、包装等问题，相反却实际增加了环节。

（4）流通加工成本过高，效益不好

流通加工之所以能够有生命力，重要优势之一是有较大的产出投入比，因而有效地起着生产加工补充完善的作用。如果流通加工成本过高.则不能实现以较低投入实现更高使用价值的目的。除了一些必需的、政策要求即使亏损也应进行的加工之外，其他所有加工都可以看成是不合理的。

2. 流通加工合理化的原则

为避免各种不合理现象,对是否设置流通加工环节,在什么地点设置,选择什么类型的加工,采用什么样的技术装备等,需要做出正确抉择。常见的合理化措施有:

（1）加工和配送相结合

这是将流通加工设置在配送点中,一方面按配送的需要进行加工,另一方面加工又是配送业务流程中分货、拣货、配货的一环,加工后的产品直接投入配货作业,无需单独设置一个加工的中间环节,使流通加工有别于独立的生产,并且使流通加工与中转流通巧妙结合在一起。同时,由于配送之前有加工,可使配送服务水平大大提高。这是当前流通加工合理化的重要形式,在煤炭、水泥等产品的流通中已表现出较大的优势。

（2）加工和配套相结合

在对配套要求较高的流通中,配套的主体来自各生产单位,但是,完全配套有时无法全部依靠现有的生产单位,进行适当的流通加工,可以有效促成配套,大大提高流通作为生产与消费的桥梁和纽带的能力。

（3）加工和合理运输相结合

流通加工能有效衔接干线运输与支线运输,促进两种运输形式的合理化。

利用流通加工,在支线运输转干线运输或干线运输转支线运输这本来就必须停顿的环节,进行适当加工,可以大大提高运输及运输转载水平。

（4）加工和合理商流相结合

通过加工有效促进销售,使商流合理化,也是流通加工合理化的考虑方向之一。加工和配送的结合,是加工与合理商流相结合的一个成功的例证。通过加工提高了配送水平,强化了销售。此外,通过简单改变包装加工,形成方便的购买量,通过组装加工消除客户使用前进行组装、调试的困难,都是有效地促进商流的例子。

（5）加工和节约相结合

节约能源、节约设备、节约人力、节约耗费是实现流通加工合理化重要考虑的因素,也是目前我国设置流通加工、考虑其合理化的较普遍形式。

对于流通加工合理化的最终判断,是看其是否能实现社会的和企业本身的两个效益,而且是否取得了最优效益。对流通加工企业而言,与一般生产企业一个重要的不同之处是,流通加工企业更应树立社会效益为第一观念。如果只是追求企业的微观效益,不适当地进行加工,甚至与生产企业争利,这就有违于流通加工的初衷,或者其本身已不属于流通加工范畴了。

五、流通加工的流程与管理

1. 流通加工的流程

流通加工的流程共分为三个阶段,包括:

（1）流通加工规划阶段

主要任务是定义流通加工的概念,进入流通过程的商品,具有商品的属性。明确建立流通加工的必要性,并在此基础上明确目的和确定目标,是对生产加工的一种辅助及补充;同时,提出流通加工建立应具备的环境条件以及流通加工的制约条件。

（2）流通加工设计阶段

首先对流通加工进行概略设计,其内容主要是建立多个可行方案;然后,确定流通加工设计方案,对流通加工进行详细设计。

（3）流通加工的实施阶段

主要是对流通加工中的关键项目进行试验和试制,在此基础上进行必要的改进,然后正式投入运行。

流通加工的管理包括投资管理、生产管理、质量管理、技术经济指标以及流通加工中心的布局等几个方面。

2. 流通加工的投资管理

由于流通加工是在产需之间增加了一个中间环节,所以它延长了商品的流通时间,增加了产品的生产成本,存在着许多降低经营效益的因素。因此必须进行技术经济可行性分析加以论证,综合比较分析后,方能最终决定是否设置流通加工环节。设置流通加工环节一般需要从以下几个方面进行分析:

（1）设置流通加工的可行性分析

流通加工只是生产加工制造的一种补充形式,是否需要进行流通加工应进行认真的可行性分析。

1）从生产领域分析。主要考虑能否通过延续生产过程或改造原有生产过程使生产与需求衔接,而免去流通加工环节的设置。在生产过程中确定不能满足产需衔接,或实现产需衔接表现的经济效益不好的状况下,才可考虑设置流通加工环节。

2）从消费领域分析。主要考虑能否通过在使用单位进行加工来实现产需衔接。当在使用单位进行相关的加工因为技术、场地、设备、组织管理以及经济效益问题无法实现或无法完全实现其效益的情况下,方可考虑设置流通加工环节。

3）从物流过程分析。主要考虑能否采用其他方式,如集装化、专门化等方法解决流通加工需要解决的问题。若其他方式均不能较好地解决这些问题,方可考虑设置流通加工环节。

4）从经济角度分析。流通加工仅是一种补充性、延伸性、辅助性加工,其技术设备要适用,规模要合理,这样投资方面的要求相对较低。

对于可以与仓储作业、场地、人员、设施、设备共用的流通加工环节,因其主要投资已在仓库建设中考虑过,属于沉没成本,故此时的流通加工环节应考虑如何更多、更好地提供流通加工服务。主要考察流通加工工艺、组织与管理水平,以能否适应或满足用户要求为准则即可。例如,时装的分类、质检、包装等作业与仓储用的时装导轨、场地完全可以或基本可以共用,则可免去可行性研究工作。

（2）设置流通加工的经济性分析

流通加工一般都是比较简单的加工,在技术上不会有太大的问题,投资建设时重点要考虑的是经济上是否划算。流通加工的经济效益主要取决于加工量的大小,以及加工设备和生产人员是否能充分发挥作用。如果任务量很小,生产断断续续,加工能力经常处于闲置状态,那就有可能出现亏损,因此加工量预算是流通加工点投资决策的主要依据。此外,分析所要设置的流通加工项目的发展前景,如发展前景好,近期效益不理想也是可以接受的。

（3）投资决策和经济效果评价

流通加工项目的投资决策和经济效果评价，主要使用净现值法、投资回收期和投资收益率方法。

3. 流通加工的生产管理

流通加工的生产管理是指对流通加工生产全过程的计划、组织、协调和控制，包括生产计划的制定、生产任务的下达、人力和物力的组织与协调、生产进度的控制等。在生产管理中特别要加强生产的计划管理，提高生产的均衡性和连续性，充分发挥生产能力，提高生产效率；要制定科学的生产工艺流程和加工操作规程，实现加工过程的程序化恶化规范化。

流通加工生产管理内容及项目很多，如劳动力、设备、动力、财务、物资等方面的管理。对于套裁型流通加工，其最具特殊性的生产管理是出材率的管理。这种流通加工形式的优势就在于物资的利用率高、出材率高、从而获取收益。对于集中下料类型的流通加工，应重视对原材料有效利用的管理，不断提高材料的利用率。

4. 流通加工的质量管理

流通加工的质量管理，应是全员参与的、对流通加工全过程和全方位的质量管理。它包括对加工产品质量和服务质量的管理。加工后的产品其外观质量和内在质量都应符合有关标准。有些加工后的产品，没有国家和部颁标准，其质量的掌握，主要是满足哟规划的需求。但是，由于各用户的要求不一，质量宽严程度也就不同，所以要求流通加工必须能进行灵活的柔性生产，以满足不同的用户对质量的不同要求。

流通加工除应满足用户对加工质量的要求以外，还应满足用户对品种、规格数量、包装、交货期、运输等方面的服务。对产品的流通加工绝不能违背用户的意愿，由加工单位自作主张，脱离用户的生产实际，这样对用户不仅无益反而有害。流通加工的服务质量，只能根据用户的满意度程度进行评价。

5. 流通加工的技术经济指标

衡量流通加工的可行性，对流通加工环节进行有效的管理，可考虑采用以下两类指标。

（1）流通加工建设可行性指标

流通加工只是一种补充性的加工，规模、投资都必然低于生产性企业。其投资特点是：投资额比较低，投资时间短，建设周期短，投资回收速度快且投资效益较大。因此，投资可行性分析可采用静态分析法。

（2）流通加工日常管理指标

由于流通加工的特殊性，不能全部搬用考核一般企业的指标。例如，在八项技术经济指标中，对流通加工加工较为重要的是劳动生产率、成本利润率指标，此外，还有以下反映流通加工特殊性的指标。

①产品增值指标

$$增长率 = \frac{产品加工后价值 - 产品加工前价值}{产品加工前价值} \times 100\%$$

②品种规格增加额及增加率

$$品种规格增加率 = \frac{品种规格增加额}{加工前品种规格} \times 100\%$$

③资源增加量指标

新增出材率＝加工后出材率－原出材率；

新增利用率＝加工后利用率－原利用率

6. 流通加工中心的布局

（1）以实现物流为主要目的的流通加工中心

以实现物流为主要目的的流通加工中心应设置在靠近生产地区。经这种加工中心的货物能顺利地、低成本地进入运输、储存等物流环节,如肉类、鱼类的冷冻食品加工中心和木材的制浆加工中心等。

（2）以强化服务为主要目的的流通加工中心

以实现销售、强化服务为主要目的的流通加工中心应设置在靠近消费地区。经这里加工过的货物能适应用户的具体要求,有利于销售,如平板玻璃的开片套裁加工中心等。

7. 提高流通加工效益的途径

一般情况下,可以通过以下几个途径来提高流通加工的效益:

（1）要合理划分加工的供应区域。一般按经济区域来组织流通加工,便于使流通加工与物资流通系统协调一致,提高加工的整体功能。

（2）加工点的分别要合理。加工点一般都设在消费地,要注意同一层次、同一形式的加工点在同一地区的数量和消费需求的数量相平衡,放在重复或短缺。大型的物流企业可自行建立加工企业,中小型的物流中心可和其他加工企业进行协作加工。

（3）在大型的中心城市应设立综合性的流通加工中心,注意加工机构、种类的齐全,以实现加工的社会化服务。

（4）加工企业应注意:加工的品种要根据加工网络的分工来确定;加工的规模要根据流通量的大小来确定;加工的技术水平要根据物资的特点来确定。

第五节　流通企业物流配送模式的比较分析

一、国内外大型家电零售企业物流配送模式

本文选取了国美电器和苏宁电器作为研究对象,对两家企业的物流配送环节进行分析研究,并结合百思买电器在中国的物流配送方式进行剖析和比较。

（一）国美电器的物流配送概况

国美电器在全国有 49 个配送中心,以各个大区为单位,向各个门店辐射。国美电器采用金力供应链系统,进行电子订货以及数据交换。通过网上订货,经由厂家送货至配送中心。其采用的是自营物流与第三方物流配送相结合的方式,比例大概为 3∶7,在北京承诺是不分淡旺季送货时间为 24 小时。

（二）苏宁电器的物流配送概况

苏宁电器在全国有物流配送中心 2 个,二级中转库 50 多个,每家门店都有仓库,其仓库实现机械化作业,信息由 SAP 系统处理,对数据进行实时监控,时时掌握公司业务的运作情况。苏宁电器的物流配送 80% 是自营物流。其在北京各门店承诺送货时限为 100 公里范围

控制在 12 小时以内。

（三）百思买在中国的物流配送概况

百思买是全球最大的家电零售企业，2003 年在中国上海开设了门店。到目前，其在中国共开设 8 个门店，上海地区 7 家，北京赛特商场内 1 家。在上海 1 个大型配送中心，在北京有 1 个外仓。其所有物流配送全部外包给第三方物流公司。目前的仓库以平面为主，手工操作，机械化程度不高；只有少量的小家电采用立体货架，机械化操作，并在今年采用了条码技术，大大提高了配送中心的效率，并且能够更好地进行管理。

（四）国内外家电零售企业物流配送的比较

1. 国内家电零售企业的物流配送特征

通过对国美电器以及苏宁电器物流配送系统的介绍，我们可以总结出我国大型家电零售企业物流配送的几大特征：

（1）配送方式：

B2B——门店配送：针对小家电，由门店直接出售给消费者。这类商品一般占到总销售额的 40%。

B2C——给顾客配送：针对顾客自身难以搬运的大家电，由配送中心根据地域、品种进行货物分配，划分配送区域，将家电商品凑整车后向顾客配送。

（2）信息系统

我国的大型家电零售企业非常重视信息系统的建设，可以进行运输管理，仓储管理，财务管理，订单处理，配送管理，这不仅加大了同供应商之间的合作，而且大大降低了成本，提高了工作效率。

2. 百思买在中国的物流配送特征

百思买进驻中国的时间不长，门店数量也比较少，其根据不同的门店类型以及商品类型有不同的配送方式：

（1）Life style 类型店面：主要经营 IT 和数码产品，货品存储在门店仓库中，顾客购买时直接从门店提货。

（2）大门店的家庭配送类：通过配送中心的调配，百思买能够保证货物和装配同步进行，顾客等待时间不超过 2 小时。百思买根据在我国门店数量决定了其现在采用第三方物流配送。在收购了五星电器之后，目前仍是两套配送系统，但百思买已经开始在系统和资源方面进行部分整合。

3. 国内外家电零售企业物流配送比较

从国内的家电零售企业与百思买的物流配送模式的分析，并不存在统一的适应于所有家电零售企业的物流配送标准。要根据企业的规模以及所处的商圈，以及企业的定位来选择适合自己企业的配送模式。例如百思买电器将自身的定位在提供高品质的服务以及中高端的家电产品，那么在门店不多的情况下，不进行自建配送中心，而是完全依托于第三方物流，这样既可以保证企业的现金流，也可以达到企业的战略目标。

二、国内外大型超市物流配送模式

本节通过对京客隆超市的调研，结合在上海对卜蜂莲花超市的调研信息，对两个企业物流配送模式进行探究,找到其共同点并进行对比。

(一)京客隆超市的物流配送概况

北京京客隆商业集团股份有限公司是一家投资主体多元化的大型商业集团,创建于1994年。京客隆生鲜食品配送中心建有车间总面积7400平方米,800吨冷藏保鲜库和600吨冷冻库,辐射半径为100公里,辐射门店数为90个,生鲜食品由配送中心采取统一采购、集中加工、统一配送。配送中心的主要功能有:贮藏、预冷、加工、分拣、包装;通过计算机信息系统准确进行在库管理。

(二)卜蜂莲花超市的物流配送概况

卜蜂莲花超市是泰国正大集团旗下的大型超市,于1997年6月23日进驻中国。目前已开设了76家门店,其中上海地区有23家。卜蜂莲花超市在中国有4个配送中心。有70%的货品通过自身的配送中心统一采购,分拣,配送。其仓库的机械化程度非常高,基本消除手工操作,所有信息通过计算机系统处理。卜蜂莲花使用的信息系统是自行开发的,可以实现与供应商、门店的对接,一切事务都可在其信息系统中完成。

(三)国内外超市物流配送模式的比较

1. 供货模式的不同

京客隆采用的是供应商供货模式。将零售商的物流成本转嫁给了供货商。但供货商送货到各超市门店不能保证商品准时准确送达。京客隆的小便利店都采取供应商送货到架的模式,库存极少,那么就在很大程度上受供应商的限制。

卜蜂莲花超市自建大型的物流配送中心,进行货物的分拣,装配,贴条形码,储存,配送等功能,依靠自己的车队对门店进行货物配送。这使得其在各个大区之间可以非常自由,方便的协调,根据门店类型不同,所需货品的品种,库存量,周转率的不同,自营物流可以表现出极大的自由权。

2. 生鲜食品配送中心的建立

京客隆与卜蜂莲花超市均配备有自己的生鲜配送中心。主要配送包括蔬果类商品的直通型配送、猪肉类商品的加工型配送、日配商品的中转型配送以及鲜禽水产类商品的季节性配送,成功实现了食品所要求的加工、贮藏和运输功能,并且能够与销售形成无缝链接。

三、我国流通型企业发展的对策与建议

1. 重视物流配送模式的选择

不论是家电零售企业还是大型连锁超市,都应该结合自身的规模与经营状况,选择适合自己的物流配送模式。不能盲目自建配送中心,否则巨大的投资必定成为巨大的沉没成本。在自身运力达不到的情况之下,可以考虑采用与第三方合作的形式,充分利用社会资源,但必须理清责任划分,最大限度的为企业谋利。

2. 建立畅通的信息系统

从本文调研的几个企业可以看出,有的企业是引进市场上存在的信息系统,有的企业则是自己开发信息系统,不管是哪种,都必须结合企业自身的情况。信息系统不仅是企业内部的管理,而是连接供应商与顾客的,因此不但需要考虑方便内部使用,应考虑到信息系统的对接。流畅的信息系统也是流畅的物流配送的根本保证。

3. 提升与供应商之间的合作关系

流通型企业应该与商品供应商之间建立起战略联盟关系,这就需要双方有共同的战略目标。因此企业应与供应商之间通过信息系统等实现信息共享,双方能够通过合作来促进和巩固战略联盟。从供应链上实时掌握各个节点的反应,进行集体决策,才更有利于双方企业的高效发展。

第六节 物流配送标准化管理的实践

目前中国在物流配送方面几乎没有一套专业的服务体系,而广大的中小企业物流能力不强,效率不高,使滞后的物流与网上商流的快速、低成本不相适应,制约了电子商务的发展。2000 年现代物流与电子商务国际研讨会上,一些专家学者发出了物流配送标准化规范化运作的呼唤。国家有关部门强调,流通企业作为商品流通的中坚,要认清商品流通的发展变化趋势,下大力气发展物流配送,积极推进商品流通与电子商务、物流配送的结合,努力将中国的商品流通提高到一个新的水平。发展现代物流涉及的方面较多,是一个系统工程。需要好行业间的协调,以及物流发展方面全国统一规划和标准化工作。应着眼于中国整个物流业水平的提高,把行业标准当作发展第三方物流,提升行业整体水平的重要工具。许多物流企业正在按照传统的物流模式建立自身的物流体系,包揽了干线物流—配送—投递到户这样的全过程体系,这样会造成资源配置的不合理,独家统管全程物流只是一个梦,最后只会造成浪费和失败。将中国物流重新组合,是现代物流的一个革命性转变,而物流整合的粘合剂就是标准化和规范化。

一、物流配送标准化的意义

我国在物流业发展中作了巨大的投入,但物流行业的发展仍十分缓慢,在工业生产中物流所占用的时间几乎为整个生产过程的 90%,物流费用占商品总成本的比重从账面反映为 40%,全社会物流费用支出约占国民生产总值的 20%,而美国 1986 年物流费用支出仅占其 GDP 的 11.1%。我国物流业干线物流能力过剩与末端物流配送能力不足的矛盾非常突出,整个物流各环节的贯通存在严重的脱节现象,从而制约了整个工业、商业的变革以及新兴的电子商务在中国的发展。

国际上最负盛名的管理咨询机构麦肯锡公司对于中国物流业的评价极低,在讨论中国加入 WTO 之后的产业冲击时,将中国物流业排在最受冲击的行业之列。言下之意,只要中国实现加入 WTO 的有关承诺,外资将在中国的这一领域中呼风唤雨。麦肯锡的评价不无原因:西方发达国家多年来,已将第三方物流的发展看作经济发展的第三利润源,并获得与 IT 产业相似的发展速度;而在我们国家,物流以及第三方物流等,似乎还是一个食洋不化的产物,时髦人物的新名词。我们很多人依然非常传统地将之归入交通储运行业,更没有感到国际竞争的压力。

然而就在这种情况下,中国一些弱小的企业准备向庞大的跨国公司叫板,准备在未来的日子里与跨国公司一争高下,近期一些专家和企业发出呼吁建立中国物流业的行业规范和技术标准。

一个行业技术的标准,说小似乎很小,然而其对企业和消费者的指导作用是相当重要的,尤其是对电子商务发展有支持作用的物流配送业。以专指对消费者的服务 B2C 物流为例,也就是说,如何把物品送到消费者手中,也可称为物流末端。然而仅仅是 B2C 的物流,环环相扣,内容也非常多:物品应该如何包装,自行车送货的箱子该多大,进入家门时应该如何说话,要不要在脚上套上塑料袋,敲门时声音多响,最多可以持续多长时间,收费时应该如何签收,签收后能否退货,包装损坏应作何种处理,分拣系统每一工作环节的工作要求,上下家之间电子信息的标准是什么等。

行业规范和标准,就是要对有关细节做出明确的规定。这些事情虽然细小,但无论是对整个物流行业、物行业规范和标准,就是要对有关细节做出明确的规定。这些事情虽然细小,但无论是对整个物流行业、物流企业还是消费者而言,其作用是不容低估的。对物流行业来说,需要用标准化来将供方干线物流配送送达需方等物流环节有机连接起来,尤其是信息技术普遍应用与物流企业掀起的其物流接口没有相适应的标准,很难想象其的难度和成本;对物流企业来说,标准化是提高内部管理、降低成本、提高服务质量的有效措施;对于消费者而言,享受标准化的物流服务是消费者权益的体现。

改革我国的物流业、缩短与国外的数字化差距、提高 WTO 后中国物流业的抗冲击能力,需要加强制造、采购、仓储、运输、货代、配送、销售等广大与物流相关企业的合作,而物流配送标准化规范化是其合作的软技术基础,是时代发展的必然要求。

二、油田企业的配送标准化

下面以胜利油田为例对油田企业的配送标准化进行探索分析。

胜利油田配送工作经过近 4 年的发展,物资供应已由领料制转变为配送供应,组建了一、二级配送中心,使配送规模逐步增大。到 2006 年底,配送物资品种达到 20 多个大类,配送服务逐步扩展到生产作业一线。为进一步提高油田整体配送能力,充分发挥两级配送优势,逐步完善油田配送网络,根据各单位收料地点的仓储、装卸、距离等因素核准确定了26 个一级配送点,同时,油田加大投入力度,逐步加强一级配送点设施的完善,使之具备物资交接、单据转换、装卸运输的条件,使得配送体系的建设工作不断提速,形成了体系化运作管理。

1. 实施配送标准化的重要性

整个油田生产所需物资总量巨大,胜利油田每年的物资消耗都超过了 100 亿元人民币,这给配送工作提供了非常广阔的前景。但是由于当前油田工作区域涉及东营、滨州等 8 个市的 28 个县区境内,地域分布非常广泛,每个二级单位又有自己独立的情况和特点,这些又给配送工作带来了许多困难和问题。推行配送标准化建设,能有效地促进油田物流技术设施、物流设备、工具材料等的标准化,促进物流术语、服务功能、作业流程及管理方法的标准化,促进物流标识系统、物流数据采集系统、物流信息交换系统等方面的标准化。因此,按照胜利油田的实际情况和油田物资体系本身的特点,实行配送标准化建设具有十分显著的意义。

2. 配送标准化建设存在的问题

物流的标准化不统一,物流专业化操作程度较低。油田各二级单位和部门之间的运输工具、装卸设施和设备标准不统一,造成了配送物资到达很多二级供应站或生产一线后无法卸车。很多二级供应站和生产一线单位根本没有任何物资装卸设备,完全凭借人力进行装卸,时间长、效率低,遇到大型物资时更是无法卸车。同时,由于条块分割、各自为政,油田各二级单位在配送服务标准、业务操作流程、硬件设施配备、人员队伍配备等许多方面存在着很大的差异,严重的影响了配送工作效率,造成油田整个配送格局专业化操作程度较低。

近几年来油田从生产角度考虑在自动化、机械化等方面已经实施构建起数字油田、效率油田的框架。但从配送体系角度来看,无论是在机械化,还是在自动化的建设方面确实还存在相当的提升空间。目前油田配送体系作业层面的工作对于人工的依赖程度还十分显著。无论是仓储管理、货物分拣、还是物资装卸等作业都很大程度,或完全依靠人工完成。与过多涉及人工工作相对应,体系中机械化的作业还没有得到很好的应用。

物资供应处物资总库对于机械化的应用也基本上用来服务钢材、管材等大宗散装物资的物流作业,对于其他类物资的作业机械化应用不是很多。与物资总库相比,二级单位物资系统的作业更多的依赖人工,机械化作业能力更为欠缺。

由于ERP系统更多的是从服务油田生产和采购角度出发,在系统中没有专门的操作板块支持仓储管理、配送作业等配送业务层面的具体工作方面,没有为日常配送作业的自动化提供充分的信息化支持,使各二级单位的配送需求不能快速反馈,同时缺乏统一、规范的配送单据,各种配送信息的传递处于手工状态,形成信息严重滞后,甚至产生了很多的错误。也造成了一些二级单位在配送需求上不严谨,有随意撤单和变更需求等现象的发生,给配送工作带来了一定的偏差。

3. 关于物流配送标准化的几点建议

ERP的实施已经使油田建立起了新的"一级管理、区域配送"配送模式。在标准化服务模式建设中,物资供应处为一级配送管理机构,应对各二级配送队进行业务指导和管理。二级配送中心将以连锁配送的形式执行一级配送中心的各类配送任务,执行统一的服务标准。对于数量大而且属于生产急需物资,配送中心也可直接配送到现场,实行一级配送。同时,一级配送中心可以利用ERP的资源优势在区域间进行物资的合理调配,既可以合理利用调配物资,减少库存物资和不合理运输现象发生,降低物流成本,又可以达到一级配送管理与区域配送的充分协调作业。

配送要提高配送效率,必须在ERP系统中开发一套专门适应于配送工作的网络操作系统,充分利用ERP等软件,把各二级单位的配送需求及时反馈到供应处相关部门,设计专门的配送作业单据,规范各种配送信息的传递,要求供应商把物资送货相关信息及早传递到配送系统中进行处理,使单据以及物流手续等方面实行标准化管理。目前,各二级单位的用料需求特点已经由大批量、大数量逐步改变为多批次、小数量,对配送提出了新的需求。针对这个变化,配送中心通过ERP系统清晰地了解到整个油田的物资需求情况,通过用户需求和现有库存数量、存放地点等情况,可以在最短的时间内做出最优提货、发货的方案,合理调配车辆配送物资,既降低了库存成本和运输成本,又提高了配送速度。同时也可以极大地促进了低库存或零库存目标的实现,通过有效地安排接货的人力、物力,以追求配送最高工作效率。

物流信息对运输管理、库存管理、仓库作业流程等物流活动具有支持保证功能。配送中心可以通过 ERP 和电子商务技术获得各种详细和准确的物流信息,如运输工具的选择、运输线路的确定、每次运送批量的确定、在途货物的追踪、仓库的有效利用、最佳库存数量的确定、库存时间的确定、如何提高顾客服务水平等,并将各个物流环节、各个物流作业信息进行实时采集、分析、传递,为管理提供各种作业明细信息及决策信息。同时供应处一级配送中心调度根据发料单记载的配送信息进行配载完毕后,通过 GPS/GIS 系统输入配送当天配送物资的品名、规格、重量、体积、计划配送时间等配送信息,形成针对每个二级单位的预提前到货通知信息。到货信息在网上发布以后,二级单位通过网络进行查询,及时掌握准确的到货信息,相应地做好机械作业的安排调度。它的建立将可以有效地节约油田的生产运营成本,通过统一的配送作业管理节约油田的物流运作成本,使配送委托订单处理、库存储位管理、服务状态查询、服务数据统计等日常工作都可以实现准确、快捷、高效的处理。同时又可以与用户、供应商及相关单位联结,实现资源共享、信息共用,对物流各环节进行实时跟踪、有效控制与全程管理,最终实现物流信息的收集、处理、传递、存储、管理等信息化,切实提高信息管理水平和客户服务质量,最终实现物流信息管理标准化。

为了加快物资流通速度,提高配送效率,应该提高一、二级配送机构的专业化装卸搬运机械设备的配置,增加箱式货车、带尾板的配送车型和专用装卸搬运机械设备等,以利于全天候配送作业的实施,以及适应不同现场的多种装卸条件,提高物资装卸能力。同时充分利用托盘、集装箱、周转箱等工具提高运输能力和装卸设备标准化建设,减少作业过程对物资造成的损毁。通过采用统一的物流设备标准,可以减少环节中非标准造成的额外成本增加。选用统一标准的包装货物,统一标准的托盘尺寸可以加快货物在配送系统中的一贯化流通。

在目前配送工作中,根据适用于托盘化物资的周转量,及其周转速度,各二级单位急需配备合理数量的叉车。叉车是物流领域最常用的具有装卸、搬运双重功能的机械。叉车作业时,仅仅依靠驾驶员的操作就能够使货物的装卸、拆垛、搬运等作业过程机械化,而无需人工的辅助劳动,大大提高了装卸效率,缩短了车辆停留和作业的时间,减少了货物破损,降低了装卸成本。它具有很强的灵活性,能在作业区内任意调动,适应货物数量及货流方向的改变,可以机动地与其他运输机械作业配合工作,提高机械的使用率。叉车作为装卸、搬运一体化的设备,能有效提高仓库容积的利用率,堆码高度可以达到 3～5m,并有利于开展托盘成组运输和集装箱运输。与大型起重机械比较,它的成本低,投资少,能获得较好的经济效益。

第七节　流通加工标准化新思路

入世以后,我国商业流通领域标准化工作正面临许多新的课题。调整标准化工作的思路,更好地服务于流通现代化的进程,提高企业经营管理水平和市场竞争能力,已成为政府与企业所共同关心的紧迫而重大的问题。

全国商业自动化标准化技术委员会从目前多元化企业结构和现代化流通方式对标准化的需求,以及入世后帮助民族企业抵御冲击、实现自我保护诸方面分析了标准化工作的意义,提出的标准化工作思路得到大家的赞同。

1. 坚持服务产业的工作方法

要面向规则和入世后的挑战面向流通现代化进程中的共性问题面向企业经营管理中的关键问题面向流通信息化过程中的基础性问题。要体现流通企业特别是大型流通企业和服务于流通的企业的参与。要与相关国际组织密切联系与交流。

2. 着眼于个层次的体系结构

在市场管理上,重点解决科学规划、市场准入和经济合理性问题,具体内容宜包括《零售企业选址、开店过程管理技术规范》、《网络零售的服务可靠性检测规程》等在规范企业间交易行为方面,重点解决关键作业的规范问题,减少信息的不对称,具体内容宜包括《商品核算流程规范》、《商品采购流程规范》、《交易结算信息对称性要求》等在企业技术进步方面,重点解决推广新型流通方式和先进的经营管理技术,提高员工素质问题,具体内容宜包括的推广、系统功能要求和岗位培训要求等在信息化基础建设方面,重点提高基础信息的规范化程度,建立标准规范的维护与推广机制,具体内容宜包括《代码统一与维护机制》、《数据模型与接口要求》等。

3. 突出三条主线的带动作用

在企业经营管理标准上,以推广为主线在关键业务管理上,以核算、采购规范为主线在信息化建设上,以数据模型为主线。目前标准化工作方式已发生变化,企业已由以前的被动接受转为主动有了这方面的需求。在新的背景下,政府应加强引导,行业协会要发挥牵头、"串联"作用。入世后,不妨发挥标准的壁垒作用,以扶持国内企业,即标准化工作的最终目的是应用,要重视标准的贯彻环节,建立配套的推行机制。

案　　例

第三方物流配送标准化的实例

实施标准化管理的目的是为了使物流配送规范化、标准化,通过资源特别是流程共享,在降低固定费用基础上,降低变动费用,从而低成本、高效率地保证所提供服务的质量,满足顾客已有和潜在的需求(顾客指与企业或组织发生联系的供方、合作方、客户及用户等)。下面就一家从事第三主物流配送的企业上海百大配送标准化案例进行分析。

上海百大配送有限公司是上市公司昆百大控股的云南百大投资有限公司在物流配送业投资的一个全国性的配送网络(以下简称上海百大配送),经过近五年的运作,已建成包括上海、北京、南京和昆明四城市四种商业模式的从事第三方物流末段服务的专业公司,获得了上海创股和北京联办等投资机构的注资,形成了自己的标准化业务和管理流程,实现了整体盈利,为今后的配送网络复制和扩张打下了基础,并开始与"阳光网达"等中游物流企业进行企业标准对接。

上海百大配送的标准化内容包括:机构设置及管理制度、程度的标准化;业务流程的标准化;业务开发的标准化;客户开发及维护的标准化;数据库建设的标准化(包括数据采集、分析、提供等);与供应商、银行、终端消费者接口的标准化;属地公司及配送站建设的标准化等。

上海百大本着的标准化管理经历了三个阶段的探索和实践：

（1）第一阶段：基于 ISO 9002：标准建立并实施的标准化管理。

为配合上海百大配送的战略发展需要，该公司在昆明和上海成立了专业的第三方物流配送公司，经过一年多的运作，积累了一定的经营和管理经验，并确立了在全国范围内成立同类的第三方物流配送公司、形成全国直投网络的战略目标，新公司的建立和运作需要有一套规范化、标准化的管理手册作指导；随着昆明和上海两公司物流配送业务量的增长，对运作及管理规范化、标准化的需求促使该公司实施标准化管理。

实施标准化管理的过程中，主要采取了以下措施：按照 ISO 9002：建立质量体系；根据公司行政、财务管理需要，按照 ISO 9002：的理念建立行政财务管理体系；将质量管理体系与行政财务管理体系有机融合，形成一套完整的公司管理手册（以下称管理手册 V1.0）；在已成立的公司逐步实施管理手册 V1.0，并以引指导新公司的建立和运作。

上海百大配送所属的昆明公司在标准建立之初，即承担了配合设计并试验标准化管理体系及管理手册 V1.0 的任务，标准化管理体系的建立及实施，规范了公司的运作和管理，使公司的业务运作及行政财务进入有序状态，提升了公司的服务质量，增强了竞争力，使该公司成为昆明地区物流配送行业的明星企业。随后，公司在管理手册 V1.0 的指导下在南京、北京相继成立了第三方物流配送公司。

（2）第二阶段：根据实际运作情况，总结并提炼不同类型物品的物流配送运作过程规范化的标准化管理。

上海百大配送在昆明、上海、南京四城市分别成立第三方物流末段配送公司，经过几年的运作，尽管四城市公司经营重点不同，但单一物品的物流配送业务流程已较成熟，而且同类物品的配送在不同地区、不同公司的业务流程与管理基本一致。在此基础上进行了标准化管理的升级。

上海百大配送综合所属四个物流企业的实际运作经验，总结不同物品、不同服务的业务流程，自下而上地收集各环节、各岗位操作指导，并按部门及功能块制订切实可行的管理制度及控制标准，形成了管理手册 V2.0。

管理手册 V2.0 建立并实施后，公司内各部门及功能块控制点清晰，管理目标明确，减轻了中层管理人员的管理难度；各岗位人员严格按照操作指导及标准工作。为公司提升业务量及增加新的配送服务奠定了基础；各地区公司在开展新业务时，依据"管理手册 V2.0"已建立同类业务的业务流程、操作指导及管理控制标准实施业务的开发、运作及管理，大大加快了各公司业务的拓展。

（3）第三阶段：对有共性的不同物品的物流配送过作过程一体化的标准化运作及管理的探索，并增加对客户、用户及合的接口标准化内容。

随着上海百大配送在四个城市的运作日趋成熟，各城市公司在物流配送实际运作中都不同程度地实现了不同物品、不同服务过程的资源共享及综合利用（注：资源包括人力、信息、基础设施、工作环境、供方、合、银行及财务资源等）。

本 章 小 结

　　现代物流实用词典说物流配送是共同化的服务模式,物流配送共同化包括物流资源利用共同化、物流设施与设备利用共同化、物流管理共同化等。流通加工(Distribution Processing)是商品在从生产者向消费者流通过程中,为了增加附加价值,满足客户需求,促进销售而进行简单的组装,剪切,套裁,贴标签,刷标志,分类,检量,弯管,打孔等加工作业。只有正确认识了配送及其相应一系列活动,才能使物流更加有效。

思 考 题

1.如何理解配送的概念?

2.简述配送的作用。

3.配送中心如何分类?

4.配送的模式有哪几种?

5.简述配送合理化的途径。

6.分析我国配送中心的设施设备存在的问题。

7.流通加工的类型有哪些?

8.如何实现流通加工合理化?

第七章　供应链管理标准化

【本章导读】

物料在供应链上因加工、包装、运输等过程而增加其价值,给相关企业带来收益。实现企业供应链管理标准化,能够降低相应的管理成本,增加企业的利润,提高企业对供应链的管理效率,同时又是实现供应链作业流程标准化的前提。供应链不仅是一条连接供应商到用户的物流链、信息链、资金链,而且是一条增值链。

【本章重点】

1.供应链的定义;2.供应链管理的内容及原理;3.供应链管理信息系统的标准化;4.联合库存管理;5.供应商掌握库存;6.数据元标准化。

【学习目标】

了解供应链的定义、结构模型及特征,对供应链有一个大概的了解。掌握供应链管理的定义、内容、基本特征及原理。对于供应链管理的背景、发展趋势及演化进行一下了解。掌握供应链管理的方法,尤其是联合库存管理及供应商掌握库存需重点掌握。了解供应链管理标准化,掌握数据元标准化。

【关键概念】

供应链　供应链管理　联合库存管理　供应商掌握库存　供应链运输管理　数据元标准化　供应链系统

第一节　供应链概述

一、供应链的定义

中华人民共和国国家标准《物流术语》对供应链的定义为:"供应链,即生产及流通过程中,涉及将产品或服务提供给最终用户所形成的网链结构。"

供应链围绕核心企业,通过对信息流、物流、资金流的控制,从采购原材料开始,制成中间产品以及最终产品,最后由销售网络把产品送到消费者手中的将供应商、制造商、分销商、零售商、直到最终用户连成一个整体的功能网链结构。所以,一条完整的供应链应包括供应商(原材料供应商或零配件供应商),制造商(加工厂或装配厂),分销商(代理商或批发商),零售商(大卖场,百货商店,超市,专卖店,便利店和杂货店)以及消费者。

从物流的观念出发,供应链的概念应当包括这样几个基本要点:

(1)供应链都是以物资为核心的。整个供应链可以看成是一种产品的运作链。

(2)供应链是一种联合体。这种联合体包括结构的联合和功能的联合。

(3)供应链都有一个核心企业。核心企业主要是生产企业、流通企业、物流企业。除此之外,核心企业还可以是银行、保险公司、信息企业等,他们能够组织各种各样的非物资形式的供应链系统。

（4）供应链必然包含有上游供应链和下游供应链。

（5）供应链都有一个整体目的或宗旨。

二、供应链的结构模型

根据供应链的定义,其结构可以简单地归纳为如图 7-1 所示的模型。

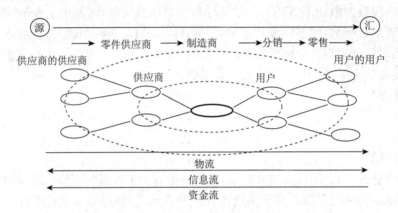

图 7-1　供应链的网链结构模型

从图 7-1 中可以看出供用链是供应商的供应商和用户的用户组成,其构成全部是来源于"需求拉动"。供应链围绕一个核心企业,这个核心企业可以是产品制造业,也可以是大型零售企业。结点企业在需求信息的驱动下,通过供应链的职能分工与合作（生产、分销、零售等）,以资金流、物流和服务流为媒介实现整个供应链的不断增值。

三、供应链的特征

供应链主要具有以下特征:

（1）供应链是需求链。在买方市场的情况下,供应链的产生是由于客户的需求驱动而形成的,如果客户对这种商品没有需求,也就不存在这种商品的供应链。

（2）供应链又是增值链。在供应链上通过加工、包装、运输等过程,增加产品的价值,给企业带来收益。

（3）复杂性。因为供应链节点企业组成的跨度（层次）不同,供应链往往由多个、多类型甚至多国企业构成,所以供应链结构模式比一般单个企业的结构模式更为复杂。

（4）动态性。供应链管理因企业战略和适应市场需求变化的需要,其中节点企业需要动态地更新,这就使得供应链具有明显的动态性。

（5）面向用户需求。供应链的形成、存在、重构,都是基于一定的市场需求而发生,并且在供应链的运作过程中,用户的需求拉动是供应链中信息流、产品/服务流、资金流运作的驱动源。

（6）交叉性。节点企业可以是这个供应链的成员,同时又是另一个供应链的成员,众多的供应链形成交叉结构,增加了协调管理的难度。

第二节　供应链管理概述

一、供应链管理的定义

中华人民共和国国家标准《物流术语》将供应链管理定义为："利用计算机网络技术全面规划供应链中的商流、物流、信息流、资金流等,并进行计划、组织、协调与控制等。"

全球供应链论坛(global supply Chain forum,GSCF)将供应链管理定义成:为消费者带来有价值的产品、服务以及信息的,从源头供应商到最终消费者的集成业务流程。

供应链管理(supply chain management,SCM)是一种集成的管理思想和方法,它执行供应链中从供应商到最终用户的物流的计划和控制等职能。从单一的企业角度来看,是指企业通过改善上、下游供应链关系,整合和优化供应链中的信息流、物流、资金流,以获得企业的竞争优势。供应链管理是企业的有效性管理,表现了企业在战略和战术上对企业整个作业流程的优化。整合并优化了供应商、制造商、零售商的业务效率,使商品以正确的数量、正确的品质、在正确的地点、以正确的时间、最佳的成本进行生产和销售。

二、供应链管理产生的背景

20世纪90年代以前,企业出于管理和控制上的目的,对与产品制造有关的活动和资源主要采取自行投资和兼并的"纵向一体化"的模式,企业和为其提供材料或服务的单位是一种所有权的关系。"大而全","小而全"的思维方式使许多制造企业拥有从材料生产,到成品制造,运输和销售的所有设备以及组织机构,很多大型的企业甚至拥有医院,学校等单位。

但是,这种"大而全","小而全"的"纵向一体化"发展模式存在着一系列的问题。

第一,这种发展模式成本很高。首先,由于提供这种材料和服务的单位专门为所属的企业提供材料或者服务,其规模相对较小,规模效应差。其次,因为所属的单位专门为企业提供材料或者服务,对企业有很强依赖性,无需参与市场竞争,效率十分低下。再次,单个企业对某种材料或者服务的需求稳定性比较差,当需求下降时,很容易形成部分所属单位产能过剩的局面,造成社会资源的浪费。

第二,企业对众多功能的投资,需要大量的资本。当可用于投资的资金不足时,制约了企业的发展。就算资金充裕,这种投资也具有很大的风险。随着社会化分工的不断发展,可以提供各种材料和服务的企业越来越多,什么项目都投资的方式不利于充分利用现有社会资源。

第三,经营项目太多,很难专注于企业的核心竞争力,不利于技术创新,很难在市场上处于优势地位。

第四,企业内部部门众多,结构复杂,管理难度不断加大。

面对高科技的迅速发展,全球竞争日益激烈,顾客需求不断变化的趋势,纵向发展会增加企业的投资负担,迫使企业从事并不擅长的业务活动,而且企业也会面临更大的经营风险。

进入20世纪90年代以后,越来越多的企业认识到了"纵向一体化"的弊端,为了节约投资,提高资源的利用率,企业开始采取集中发展主营业务的"横向一体化"的战略。一方面,当企业对某种资源或者服务有需求时,主要采用外部购买的方式,尽量减少对各种非主营业务的投资。另一方面,企业也在逐步把主营业务以外的业务予以外包,原有企业和为他提供材料或服务的单位变成了一种平等的合作关系。

在这种形式下,对同一产业链上的不同企业之间的合作水平,信息沟通,物流速度,售后服务以及技术支持等就提出了更高的要求,供应链管理就是适应这一形式产生和发展起来的。

三、供应链管理的内容

1. 供应链管理

它从战略层次和整体的角度把握最终用户的需求,通过企业之间有效的合作,获得从成本、时间、效率、柔性等最佳效果。包括从原材料到最终用户的所有活动,是对整个链的过程管理。

SCM(供应链管理)是使企业更好地采购制造产品和提供服务所需原材料、生产产品和服务并将其递送给客户的艺术和科学的结合。供应链管理包括五大基本内容。

2. 计划

这是 SCM 的策略性部分。你需要有一个策略来管理所有的资源,以满足客户对你的产品的需求。好的计划是建立一系列的方法监控供应链,使它能够有效、低成本地为顾客递送高质量和高价值的产品或服务。

3. 采购

选择能为你的产品和服务提供货品和服务的供应商,和供应商建立一套定价、配送和付款流程并创造方法监控和改善管理,并把对供应商提供的货品和服务的管理流程结合起来,包括提货、核实货单、转送货物到你的制造部门并批准对供应商的付款等。

4. 制造

安排生产、测试、打包和准备送货所需的活动,是供应链中测量内容最多的部分,包括质量水平、产品产量和工人的生产效率等的测量。

5. 配送

很多"圈内人"称之为"物流",是调整用户的定单收据、建立仓库网络、派递送人员提货并送货到顾客手中、建立货品计价系统、接收付款。

6. 退货

这是供应链中的问题处理部分。建立网络接收客户退回的次品和多余产品,并在客户应用产品出问题时提供支持。

四、供应链管理的作用

供应链管理包含的丰富内涵:

第一,供应链管理把产品在满足客户需求的过程中对成本有影响的各个成员单位都考虑在内了,包括从原材料供应商、制造商到仓库再经过配送中心到渠道商。不过,实际上在供应链分析中,有必要考虑供应商的供应商以及顾客的顾客,因为它们对供应链的业绩也是有影响的。

第二，供应链管理的目的在于追求整个供应链的整体效率和整个系统费用的有效性，总是力图使系统总成本降至最低。因此，供应链管理的重点不在于简单地使某个供应链成员的运输成本达到最小或减少库存，而在于通过采用系统方法来协调供应链成员以使整个供应链总成本最低，使整个供应链系统处于最流畅的运作中。

第三，供应链管理是围绕把供应商、制造商、仓库、配送中心和渠道商有机结合成一体这个问题来展开的，因此它包括企业许多层次上的活动，包括战略层次、战术层次和作业层次等。

研究表明，有效的供应链管理总是能够使供应链上的企业获得并保持稳定持久的竞争优势，进而提高供应链的整体竞争力。统计数据显示，供应链管理的有效实施可以使企业总成本下降 20％左右，供应链上的节点企业按时交货率提高 15％以上，订货到生产的周期时间缩短 20％～30％，供应链上的节点企业生产率增值提高 15％以上。越来越多的企业已经认识到实施供应链管理所带来的巨大好处，比如 HP、IBM、DELL 等在供应链管理实践中取得的显著成绩就是明证。

五、供应链管理的基本特征

供应链管理的基本特征可以归纳为以下几个方面：

第一，"横向一体化"的管理思想。强调每个企业的核心竞争力，这也是当今人们谈论的共同话题。为此，要清楚地辨别本企业的核心业务，然后就狠抓核心资源，以提高核心竞争力。

第二，非核心业务都采取外包的方式分散给业务伙伴，和业务伙伴结成战略联盟关系。

第三，供应链企业间形成的是一种合作性竞争。合作性竞争可以从两个层面理解：①过去的竞争对手相互结盟，共同开发新技术，成果共享；②将过去由本企业生产的非核心零部件外包给供应商，双方合作共同参与竞争。这实际上也是体现出核心竞争力的互补效应。

第四，以顾客满意度作为目标的服务化管理。对下游企业来讲，供应链上游企业的功能不是简单地提供物料，而是要用最低的成本提供最好的服务。

第五，供应链追求物流、信息流、资金流、工作流和组织流的集成。这几个流在企业日常经营中都会发生，但过去是间歇性或者间断性的，因而影响企业间的协调，最终导致整体竞争力下降。供应链管理则强调这几个流程必须集成起来，只有跨企业流程实现集成化，才能实现供应链企业协调运作的目标。

第六，借助信息技术实现目标管理。

第七，更加关注物流企业的参与。过去一谈到物流，好像就是搬运东西。在供应链管理环境下，物流的作用特别重要，因为浓缩物流周期比缩短制造周期更关键。

六、供应链管理的原理

1. 资源横向集成原理

资源横向集成原理揭示的是新经济形势下的一种新思维。该原理认为，在经济全球化迅速发展的今天，企业仅靠原有的管理模式和自己有限的资源，已经不能满足快速变化的市场对企业所提出的要求。

企业必须放弃传统的基于纵向思维的管理模式,朝着新型的基于横向思维的管理模式转变。企业必须横向集成外部相关企业的资源,形成"强强联合,优势互补"的战略联盟,结成利益共同体去参与市场竞争,以实现提高服务质量的同时降低成本、快速响应顾客需求的同时给予顾客更多选择的目的。

2. 系统原理

系统原理认为,供应链第一是一个系统,是由相互作用、相互依赖的若干组成部分结合而成的具有特定功能的有机整体。供应链是一个复杂的大系统,其系统特征首先体现在其整体功能上。第二,体现在供应链系统的目的性上。第三,体现在供应链合作伙伴间的密切关系上。第四,体现在供应链系统的环境适应性上。第五,体现在供应链系统的层次性上。

3. 多赢互惠原理

多赢互惠原理认为,供应链是相关企业为了适应新的竞争环境而组成的一个利益共同体,其密切合作是建立在共同利益的基础之上,供应链各成员企业之间通过一种协商机制,来谋求一种多赢互惠的目标。

4. 合作共享原理

该原理有两层含义,一是合作,二是共享。

合作原理认为,由于任何企业所拥有的资源都是有限的,它不可能在所有的业务领域都获得竞争优势,因而企业要在竞争中获胜,就必须将有限的资源集中在核心业务上。同时,企业必须与全球范围内的在某一方面具有竞争优势的相关企业建立紧密的战略合作关系,将本企业中的非核心业务交由合作企业来完成,充分发挥各自独特的竞争优势,从而提高供应链系统整体的竞争能力。

共享原理认为,实施供应链合作关系意味着管理思想与方法的共享、资源的共享、市场机会的共享、信息的共享、先进技术的共享以及风险的共担。其中,信息共享是实现供应链管理的基础,准确可靠的信息可以帮助企业做出正确的决策。

5. 需求驱动原理

需求驱动原理认为,供应链的形成、存在、重构,都是基于一定的市场需求,在供应链的运作过程中,用户的需求是供应链中信息流、产品/服务流、资金流运作的驱动源。

6. 快速响应原理

快速响应原理认为,在全球经济一体化的大背景下,随着市场竞争的不断加剧,经济活动的节奏也越来越快,用户在时间方面的要求也越来越高。用户不但要求企业要按时交货,而且要求的交货期越来越短。因此,企业必须能对不断变化的市场做出快速反应,必须要有很强的产品开发能力和快速组织产品生产的能力,源源不断地开发出满足用户多样化需求的、定制的"个性化产品"去占领市场,以赢得竞争。

7. 同步运作原理

同步运作原理认为,供应链是由不同企业组成的功能网络,其成员企业之间的合作关系存在着多种类型,供应链系统运行业绩的好坏取决于供应链合作伙伴关系是否和谐,只有和谐的系统才能发挥最佳的效能。供应链管理的关键就在于供应链上各节点企业之间的密切合作以及相互之间在各方面良好的协调。

8. 动态重构原理

动态重构原理认为,供应链是动态的、可重构的。供应链是在一定的时期内、针对某一市场机会、为了适应某一市场需求而形成的,具有一定的生命周期。当市场环境和用户需求发生较大的变化时,围绕着核心企业的供应链必须能够快速响应,能够进行动态快速重构。

七、供应链管理的发展趋势

供应链管理是迄今为止企业物流发展的最高级形式。虽然供应链管理非常复杂,且动态、多变,但众多企业已经在供应链管理的实践中获得了丰富的经验并取得显著的成效。当前供应链管理的发展正呈现出一些明显的趋势:

1. 时间与速度

越来越多的公司认识到时间与速度是影响市场竞争力的关键因素之一。比如,在 IT 行业,国内外大多数 PC 制造商都使用 Intel 的 CPU,因此,如何确保在第一时间内安装 Intel 最新推出的 CPU 就成为各 PC 制造商获得竞争力的自然之选。总之,在供应链环境下,时间与速度已被看作是提高企业竞争优势的主要来源,一个环节的拖沓往往会影响整个供应链的运转。供应链中的各个企业通过各种手段实现它们之间物流、信息流的紧密连接,以达到对最终客户要求的快速响应、减少存货成本、提高供应链整体竞争水平的目的。

2. 质量与资产生产率

供应链管理涉及许多环节,需要环环紧扣,并确保每一个环节的质量。任何一个环节,比如运输服务质量的好坏,就将直接影响到供应商备货的数量、分销商仓储的数量,进而最终影响到用户对产品质量、时效性以及价格等方面的评价。时下,越来越多的企业信奉物流质量创新正在演变为一种提高供应链绩效的强大力量。另外,制造商越来越关心它的资产生产率。改进资产生产率不仅仅是注重减少企业内部的存货,更重要的是减少供应链渠道中的存货。供应链管理发展的趋势要求企业开展合作与数据共享以减少在整个供应链渠道中的存货。

3. 组织精简

供应链成员的类型及数量是引发供应链管理复杂性的直接原因。在当前的供应链发展趋势下,越来越多的企业开始考虑减少物流供应商的数量,并且这种趋势非常明显与迅速。比如,跨国公司客户更愿意将它们的全球物流供应链外包给少数几家,理想情况下最好是一家物流供应商。因为这样不仅有利于管理,而且有利于在全球范围内提供统一的标准服务,更好地显示出全球供应链管理的整套优势。

4. 客户服务方面

越来越多的供应链成员开始真正地重视客户服务与客户满意度。传统的量度是以"订单交货周期"、"完整订单的百分比"等来衡量的,而目前更注重客户对服务水平的感受,服务水平的量度也以它为标准。客户服务的重点转移的结果就是重视与物流公司的关系,并把物流公司看成是提供高水平服务的合作者。

八、供应链管理理论的演进

1. 关于供应链管理理论的起源

关于供应链管理理论的起源,各学者的主张并不一致。Croom 等人认为 SCM 的确切起源不是很清楚的,主要从两个方面发展而来。一个是建立在 Forrester 教授的工作基础之上,即应用产业动力学的方法,SCM 理论沿着实体分销和运输的发展而发展;另一个是随着对分销和物流中全面成本的研究而发展起来的,它是建立在 Heckert、Miner(1940)和 Lewis(1956)研究基础之上的。虽然这个发展方向的路径和研究方法是不同的,但是确有一个共同点:即聚焦于供应链中的单一企业是不能确保整体效率的提高。而 Tan 等人也认为 SCM 是由两个不同的方面发展而来:一个是从工业企业的采购和供应发展而来;而另一个是从批发商和零售商为提高竞争优势而整合物流功能的领域发展而来。最近十年来,传统的公司战略沿着这两个方向不断发展,并最终融合成具有历史意义和战略意义的供应链管理。

2. 关于供应链管理理论的发展

综合 Tan、Croom 和侯君溥等人的观点,笔者认为 SCM 的发展主要经历了三个阶段的历程(见表 7 - 1)。第一阶段为独立的物流配送和物流成本管理阶段,主要研究实体分销和对下游厂商的配送系统。第二阶段为整合的物流管理阶段,注重企业内物流和外部物流的整合,并研究企业间采购和供应战略,强调合作关系的加强。第三阶段为整合供应链管理阶段,主要研究从供应商的供应商到客户的客户的整体供应链研究,注重整体价值链效率的提高和价值增值。

表 7 - 1　供应链管理主要发展阶段

阶段	期间	研究方向和重点
第一阶段	20 世纪 60 及 70 年代	分离的物流配送和物流成本管理
第二阶段	20 世纪 70 及 80 年代	整合内外部物流管理和企业间关系管理
第三阶段	20 世纪 90 年代及以后	整体价值链效率和价值增值的提高

供应链管理的发展与制造业自动化的发展、企业经营管理的演进以及企业信息系统的演化密不可分。在 20 世纪 50～60 年代,制造商强调大规模生产以降低单位生产成本,即大规模生产的运营战略。当时的企业生产较少考虑市场因素,生产、制造缺乏柔性,新产品的开发缓慢,几乎完全依靠企业内部技术和能力。因此企业的运营瓶颈是通过加大库存量来解决,很少考虑企业间的合作和发展。

当时的采购仅仅被认为是生产的支持活动,管理人员很少关心采购活动(Farmer,1997)。到了 20 世纪 70 年代,制造资源计划被引入,管理人员意识到存货数量给制造成本、新产品开发和生产提前期带来重要影响。所以通过转向新型的物料管理来提高企业绩效。

20 世纪 80 年代后,全球竞争加剧,一些大型跨国企业面对市场竞争只有通过提供低成本、高质量、可靠的产品和更加柔性的设计来保持领先地位。制造企业开始导入 JIT 生产力理念,日本企业通过实施 JIT 来提高制造效率、缩短生产周期和降低库存。由于 JIT 通过快节奏制造环境、低库存来缓解生产和排成问题,制造商们意识到战略合作伙伴关系的重要。

所以当制造商和供应商开始发展战略供应关系时,供应链管理的概念随即出现了。

而采购、物流和运输过程的专业化,推动物料管理概念的进一步发展。制造资源计划(MRPII)强调企业内部各功能、资源的整合,而企业内部资源计划的整合需要外部供应商和分销商的合作。制造企业将企业内部物流和外部物流系统整合,这导致了整合物流概念的产生。

在20世纪90年代,供应链管理持续发展,供应链扩展为由供应商、制造商、分销和客户组成的整体价值链。采购和供应的效率要求更多地考虑成本与质量间的协调。制造商通过从选定的少数几家供应商或者经过认证的供应商那里采购原料,以消除非增值活动,如原材料质量检查、入库检查等(Inman&Hubler,1992)。很多制造商和零售商通过紧密合作来提高跨企业的价值链的效率。例如,在进行新产品开发时,制造商将供应商和客户整合在一起,利用合作伙伴的研发能力和科技,提高研发周期,增强核心竞争力(Ragate,et. al,1997;Morgan&Monczka,1995)。而分销商和零售商则将自己的分销与运输提供商进行无缝连接,以达到直接交货,消除物品检查等增值活动。

第三节　供应链管理的基本内容

一、供应链管理的主要领域

供应链管理主要涉及到四个主要领域:供应(Supply)、生产计划(Schedule Plan)、物流(Logistics)、需求(Demand)。供应链管理是以同步化、集成化生产计划为指导,以各种技术为支持,尤其以 Internet/Intranet 为依托,围绕供应、生产作业、物流(主要指制造过程)、满足需求来实施的。供应链管理主要包括计划、合作、控制从供应商到用户的物料(零部件和成品等)和信息。供应链管理的目标在于提高用户服务水平和降低总的交易成本,并且寻求两个目标之间的平衡(这两个目标往往有冲突)。

在以上四个领域的基础上,我们可以将供应链管理细分为职能领域和辅助领域。职能领域主要包括产品工程、产品技术保证、采购、生产控制、库存控制、仓储管理、分销管理。而辅助领域主要包括客户服务、制造、设计工程、会计核算、人力资源、市场营销。

由此可见,供应链管理关心的并不仅仅是物料实体在供应链中的流动,除了企业内部与企业之间的运输问题和实物分销以外,供应链管理还包括以下主要内容:

(1)战略性供应商和用户合作伙伴关系管理。

(2)供应链产品需求预测和计划。

(3)供应链的设计(全球节点企业、资源、设备等的评价、选择和定位)。

(4)企业内部与企业之间物料供应与需求管理。

(5)基于供应链管理的产品设计与制造管理、生产集成化计划、跟踪和控制。

(6)基于供应链的用户服务和物流(运输、库存、包装等)管理。

(7)企业间资金流管理(汇率、成本等问题)。

(8)基于 Internet/Intranet 的供应链交互信息管理等。

二、供应链管理中信息技术

信息共享是实现供应链管理的基础。供应链的协调运行建立在各个节点企业高质量的信息传递与共享的基础之上，因此，有效的供应链管理离不开信息技术（Information 简称 IT）系统提供可靠的支持。IT 的应用有效地推动了供应链管理的发展，它可以节省时间和提高企业信息交换的准确性，减少了在复杂、重复工作中的人为错误，因而减少了由于失误而导致的时间浪费和经济损失，提高了供应链管理的运行效率。在这一章中，我们主要讨论 IT 在供应链管理中的应用问题，具体阐述了基于 EDI、Internet/Intranet 及电子商务的供应链管理信息技术支撑体系。

（一）概述

随着全球竞争的加剧、经济的不确定性增大、信息技术的高速发展以及消费者需求的个性化增加等环境的变化，当今世界已经由以机器和原材料为特征的工业时代进入了以计算机和信息为特征的信息时代，原有的企业组织与管理模式越来越不能适应激烈的市场竞争，从而开始了探索能够提高企业竞争力的新型管理模式的艰苦历程。在信息社会中，信息已成为企业生存和发展的最重要资源。为了在市场竞争中获得更有利的竞争地位，企业要树立"人才是企业的支柱，信息是企业的生命"的经营思想。企业是一个多层次多系统的结构，信息是企业各系统和成员间密切配合、协同工作的"粘合剂"。

为了实现企业的目标，必须通过信息的不断传递，一方面进行纵向的上下信息传递，把不同层次的经济行为协调起来；另一方面进行横向的信息传递，把各部门、各岗位的经济行为协调起来，通过信息技术处理人、财、物和产、供、销之间的复杂关系，因此，企业就有一个信息的集成问题。供应链作为一种"扩展"的企业，其信息流动和获取方式不同于单个企业下的情况。在一个由网络信息系统组成的信息社会里，各种各样的企业在发展的过程中相互依赖，形成了一个"生物化企业环"，供应链就是这样的"生态系统"中的"食物链"。企业通过网络从内外两个信息源中收集和传播信息，捕捉最能创造价值的经营方式、技术和方法，创建网络化的企业运作模式。在这种企业运作模式下的信息系统和传统的企业信息系统是不同的，需要新的信息组织模式和规划策略。因此，我们研究供应链管理模式，首先要从改变原有的企业信息系统结构、建立面向供应链管理的新的企业信息系统入手，这是实施供应链管理的前提和保证。

为了实现信息共享，需要考虑以下几个方面的问题：为系统功能和结构建立统一的业务标准；对信息系统定义、设计和实施建立连续的实验、检测方法；实现供应商和用户之间的计划信息的集成；运用合适的技术和方法，提高供应链系统运作的可靠性，降低运行总成本；确保信息要求与关键业务指标一致。

信息管理对于任何供应链管理都是必须的，而不仅仅是针对复杂的供应链。在供应链成员企业之间传输数据主要有手工、半自动化（如 E-mail）、自动化（如 EDI）三种方式。利用 EDI 等信息技术可以快速获得信息，提供更好的用户服务和加强客户联系，可以提高供应链企业运行状况的跟踪能力、直至提高整体竞争优势。当然，供应链企业之间的信息交换要克服不同文化造成的障碍，信息本身是不能做任何事的，只有人利用信息去做事。

安德理·温利和斯浦瑞纳·福茨（Andrea Vinelli 和 Cipriano Forza）提出在企业建立快

速反应(Quick Response,简称 QR)策略,以使企业能更好地面对竞争激烈、快速变化、不确定因素增多的市场环境。通过 QR 策略获得缩短整个提前期,实现风险共享、提高服务水平等目的,而 IT 在 QR 策略中担任了不可替代的角色。

(二)信息技术的发展及其在供应链管理中的应用

1. 现代信息技术的发展

现代信息技术奠定了信息时代发展的基础,同时又促进了信息时代的到来,它的发展以及全球信息网络的兴起,把全球的经济、文化联结在一起。任何一个新的发现、新的产品、新的思想、新的概念都可以立即通过网络、通过先进的信息技术传遍世界。经济国际化趋势的日渐显著,使得信息网络、信息产业发展更加迅速,使各行业、产业结构乃至整个社会的管理体系发生深刻变化。现代信息技术是一个内容十分广泛的技术群,它包括微电子技术、光电子技术、通信技术、网络技术、感测技术、控制技术、显示技术等。在 21 世纪,企业管理的核心必然是围绕信息管理来进行的。最近几年,技术创新成为企业改革的最主要形式,而 IT 的发展直接影响企业改革和管理的成败。不管是计算机集成制造(CIM)、电子数据交换(EDI)、计算机辅助设计(CAD),还是制造业执行信息系统(Executive Information System),信息技术革新都已经成为企业组织变化的主要途径。

2. 信息技术在供应链管理中的应用

IT 在供应链管理中的应用可以从两个方面理解:一是 IT 的功能对供应链管理的作用(如 Internet、多媒体、EDI、CAD/CAM、ISDN 等的应用),二是 IT 技术本身所发挥的作用(如 CD-ROM、ATM、光纤等的应用)。IT 特别是最新 IT(如多媒体、图像处理和专家系统)在供应链中的应用,可以大大减少供应链运行中的不增值行为。供应链管理涉及的主要领域有产品、生产、财务与成本、市场营销/销售、策略流程、支持服务、人力资源等多个方面,通过采用不同的 IT,可以提高这些领域的运作绩效。

EDI 是供应链管理的主要信息手段之一,特别是在国际贸易中有大量文件传输的条件下。它是计算机与计算机之间的相关业务数据的交换工具,它有一致的标准以使交换成为可能。典型的数据交换是传向供应商的订单。EDI 的应用较为复杂,其费用也很昂贵,不过最新开发的软件包、远程通讯技术使 EDI 更为通用。利用 EDI 能清除职能部门之间的障碍,使信息在不同职能部门之间通畅、可靠地流通,能有效减少低效工作和非增值业务(Non-Value Added)。同时可以通过 EDI 快速地获得信息,更好地进行通讯联系、交流和更好地为用户提供服务。

CAD/CAE/CAM、EFT 和多媒体的应用可以缩短订单流的提前期。如果把交货看作一个项目,为了消除物料流和信息流之间的障碍,就需要应用多媒体技术、共享数据库技术、人工智能、专家系统和 CIM。这些技术可以改善企业内和企业之间计算机支持的合作工作,从而提高整个供应链系统的效率。

企业的内部联系与企业外部联系是同样重要的。比如在企业内建立企业内部网络(Intranet)并设立电子邮件(E-mail)系统,使得职工能便捷地相互收发信息。像 Netscape 和 WWW 的应用可以方便地从其他地方获得有用数据,这些信息使企业在全球竞争中获得成功,使企业能在准确可靠的信息帮助下做出准确决策。信息流的提前期也可以通过 E-mail 和传真的应用得到缩短。信息时代的发展需要企业在各业务领域中适当运用相关的 IT。

3. 基于 EDI 的供应链管理信息技术支撑体系

国际标准化组织(ISO)将 EDI 定义为"将商业或行政事务处理,按照一个公认的标准,形成结构化的事务处理或信息数据格式,从计算机到计算机的数据传输"。在供应链管理的应用中,EDI 是供应链企业信息集成的一种重要工具,一种在合作伙伴企业之间交互信息的有效技术手段,特别是在全球进行合作贸易时,它是在供应链中联接节点企业的商业应用系统的媒介。通过 EDI,可以快速获得信息,提供更好的服务,减少纸面作业,更好地沟通和通信,提高生产率,降低成本,并且能为企业提供实质性的、战略性的好处,如改善运作、改善与客户的关系、提高对客户的响应、缩短事务处理周期、减少订货周期、减少订货周期中的不确定性、增强企业的国际竞争力等。供应链中的不确定因素是最终消费者的需求,必须对最终消费者的需求做出尽可能准确的预测,供应链中的需求信息都源于并且依赖于这种需求预测。利用 EDI 相关数据进行预测,可以减少供应链系统的冗余性,因为这种冗余可能导致时间的浪费和成本的增加。通过预测信息的利用,用户和供应商可以一起努力缩短订单周期时间。

第四节 供应链管理方法

一、联合库存管理

长期以来,供应链中的库存是各自为政的。供应链中的每个环节都有自己的库存控制策略,都是各自管理自己的库存。由于各自的库存控制策略不同,因此不可避免地产生需求的扭曲现象,即所谓的需求放大现象,形成了供应链中的"牛鞭效应",加重了供应商的供应和库存风险。近年来出现了一种新的供应链库存管理方法——联合库存管理,这种库存管理策略打破了传统的各自为政的库存管理模式,有效的控制了供应链中库存风险,体现了供应链的集成化管理思想,适应市场变化的要求,是一种新的有代表性的库存管理思想。

为了克服 VMI 系统的局限性和规避传统库存控制中的牛鞭效应,联合库存管理(Jointly Managed Inventory,JMI)随之而出。简单地说,JMI 是一种在 VMI 的基础上发展起来的上游企业和下游企业权利责任平衡和风险共担的库存管理模式。JMI 体现了战略供应商联盟的新型企业合作关系,强调了供应链企业之间双方的互利合作关系。

联合库存管理是解决供应链系统中由于各节点企业的相互独立库存运做模式导致的需求放大现象,提高供应链的同步化程度的一种有效方法。联合库存管理强调供应链中各个节点同时参与,共同制定库存计划,使供应链过程中的每个库存管理者都从相互之间的协调性考虑,保持供应链各个节点之间的库存管理者对需求的预期保持一致,从而消除了需求变异放大现象。任何相邻节点需求的确定都是供需双方协调的结果,库存管理不再是各自为政的独立运作过程,而是供需连接的纽带和协调中心。

JMI 把供应链系统管理进一步集成为上游和下游两个协调管理中心,库存连接的供需双方以供应链整体的观念出发,同时参与,共同制定库存计划,实现供应链的同步化运作,从而部分消除了由于供应链环节之间的不确定性和需求信息扭曲现象导致的供应链的库存波动。JMI 在供应链中实施合理的风险、成本与效益平衡机制,建立合理的库存管理风险的预防和分担机制,合理的库存成本与运输成本分担机制和与风险成本相对应的利益分配机制,在进行有效激励的同时,避免供需双方的短视行为及供应链局部最优现象的出现。通过协调管理中心,供需双方共享需求信息,从而起到了提高供应链的运作稳定性作用。

联合库存管理的优点有:

(1)由于联合库存管理将传统的多级别、多库存点的库存管理模式转化成对核心制造企业的库存管理,核心企业通过对各种原材料和产成品实施有效控制,就能达到对整个供应链库存的优化管理,简化了供应链库存管理运作程序。

(2)联合库存管理在减少物流环节降低物流成本的同时,提高了供应链的整体工作效率。联合库存可使供应链库存层次简化和运输路线优化。在传统的库存管理模式下,供应链上各企业都设立自己的库存,随着核心企业的分厂数目的增加,库存物资的运输路线将呈几何级数增加,而且重复交错,这显然会使物资的运输距离和在途车辆数目的增加,其运输成本也会大大增加。

(3)联合库存管理系统把供应链系统管理进一步集成为上游和下游两个协调管理中心,从而部分消除了由于供应链环节之间不确定性和需求信息扭曲现象导致的库存波动。通过协调管理中心,供需双方共享需求信息,因而提高了供应链的稳定性。

从供应链整体来看,联合库存管理减少了库存点和和相应的库存设立费及仓储作业费,从而降低了供应链系统总的库存费用。

供应商的库存直接存放在核心企业的仓库中,不但保障核心企业原材料、零部件供应、取用方便,而且核心企业可以统一调度、统一管理、统一进行库存控制,为核心企业的快速高效地生产运作提供了强有力的保障条件。

(4)这种库存控制模式也为其他科学的供应链物流管理如连续补充货物、快速反应、准时化供货等创造了条件。

二、供应商掌握库存(VMI)

1. VMI 的概念及特点

供应商管理库存(VMI),是指供应商在采购方的允许下,管理采购售方的库存,由供应商决定每一种产品的库存水平和维持这些库存水平的策略。在采用 VMI 情况下,虽然采购方的库存决策主导权由供应商把握,但是,在仓储的空间安排等管理决策方面仍然由采购方主导。VMI 是建立在采购方和供应商伙伴关系基础上的供应链库存管理方法,它突破了传统的"库存是由库存拥有者管理"的模式。不仅可以降低供应链的库存水平,降低成本,还能为采购方提供更高水平的服务,加速资金和物资周转,使供需双方能共享利益,实现双赢。具体来说,VMI 是一种以采购方和供应商双方都获得最低成本为目的,在一个共同的协议下由供应商管理库存,并不断监督协议执行情况和修正协议内容,使库存管理得到持续地改进的合作性策略。VMI 的理念与采购方自己管理库存(RMI)的传统库存管理模式完全相反,作为一种全新的库存管理思想,VMI 在供应链中的作用尤为重要,正受到越来越多的人的重视。

VMI 的特点主要表现在两方面:一是信息共享,采购方帮助供应商更有效地做出计划,供应商从采购方获得需求数据并使用该数据来协调其生产、库存活动及销售活动;二是供应商完全管理和拥有库存,直到采购方将其售出或投入生产为止,但是采购方对库存有看管义务,并对库存物品的损伤或损坏负责。

2. VMI 实施的原则

实施 VMI 一般需要如下条件:一是库存不确定因素的非对称性。下游企业库存的不确定因素主要取决于上游供货商。例如,正常情况下零售连锁企业日常门店零售所产生的库存变化是比较稳定和可预期的,下游企业对于上游企业对其供货却有很大的不可控性。供货信息的不对称导致库存波动难以预期,因此而产生的效率损失由下游企业承担。二是上、下游企业之间的供应链能够很好地衔接。库存管理从下游企业交给上游企业,这意味着整个管理体系包括理念、人员、工具的全面更新。但这并不等同于下游企业完全放弃对于库存的管理和要求在某种意义上这相当于下游企业将库存交给上游企业托管。三是 VMI 带来的效率提升能够为合作双方所共享。

3. VMI 实施的基本内容

第一,建立供应商和客户合作框架协议。为了保证 VMI 实施的正常进行,双方应共同协商制定合作协议,确定订单处理的业务流程和库存管理的有关参数,如最低库存、安全库存、货物所有权、信息传递方式等。

第二,组织机构调整。在有了合作协议的基础上,供需双方都要进行一定的机构调整以适应 VMI 的实施。

第三,构建信息系统。供应链是一个庞大的网络结构,VMI 在某种程度上反映出供应链中供应商与需求客户之间的快速响应关系,如果信息传递失真必将导致过量库存、库存短缺、成本增加等一系列问题。供应商需要详细掌握企业的产品销售信息和库存消耗信息,掌握库存消耗的规律,为达到这一点,VMI 需要高效率的信息系统提供保障。

第四,最终客户建档。通过建立客户的信息库,跟踪客户购货行为,可掌握不同客户的需求变化情况。

第五,建立监督机制。VMI 是一个动态发展的过程,不同的合作方在不同时期会遇到不同的问题,为保证 VMI 的顺利实施,监督机制必不可少。

4. 实施 VMI 的步骤

(1)评估和选择供应商

在选择 VMI 的运行模式之前,必须选择恰当的供应商,VMI 的成功实施很大程度上要依靠供应商的经验和对 VMI 方案的专业化程度。当供应商了解到所服务的企业的目标后,他将考虑怎样设计出最好的 VMI 系统去满足双方的需要。所选择的供应商不仅仅要有运行 WI 系统的实践经验,还要有处理所服务的企业在生产中需要的各种类型的原材料的能力。如果匆忙实施 YMI,由于一些意想不到的情况的发生,可能使合作双方都受到巨大的经济损失。

(2)选择正确的运行模式

最能有效的实施 VMI 的方式是将不同的模式结合在一起,进而适应不同的环境,达到理想的的运行效果。这些模式有费用项目库存模式、委托库存模式、就近仓储模式、物流模式等。对生产型企业而言,复合型 VMI 系统尤为重要,其上游可能存在多个供应商,如果针对每个供应商单独建立 VMI 系统,尽管 VMI 系统可能由其供应商进行主体投资建设并且进行管理,但是生产商不得不面对企业中仍然要保留大量的 VMI 系统操作与维护人员,并且不利于对供应商运行状况的统计。

（3）与供应商建立合作框架协议

在选择了正确的模式之后,必须形成正式的文件报告,这个文件将成为与供应商签订合同的必不可少的部分。在确定可以同其客户开展 VMI 之后,和供应商一起通过协商,确定处理订单的业务流程以及控制库存的有关参数(如再订货点、最低库存水平)和库存信息的传递方式(如 EDI 或互联网)等。

（4）业务流程重组及组织机构的变革

这一点很重要,供应商管理库存法将改变供应商的组织模式,如果 VMI 系统已经建立起来,并没有触及业务流程的根本变化,仅仅是原有物流某些处理环节的计算机化,VMI 将很难得以真正的实现。只有充分利用 IT 技术,从面向流程、组织的角度,对物流活动中的不合理环节大胆地实行变革才能使 VMI 得以真正的实现。VMI 显然能够帮助诸多企业获得了成本的降低、效率的提高、使供应链的得到优化,提高企业的核心竞争力。企业为了成功实施 VMI,必须从供应链的角度:一方面配合供应商开展 VMI,另一方面从自身的各个方面进行调整,只有这样才能使 VMI 达到优化供应链,为企业获取更多利润的目的。

5. VMI 的益处和经济价值

供应商掌握库存,就可以把用户从库存陷阱中解放出来。用户不需要占用库存资金,不需要增加采购、进货、检验、入库、出库、保管等一系列的工作,能够集中更多的资金、人力、物力用于提高其核心竞争力,从而给整个供应链、包括供应商企业创造一个更加有利的局面。供应商是商品的供应者,它掌握用户的库存具有很大的主动性和灵活性。供应商可以根据市场需求量的变化,及时调整生产计划和采购计划,所以既不会造成超量库存积压,又可以灵活响应市场的变化;既不存在占用资金的问题,又不存在增加费用、造成浪费的问题。供应商管理库存,就是掌握市场。用户的库存消耗就是市场需求的组成部分,它直接反映了客户的消费水平和消费倾向,这对于供应商改进产品结构和设计、开发销售对路的新产品,对于企业的生产决策和经营决策起着有力的信息支持作用。可见,实施 VMI,可以实现用户和供应商的"双赢",不但对用户、而且对供应商自身都是有好处的。

VMI 的经济价值主要表现在以下 4 个方面:

（1）消除"牛鞭效应"

长期以来,企业供应链中的库存是各自为政的,在供应链管理的各个环节都必须存在进行库存管理。原材料供应商生产厂商、物流中心、分销商都可能拥有自己的库存,都可以拥有一定数量的安全库存,因此不可避免地产生了需求的扭曲现象,即所谓的需求放大现象,形成了供应链中的"牛鞭效应(Bullwhip Effect)",加重了供应商的供应和库存风险。例如,在汽车企业中,更正对物料的有效加工时间仅占物料整个停滞时间的百分之几,而大部分时间(大于 90%)物料都处在无效的停滞状态,从而占用了大量的生产资金。众所周知,库存与服务水平总是相互矛盾的,提高顾客服务水平就需要更多的缓冲库存以减少缺货,提高准时交货率而降低库存水平又会增加缺货的可能性,影响服务水平。早在 20 世纪 80 年代末,沃尔玛和宝洁就开始实施 VMI,但当时并未引起学术界和企业界的重视,但随着产品寿命周期缩短,需求不确定性的加大,顾客对服务水平要求的不断提高,库存与服务水平的矛盾更

加突出。同时,随着信息技术的发展,信息共享能力增强,信息成本下降,沃尔玛和宝洁的
VMI 模式的经济价值也逐步显现。

(2) 逼近 JIT 库存

VMI 的核心思想在于制造商放弃商品库存控制权。而由供应商掌握供应链上的原材
料或半成品库存动向,即由供应商依据制造商提供的每日原材料或半成品出入库资料和库
存情况来集中管理库存,替制造商下订单或连续补货,从而实现对市场需求变化的快速反
应。VMI 不仅加快了整个供应链面对市场的响应时间,较早得知市场准确的销售信息,而
且可以最大化地降低整个供应链的物流运作成本,即降低供应商与制造商因市场变化带来
的不必要的库存。达到挖潜增效、开源节流的目的。对于制造商来说,VMI 允许制造商以
互联网为工具远距离管理它们的库存,完成补货循环,将补货时间推迟到生产线所需要的最
迟时刻。对于分销商和零售商来说,VMI 可以让其有少量的库存,甚至逼近 JIT 库存。

(3) 快速市场响应

企业的生产流程:制造商通过 MRP 产生采购需求,然后将 PO(订单)传送给供货商,供
货商收到 PO 后回复并安排生产规划,在取得原材料后进行生产并包装出货,货到制造商
后,制造商要收料和检验,货物进仓后制造商就可以用料和使用了。在这个漫长的过程中,
用框框起来的流程是没有价值,完全可以省略的。最好的方式就是制造商随时用料,仓库里
随时有,供货商则是根据制造商的使用量进行规划管理,这也就意味着零库存!说到零库
存,很多人马上会想到时下流行的 VMI,其实真正的 VMI 精神就在于它可以将没有价值的
活动全部拿掉,从而缩短了时间、降低了库存。以 SONY 为例,在使用 VMI 之前,日本的供
应商生产完的零部件经过贸易公司的报关、海运、陆运等过程运到美国的组装厂,这个过程
大概需要 20 周的时间,然后经过组装并运输到卖场销售大概要 10 周的时间,整个过程加起
来大概需要 30 周的时间。SONY 实施 SMI(即 VMI)之后,由供应商管理其库存前期的时
间由 20 周缩短为 2 天,实现了管理上质的飞跃。

(4) 规避风险

国内外成功实施证明,VMI 是经济价值极高的先进库存管理办法。VMI 由上游企业拥
有和管理库存,下游企业只需要帮助上游企业制定计划,从而使下游企业实现零库存,上游
企业库存大幅度减小。但 VMI 也表现出了一些局限性,首先表现在 VMI 中供应商和零售
商协作水平有限;其次是 VMI 对于企业间的信任要求较高;再次是 VMI 中的框架协议虽然
是双方协定,但供应商处于主导地位,决策过程中缺乏足够的协商,难免造成失误;最后是
VMI 的实施减少了库存总费用,但在 VMI 系统中,库存费用、运输费用和意外损失不是由
用户承担,而是由供应商承担。由此可见,VMI 实际上对传统库存控制策略进行"责任倒
置"后的一种库存管理方法,这无疑加大了供应商的风险。为了有效控制上述风险,VMI 在
应用过程中要和其他先进的库存控制方法配合使用。如 JMI、多级库存优化和控制等。JMI
(Jointly Managed Inventory,联合管理库存)类似于 VMI,供需双方在共享库存信息的基础
上以消费者为中心,共同制定统一的生产计划与销售计划,将计划下达到各制造单元和销售
单元执行,在计划执行的过程中.加强相互间的信息交换与协调。JMI 可以看做是 VMI 的
一步发展与深化,通过共享库存信息联合制定统一的计划,有利于改善供应链的运作效率,
增强企业间的合作关系。另外,上述的第二和第三点主要都是由人的因素造成的,建立良好

的合作关系,制定合理的框架协议,才能够有效的避免它们所产生的风险。由此可见,在VMI中。信息代替了库存,市场需求预测是成功的前提,而且需要合作各方建立一套良好的信任机制、风险防范机制、激励机制和协调机制,这充分体现了供应链的集成化管理思想。其结果不但对处于供应链上游企业——供应商带来需求增大、增值服务延伸、客户满意度提升等盈利能力价值的扩大,提高整个供应链的柔性和快速响应能力。而且还可以为下游企业——制造商创造便于资源整合、降低运作成本和服务质量等经营效率价值的提高。

6. VMI 的风险分析及防范

（1）VMI 存在的风险

1）来自供应商和物流公司泄密风险、垄断风险。由于实施 VMI,整个过程中的销售和库存信息是充分共享的、透明的,如果供应商和物流公司违背职业道德,见利忘义,就可能发生信息的滥用和泄露。供应商和物流公司由于与采购方签订的是长期合约,缺乏竞争对手,可能导致服务水平和产品质量的下降。由于合作双方或三方之间在技术水平、管理水平、人员素质、企业文化等方面存在差异,影响 VMI 实施的成败。

2）来自采购方的预测水平和信息透明度的风险。由于采购方对市场需求情况的预测失误,造成对原材料需求的预测不准确,影响 VMI 的运行效果。在激烈的市场竞争下,库存信息、销售信息往往对外保密,使信息不能与供应商充分共享,或供应商得到的信息不准确而导致决策失误,会影响 VMI 的有效实施。

（2）供应商管理库存风险防范

1）对于来自供应商或物流公司的风险,可通过加强对供应商的管理,进行积极沟通,增加企业之间的联系与合作,提高合作伙伴之间的协调和信任程度,并签订保密协议;加强对供应商的考核评定.通过各种激励机制,使合作双方或三方形成一个利益共同体,真正做到风险共担,利益共享,荣辱与共。

2）对于来自采购方的风险,可以通过加强对参与人员的教育和培训,提高业务水平和责任意识。提高预测水平;进行定期考核制度,实行优胜劣汰,使有真才实学的人材参与进来;供求双方建立高效安全的信息网络。运用先进的信息技术,双方采用客户端加密与服务器加密等措施提高共享数据的安全高效运行。

三、供应链运输管理

运输管理是指产品从生产者手中到中间商手中再至消费者手中的运送过程的管理。它包括运输方式选择、时间与路线的确定及费用的节约。除库存管理之外,供应链物流管理的另一个重要方面就是运输管理。但是运输管理相对来说,没有像库存管理那样要求严格、关系重大。因为现在运力资源丰富,市场很大。只要规划好了运输任务,很容易找到运输承包商来完成它。

供应链运输管理的任务,重点就是三个,一是设计规划运输任务,二是找合适的运输承包商,三是运输组织和控制。

设计规划运输任务,就是要站在供应链的整体高度,统一规划有关的运输任务,确定运输方式、运输路线,联合运输方案,设计运输蓝图,达到既能够满足各点的运输需要.又使总运输费用最省的目的。因为供应链运输问题,是一个多点系统的运输问题,涉及供应商到核心企业、核心企业到分销商以及供应商之间、分销商之间等多个企业、多个品种、多种运输方式、多条运输路线的组织规划等问题。要根据供应链正常运行的节拍,确定各点之间的正常运量,然后统一组织联合运输、配送和准时化供货。这个通常要建立模型,仔细地优化计算得出运输方案、建立运输蓝图。具体的做法可以运用运输规划法、配送计划法等方法来完成。这种做法比较完美,但是工作量比较大,需要运用计算机来进行计算和规划。在实际生活中,人们常常习惯于采用实用主义的做法,就是各个运输任务自发产生、单独处理,不进行统筹考虑,这样做,虽然简单方便,但是常常造成运输资源不能够充分利用、空车率高、浪费大。

运输任务方案确定下来后,就需要找运输承包商。现在运输资源很丰富,容易找,但是一般应当找正规的运输企业或者物流企业、建立稳定的合作关系。甚至可以把它们拉入供应链系统之中来。不要轻易找那些没有资格、没有能力的运输承包者,避免运输风险。

运输的方式有长途的输送运输、短途配送运输和准时化供货等形式。

（1）长途输送运输,是长距离大批量的快速运输;

（2）短途配送运输是短距离多用户多品种的循环送货;

（3）准时化供货是更短距离的供应点对需求点的连续多频次小批量补充货物。

运输组织和控制,就是按照给定的运输方案、运输蓝图对运输承包商的运输活动过程和运输的效果进行组织、管理和控制。

第五节　供应链管理的标准化

一、供应链系统概述

在自然界和人类社会中,可以说任何事物都是以系统的形式存在的。我们把每个要研究的问题或对象可以看成是一个系统。人们在认识客观事物或改造客观事物的过程中,用综合分析的思维方式看待事物,根据事物中内在的、本质、必然的联系,从整体的角度进行分析和研究,这类事物就被看作为一个系统。

1. 系统的概念

"系统"一词来源于人类长期的社会实践,存在于自然界、人类社会以及人类思维描述的各个领域,早已为人们所熟悉。自然界和人类社会中的很多事物都可以看作为系统,如消化系统、铁路系统、神经系统等。一个工厂可以看作是由各个车间、科室、后勤等构成的系统;一部交响乐也可以看作是由多个乐章构成的系统。系统是有层次的,大系统中包含着小系统,如在自然界中,宇宙是一个系统,银河系又是一个从属于宇宙的系统,是宇宙的子系统,而太阳系又是从属银河系的一个银河系的子系统,再往下,地球又是太阳系的一个子系统等。

系统是由相互作用、相互依赖的若干要素按照一定的法则组合而成的具有特定功能的有机整体。

对于系统的概念,需要把握以下几点:

（1）系统是由两个或两个以上要素组成;

（2）各要素之间相互联系，相互作用；

（3）系统具有一定结构，保持系统的有序性；

（4）系统具有特定的功能。

2. 系统的特征

系统有千千万万种，但所有的系统都具备以下五个基本特征：

（1）整体性。系统是由两个以上有一定区别又有一定相关的要素所组成，系统的整体性主要表现为系统的整体功能。系统的整体功能不是各组成要素的简单叠加，而是呈现出各组成要素所没有的新功能，概括地表述为"整体大于部分之和"。

（2）层次性。系统作为一个相互作用的诸要素的总体，它可以分解为一系列的子系统，并存在一定的层次结构。这是系统结构的一种形式，在系统层次结构中表述了不同层次子系统之间的从属关系或相互作用的关系。

（3）相关性。各要素组成的系统是因为它们之间存在相互联系、相互作用、相互影响的关系。这种关系不是简单的相加，即 $1+1 \neq 2$，而是有可能是互相增强，也有可能是互相减弱。有效的系统，各要素之间互补增强，使系统保持稳定，具有生命力。而要做到这一点，系统必须有一定的有序结构。

（4）目的性。系统具有能使各个要素集合在一起的共同目的，而且人造系统通常具有多重目的。例如企业的经营管理系统，在限定的资源和现有职能机构的配合下，它的目的就是为了完成或超额完成生产经营计划，实现规定的质量、品种、成本、利润等指标。

（5）环境适应性。环境是指出现于系统以外的事物（物质、能量、信息）的总称。相对于系统而言，环境是一个更高级、更复杂的系统。所以系统时时刻刻存在于环境之中，与环境相互依存。因此，系统必须适应外部环境的变化，经常与外部环境保持最佳的适应状态，只有这样才能得以存在和发展。任何系统都是发展和变化着的，根据系统的目的，有时系统增加一些要素，有时系统删除一些要素，有时系统分裂，有时系统合并。研究系统，尤其是研究社会系统，应当有发展的观点。

3. 物流系统概述

随着工业化的发展，物流系统从手工物流系统、机械化物流系统、自动化物流系统、集成化物流系统、智能化物流系统逐步发展起来。

（1）物流系统的含义

物流系统是指由物流各要素所组成的，要素之间存在有机联系并具有使物流总体合理化功能的综合体。物流系统作为一个整体，内部要素是不可分割的。系统论的一个主要观点是：局部的最优不等于全局的最优。所以，只有将物流系统内部各要素综合考虑，紧密配合，服从物流系统整体的功能和目标，才能使整体的物流系统达到最优。

（2）物流系统要素

现代物流系统的基本要素包括：功能要素、支撑要素、实体要素、物质基础要素和一般要素。

1）物流系统的一般要素

与所有的系统一样，物流系统的一般要素由三方面构成。

①劳动者要素。它是所有系统的核心要素、第一要素。提高劳动者的素质，是建立一个

合理化的物流系统并使它有效运转的根本。

②资金要素。交换是以货币为媒介。实现交换的物流过程,实际也是资金运动过程,同时物流服务本身也需要以货币为媒介。物流系统建设是资本投入的一大领域,离开资金这一要素,物流不可能实现。

③物的要素。物的要素包括物流系统的劳动对象,即各种实物。缺此,物流系统便成了无本之木。物流的要素还包括劳动工具、劳动手段,如各种物流设施、工具,各种消耗材料(如燃料、辅助材料)等。

2)物流系统的功能要素

物流系统的功能要素指的是物流系统所具有的基本能力,这些基本能力有效地组合、联结在一起,便成了物流的总功能,便能合理、有效地实现物流系统的总目的。物流系统的功能要素一般认为有运输、储存保管、包装、装卸、搬运、流通加工、配送、物流信息等,如果从物流活动的实际工作环节来考查,物流由上述七项具体工作构成。换句话说,物流能实现以上七项功能。

①包装功能要素。包括产品的出厂包装、生产过程中在制品、半成品的包装以及在物流过程中换装、分装、再包装等活动。对包装活动的管理,根据物流方式和销售要求来确定。以商业包装为主,还是以工业包装为主,要全面考虑包装对产品的保护作用、促进销售作用、提高装运率的作用、包拆装的便利性以及废包装的回收及处理等因素。包装管理还要根据全物流过程的经济效果,具体决定包装材料、强度、尺寸及包装方式。

②装卸功能要素。包括对输送、保管、包装、流通加工等物流活动进行衔接,以及在保管等活动中为进行检验、维护、保养所进行的装卸活动。伴随装卸活动的小搬运,一般也包括在这一活动中。在全物流活动中,装卸活动是频繁发生的,因而是产品损坏的重要原因。对装卸活动的管理,主要是确定最恰当的装卸方式,力求减少装卸次数,合理配置及使用装卸机具,以做到节能、省力、减少损失、加快速度,获得较好的经济效果。

③运输功能要素。既包括供应及销售物流中的车、船、飞机等方式的运输,也包括生产物流中的管道、传送带等方式的运输。对运输活动的管理,要求选择技术经济效果最好的运输方式及联运方式,合理确定运输路线,以实现安全、迅速、准时、价廉的要求。

④保管功能要素。包括堆存、保管、保养、维护等活动。对保管活动的管理,要求正确确定库存数量,明确仓库以流通为主还是以储备为主,合理确定保管制度和流程,对库存物品采取有区别管理方式,力求提高保管效率,降低损耗,加速货物和资金的周转。

⑤流通加工功能要素。又称流通过程的辅助加工活动。这种加工活动不仅存在于社会流通过程,也存在于企业内部的流通过程中。所以,实际上是在物流过程中进行的辅助加工活动。企业为了弥补生产经营过程中加工程度的不足,更有效地满足用户或本企业的需求,更好地衔接产需,往往需要进行这种加工活动。

⑥配送功能要素。属于物流的最终阶段,以分拣、送货等形式最终完成社会物流并最终实现资源配置的活动。配送活动一直被看成运输活动中的一个组成部分,看成是一种运输形式。所以,过去未将其独立作为物流系统实现的功能,未看成是独立的功能要素,而是将其作为运输系统中的末端运输对待。但是,配送作为一种现代流通方式,集经营、服务、集货、库存、分拣、装卸搬运、送货于一身,已不是单单一种送货运输能包含的,所以现代物流都

将其作为独立功能要素。

⑦物流信息功能要素。包括进行与上述各项活动有关的计划、预测、动态(如运量、收发、存数)的信息及有关的费用信息、生产信息、市场信息活动。对物流信息活动的管理,要求建立信息系统和信息渠道,正确选定信息科目和信息的收集、统计、汇总和使用方法,以保证其可靠性和及时性。上述功能要素中,运输及保管分别解决了供给者及需要者之间场所和时间的分离,分别是物流创造"场所效用"及"时间效用"的主要功能要素,因而在物流系统中处于主要功能要素的地位。

3)物流系统的支撑要素

物流系统的建立需要有许多支撑手段,尤其是处于复杂的社会经济系统中。要确定物流系统的地位,要协调物流系统与其他系统的关系,其支撑要素必不可少。这些要素主要包括:

①体制制度。物流系统的体制制度决定物流系统的结构、组织、领导和管理方式,是物流系统的重要保障,体现了国家对其控制、指挥方式以及这个系统的地位和范畴。有了这个支撑条件,才能确立物流系统在国民经济中的地位。

②法律法规。物流系统的运行,都不可避免地涉及企业或人的权益问题。法律法规一方面限制和规范物流系统的活动,使之与更大系统协调,另一方面是对物流系统的运行给予保障。物流合同的执行,权益的划分,责任的确定都靠法律法规维系。

③行政命令。物流系统和一般系统不同之处在于,物流系统关系到国家军事、经济命脉,所以,行政命令等手段也常常是支持物流系统正常运转的重要支撑要素。

④标准化系统。这是保证物流环节协调运行,保证物流系统与其他系统在技术上实现联结的重要支撑条件。

4)物流系统的物质基础要素

物流系统的建立和运行,需要有大量技术装备手段,这些手段的有机联系对物流系统的运行有决定意义。这些要素对实现物流的某一方面功能是必不可少的,主要有:

①物流设施。它是组织物流系统运行的基础物质条件,包括物流站、场、公路、铁路、港口、仓库以及物流中心等。

②物流装备。它是保证物流系统运行的条件,包括仓库货架、进出库设备、加工设备、运输设备、装卸机械等。

③物流工具。它也是保证物流系统运行的条件,包括包装工具、维护保养工具、办公设备等。

④信息技术及网络。它是掌握和传递物流信息的手段,包括通讯设备及线路、传真设备、计算机及网络设备等。

⑤组织及管理。它是物流网络的"软件",起着连结、调运、运筹、指挥、协调其他各要素的作用,以保障物流系统目的的实现。

4. 物流系统的特点

物流系统是新的系统体系,具有系统的一般特征。同时,物流系统又是一个十分复杂的系统,包括复杂的系统要素、复杂的系统关系等,使其有自身的特点。具体表现在以下几个方面:

（1）物流系统是一个"人机系统"

物流系统是由人和形成劳动手段的设备、工具所组成。它表现为物流劳动者运用运输设备、装卸搬运机械、仓库、港口、车站等设施设备，作用于货物的一系列生产活动。在这一系列的物流活动中，人是系统的主体。因此，在研究物流系统的各个方面问题时，应把人和物有机地结合起来，加以考察和分析。

（2）物流系统是一个大跨度系统

在现代经济社会中，企业间物流经常会跨越不同地域，其中国际物流的地域跨度更大。物流系统通常采用存贮的方式解决产需之间的时间矛盾，其时间跨度往往也很大。物流系统的跨度越大其管理方面的难度越大，对信息的依赖程度也就越高。

（3）物流系统是一个可分系统

无论规模多大的物流系统，都可以分解成若干个相互联系的子系统。这些子系统的多少和层次的阶数，是随着人们对物流系统的认识和研究的深入而不断深入、不断扩充的。系统与子系统之间，子系统与子系统之间，存在着时间和空间上及资源利用方面的联系，也存在总目标、总费用及总运行结果等方面的相互联系。

（4）物流系统是一个动态系统

物流系统一般联系多个生产企业和用户，随需求、供应、渠道、价格的变化，系统内的要素及系统的运行也经常发生变化。物流系统受社会生产和社会需求的广泛制约，所以物流系统必须是具有环境适应能力的动态系统。为适应经常变化的社会环境，物流系统必须是灵活、可变的。当社会环境发生较大的变化时，物流系统甚至需要进行重新设计。

（5）物流系统是一个复杂系统

物流系统的运行对象——"物"，可以是全部社会物资资源。资源的多样化带来了物流系统的复杂化。物资资源品种成千上万，从事物流活动的人员队伍庞大，物流系统内的物资占用大量的流动资金，物流网点遍及城乡各地。这些人力、物力、财力资源的组织和合理利用，是一个非常复杂的问题。

在物流活动的全过程中，伴随着大量的物流信息，物流系统要通过这些信息把各个子系统有机地联系起来。收集、处理物流信息，并使之指导物流活动，亦是一项复杂的工作。

（6）物流系统是一个多目标系统

物流系统的总目标是实现其经济效益，但物流系统要素间存在非常强烈的"悖反"现象，即"二律悖反"或"效益悖反"现象。要同时实现物流时间最短、服务质量最佳、物流成本最低这几个目标几乎是不可能的。例如，在储存子系统中，为保证供应、方便生产，人们会提出储存货物的大数量、多品种问题，而为了加速资金周转、减少资金占用，人们又提出降低库存。所有这些相互矛盾的问题，在物流系统中广泛存在。而物流系统又恰恰要在这些矛盾中运行，并尽可能满足人们的要求。显然要建立物流多目标函数，并在多目标中求得物流的最佳效果。

二、供应链管理信息系统概述

供应链管理信息系统是基于协同供应链管理的思想，配合供应链中各实体的业务需求，使操作流程和信息系统紧密配合,做到各环节无缝链接,形成物流、信息流、单证流、商流和资金流五流合一的领先模式。实现整体供应链可视化,管理信息化,整体利益最大化,管理成本最小化,从而提高总体水平。

供应链管理信息系统是基于协同供应链管理的思想,配合供应链中各实体的业务需求,使操作流程和信息系统紧密配合,做到各环节无缝链接,形成物流、信息流、单证流、商流和资金流五流合一的领先模式。实现整体供应链可视化,管理信息化,整体利益最大化,管理成本最小化,从而提高总体水平。

供应链管理信息系统的主要功能有:

第一,供应链管理信息系统能帮助您连接企业全程供应链的各个环节,建立标准化的操作流程;

第二,各个管理模块可供相关业务对象独立操作,同时又通过第四方物流供应链平台整合连通各个管理模块和供应链环节;

第三,缩短订单处理时间,提高订单处理效率和订单满足率,降低库存水平,提高库存周转率,减少资金积压;

第四,实现协同化、一体化的供应链管理。

供应链管理信息系统的应用价值丰富:

第一,通过系统操作实现信息贯通,数据流配合物流无损传输,实施监控;

第二,平台全电子化操作打破了原先70%的订单都是手动操作的局面,优化精简工作流程,订单处理时间缩短至原来的1/3,订单处理成本降至原来的50%,提高产品的传输效率和周转速度;

第三,供应链协同管理使供应链上的各类实体可以实时共享信息,有助于降低整体供应链的库存水平,减少资金积压,加快资金流动;

第四,消除由于信息不连通所造成的误差,为支付结算提供有效依据;

第五,通过供应链管理平台,制造商、供应商、分销商、零售商等供应链上的各类实体都能保持良好的合作关系和共荣关系,围绕平台的核心商业价值,降低运营成本及风险,提高自身的综合实力和核心竞争力,实现商业圈的繁荣和共赢。

三、数据标准化

数据标准化就是针对数据的组织、定义、明明、标识、表示、分类、描述和注册等制定统一的标准、规范和指导性技术文件。数据标准化的范畴涵盖了数据元、信息分类与编码等。鉴于目前国家在数据方面的标准尚未形成完整、统一的标准体系,本节仅对数据元做一简单探讨。

1. 数据元概念

基于不同的需求,人们往往从不同的角度赋予数据元不同的定义。从数据标准化的需要出发,认为数据元的定义是:用一组属性描述其定义、标识、表示和允许值的数据单元。从体质上讲,数据元是在确定的相关环境中被认为不可再细分的数据单元。

2. 数据元研究范围、选取原则和依据

(1) 船舶基础数据元研究范围、选取原则和依据

船舶基础数据元集重点涵盖交通部海事局、直属海事局、交通部救捞局等水上安全

管理部门日常船舶管理工作中的报表、统计表等涉及的主要技术指标和数据项。船舶基础数据元集的各指标和数据项主要以水上安全监督信息系统、船舶安全统计检查、船舶证书发放统计、搜救情况统计等统计报表的指标设置为依据,进行组织、分类和筛选。数据元的选取主要以该指标项在水上安全船舶管理工作中的重要性为原则,以水上安全业务中船舶管理工作的分工和范围为参考,划分数据组织方式,并参考借鉴了国家标准和交通行业标准的内容进行组织、分类,收集整理而成。适用于交通行业建立的船舶数据库的基础数据、与船舶密切相关的主要技术指标的采集和有关信息系统所涉及的船舶数据的采集。

(2) 航道基础数据元研究范围、选取原则和依据

内河航道基础数据元集重点涵盖交通行业内河航道基础设施的主要技术指标和数据项,其中主要规范了基础设施与航道通航密切相关的主要技术指标和数据项,同时考虑到第二次全国内河航道普查的指标设置,标准中还加入了部分航道管理部门日常航道管理维护工作中的相关技术指标和数据项。内河航道基础数据元集的各指标和数据项主要以第二次全国内河航道普查数据指标的设置为依据,参考了部、省、地三级航道数据综合统计报表、航道维护统计年报和相关航道信息系统的指标项,对各个指标和数据项进行组织、分类和筛选。航道基础数据元的选取主要以该指标项在日常航道管理维护工作中的重要性为原则,临跨河建筑物数据元的选取主要以该指标项对航道是否能正常通航的影响程度为原则,同时参考借鉴了国家标准和交通行业标准的内容进行组织、分类,收集整理而成。适用于交通行业建立的内河航道数据库的基础设施与航道通航密切相关的主要技术指标的采集和有关信息系统所涉及的内河航道数据的采集。

(3) 港口基础数据元研究范围、选取原则和依据

港口基础数据元集重点涵盖了反映港口基本运力主要指标的数据项,同时涵盖了交通部部分统计系统中的港口数据指标的数据项。港口基础数据元集的各指标和数据项主要以港口普查方案中的指标设置为依据,进行组织、分类和筛选。同时综合考虑了行业管理中有关港口管理工作的指标设置,并参考借鉴了国家标准和交通行业标准的内容,收集整理而成。适用于交通行业建立的港口数据库的港口基本运力、港口统计等指标的采集和有关信息系统所涉及的港口数据的采集。

(4) 公路基础数据元研究范围、选取原则和依据

公路基础数据元集重点涵盖交通行业建立的公路数据库的技术属性数据和有关信息系统所涉及的公路数据。公路基础数据元集将数据指标体系分为七大类:路线概况集、路基集、路面集、主要构造物集、沿线设施集、交通量集、沿线环境集等。其以国家标准、交通部颁发的公路信息化相关规范为依据,以公路管理业务现状及发展需求为基础,对公路技术属性数据指标集、指标项的组成与分类进行统一规划。适用于交通行业建立的公路数据库的技术属性数据的采集和有关信息系统所涉及的公路数据的采集。

(5) 车辆基础数据元研究范围、选取原则和依据

机动车基础数据元集重点涵盖道路运输管理部门对运输业户、营运机动车管理工作涉及的主要技术指标和数据项。机动车基础数据元集的各项指标和数据项主要以营运机动车管理信息、营运机动车统计等指标的设置为依据,进行组织、分类和筛选。数

据元的选取主要以该指标项在道路运输管理工作中的重要性为原则,以道路运输业务管理工作的分工和范围为参考,划分数据组织方式,并参照引用了有关国家标准和交通行业标准的内容进行组织、分类,收集整理而成。适用于交通行业建立的车辆数据库的营运机动车管理信息、营运机动车统计等指标的采集和有关信息系统所涉及的车辆数据的采集。

四、系统模块标准化

（1）运输管理模块

该模块的功能主要有:车辆业务管理,包括零担业务、集装箱业务等;车辆调度管理,包括零担派车、集装箱派车、车辆GPS跟踪、车辆返回、车辆安检、运力管理、车辆维修、运输路线管理等;运输价格管理,包括零担和集装箱的运价管理、合同管理等;费用结算管理,包括运输成本核算、维修费用统计、现金业务结算、收款、毛利核算等;报表统计管理,包括各种运输量、费用、成本的统计报表等;车辆配件管理,包括配件的采购和更换管理、统计等。

（2）仓储管理模块

该模块的功能主要有:仓储基本设置,包括库位设置、合同管理等;入库管理,包括入库计划、货物到达、卸货、作业分配、作业确认等;库内操作,包括库内加工计划、作业、移库、盘点等;出库管理,包括出库计划、出库作业、出库确认等;配载配送管理,包括配载路线管理、装箱配载、出库发车等;费用结算管理,包括收费项目管理、即时费用结算、合同费用结算等;预警及报表管理,包括库存查询、作业指令查询、超期货预警、合同到期预警、仓库使用率统计、仓库库存图等。

（3）货代管理模块

该模块的功能主要有:整箱业务管理,包括整箱派车、整箱订舱、整箱报关等;拼箱业务管理,包括拼箱配载、拼箱订舱、拼箱派车、拼箱报关等;货代计费管理,包括货代收费项目、整箱计费、拼箱计费等。该物流系统以上三大主要业务模块包含了国内目前大部分中小型物流企业的核心业务功能,其根据物流企业的发展不断改进,基本能满足物流企业业务的需求。

模块化是20世纪中期发展起来的一种标准化形式。快速设计和快速生产的舰船武器系统、大型装备、航天器和电子设备等高度复杂的产品向传统的设计方式和生产模式提出了挑战,当设计、制造或研究、开发面对着过于庞大、复杂的系统时,通常处理和思考问题的方法已无能为力,人们就将把大系统分割成若干相对独立的部分,从而产生了模块化这一使问题易于解决的标准化方案。英国从20世纪60年代后期就应用模块化概念开发武器系统,美国首先出现了标准电子模块。随着复杂的大系统日渐增多,模块化也就成了人们用来处理复杂问题的常用方法。

模块化综合了以往标准化形式的特点,是一种解决复杂系统类型多样化、功能多变的一种标准化形式,有利于减少复杂性,具有创造多样性和多变性特点,是标准化的高级形式。

模块是构成系统的、具有特定功能的、可兼容和互换的独立单元。模块既可构成系统,又是系统分解的产物,可以组成新系统(系统创新)乃至复杂的大系统,这是模块与一般零部件的重要区别。模块具有特定的、相对独立的功能,可以以商品的形式单独生产和销售,可以依据一定规则单独设计、运转、测试,这是模块化设计和模块化产品一系列优势的本源。模块的互换性和可兼容性是模块化操作或模块运筹组合的条件,它要求模块具有相互连接并传递信息和功能的接口及相应的结构,具备通用性和多种组合的可能性。

模块化是标准化的高级形式,但简化、统一化、通用化、系列化、组合化等形式在各自层面上仍然起着不同的作用,每个标准化过程都不可能只运用单一形式,而是多种形式的综合运用。

案 例

宝钢办公自动化应用

在企业信息化建设方面,宝钢一直不甘人后,积极采用世界先进的信息技术构建企业高效率的通讯基础设施,目前,宝钢已经成功地应用世界领先的 Intranet 企业平台及计算机通信软件 Louts Domino/Notes,建立起一个覆盖面积达 18 平方公里、能够触及整个厂区的企业网,一些重要的二级单位还建立了自己的二级 Notes Server,很好地满足了本单位办公信息自动化管理的要求,同时能够与上级机构的 Notes Server 实时联系,形成一个既相对独立又容易集中的灵活的企业网,使整个企业都能够充分利用 Lotus Domino/Notes 强劲的协作和通讯功能,实现高效率的企业管理。宝钢的办公自动化系统始建于 1994 年,是宝钢现代化管理与信息时代相结合的产品,它在整个宝钢的普及与应用,促使宝钢办公信息管理产生深刻的变革——从纸质管理迈进数字化信息管理,迅速提升了整个宝钢的办公效率。采用 Lotus Notes 建立起来的电子邮件系统是宝钢办公自动化系统中的重要组成部分,目前已拥有 881 个用户(包括个人和群组)。这个电子邮件系统不仅为用户搭建一个传递和处理信息的平台,使人们能够跨越时间和地域的限制,自由、畅通地交换信息,更重要的是,它为用户提供了一种强劲的计算能力,允许不同的用户根据自身需要定制自己的应用,轻松实现"最终用户计算/最终用户开发(EDC/EDP:End User Computing/End User Developing)",从而能够充分利用现有的人力和设备资源。

一、系统环境

宝钢的电子邮件系统采用 Client/Server 体系,以 Domino/Notes4.5 为主要的应用开发平台,它的系统架构如下图所示:

宝钢电子邮件系统的用户主要包括总公司的领导、各二级厂部、机关处室、子公司以及集团合作伙伴等单位,他们分布在宝钢厂区内外,甚至在外省市。

为了能够确保分布在不同地点的用户便捷地通过网络与 Notes 系统进行实时通讯,宝钢的电子邮件系统提供了四种连接 Notes 系统的方式:

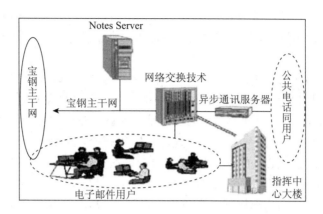

宝钢系统构架图

（1）位于宝钢指挥中心大楼内的各单位直接加入 PDS 布线系统。宝钢指挥中心大楼是公司各主要机关部门和公司领导办公所在地,为了有效地提高信息覆盖面,在办公自动化系统的实施过程中,对整个大楼进行建筑物结构化综合布线。通过网络交换技术连接 PDS 布线系统中的各个网段,大楼网络可以便捷地联入宝钢主干网。宝钢指挥中心大楼内各部处机关全部是经过该布线系统进入 Notes 系统。

（2）宝钢厂区内各个二级厂部处通过宝钢已经建成的主干网连接分布于各个厂的局域网的方式联入 Notes 系统。

（3）厂区外单位及远程办公用户,以远程终端方式采用拨号通过异步通讯服务器访问 Notes 系统。目前以这种方式连接的用户多达几十个,其中包括广州、成都和天津等宝钢在上海以外的销售分公司站点。

（4）新成立的上海宝钢集团公司所在地—浦东宝钢大厦,通过 2MDDN 专线与宝钢厂区的主干网互联,远程访问 Notes 系统。

无论采用何种连接方式进入办公自动化系统,各个工作站点均采用 TCP/IP 协议通过 Notes 系统进行通信,从而能够有效保证所有站点的工作界面完全一致,确保宝钢的办公自动化系统真正建立在网络计算环境中,为宝钢在网络时代的长远发展提供坚实的信息化基础。

二、应用简介

Lotus Domino/Notes4.5 具有高度的可靠性和安全性,灵活的结构可以为不同的用户提供不同的开发功能。宝钢在应用 Lotus Domino/Notes 的三年中,不断开发出基于 Domino/Notes 的应用系统,其中包括调度日报、会议安排、信息公告、电子刊物、大事记管理、故障报修、项目管理和虚拟会议等多种可靠而实用的应用系统。

（1）调度日报:由 Notes 系统自动向相关部门下发反映整个公司每日生产情况的信息汇总报表,及时反映宝钢的日生产情况;

（2）会议安排:在每周五下午将整个公司在下周的领导会议安排议程发送到相关部门,相关部门再据此安排各自的日程,有效避免日程安排的冲突;

（3）信息公告:发布公司内外的信息,供全公司共享与参考;

203

（4）电子刊物：各二级厂部、机关处室及各冶建单位的日常信息分门别类地上报公司，并由此编辑成《信息快讯》、《宝钢建设信息》、《情况反映》、《信息纵横》等电子刊物供领导参考及各单位学习。

（5）大事记管理：将公司内部发生的重大事件录入数据库，为查询和统计提供方便；

（6）故障报修：用户只需将办公自动化系统中出现的故障现象描述在 Notes 系统中，留下电话、地址及联系人，办公自动化系统的运行维护人员会及时到现场解决问题；

（7）项目管理：根据"美国系统工程管理原理"，将每个项目细化为多个模块，使项目管理清晰而易于操作。这个先进的项目管理模式成功地应用于宝钢一号高炉大修工程中，已经成为公司领导和项目负责人管理项目的得力助手。

（8）虚拟会议：在公司内部构建一个虚拟的办公环境，公司领导和各级单位领导、职工可以在不定的地点、不同的时间讨论各种问题。虚拟会议由会议主持者在网上发布本次会议的主题，各单位根据会议主题将本单位的事宜写入 Notes 相关的数据库中，会议之后通过电子邮件下发会议纪要，并通过系统权限设置可确定会议的参加单位和阅读单位。

基于 Lotus Domino/Notes 的宝钢应用系统

结语：宝钢计算机系统工程有限公司在构建基于 Lotus Domino/Notes 的宝钢办公自动化系统的过程上，积累丰富的 Domino/Notes 应用开发和管理经验。借助 Lotus Domino 群件系统与 Web 服务器、用于内部通讯的 Notes 邮件系统等世界主流网络平台系统，宝钢计算机系统工程有限公司正在不懈努力，确保基于 Notes 强大功能的宝钢办公自动化电子邮件系统在宝钢办公信息管理方面发挥越来越重要的作用。

来源：高充. 基于 Lotus Domino/Notes 的宝钢办公自动化系统[J]. 软件世界，2000(05)

本 章 小 结

供应链围绕核心企业，通过对信息流、物流、资金流的控制，从采购原材料开始，制成中间产品以及最终产品，最后由销售网络把产品送到消费者手中的将供应商、制造商、分销商、零售商、直到最终用户连成一个整体的功能网链结构。

供应链管理定义为：为消费者带来有价值的产品、服务以及信息的，从源头供应商到最终消费者的集成业务流程。

供应链管理：它从战略层次和整体的角度把握最终用户的需求，通过企业之间有效的合作,获得从成本、时间、效率、柔性等最佳效果。包括从原材料到最终用户的所有活动,是对整个链的过程管理。

　　供应链管理的原理包括:资源横向集成原理、系统原理、多赢互惠原理、合作共享原理、需求驱动原理、快速响应原理、同步运作原理、动态重构原理。

　　供应链管理主要涉及到四个主要领域:供应(Supply)、生产计划(Schedule Plan)、物流(Logistics)、需求(Demand)。供应链管理是以同步化、集成化生产计划为指导,以各种技术为支持,尤其以 Internet/Intranet 为依托,围绕供应、生产作业、物流(主要指制造过程)、满足需求来实施的。

思 考 题

　　1.供应链的特征是什么?

　　2.供应链管理的原理是什么?

　　3.供应链管理的主要领域是什么?

　　4.供应链的结构模型是怎样的?

　　5.供应链管理信息系统的主要功能是什么?

　　6.数据元研究范围、选取原则和依据是什么?

第八章　物流标准体系

【本章导读】

社会分工的日益细化,使物流系统的社会化、标准化显得非常重要,物流标准化是实现物流管理现代化的重要手段和必要条件。一方面,物流活动贯穿于生产、销售和流通的各个环节,其物流标准不仅保证了生产质量,还保证了产品在流通运输过程中的质量问题。另一方面,物流的标准化可以加快运输、装卸的速度,降低保管的费用,提高其工作效率,进而直接和间接的减少了物流成本、增加了物流效益。此外,物流标准化使得国内商品更加容易的进入国际市场,消除贸易壁垒,加快国际间的贸易发展。目前,中国建立了以《中国物流标准化体系规范》、《物流术语》、《商品条码》、《物流单元格条码》为主体的一系列物流标准,为中国物流标准化与世界物流标准化的接轨奠定基础。但是,由于众多的因素,中国物流标准化体系和世界水平还有一定差距,在物流标准化体系进程上仍需要不断地努力。本章将从物流通用基础标准、物流信息标准、物流技术标准和物流管理标准四个方面对我国物流标准化体系作详细介绍。

【本章重点】

1.物流通用基础标准体系;2.基础模数尺寸标准;3.物流信息分类编码标准;4.物流技术标准体系表;5.管理标准;6.物流绩效评价。

【学习目标】

通过本章的学习,了解物流标准的组成部分;掌握物流通用基础标准的分类及其基础标准体系的内容;掌握物流信息技术标准的分类和体系结构,了解物流信息标准体系表的结构及编制;掌握物流技术标准的分类、实施及主要任务,了解物流标准体系及体系表;了解管理标准的分类及意义,掌握物流管理的阶段、物流管理的内容及其物流管理标准体系的构成。

【关键概念】

基础标准　物流通用基础标准　物流信息标准　物流信息标准体系　物流信息技术标准　物流技术标准　物流技术标准体系　物流技术标准化　物流管理　物流管理标准　物流管理标准体系

第一节　物流通用基础标准

一、基础标准概述

1. 基础标准的含义和应用范围

基础标准是指有广泛的使用范围和指导性或者在一个特定的领域作为通用标准的标准。由基础标准的含义可以看出,它可以被广泛的直接运用,指导生产、流通活动以及环境卫生等,也可以作为其他标准的依据和基础,对其他标准的制定和实施具有现实的指导意义。基础标准的应用,可以是作为全国统一的国家标准、行业标准在全国范围内使用,也可以是一个特定的行业、特定的企业的其他标准的指导标准。基础标准应该是贯穿于国家、行业和企业的标准,是几乎所有的领域或者某一特定领域的所有标准的共同基础。

2. 基础标准分类

基础标准一般按其性质和作用的不同,可以分为技术通则类、通用技术语言类、结构要素和互换互联类、参数系列类、环境适应性、可靠性、安全性类和通用方法类六种。

(1)技术通则类,是对技术工作和标准化工作所作的统一规定,需要全行业共同去遵守和实施,如:"电子工业技术标准制修订工作有关规定和要求","设计文件编制规则"等。

(2)通用技术语言类,如:制图规则、术语、符号、代号、代码等。

(3)结构要素和互换互联类,这类标准对保证零部件互换性和产品间的互联互通、简化品种、改善加工性能等都具有重要作用,如:公差配合、表面质量要求、标准尺寸、螺纹、齿轮模数、标准锥度、接口标准等。

(4)参数系列类,这类标准对于合理确定产品品种规格,做到以最少品种满足多方面需要,以及规划产品发展方向,加强各类产品尺寸参数间的协调等具有重要作用,如:优先数系、尺寸配合系列、产品参数、系列型谱等。

(5)环境适应性、可靠性、安全性类,这类标准对保证产品适应性和工作寿命及人身和设备安全具有重要作用。

(6)通用方法类,这类标准对各有关方法的优化、严密化和统一化等具有重要作用,如试验、分析、抽样、统计、计算、测定等各种方法标准。

3. 基础标准的作用

根据前面介绍的基础标准的定义和分类,我们可以看出,基础标准一方面可以作为其他标准的基础和依据,另一方面又可以被直接的应用,具有很强的普遍性和指导性。具体来讲,基础标准有以下作用:

(1)规范技术工作,利用引进先进技术,加强科学技术交流;

(2)规范基本技术语言,使在全国甚至国际范围内得到统一;

(3)保证零部件互换性和产品间的互联互通,便于企业组织专业化生产;

(4)规范产品的性能和使用要求,保证了产品的质量;

(5)简化设计,减少工作量,提高工作效率;

(6)作为制定各项标准的依据,使企业产品标准化工作得到保证;

(7)提供了一种高效的、科学的管理方法和手段,是科学管理工作的重要组成部分等;

(8)是保障环境卫生、人身安全和人体健康的基础标准。

二、物流通用基础标准体系

物流通用基础标准是物流其他标准的基础。物流通用基础标准层主要包括:物流术语标准、物流计量单位类标准、物流基础模数尺寸标准等。其中,物流术语标准本标准确定了物流活动中的物流基础术语、物流作业服务术语、物流技术与设施设备术语、物流信息术语、物流管理术语、国际物流术语及其定义,适用于物流及相关领域的信息处理和信息交换,亦适用于相关的法规、文件。物流计量单位类标准对物流成本计量单位、物流重量、大小、长度以及物流时间计量单位等做了统一规定,是物流管理的基础。物流基础模数尺寸的作用和建筑模数尺寸相似,考虑的基点主要是简单化,是设备的制造、设施的建设、物流体系中各环节的配合协调、物流系统与其他系统配合的依据。

(一)物流计量单位类标准

单位原指佛教禅林僧堂中僧人坐禅的座位。《敕修百丈清规——日用轨范》:"昏钟鸣,须先归单位坐禅。"后指计算事物数量的标准。在物理学中,单位一般是指用于表示与其相比较的同种量的大小的约定定义和采用的特定量。人们用意愿约定地赋予计量单位以名称和符号;对于一些同量纲的量,即使它们不是同种量,其单位可有相同的名称和符号。各种物理量都有它们的量度单位,并以选定的物质在规定条件显示的数量作为基本量度单位的标准,在不同时期和不同的学科中,基本量的选择可以不同。如物理学上以时间、长度、质量、温度、电流强度、发光强度、物质的量这 7 个物理单位为基本量,它们的单位依次为:秒、米、千克、开尔文、安培、坎德拉、摩尔;在数学的计算中,通常是以"1"作为单位的。

1984 年 2 月 27 日,我国发布法定计量单位,其具体应用形式是《量和单位》系列国家标准 GB 3100～3102,以国际单位制(SI)单位为基础,由 SI 基本单位、有专门名称的 SI 导出单位加上我国选定的一些非 SI 的单位共同构成。

在国家及国际标准基础上,为了满足物流系统专业的计量问题的需求,除国家公布的统一计量标准之外,还必须确定本身专门的标准。由于物流突出的国际性,在制定物流的专业标准中,不能完全以国家统一计量标准为唯一依据,在与国际计量方式保持一致性的同时,还要考虑国际习惯用法。物流计量单位类标准是物流管理,如物流统计、物流成本核算等的基础。

(二)物流术语标准

随着物流业在我国的发展,为了满足物流管理运作内容和用语规范和说明的需要,2007 年 5 月 1 日,正式实施 GB/T 8354—2006《物流术语》,作为现行物流术语标准。该标准设 6 大类,即物流基础术语、物流作业服务术语、物流技术装备与设施术语、物流管理术语、物流信息术语和国际物流术语,总共包含了 328 条词条的术语及其定义。《物流术语》由国家国内贸易局提出并归口,是适用于物流及相关领域的信息处理和信息交换的物流标准,适用于相关的法规、文件。《物流术语》具有广泛的代表性,对行业具有较好的指导性、实用性和先进性。

在现行物流术语中,一些使用比较频繁或物流业迫切需要澄清的概念术语被提出,如物流园区、物流基地、效益悖反等词条,并对此进行了认真的对比和解释;又如原术语中的分拣,实际上是分类和拣选两个操作,这次术语将其拆开并分别作了中英文解释。关于新物流术语中物流信息术语类,作为其独立的一部分被列出,在原来的基础上也增加了许多条目,以适应信息化在现代物流中不可缺少及日趋重要作用的需要。随着国际物流一体化,国际物流相关术语的使用也变得越来越频繁,因此也增加了国际物流术语部分。

(三)物流模数尺寸标准

物流模数(Logistics Modulus),是指物流设施与设备的尺寸基准。物流模数是为了物流的合理化和标准化,以数值关系表示的物流系统各种因素尺寸的标准尺度。它是由物流系统中的各种因素构成的,这些因素包括:货物的成组、成组货物的装卸机械、搬运机械和设备货车、卡车、集装箱以及运输设施、用于货物保管的机械和设备等。

1. 物流模数的分类

(1)物流基础模数尺寸

物流基础模数尺寸是指为使物流系统标准化而制定的标准规格尺寸,是物流中其他模数尺寸的基础。国际标准化组织中央秘书处和欧洲各国确定的物流基础模数尺寸为600×400(mm)。该基础模数尺寸的确定,一方面是以现有物流系统中影响最大而又最难改变的输送设备为依据的,主要采用"逆推法",由现有输送设备的尺寸进行推算的;另一方面也考虑了已通行的包装模数和已使用的集装设备,并从行为科学角度研究人和社会的影响,使基础模数尺寸适合于人体操作。基础模数尺寸一经确定,物流系统的设施建设、设备制造,物流系统中各环节的配合协调,物流系统与其他系统的配合,都要以基础模数尺寸为依据,选择其倍数为规定的标准尺寸。

物流基础模数是物流系统各标准尺寸的最小公约尺寸。在基础模数尺寸确定之后,各个具体的尺寸标准,都要以基础模数尺寸为依据,选取其整数倍为规定的尺寸标准,基础模数尺寸确定后,只需在倍数中进行标准尺寸选择,便可作为其他尺寸的标准。

(2)物流建筑基础模数尺寸

物流建筑基础模数尺寸是指物流系统中各种建筑物所使用的基础模数尺寸。它以物流基础模数尺寸为依据而确定的,也可以选择共同的模数尺寸;该尺寸是设计物流建筑物长、宽、高尺寸、门窗尺寸、建筑物立柱间距、跨度及进深等尺寸的依据。

(3)集装模数尺寸

集装模数尺寸也称物流模数尺寸,是指在物流基础模数尺寸的基础上,推导出的各种集装设备的基础尺寸,是设计集装设备三项(长、宽、高)尺寸的依据。在物流系统中,集装起贯穿作用,集装尺寸必须与各环节物流设施、设备、机具相匹配。因此,整个物流系统设计时往往以集装模数尺寸为依据,决定各设计尺寸。集装模数尺寸是影响和决定物流系统标准化的关键。

物流基础模数尺寸标准是标准化的共同单位尺寸,或系统各标准尺寸的最小公约尺寸。基础模数的确定,使设备的制造、设施的建设、物流系统中各环节的配合协调、物流系统与其他系统的配合有所依据。目前ISO中央秘书处及欧洲各国基本认定600mm×400mm为基础模数尺寸。

2. 物流基础模数尺寸确定

物流基础模数尺寸标准是标准化的共同单位尺寸,或系统各标准尺寸的最小公约尺寸。基础模数一旦确定,设备的制造、设施的建设、物流系统中各环节的配合协调、物流系统与其他系统的配合就有所依据。目前ISO中央秘书处及欧洲各国基本认定600mm×400mm为基础模数尺寸,如图8-1所示。

由于物流标准化系统较之其他标准系统建立较晚,所以确定基础模数尺寸主要考虑了目前对物流系统影响最大而又最难改变的事物,即输送设备。采取"逆推法",由输送设备的尺寸来推算最佳的基础模数。当然,在确定基础模数尺寸时也考虑到了现在已通行的包装

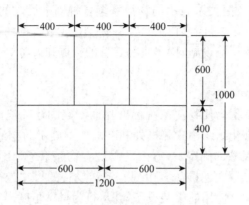

图 8-1 物流尺寸配合关系

模数和以使用的集装设备,并从行为科学的角度研究了人及社会的影响。从其与人的关系看,基础模数尺寸是适合人体操作的最高限尺寸的。

3. 确定物流模数

物流模数即集装基础模数尺寸。物流标准化的基点应建立在集装的基础之上,还要确定集装的基础模数尺寸(即最小的集装尺寸)。

集装基础模数尺寸可以从 600mm×400mm 按倍数系列推导出来,也可以在满足 600mm×400mm 的基础模数的前提下,从卡车或大型集装箱的分割系列推导出来。日本在确定物流模式尺寸时,就是采用的后一种方法,以卡车(早已大量生产并实现了标准化)的车厢宽度为物流模数确定的起点,推导出集装基础模数尺寸。

物流模数作为物流系统各环节的标准化的核心,是形成系列化的基础。依据物流模数进一步确定有关系列的大小及尺寸,再从中选择全部或部分,确定为定型的生产制造尺寸,这就完成了某以环节的标准细列。

以分割及组合的方法确定系列尺寸物流模数作为物流系统各环节的标准化的核心,是形成系列化的基础。依据物流模数进一步确定有关系列的大小及尺寸,再从中选择全部或部分,确定为定型的生产制造尺寸,这就完成了某以环节的标准细列。由物流模数体系,可以确定各环节系列尺寸,国际物流模数尺寸的标准化正在研究及制定中,但与物流有关的许多设施、设备的及鼠标准化大多早已发布,并由专门的专业委员会负责制定新的国际标准。国际标准化组织英文缩写为 ISO,已建立的从物流角度看与物流有关的技术委员会(TS)及技术处(TD),每个技术委员会或技术处都由 ISO 指定负责常务工作的秘书国,我国也明确了个标准的归口单位,ISO 对物流标准化的研究工作还在进行中,对于物流标准化的重要模数尺寸已大体取得了一致意见或拟定出了初步方案。

作为物流标准化的基础和物流标准化首先要拟定的数据,几个基础模数尺寸如下:

(1)物流基础模数尺寸:600mm×400mm。

(2)物流模数尺寸(集装基础模数尺寸):1200mm×1000mm 为主,也允许 1200mm×800mm 及 1100mm×1100mm。

(3)物流基础模数尺寸预计装基础模数尺寸的配合关系。

第二节　物流信息标准

物流信息标准旨在汇集与物流信息系统相关的现有国家标准,提出待制定的相关国家标准,一方面明确标准制定工作的需求,另一方面反映现有标准化状况,为物流信息系统设计人员提供参考,为进一步采用国际标准和国外先进标准提供支撑。它促进了物流活动的社会化、现代化和合理化。

一、物流信息标准概述

(一)概述

随着人类从工业社会向信息社会的过渡,信息技术显得尤为重要,信息资源的开发,信息的生产、处理和分配,已经成为带动世界经济快速增长的产业之一。伴随信息产业的发展,信息技术标准化,尤其是作为信息处理基础的信息分类编码标准化工作,在当今社会显得越来越被各国所重视。物流活动是改变商品/产品的时间和空间效能的活动,它是国民经济正常运转的保障,是人类赖以生存的基础。

电子商务的出现和发展,进一步加大了物流系统信息化的要求,与电子商务相配套的物流信息系统的建设也应该加大力度。在物流信息系统建设中,通过标准化来实现系统间的数据交换与共享已经成为电子商务的必然要求。

因此,用现代化的信息技术来支撑现代物流活动具有重要意义。

物流信息分类编码标准化是信息分类标准化工作的一个专业领域和分支,其核心是将信息分类编码标准化技术应用到现代物流系统中,实现物流信息系统的自动数据采集和系统间的数据交换与资源共享,促进物流活动的社会化、现代化和合理化,在实践中做到货畅其流。

物流信息分类编码是要对物流活动中需要进行信息采集、存储、交换和共享的物流对象进行编码。将信息分类编码以标准的形式发布,就构成了标准信息分类编码,或称标准信息分类代码。人们通常借助代码进行手工方式或计算机方式的信息检索和查询,特别是在用计算机方式进行信息处理时,标准信息分类编码显得尤为重要。物流信息分类编码时按照物流系统的内部规律将物流系统中涉及的对象进行代码化,是物流信息管理的基本手段,是物流信息系统建设的基础。物流信息分类编码是物流信息化的前提。美国从1945年起就开始研究标准信息分类编码问题,1952年起正式着手物资编码标准化工作,经过6年的时间完成了国家物资分类编码。中国从1979年起着手制定有关标准,到现在已经发布了几十个信息分类编码标准,特别是干部、人事管理信息系统指标体系分类与代码,基本做到了数据元与分类代码齐备,构筑了一个较为完整的代码体系。

(二)层次划分

物流信息分类编码标准体系总表分三个层次,第一层次为门类,第二层次为类别,第三层次为项目。整个标准体系分为三个门类。第一门类为基础标准,这些标准是制定标准时所必须遵循的、全国统一的标准,是全国所有标准的技术基础和方法指南,具有较长时期的稳定性和指导性;第二门类为信息技术标准,它是针对物流活动(装卸、搬运、仓储、运输、包装和流通加工)的技术标准,对物流信息系统建设具有指导意义;第三门类为相关标准,它是伴随人类社会技术进步(特别是通信和信息处理技术进步)而产生的专门领域标准,其中EDI(电子数据交换)应用与商业贸易和政府审批(如报关等),它与物流活动密切相关,而GPS(全球定位系统)则是提供对运输工具(含运输物品)的动态实时跟踪和导航的工具系统,也与物流活动密切相关。物流信息分类编码标准体系如下:

1. 基础标准

基础标准主要包括:《标准体系表编制原则和要求》GB/T 13016—1991、《标准化工作导则　信息分类编码的编写规定》GB/T 7026—1986、《信息分类编码的维护方法和规定》,建议尽快制定国家标准、《信息分类编码标准的管理规定》,建议尽快制定国家标准、《信息分类编码标准的注册规定》,建议尽快制定国家标准、《标准化工作导则信息分类编码的基本原则和方法》GB/T 7027—1986、《文件格式分类与代码编制方法》GB/T 13959—1992、《国家标准制定程序的阶段划分及代码》GB/T 16733—1997、《事务特性表定义和原理》GB/T 10091—1989、《数据处理校验码系统》GB/T 17710—1999 和 ISO 7064—83、《信息分类编码通用术语》GB/T 10113—1988。

2. 信息技术标准

信息技术标准分为六个类别:物品分类编码标准、参与方分类代码标准、位置分类编码标准、运输分类编码标准、单证分类编码标准、时间和计量分类编码标准。

(1) 物品分类编码标准

物品分类编码标准是描述和表征物品的分类代码,其中不同的分类代码标准适用于不同的场合。主要包括:《全国工农业产品(商品、物资)分类与代码》GB/T 7635—1987、《全国产品分类与代码可运输产品部分》将替代 GB 7635—87、《全国产品分类与代码不可运输产品部分》将替代 GB 7635—87、《中华人民共和国进出口商品分类和代码》正在制定国家标准、《通用商品条码》GB/T 12904—1998、《储运单元条码》GB/T 16830—1997、《货物类型、包装类型和包装材料代码》GB/T 16472—1996、《危险货物品名表》GB/T 12268—1990、《危险货物分类与品名编号》GB/T 6944—1986、《中国煤炭编码系统》GB/T 16772—1997、《瓶装压缩气体分类》GB/T 16163—1996 等。

(2) 参与方分类编码标准

参与方分类代码标准用来标识物流活动参与各方(如发货人、收货人和保险人等)。主要包括:《全国组织机构代码编制规则》GB/T 11714—1997 并采用国际标准 ISO 6523、《全国组织机构代码信息数据库(基本库)机读格式规范》GB/T 16987—1997、《位置码》GB/T 16828—1997、《公民身份证号码》GB/T 11643—1998 等。

(3) 位置分类编码标准

位置分类编码标准可实现对物理位置和地理位置的唯一标识,如位置码可标识出仓库、货位等具体详细物理位置。主要包括:《中华人民共和国行政区划代码》GB/T 2260—1999、《县以下行政区划代码编制规则》GB/T 10114—1988、《中华人民共和国口岸及有关地点代码》GB/T 15514—1995、《中国及世界主要海运贸易港口代码》GB/T 7407—1987、《中华人民共和国铁路车站站名代码》GB/T 13016—1991、《世界各国和地区名称代码》GB/T 2659—1994 并采用国际标准 ISO 3166—93、《城市道路交叉口、街坊、市政工程管线编码规则》

GB/T 14395—1993、《位置码》GB/T 16828—1997、建议制定以下国家标准《中国机场名称代码》和《仓储货位分类代码编码规则》等。

（4）运输分类编码标准

运输分类编码标准主要针对车辆、船舶和集装箱等进行标识。主要包括：《集装箱运输状态代码》GB/T 4290—1984、《国际集装箱货运交接方式代码》GB/T 15419—1994、《集装箱代码、识别和标记》GB/T 1836—1997、《集装箱常用残损代码》GB/T 15119—1994、《货物运输常用残损代码》GB/T 14946—1994、《道路车辆分类与代码—机动车》GB/T 918.1—1989、《道路车辆分类与代码—非机动车》GB/T 918.2—1989、《国际航行船舶识别代码》GB/T 12410—1990、《内河船舶分类与代码》GB/T 16158—1995、《民用航空业信息分类与代码》GB/T 16300—1996、《道路车辆识别代号（WIN）位置与固定》GB/T 16735—1997 等。

（5）单证分类编码标准

单证分类编码标准规定标准单证，包括单证格式、单证指标和编码等。主要包括：《贸易单证样式》GB/T 14392—1993、《国际贸易交货条款代码》GB/T 15423—1995、《国际贸易合同代码规范》GB/T 16963—1997、建议制定国家标准《物流单证数据元、指标体系分类编码》等。时间和计量分类编码标准主要包括：《数据元交换格式信息交换日期和时间表示法》GB/T 7408—1994 和 ISO 8601—88、《国际单位制代码》GB/T 9648—1988 和 ISO 2955—83、《表示货币和资金的代码》GB/T 12406—1996 和 ISO 4217—95、《国际贸易用计量单位代码》GB/T 17295—1998 等。

（6）时间和计量分类编码标准

时间和计量分类编码标准规定时间表示法和标准计量单位系统，是物流的基础。

3. 相关标准

（1）EDI 相关代码标准

主要有 EDI 基础标准（主要包括 EDIFACT 基础标准和开放式 EDI 基础标准）、EDI 代码标准（主要包括管理、贸易、运输、海关、银行、保险和检验等各行业的代码标准）、EDI 报文标准（主要包括海关报文标准、账户报文标准、退休金、卫生、社会保障、统计、通用运输、集装箱运输、危险品、转运以及各种商业报文标准等）、EDI 单证标准（主要包括各式各样的贸易单证标准，如：管理、贸易、运输、海关、银行、保险、检验等单证标准）、EDI 网络通信标准（主要包括用于 EDI 的各种通信规程和网络协议）、EDI 管理标准、EDI 应用标准以及 EDI 安全保密标准等。

具体应用较多的有《贸易数据元目录标准数据元》GB/T 15191—1997、《用于行政、商业和运输业的电子数据交换代码表》GB/T 16833—1997、《用于行政、商业和运输业的电子数据交换的语法实施指南》GB/T 16703—1996 等。

（2）条码技术标准

如果把表示信息的数字化代码再用按特定规则排列的黑白相间的条形符号表示出来，那就是条码。条码的应用范围非常广泛，几乎在所有自动识别领域都可以应用，但是应用最广泛的领域还是商业，目前中国已经有四万多家企业申请使用条码，有五十多万种产品使用条码标识。在工业发达国家，条码在电子商务中的应用已经相当普及。

条码技术标准主要包括条码规则、条码设备、条码检测方法和条码应用等方面的内容。

中国已经发布了《条码系统通用术语、条码符号术语》、《条码符号印刷质量的检验》、《三九条码》、《库德巴条码》、《通用商品条码》、《通用商品条码符号位置》、《中国标准书号（ISBN 部分）条码》、《417 条码》等国家条码标准。

（3）GPS 相关代码标准

主要由以下几部分构成:《地理格网代码》GB/T 12409—1990、《地理点位置的纬度、经度和高程的标准表示法》GB/T 16831—1997、《1∶500 1∶1000 1∶2000 地形图要素分类与代码》GB/T 14804—1993、《1∶5000 1∶10000 1∶50000 1∶100000 地形图要素分类与代码》GB/T 15660—1995 等。

二、物流信息标准体系

当前,我国成立了全国物流信息管理标准化技术委员会,专门负责我国的物流信息标准化工作,该委员会在《物流国家标准体系表》的基础上,制订了《物流信息国家标准体系表》。

物流信息国家标准体系表确立了物流信息方面的国家标准体系,给出物流信息国家标准体系框架、国家标准明细表及国家标准体系表说明。

物流信息国家标准体系表适用于我国物流信息国家标准体系的建立和国家标准、计划的编制和修订,可为应用部门与单位提供查询、检索当前和未来物流技术标准的资料,通过本标准体系表可了解与物流信息有关的国家标准、国外先进标准的情况,对以尽量等同或修改采用国际标准和国外先进标准,促进我国物流尽快与国际物流的接轨,增强我国物流相关企业在国际市场上的竞争力,加速我国物流业的发展有极大的推动作用。

1. 物流信息标准体系的体系结构

物流信息标准体系在总体结构上要尽量做到科学合理、层次分明,并尽量满足物流信息技术应用的需求以及具有一定的扩展性。本体系采用树形结构,层与层之间是包含与被包含关系。

（1）结构模型第一层

本着物流信息标准体系从需求角度出发,标准体系的第一层为物流信息基础标准,是物流信息系统建设中通用的标准。当前主要是指我国制定的《物流术语》中的物流信息术语,应包括物流信息技术术语、物流信息管理术语的各项定义。明确各项术语的定义,是联盟制定物流信息标准体系的基础和总体要求,也是制定物流信息标准体系的第一步,主要应由联盟的标准化主管部门中的物流信息标准项目组负责收集整理、编制成册,并定期更新。

（2）结构模型第二层

按照物流信息标准化对象特征的不同,结合联盟运作的具体需要,第二层应分为物流信息技术标准、物流信息管理标准、物流信息安全标准和其他。

（3）结构模型第三层

它是对物流信息技术标准、物流信息管理标准和物流信息安全标准的进一步分层。物流信息技术标准从信息的采集、加工、处理、交换和应用入手,分为物流信息分类编码标准、物流信息采集标准、物流信息交换标准。物流信息技术是物流活动的基础,在这里如此分类是因为我国物流信息技术标准有详细的标准,就是如此划分,在这里我们沿用国家标准。

作为射频技术体系内的 EPC 技术的快速发展,我们使用 EPC 管理标准作为物流信息管理标准。在本体系中,我们将 EPC 管理标准作为推荐性标准,盟主及核心企业原则上应应用该标准,也鼓励有实力的加盟企业推行该标准。

我国在物流信息安全上重视程度不足,没有相关标准;国际上物流信息相关标准的研究也比较少,在这种情况下,我们主要参考国际国内关于信息安全方面的标准。信息安全在各层面为提供机密性、完整性、可鉴别等安全服务,主要涉及安全管理、安全评测等方面。内容上主要包括:安全协议、加密、完整性、可用性、签名与认证、密钥管理、数字证书等。管理上涉及网络基础设施、应用支撑、应用各个层面的技术和运营管理。

（4）结构模型第四层

第四层由第三层扩展而成,共分若干个方面,每个方面都可以继续扩展成若干个更小的方面。

2. 物流信息标准体系表结构

物流信息反映物流各种活动内容的知识、资料、图像、数据、文件的总称。从构成要素上看,物流信息技术作为现代信息技术的重要组成部分,本质上都属于信息技术范畴,只是因为信息技术应用于物流领域而使其在表现形式和具体内容上存在一些特性,但其基本要素仍然同现代信息技术一样,可以分为 4 个层次:

（1）物流信息基础技术,即有关元件、器件的制造技术,它是整个信息技术的基础。例如微电子技术、光子技术、光电子技术、分子电子技术等。

（2）物流信息系统技术,即有关物流信息的获取、传输、处理、控制的设备和系统的技术,它是建立在信息基础技术之上的,是整个信息技术的核心。其内容主要包括物流信息获取技术、物流信息传输技术、物流信息处理技术及物流信息控制技术。

（3）物流信息应用技术,即基于管理信息系统(MIS)技术、优化技术和计算机集成制造系统(CIMS)技术而设计出的各种物流自动化设备和物流信息管理系统,例如自动化分拣与传输设备、自动导引车(AGV)、集装箱自动装卸设备、仓储管理系统(WMS)、运输管理系统(TMS)、配送优化系统、全球定位系统(GPS)、地理信息系统(GIS)等。

（4）物流信息安全技术,即确保物流信息安全的技术,主要包括密码技术、防火墙技术、病毒防治技术、身份鉴别技术、访问控制技术、备份与恢复技术和数据库安全技术等。

3. 物流信息标准体系表的特点

（1）企业物流信息标准体系表是根据物流信息标准化目的,围绕企业物流信息标准体系形成的,该体系表有明确的目的性。

（2）企业的物流信息标准体系表内的各项标准要全面配套、相互协调,以求得最大的系统效应。

（3）企业物流信息标准体系表构成具有层次性。不同层次上的物流信息标准相互制约、互相补充,相辅相成,构成为一个科学的有机整体。

（4）企业物流信息标准体系表随着时间推移逐渐完善、更新和发展,具有发展性。发展性表现于体系中的标准不断补充、更新,也体现在经过一定时期要编制新的体系表。

4. 物流信息标准体系表的作用

企业物流信息标准体系表是物流信息标准体系内的标准按一定形式排列起来的图表。它是企业物流信息标准体系的直观表达式,以方框图式排列。企业物流信息标准体系表对

于建立该体系,具有十分重要意义:

(1) 它表达了现有、应有或预计发展制定的企业的物流信息标准的全面情况,指明企业的物流信息标准化重点和工作方向,是企业物流信息标准化活动发展的蓝图。

(2) 对制定、修订企业的物流信息标准化规划、计划,有积极的指导作用。避免制定标准的盲目性,减少重复劳动,在节省人力、物力、财力条件下,加快标准制定速度和标准化进程。

(3) 使企业的物流信息标准体系构成达到系统化、合理化和科学化。

5. 物流信息标准体系表编制原则

《物流国家标准体系表》是对物流信息技术现有、应有和将要制定的一系列国家标准经过研究、分析以后进行科学合理的安排,形成的一个技术先进、层次分明、结构合理、系统配套的图表,是我国物流信息标准化工作的基础。编制《物流国家标准体系表》既要遵守制定标准体系表应遵守的原则,也要考虑物流信息本身的技术特点及在物流管理过程中的应用特点,本体系表的编制需要遵循以下原则:

(1) 完整性

系统通过分析物流的各个环节中所应用到的信息技术,来提出完整的信息标准体系。在一段时间内,根据物流工作需要,标准体系表应包括现有的、应有的和预计发展的物流信息的国家标准。

(2) 扩展性

物流信息国家标准体系表充分考虑了物流及信息技术的发展,尤其是物流信息技术的发展,在标准体系框架的制定中,充分考虑了物流的发展,为将来新的标准的加入创造了条件。当前有些物流信息技术正处在研发和推广阶段,这些技术的标准化对于推广其应用以提高物流效率有非常大的促进作用。对于这些尚未成熟的新技术在标准体系表中也应给出相应的位置,列出标准体系表的框架,以便于将来推广。

(3) 层次性

层次反映出标准适用的范围。适用范围大的标准处于标准体系表的顶端,反之处于较低层次,具体的个性标准处于最低层次。

(4) 协调性

物流信息标准体系表中的子体系既相互独立,又相互依存,子体系间有边界,也有交叉。同一标准不能列入两个子体系中。

(5) 先进性

物流信息标准体系表,应该能够适应现代物流对物流信息标准的需求,强调并突出发展现代物流需要制定和推广的关键的物流信息标准,并能指导物流信息标准化的发展方向。

6. 物流信息标准体系表的编制程序

企业物流信息标准体系表具有十分重要作用,应当得到重视,要按下列程序进行编制:

第一步,准备。编制企业物流信息标准体系表一般由联盟中的盟主及核心企业共同成立相关标准化部门负责。该部门前期应大量收集相关标准化法律、法规和各种参考资料,详细调查掌握国家物流信息相关的标准化文件,了解国际上物流信息发展趋势,编制联盟内的物流信息标准体系表。必要时,应进行走访调研。

第二步,起草。在充分准备的基础上,根据编制企业物流信息标准体系表的原则,根据工作实际,初步起草企业物流信息标准体系表草稿。

第三步,征求意见。根据企业物流信息标准体系表草稿,发送给所有联盟内企业、有关部门、单位征求意见,并对所提意见进行研究,修改原拟草稿。

第四步,讨论。组织邀请有关部门和有关方面专家、人员,对修改过的草稿进行讨论。通过后,组织编写。

第五步,审批。讨论定稿后的标准体系表,报标准化主管机构或标准化委员会审查批准。批准后的标准体系表即为建立企业物流信息标准的指导文件。企业物流信息标准体系表,应根据我国物流标准化工作进展情况随时修订,原则上每年应审批一次。

7. 物流信息标准体系表说明

(1) 物流信息技术标准说明

物流信息是反映物流各种活动内容的知识、资料、图像、数据、文件的总称。物流信息技术标准从信息的采集、加工、处理、交换和应用入手,分为物流信息分类编码标准、物流信息采集标准和物流信息交换标准。

1) 物流信息分类编码标准

所谓信息分类编码就是对大量的信息根据其特点、用途等进行合理分类,然后用代码加以表示。将信息分类编码以标准的形式发布,就构成了标准信息分类编码,或称标准信息分类代码。物流信息分类编码是信息分类编码的一个专业领域和分支,其核心是将信息分类编码技术应用到现代物流系统中,实现物流信息系统的自动数据采集和系统间的数据交换与资源共享,促进物流活动的社会化、现代化和合理化,在实践中做到"货畅其流"。物流信息分类是根据物流管理的特点,把具有共同属性或特征的物流信息归并在一起,把不具有这种共同属性或特征的物流信息区别开来的过程。物流信息分类的直接产物是各式各样的分类表或分类目录。

关于物流信息分类编码标准,我国已经出台了相关基础性标准文件,主要是:信息分类和编码的基本原则与方法 GB/T 7027—2002;分类与编码通用术语 GB/T 10113—2003;标准编写规则第3部分:信息分类编码 GB/T 20001.3—2001。物流信息分类编码的正确运用是实现物流企业联盟正常运转,实现物流信息顺畅的基础,也是打破"信息孤岛"的手段之一。在物流企业联盟中,应以盟主企业为核心,以核心企业为支柱,自上而下的正确运用这些标准,并建立合理的奖惩手段。对于不能正确运用这些标准的企业给予一定的处罚,甚至取消其作为联盟会员的资格。

在我国已经出台的标准中,对物流信息分类编码标准的细分为:产品与服务分类代码标准;贸易单元编码标准;物流单元编码标准;物流参与方与位置编码标准。这里的每一个标准又有更细的标准出台,比如我国主要产品分类与代码 GB/T 7635—2002;货物类型、包装类型和包装材料类型代码 GB/T 16472—1996;商品条码 GB 12904—2003;公路路线标识规则命名、编号和编码 GB/T 917.1—20 等。具体应使用哪些标准要看的盟内企业的具体需要,有的物流信息标准化部门根据实际使用需要直接引用国家标准,并指导各企业正确使用,再根据企业实际需要,不定期增减即可。

2) 物流信息采集标准

　　物流信息采集技术解决了物流信息进入物流信息管理系统的瓶颈问题,是实现物流自动化的关键。当前用在物流领域的信息采集技术主要是条码技术和射频识别技术。条码技术发展时间较长,我国也有很详细的标准,但条码技术正被一种新的更加具有优势的技术取代,这就是无线射频技术。所以在本文中,使用射频识别技术作为信息采集的标准。

　　射频技术(RFID)能够帮助我们弥补物理世界与数字世界之间的沟壑,创建实时的、更加智能化、具有更高响应度和更具适应性的供应网络。射频技术在国外物流管理中已经有非常广泛的应用。零售业巨头沃尔玛要求其最大的 100 家供应商在 2005 年元旦之前必须在所有的货箱和托盘上安装 RFID 标签;美国食品药品管理局(FDA)在 2004 年初也加入了 RFID 的阵营,并宣称今后所有进口药品都必须加贴电子标签,以保证对药品的监督与管理。

　　RFID 技术利用无线射频方式在阅读器和射频卡之间进行非接触双向数据传输,以达到目标识别和数据交换的目的。最基本的 RFID 系统由三部分组成:标签(Tag,即射频卡);由耦合元件及芯片组成,标签含有内置天线,用于和射频天线间进行通信;阅读器:读取(在读写卡中还可以写入)标签信息的设备;天线:在标签和读取器间传递射频信号。

　　3) 物流信息交换标准

　　物流信息交换标准主要包括三个层面上的标准:物流数据元标准、物流业务流程信息交换规范以及物流单证标准。物流数据元是物流信息的基本描述单元。数据元就是通过定义、标识、表示以及允许值等一系列属性描述的数据单元。在电子数据交换中,关于物流信息的交换要以物流数据元的标准化为基础 1351。当前,基于 EDIFACT 的用于行政、商业和运输业的电子数据交换的各种数据元的国家标准已经制定。但针对物流本身的特点,专属于物流本身的数据元标准尚需制定。所以的物流信息标准主要引自《全球数字字典》,《全球数据字典》是 Gsl 联合 GCI 制定的,它是数据元标准的基础。主要内容包括:产品识别描述内容和格式;参与方描述内容和格式;目标市场描述内容和格式;产品价格描述内容和格式;产品分类描述内容和格式;产品信息日期的描述内容和格式;产品日期的描述内容和格式;产品的描述内容和格式;产品计量信息的描述内容和格式;产品包装的描述内容和格式;产品储运的描述内容和格式;定货与发货的描述内容和格式;运输托盘的描述内容和格式;有毒/危险品的描述内容和格式;税务方面的描述内容和格式。基于此,物流企业联盟只需引用相关的数据元即可,主要是:配送业务基础数据元、仓储业务基础数据元、运输业务基础数据元以及流通加工业务基础数据元。

　　物流信息交换业务流程规范是指物流过程中基于计算机及网络技术的物流业务流程信息交换规范,主要包括:交易过程业务流程信息交换规范;配送过程业务流程信息交换规范;仓储过程业务流程信息交换规范;运输过程业务流程信息交换规范。目前,我国还没有制定相应的国家标准。为规范内各个企业的物流业务流程规范,需要尽快着手引进并适当改进。对于业务流程的标准化描述,由于 XML 语言描述性好、可扩展性好、可交换性好的特点,成为了描述业务流程最好的工具。现有的业务流程描述语言都是以 XML 作为基础进行扩充的。使用的业务流程规范是 ebXML。ebXML BPSS 是 UN/CEEACT 和 OASIS 共同制定的业务流程规范,是综合 ebXML B2B 规范集的一部分,它同时包含基于 SOAP 的可靠和安全的信息、协同协议和轮廓(Profil。)、注册/知识库以及核心部件的核心规范。ebXML BPSS 提供了一个标准的框架,通过该框架来配置业务系统,从而支持业务协作的执行。

物流单证标准主要包括纸面单证和电子单证。电子单证标准主要使用 EDI 标准,我国已经制定了贸易过程中应用到的 EDI 报文。1509735 标准已对 EDI 的语法规则作了规定,各行业的数据报文由各行业的国际标准化机构开发,并给 UN/EDIFACR 的计划提建议。流通行业有关的报文由国际 EAN 协会开发,全部的报文集称为 EANCOM。UN/EDIFACT 的标准报文集中与采购、物流、金融有关的 42 种报文被分离出来成为 EANCOM。由于 EDI 自身的特点和我国物流企业自身的特点,EDI 在我国并没有实际的推广和应用。

（2）物流信息管理标准说明

当前,需要制定的物流信息管理方面的标准主要是指 EPC 系统的管理标准,因为 EPC 系统要在我国推广和应用,相应的管理过程也要标准化。主要包括:EPC 系统准入制度、EPC 注册登记制度、EPC 数据管理和维护制度、EPC 系统一致性测试方法和 EPC 系统安全体系等。

（3）物流信息服务标准说明

物流信息服务标准主要是物流信息从业人员服务标准。随着越来越多的人从事物流信息服务,规范从业人员的素质,急需制定相关标准。

第三节　物流技术标准

一、物流技术标准相关概念

1. 技术标准的概念

技术标准是指重复性的技术事项在一定范围内的统一规定。标准能成为自主创新的技术基础,源于标准指定者拥有标准中的技术要素、指标及其衍生的知识产权。它以原创性专利技术为主,通常由一个专利群来支撑,通过对核心技术的控制,很快形成排他性的技术垄断,尤其在市场准入方面,它可采取许可方式排斥竞争对手的进入,达到市场垄断的目的。

技术标准包括基础技术标准、产品标准、工艺标准、检测试验方法标准,及安全、卫生、环保标准等。

2. 技术标准的特点

（1）各个企业通过向标准组织提供各自的技术和专利,形成一个个产品的技术标准;

（2）企业产品的生产按照这样的标准来进行,所有的产品通过统一的标准,设备之间可以互联互通,这样可以帮助企业更好的销售产品;

（3）标准组织内的企业可以以一定的方式共享彼此的专利技术。

3. 开放标准与封闭标准

这一概念不严谨,建议代之以"非特许授权标准"和"特许授权标准"（简称"非授权标准"、"授权标准"）。授权标准是指与指定企业相关专利、技术存在唯一性联系,而该专利、技术由政府特许企业授权方可获得的标准。非授权标准是指,标准所涉及专利、技术,不指定特许企业提供,消费者可在市场竞争中获得相关产品。

之所以用"授权标准"和"非授权标准"取代,是因为开放标准与封闭标准中所谓"开放"与"封闭",在例外情况中,实质与形式可能相反,易引起混淆。在事实标准的形成过程中,比如 doc 文件格式,其作为事实标准是经过市场开放形成的,但内容是封闭的、垄断的;在一些标准组织的标准中,如第二代移动通信,爱立信、诺基亚、摩托罗拉控制 gsm 系统基站间控制器接口标准就不开放。由此可以开放形成的标准,可能实质是封闭的。在政府标准中,一些"关门"制订的标准,内容却是反垄断因而对市场各方是开放的,或是对市场上的公共利益是公平开放的。可以看出,封闭形成的标准,可能实质又是开放的。

(1)封闭标准

用特许授权,一下就可以清楚判定二者区别所在:

凡是开放形成的封闭标准,最后一定露出一个尾巴,就是标准与产品中间的过渡地带,存在与标准绑定的专利、技术的授权许可问题。特征是在标准中藏专利,俗称标准专利化。针对这种越来越普遍的国际趋势,欧盟在限制知识产权滥用的判例中,就把授权许可的开放列为条件。例如爱尔兰《麦格尔电视指南》诉讼案。在这个案例中,电视节目预告是开放的,但转载的许可是封闭的,根据"拒发许可证"这一事实,依据《欧共体条约》第 86 条(禁止任何企业在共同市场内滥用其垄断地位来限制竞争)做出了开放转载许可的判决。

(2)开放标准

除了实质与形式一致的情况外,在矛盾情况下的判据,是看它是否最终夹带专利、许可等知识产权要求。标准组织驳回 sun 公司关于 java 的专利和商标请求,就是依据开放标准的彻底性。只有不夹带专利的标准,才是开放标准(不等于说夹带专利的标准就不好,就行不通。有的标准组织,如 oasis 组织就开有这方面的口子)。前一段的讨论中,许多人实际把市场形成的夹带专利的标准也称为开放标准,是不准确的。市场垄断形成的事实标准,不能称为开放标准,因为厂商垄断本身就是一种对公共选择权利的封闭。

标准制订主体与形式的各种组合都是可以存在的。

在涉及标准制订主体与形式的诸多争论中,经常可以看到这种似是而非的判断,如:

——基于公共利益,政府不应当制订强制标准,不应当干预信息技术标准的形成。可美国 fcc 执行的强制标准控制电子产品无线泄漏能级的 emc 认证标准,不是强制标准,不是典型的政府干预行为吗? 这一条就证伪了上述观点。由标准组织或企业联盟制订的标准是开放的标准。但蓝牙标准不是典型的封闭标准吗? 这一条又把它证伪了。一单独企业不能代表公共利益制订标准。但 java 标准不就是标准组织委托 sun 公司掌握的吗? 这一条也直接证伪了上述论据

4. 技术标准的制定与修订

凡成批正常生产的产品,均应遵循有关标准规定或客户要求,否则企业应自行制定企业相关标准。通常任何个人或企业都可提出标准草案建议稿,属于国家或专业标准的必须由标准化技术归口单位负责审理;

标准建立后应进行修订,并用于实践试行,待修改补充后经有关部门审批即可成为技术标准;

技术标准的制定与修订应贯彻多快好省的精神,体现国家经济及技术政策,要适应市场需求,立足现状、并具有一定的先进性;

技术标准的制定与修订一定要在充分调研和广泛协商基础上进行,对国际上通用标准和国外先进标准要认真研究,积极采用,以便能与国际贸易及生产体系接轨。

5. 发展趋势

知识经济时代的到来,世界范围内的技术标准代表着巨大的市场利益和经济利益,谁制定的标准为世界所认同,谁就获得了市场的竞争力,谁就会从中获得利润。因此,一个时期以来,发达国家政府都争先恐后的加大力度进行标准化战略研究,试图在技术标准竞争中一直处于主动地位。目前,欧盟拥有的技术标准就有 10 万多个,德国的工业标准约有 1.5 万种,日本则有 8200 多个工业标准和 400 多个农产品标准。

(1)技术标准渗透和影响着人类活动的方方面面,从过去主要解决产品零部件的通用和互换问题,向形成一个国家实行贸易保护的重要壁垒的转变,即所谓非关税壁垒的主要形式。据统计,发展中国家受贸易技术壁垒限制的案例,大约是发达国家的 3.5 倍。

(2)技术标准与专利技术越来越密不可分。在传统产业里,技术更迭缓慢,经济效益主要取决于生产规模和产品质量,技术标准主要是为了保证产品的互换和通用性,技术标准与技术专利分离。而今天,对于高新技术产业来说,经济效益更多取决于技术创新和知识产权,技术标准逐渐成为专利技术追求的最高体现形式。在国外出现一种新的理念:三流企业卖苦力,二流企业卖产品,一流企业卖专利,超一流企业卖标准。

(3)技术标准越来越成为产业竞争的制高点。技术标准越来越成为产业特别是高技术产业竞争的核心。在传统大规模工业化生产中,是先有产品后有标准。在知识经济时代,往往是标准先行,这在高技术产业领域表现犹为明显。例如,在互联网应用前就先有了 IP 协议。在高清晰度彩色电视和第三代移动通信尚未商业化前,有关标准之战已如火如荼。关于高新技术标准的竞争,说到底是对未来产品、未来市场和国家经济利益的竞争。正因为如此,技术标准不仅在产品领域受到青睐,而且已经成为抢占服务产业制高点的有力手段之一。还有一个值得注意的现象是,在国际标准之外出现了越来越多的所谓事实标准。例如,美国微软公司的 Windows 操作系统和英特尔公司的微处理器,虽然没有成为国际标准,但事实上得到世界公认,并且"赢者通吃"。事实标准的出现是新经济时代的一个重要新特点。

6. 发展技术标准的意义

技术标准研究和管理专家普遍认为,技术标准的发展与科学技术的进步密不可分。技术标准以科学、技术和实践经验的综合成果为基础;在市场经济条件下,科技研发的成果通过一定的途径转化为技术标准,通过技术标准的实施和运用,也即标准化来促进科技研发成果转化为生产力;而在技术标准实施以及科技研发成果转化为生产力的过程中,市场的信息和反馈又可以反作用于技术标准的修订改进和科技研发活动,从而促进技术标准和科技发展。

技术标准发展水平的提高是一国研发活动和科技进步的有机组成部分,前者既是后者的成果,又是后者发展的有效推动力:

首先,技术标准的出现和发展以科技进步为前提。无论何种产业,只有当技术进步令规模化成为可能时,技术标准才有可能作为实施规模化生产经营的必要工具出现;相应地,技术标准的制定也必须以科技研发及其相关科技成果为基础,其制定、修改不能脱离对应的科技水平,否则,其适用性、有效性会大打折扣甚至完全消失。

其次,技术标准及标准化的发展与科技进步互相促进。技术标准的出现是应科技发展到规模化大生产后的经济社会需求而产生的,它一旦出现反过来又可提高微观经济主体的生产经营效率,使它们能够将更多的资源投入研发活动,继而新技术、新工艺的应用推广使更高水平的技术标准的制定和实施在技术上和经济上得到支持;微观经济主体的竞争、合作交互作用令技术标准和科技研发活动在整个社会范围内互相促进,从而在宏观层面上显示出标准发展水平与科技进步水平的互动发展。

最后,技术标准发展水平与科技进步成果转化水平,即经济活动的技术密集程度保持一致,工业化发展到一定阶段后的经济体中技术标准和科技研发关系更加密切以致两者成为有机的整体。从产业乃至从整体国民经济来看,无论是劳动密集型、资金密集型还是技术密集型产业或经济体,只要它处于工业化起步后的经济体中,技术标准都会在制造业中率先被制定、推广、修订,并由此波及各种产业;当产业结构升级到第二产业居社会经济主导位置之后,技术标准在整个社会经济中的位置和科技研发一同上升,成为社会生产力的主要推动因素。此后,随着产业结构的进一步升级,技术标准及标准化与科技研发对社会经济发展的推动作用进一步上升,两者之间的关联也日益密切,在技术密集型的产业或经济体中,技术标准是科技研发的出发点之一,其制修订也是科技研发的重要成果。

二、物流技术标准化

1. 物流技术的概念

物流技术(Logistics technology)是指物流活动中所采用的自然科学与社会科学方面的理论、方法,以及设施、设备、装置与工艺的总称。物流技术概括为硬技术和软技术两个方面。物流硬技术是指组织物资实物流动所涉及的各种机械设备、运输工具、站场设施及服务于物流的电子计算机、通信网络设备等方面的技术。物流软技术是指组成高效率的物流系统而使用的系统工程技术、价值工程技术、配送技术等。

2. 物流技术的分类

物流技术是与实现物流活动全过程紧密相关的,物流技术的高低直接关系到物流活动各项功能的完善和有效的实现。下面我们对相关的技术作一番简要的介绍。

（1）运输技术

运输工具朝着多样化、高速化、大型化和专用化方向发展,对节能环保要求严格。铁路运输发展重载、高速、大密度行车技术。一些和企业生产关系密切的载重汽车其发展方向是大型化、专用化,同时为了卸货和装货方便,有低货台汽车以及带有各种附带装卸装置的货车等,另外大型超音速飞机、大型油轮等。

（2）库存技术

库存是由单纯保管存储发展成的对物流的调节、缓冲。现代化仓库已成为促进各物流环节平衡运转的物流集散中心。仓库结构的代表性变化是高度自动化的保管和搬运结合成一体的高层货架系统,货架可以达 30m～40m 高,具有 20～30 万个货标,同计算机进行集中控制,自动进行存取作业。货架的结构各式各样,目前还发展了小型自动仓库,如回转货架仓库,可以更灵活地布置,方便生产,可用计算机实行联网控制,实现高度自动化。仓库的形式还有重力货架式,以及其他形式。

作为物流中心,大量物资要在这里分类、拣选、配送,因此,高速自动分拣系统也得到了发展。

（3）装卸技术

装卸连结保管与运输,具有劳动密集型、作业发生次数多的特点。因此,推行机械化以减轻繁重的体力劳动非常必要。由于装卸作业的复杂性,装卸技术和相应的设备也呈现出多样化的特点,使用最为普遍的是各式各样的叉车、吊车(包括行吊、汽车吊等)以及散料装卸机械等。

（4）包装技术

包装技术是指使用包装设备并运用一定的包装方法,将包装材料附着于物流对象,使其更便于物流作业。对其研究主要包括包装设备、包装方法和包装材料三部分。

包装材料常常是包装改革的新内容,新材料往往导致新的包装形式与包装方法的出现。对于包装材料的要求是:比重轻,机械适应性好;质量稳定,不易腐蚀和生锈,本身清洁;能大量生产便于加工;价格低廉。目前常用的包装材料有纸与纸制品、纤维制品、塑料制品、金属制品以及防震材料等。包装还涉及防震、防潮、防水、防锈、防虫和防鼠等技术。

（5）集装箱化技术

集装箱化是指采用各种不同的方法和器具,把经过包装或未经包装的物流对象整齐地汇集成一个便于装卸搬运的作业单元,这个作业单元在整个物流过程中保持一定的形状,以集装单元来组织物流的装卸搬运、库存、运输等物流活动的作业方式称为集装箱化作业。

集装箱化技术就是物流管理硬技术(设备、器具等)与软技术(为完成装卸搬运、储存、运输等作业的一系列方法、程序和制度等)的有机结合。它的出现,使传统的包装方式和装卸搬运工具发生了根本变革。集装箱本身就成为包装物和运输器具,这被称为物流史上的一次革命。之所以被称为是一次"革命",与其在整个物流作业中的作业是分不开的。在整个物流过程中,物流的装卸搬运出现的频率大于其他作业环节,所需要的时间多,劳动强度大,占整个物流费用比重大。采用集装单元化技术使物流的储运单元与机械等装卸搬运手段的标准能互相一致,从而把装卸搬运劳动强度减少到最低限度,便于实现机械化作业,提高作业效率,降低物流费用,实现物料搬运机械化和标准化。货物从始发地就采用集装单元形式,不管途中经过怎样复杂的转运过程,都不会打乱集装单元物流的原状,直到终点。这样便很大精度上减少了转载作业,极大地提高了运输效率。在储存作业中,采用集装箱化技术有利于仓库作业机械化,提高库容利用率,便于清点,减少破损和污染,提高保管质量,提高搬运灵活性,加速物流周转,降低物流费用。

（6）物流信息技术

物流信息技术是物流现代化极为重要的领域之一,计算机网络技术的应用使物流信息技术达到新的水平。物流信息技术是物流现代化的重要标志。

物流信息技术也是物流技术中发展最快的领域,从数据采集的条码系统、仓储管理系统、到办公自动化系统中的微机,各种终端设备等硬件、软件等都在日新月异地发展并得到了广泛应用。

3. 物流技术的特征

（1）综合性。在物流技术活动中,当前所有的先进科学技术几乎都得到广泛应用,从传统的机械技术和现代的计算机技术、微电子技术、信息技术、卫星通信技术等。

（2）多学科性。在物流活动中,不但应用到自然科学的原理和技术,而且也应用到社会科学的理论和各种管理方法。

（3）独特性。物流技术既汲取其他科学技术成果，又根据物流学理论和物流活动的实践，形成了自己独特的技术与方法，如流动加工技术、托盘技术、集装技术及绿色物流技术等。

4. 物流技术的作用

物流技术存在于现代物流活动中的各个方面和环节，物流技术是否先进、合理，直接影响着现代物流活动的运行状况，因而可以说，物流技术是保证现代物流活动顺利进行的一个基本条件。物流技术的作用主要体现在以下几个方面：

（1）物流技术是提高现代物流效率的重要条件

现代物流的优势之一就是能大大简化物流的业务流程，提高物流的作业效率。在现代物流情况下，一方面，人们可以通过现代信息方面的有关技术，对现代物流活动进行模拟，决策和控制，从而使物流作业活动的选择最佳方式、方法和作业程序、降低货物的库存，提高物流的作业效率；另一方面，物流作用技术的应用可以提高物流作业的水平、质量和效率。

（2）物流技术是降低现代物流费用的重要因素

先进合理的物流技术不仅可以有效地提高现代物流的效率，而且也可以有效地降低现代物流的费用。这主要是由于先进、合理的物流技术的运用不仅可以有效的使物流资源得到合理的运用，而且也可以有效地减少物流作业过程中的货物损失。

（3）物流技术可以提高现代物流的运作效率，提高客户的满意度

物流技术的应用不仅提高了现代物流效率，降低了物流费用，而且也提高了客户的满意度，密切了与客户的关系。物流技术的应用，快速响应的建立，可使企业能及时的根据客户的需要，将货物保量、迅速、准确地送到客户所指定的地点。

此外，先进合理的电子商务技术的应用，还有利于实现物流的系统化和标准化，有利于企业开拓市场，扩大经营规模，增加效益。

5. 物流技术的发展与展望

电子商务和信息技术的发展，供应链得到完善和优化，物流成为产业发展的主流趋势。物流存在于所有生产和商贸企业，比如仓库管理和运输管理都是必须的。随着产业链和供应链的优化，需要把物流相关作业系统独立出来，交给专业的运营公司，则可以最大限度减低物流和仓储成本，从而减低运营成本，提高市场竞争力和响应速度，从而在市场上占主动权。我国正处于物流业发展的黄金时期。

物流业的发展很多从国际贸易开始，大部分的进出口运输依赖于海运，有巨大的市场空间。物流配送中心主要面向大型的超市连锁型企业，但是很多大型商家却有能力自己配备物流系统和专管部门，而国内大部分的小型连锁企业却缺乏物流优化意识，他们唯一的思路就是模仿和参考其他同行。物流园区的仓储和中转为各个地方的货物输送提供便利场所，目前很多在筹建和发展中。机场和邮电系统对自动化物流系统要求更高，机场需要对行李实现自动道口分拣输送，邮电系统更需要在最短的时间内把上千万封的信件根据目的地自动分拣，才能实现快递的高效率服务。

物流从最初的汽车、火车托运，到现在的第三方物流集团，模式差距很远。最传统的只要手工就能处理；随着规模扩大，则需要借助信息技术实行办自动化的作业管理。最后发展

为高度智能话的自动立体仓库、自动分拣系统、自动 AVG 小车等。当物流公司的业务规模还没达到需要全自动化的处理要求时,为了提高物流运营效率和成本,需要考虑折中的处理方式,即不能投入上千万建自动化仓储系统,也不能靠传统的手工作业。则需要借助投入相对小的信息系统,结合人工作业实现快速出入库,快速出单和结算汇总,这样能满足更多中小企业的物流需求,而且市场空间也是不可限量的。虽然没有自动化系统效率高,但是操作灵活,覆盖面很广,能提供更多的个性化服务,完全可以实现多做单多赢利的效果。

目前全国能实现自动化立体仓库的只有一百多家,但是更多的企业需要相应的个性化物流服务,要求量小且调度灵活的物流操作,半人工作业的物流模式即解决多人就业,也有存在发展的必然。但是,自动化物流系统是提高竞争力和走向世界所必须考虑的,目前很多靠引进国外技术,价格相对昂贵。其实,很多层面上中国现有的技术也是可以解决的,比如自动分拣系统,只要把现有的信息处理结合自动化处理设备就可以实现,而自动化处理设备靠的是单片机控制和检测技术,这些目前国内已经具备,只要两者结合就能完全实现自动化分拣系统,则能满足物流业对分拣处理的迫切需要。即使是煤炭分拣一样可以处理,通过信息系统识别发运地和煤炭类别,结合机械控制技术就能实现分拣传送。分拣系统在物流运用很普遍,比如配送中心需要分拣、前面说的机场、邮电等,而且都是上千万的投资,国内应该大力发展力所能及的技术领域。

6. 物流技术标准化

（1）物流技术标准化概念

物流技术标准是指对标准化领域中需要协调统一的技术事项所指定的标准。在物流系统中,主要指物流基础标准和物流活动中采购、运输、装卸、仓储、包装、配送、流通加工等方面的技术标准。我国物流技术标准体系表如图 8-2 所示。

在 2010 年版的物流技术标准体系中,充分考虑到物流技术的应用既离不开物流设施和物流设备的研制和应用,同时物流技术也对物流作业产生影响。所以,可将物流设施、物流设备分别单列,且增加了物流作业标准。物流作业与物流技术相适宜,才能充分发挥物流技术的效用,如图 8-3 所示。

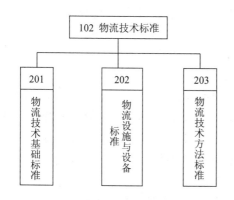
图 8-2　物流技术标准体系表(2004 年版)

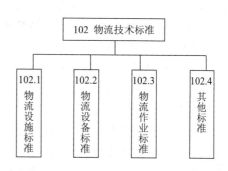
图 8-3　物流技术标准体系表(2010 年版)

（2）物流技术标准的实施

物流技术标准的实施是指在社会生产实践中,为实现物流技术标准中规定的各项内容而采取的专门措施和进行的有关活动。这是整个标准活动中最重要的一环。在物流技术标准制定结束后,实施成为标准化工作的中心任务,也是物流技术标准能否取得成效,实现其预定目标的关键。

(3) 物流技术标准实施的主要任务

物流技术标准的实施是一项复杂细致的工作。由于各类物流技术标准都有不同的内容,其实施对于生产、管理上的影响作用也有所不同,很难采用统一的方法,但是一般来说,大都包括组织宣贯、贯彻执行、监督检查等几项主要任务。

1) 物流技术标准的宣贯。

宣贯是物流技术标准实施过程中的一项重要工作。物流技术标准的宣贯,主要包括以下内容:通过提供物流技术标准文本和有关的宣贯资料,使有关各方知道物流技术标准,了解物流技术标准,并能正确认识而后理解其中规定的内容和各项要求,同时做好技术咨询工作,解答各方面提出的问题;通过对各项物流技术标准中各项重要内容及其实施意义的说明,使其有关各方面提高对实施物流技术标准意义的认识,取得各方的支持和理解;通过编写新旧物流技术标准内容对照表,新旧物流技术标准更替注意事项和参考资料,以及有关实施的一些合理化建议等,使其有关各方做好准备,保证物流技术标准的顺利实施。

物流技术标准宣贯的主要形式,除了编写、提供各类宣贯资料外,一般还采用举办不同类型培训班、组织召开宣贯会等。

2) 物流技术标准的贯彻执行。

根据物流技术标准的性质,物流技术标准的贯彻执行分以下两种形式。

强制性标准的贯彻执行。我国的标准化法规定,强制性标准必须严格执行,不得擅自更改或降低强制性标准规定的各项要求。为了保证强制性标准得到贯彻执行,必须充分考虑,使其符合有关强制性标准中规定的各项内容。

推荐性标准的贯彻执行。推荐性标准是由有关各方自愿采用的标准,不强制要求执行,但可以采取多种措施鼓励有关方面贯彻执行。在下列情况下则应严格执行推荐性标准:一是被法规、规章所引用时,便成为相关法规、规章的一部分,在该法规、规章约束范围内成为必须贯彻执行的技术标准;二是被合同、协议所引用时,由于合同、协议受相关法律约束,推荐性标准一经引入合同、协议便相应具有法律约束力,不贯彻执行有关规定,便要承担相应的法律责任;三是被使用者申请其产品符合某项推荐性标准时。

3) 物流技术标准实施的监督检查。

物流技术标准实施后,必须经常性地进行各种形式的监督检查,以便保证物流技术标准得到认真的贯彻执行,这是物流技术标准实施过程中的重要一环。为了促进推荐性标准的功能广泛地被采用,我国实行了自愿性的产品质量认证制度,对国家指定的推荐性标准的产品进行认证,并对获得认证的产品和企业实行法定的监督检验。

(4) 物流技术标准实施的意义

物流技术标准的实施,就是要将物流技术标准规定的各项要求,通过一系列具体措施予以贯彻执行。只要通过实施,才能实现制定物流技术标准的各项目的,充分发挥标准化作用。一般来说,物流技术标准实施的意义主要表现在以下方面:

1) 只有通过实施,才能实现制定物流技术标准的目的任何一项技术标准只要认真实施,在社会生产实践中加以运用,才能显示出它的作用和效果。而且与物流技术标准有关的企业、事业单位中组织实施物流技术标准,就是要把科学技术和实践经验的综合成果运用到社会生产实践中去,转化为直接的生产力。因此,必须通过有组织、有计划、有措施地开展宣传贯彻物流技术标准的活动,使其得到全面有效地实施,才能使制定物流技术标准的目的得以实现。

2) 只有通过实施,才能检验物流技术标准的适用性

时间是检验真理唯一标准。物流技术标准制定的是否科学合理,只有在实践中得到验证。虽然物流技术标准要求以科学技术和实践经验的综合成果为基础,在制定过程中,又进行了广泛的征求意见及许多新的实验验证工作,但任何人的经验和认识都可能有其局限性,尤其是在特定条件下进行的一些局部试点验证,很难保证反应全面情况。因此,物流技术标准在实施时难免会出现许多起草制定过程中未能考虑周全的问题。这些问题反映出来,有助于物流技术标准的进一步修改和完善,使其更好的实现预定的目标。

3) 只有通过实施,才能促进物流技术标准的发展

物流技术标准的制定和实施,本质上是依据人们对物流技术事项的现有认识和经验去指导今后的实践。而人类社会是在不断进步的,随着生产建设的发展、科学技术的进步,在物流技术标准实施过程中,人们会发现和认识现有物流技术标准存在的问题,同时收集到解决这些问题的办法和建议,认识也会不断提高。到一定时候,就会对现有物流技术标准提出许多更新更高的要求。最后,在物流技术标准实施的基础上,废止旧的物流技术标准,制定新的物流技术标准,促进物流技术标准的水平不断从低级向高级发展。因此,物流技术标准的实施也是对标准化不断向前发展的最重要的环节。

三、物流技术标准体系

按照国家标准 GB/T15497—2003《企业标准体系技术标准体系》的规定,"标准化良好行业试点确认工作评分表"的各项评分细则,将物流技术标准体系进行了如下划分:物流技术标准包括技术基础标准,设计技术标准,产品标准,采购标准,工艺标准,设备、基础设施和工艺装备技术标准,测量、检验、试验方法及设备技术标准,包装、搬运、贮存、标志技术标准,安装、交付技术标准,服务技术标准,能源技术标准,安全技术标准,职业健康技术标准,环境技术标准、信息技术标准等,如图8-4所示。

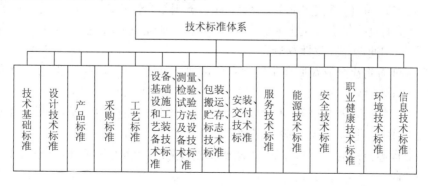

图8-4 物流技术标准体系

1. 物流技术标准体系表编制原则

一定范围的标准体系内的标准,按一定形式排列起来的图表称为标准体系表。它是标准体系的直观表达形式,一般多以方框图式排列,也可以用表格形式列出。编制标准体系表,对开展标准化工作,制定标准化规划、计划,有积极的指导意义。标准体系表反映了现有、应有或预计发展制定的标准的全面情况。标准体系表应当确切、完整地表达标准体系的科学、合理的结构和标准体系要素间的有机内在联系。为此,编制标准体系表必须遵守以下原则:

(1) 成套性原则

编制标准体系表应力求全面成套、科学、全面、系统地反映标准体系的全貌。当然,事物总是发展的,标准体系及其所包括的标准也都是发展的。因此,贯彻成套性原则是相对的,即应在一定时期内编制的标准体系表应力求全面成套。

(2) 合理划分原则

在行业、专业或门类之间工作交叉情况下,同一个标准不应列入两个及两个以上标准体系或子体系内。也就是说,一个标准不应由两个以上单位重复制定。因此,应当按社会经济活动性质的统一性,即标准的特点来划分,而不是按行政系统及其管理特点进行划分。

(3) 层次性原则

根据标准的应用范围,正确、恰当地将标准体系内各个标准安排在不同层次上。一般应当尽量在更大范围内协调统一,扩大标准适用范围,使标准体系层次分明,结构合理和简化。

(4) 相辅相成原则

在一定意义上,建立标准体系的实质是为了获得最大的系统效应。标准体系表描述的标准体系中的各个标准之间、标准与整体之间是相互联系、相互制约、相互作用的,是相辅相成的。

2. 建立和完善物流技术标准化体系

加快制定物流基础设施、技术装备、管理流程、信息网络的技术标准,尽快形成协调统一的现代物流技术标准化体系。广泛采用标准化、系列化、规范化的运输、仓储、装卸、包装机具设施和条形码、信息交换等技术。完善服务功能,强化增值服务。在欧美国家,物流服务业功能全、水平高,企业和客户联系紧密,甚至是战略合作伙伴。鉴于此,我国物流企业在提供基本物流服务的同时,要根据市场需求,不断细分市场,拓展业务范围,发展增值物流服务,广泛开展加工、配送、货代等业务,用专业化服务满足个性化需求,提高服务质量,以服务求效益;而且要通过提供全方位服务的方式,与大客户加强业务联系,增强相互依赖性,发展战略伙伴关系,加速培养开放性物流人才。

(1) 要加强对物流企业在职职工的教育和培训,不仅要组织短期培训,还要组织系统的整体培训。

(2) 对国际物流人才的培养,不仅要注重物流基本理论知识的传授,更要注重加强计算机、网络、国际贸易、通讯、标准化等知识的完善补充。

(3) 面对世界范围的人才争夺战,中国要积极改善生活和工作条件,以吸引国外高级物流人才。

政策上,要大力扶持和保护我国物流业发展:

（1）对从事运输服务、仓储服务、货运代理服务和批发配送业务的企业，允许它们根据自身业务优势，围绕市场需求，延伸物流服务范围和领域，逐渐成为部分或全程物流服务的供应者；

（2）在规范市场准入标准的基础上，鼓励多元化投资主体进入物流服务市场；

（3）培育大型物流企业，鼓励一些已经具备一定物流服务专长、组织基础和管理水平的大型企业加速向物流领域转变，尽快形成竞争优势，成为我国物流发展的领先者。

四、物流技术标准化发展

物流标准化的滞后严重影响了我国国际贸易的发展，尤其是物流信息的标准化程度非常低，目前已经出台的关于物流信息的标准只有138条，不足物流发达国家的十分之一，物流信息识别和传输的相关关键标准更是缺乏，这些都严重制约了我国物流企业的发展。

我国已经意识到物流信息标准化存在的问题，并开始加快信息标准化建设脚步。2003年12月，全国政协在向中办和国办报送的《关于我国现代物流情况的调研报告》中特别提出我国的物流信息化、标准化程度不高的问题，建议要加强物流信息化和标准化建设。根据国务院领导的指示，发改委会同国务院16个部门进行了认真研究，对有关建议逐条落实。并在2004年4月给国务院领导的落实报告中，专门报告了由全国物流标准化技术委员会和全国物流信息管理标准化技术委员会两个标委会牵头制定《物流标准体系表》的情况，提出要做好现代物流基础性工作，支持和协助国家标准委加强推动物流标准化工作。在物流信息技术服务方面，公布了国家标准《大宗商品电子交易规范》、《数码仓库应用系统规范》。其中，《大宗商品电子交易规范》是对商品现货批发市场应用电子交易机制提出的标准化运作模式，《数码仓库应用系统规范》是仓库的仓储业务应用网络信息技术和自动化技术的标准。这两个标准对于提高物流的科技含量，运用电子商务技术加快物流信息化，都具有积极的促进作用。2004年8月15日，为进一步加强交通信息化标准工作，规范行业信息化建设，促进交通信息资源开发利用及信息系统互联互通，交通部组织制定了《公路水路交通信息化标准建设方案（2007～2010年）》。

全国物流信息管理标准化技术委员会在2004年8月18日编制了《物流信息标准体系表》，本标准体系表确立了物流信息方面的国家标准体系。给出了物流信息国家标准体系框架、国家标准明细表及国家标准体系表说明。该标准体系表从需求角度出发，标准体系表的第一层为物流信息基础标准，是物流信息系统建设中通用的标准，当前主要是指《物流信息术语》，该标准应包括物流信息技术术语、物流信息管理术语、物流信息服务术语的定义。按照物流信息标准化对象特征的不同，第二层分为技术标准、管理标准、服务标准和其他。对物流信息技术标准、物流信息管理标准和物流信息服务标准进一步分层。物流信息技术标准从信息的采集、加工、处理、交换和应用入手，分为物流信息分类编码标准、物流信息采集标准、物流信息交换标准和物流信息系统及信息平台标准，成为第三层。第四层由第三层扩展而成，共分若干个方面，每个方面都可以继续扩展成若干个更小方面，每一个更小方面都可以组成本专业的一个标准系列或是一个标准。

针对当前物流信息系统建设中，物流信息标识的非标准化现象，中国物品编码中心进行了"现代物流信息标识体系研究"，系统地分析了我国物流供应链上的各作业环节及各环节存在的各级包装单元、用到的物流设施和产生的物流单证等,给出其分类与编码方案,并提出日前实现物流现代化急需制定的物流信息标识标准。内容包括:贸易单元编码、物流单元编码、物流信息属性编码、物流节点编码、物流设施与装备编码、物流单证编码、物流作业编码等。

这些都对我国物流信息标准的建设起到了积极的推动作用。但是,我们也应该看出,我国已出台的物流信息标准仅仅是整个物流活动的某几个方面,比如仓储规范,交通标准化工作等,在物流信息标准体系的建设上比较落后,使物流信息标准体系存在很大的漏洞,这就形成了一个对中小物流企业发展非常不利的局面:一方面,中小物流企业迫切希望通过联盟、信息技术等手段来提高企业经营效率;另一方面,由于现有技术标准形式多样、版本不一、存在多方面差异与缺陷,使各个物流企业的信息标准不一致,形成一个个"信息孤岛"。

第四节 物流管理标准

一、管理标准概述

(一) 管理标准的概念和属性

1. 管理标准的概念

管理标准是指对标准化领域中需要协调统一的管理事项所制定的标准,是管理机构行使其管理职能而制定的具有特定管理功能的标准。它是关于某项管理工作的业务内容、职责范围、程序和方法的统一规定。

管理不仅是一门科学,也是一门艺术,它不可能有一个固定的模式,根据不同的管理对象和管理需求而有所不同并不断变化、发展。人们行使一项管理职能,进行一项管理工作,可能会出现不同的做法。制定管理标准就是要运用标准化的原理,对在管理实践中所出现的各种具有重复性特征的管理活动,进行科学的总结,形成规范,用以指导人们更有效地从事管理活动。在组织的业务活动中,有许多管理工作都是重复进行的,如计划的编制、文件的制定和修改、物资的收发保管、过程产品的管理等,所有这些都是制定管理标准的对象。

2. 管理标准的属性

管理标准和管理一样,也具有二重性。既具有与生产力、社会化大生产相联系的自然属性,也具有与生产关系、社会制度相联系的社会属性。

管理标准的自然属性,就是要求在制定和贯彻管理标准的活动中,应当充分反映生产发展的自然规律和各种技术要求,如制定生产管理、生产组织标准,应当充分体现产品生产工艺的要求;制定劳动管理标准应当按机器体系运动的规律,科学组织劳动分工和协作;制定各种定额管理标准应当反映与时间节约规律的要求等。管理标准的自然属性决定了不同社会制定的国家管理标准并没有本质的不同。资本主义国家和企业的一些先进的管理经验和方法,也可以引进到我们的管理标准中,为我所用。

管理标准的社会属性,就是要求在制定管理标准中要充分反映不同社会的生产关系和客观经济规律的要求;要符合社会的经济利益。在我国,不论制定什么样的管理标准,都应当反映社会主义市场经济规律的要求,要有利于促进社会主义市场经济发展和正确处理各部分劳动者之间的关系,充分协调员工的劳动积极性,有利于社会和谐发展。

(二)管理标准的分类

管理标准不仅数量繁多,而且不同的管理标准有着不同的管理内容和特点。为了研究和正确的制定管理标准,就要对管理标准进行科学的分类。

1. 管理标准的一般分类

根据不同的目的和用途,管理标准可以划分为不同的类别。在实际工作中通常按照标准所起的作用不同,将管理标准分为管理基础标准、技术管理标准、经济管理标准、行政管理标准和生产经营管理标准。

(1)管理基础标准

管理基础标准是对管理的共性因素所制定的标准,对制定各种管理标准具有普遍的指导作用。管理基础标准主要包括:

术语、符号标准;

代码、编码标准;

管理通则(通用管理程序和管理方法标准);

图表账卡文件格式管理;

信息传递标准;

计算机辅助管理标准等。

(2)技术管理标准

技术管理标准是为了保证各项技术工作更有效地进行,建立正常的技术工作程序所制定的管理标准。技术管理标准主要包括:

图样、技术文件、标准资料、情报档案的管理标准;

为进行科研、产品开发、设计、工艺、技术改造和搞好设备的维修工作等而制定的管理标准;

为合理利用原材料、能源所做的技术规定和计算等管理标准;

质量管理、安全管理、环境管理标准等。

技术管理标准处于技术管理和标准管理的边缘,过去由于没有将技术管理标准单独分类,所以,有时也将其划到技术标准中。

(3)经济管理标准

经济管理标准是为了合理安排各种经济关系,对各项经济活动进行计划、调剂、监督和控制,用经济办法管理经济,保证各项经济活动顺利发展。也就是说,经济管理标准是为建立正常的经济活动秩序,促进经济效益不断提高而制定的管理标准。经济管理标准主要包括:

1)经济决策和经济计划标准,如目标管理标准、决策方法和评价标准、可行性分析规程、优先顺序评定标准、投资决策程序标准等;

2)各种资源消耗和利用标准,如物资、资金、成本、价格管理标准;

3)劳动人事、工资、奖励、津贴和劳保福利标准;

4)利润税收和分配标准;

5)经济核算、经济活动分析和经济效果评价标准等。

（4）行政管理标准

行政管理标准是指政府机关、社会团体及企事业单位为搞好行政工作、正确处理日常行政事务所制定的标准。行政管理标准主要包括：

管理组织设计标准；

文献资料和档案管理标准；

方针、目标管理标准；

安全管理标准等。

（5）生产经营管理标准

生产经营管理标准是为了正确的进行经营决策，合理地组织生产经营活动所制定的标准。生产经营管理标准主要包括：

市场调查和市场预测标准；

经营决策和经营计划标准；

生产能力标准；

生产作业计划标准；

生产调度和过程产品管理标准；

物资订货、采购和验收保管标准；

劳动组织和定员标准；

产品销售和售后服务标准等。

2. 管理体系标准分类

自 20 世纪 80 年代起 ISO（国际标准化组织）推出了管理体系标准，其特点是由一个标准集合体共同完成特定的管理使命。比较著名的有 ISO 9000 质量管理体系标准和 ISO 14000 环境管理体系标准。按其在体系中所起的作用，可以将这个集合体内部的标准分为以下类别：

（1）管理体系基础标准。

管理体系基础标准是指作为管理体系标准的基础，并在一定范围内通用且具有普遍指导意义的管理标准，如有关管理体系的术语和定义标准、管理原则标准等。例如，ISO 9000：2000《质量管理体系基础和术语》便是 ISO 9000 系列的基础标准；ISO 14050：2002《环境管理术语》便是 ISO 14000 系列的基础标准。

（2）管理体系要求标准。

管理体系要求标准是指导组织建立相关管理体系的依据，又是评定管理体系是否有效的依据。具体示例包括 ISO 9001：2008《质量管理体系要求》、ISO 10012：2003《测量管理体系测量过程和测量设备的要求》、ISO 14001：2004《环境管理体系要求和使用指南》等。这些标准是系列标准的核心，是起主导作用的标准。

（3）管理体系支持标准。

管理体系支持标准是用于有助于实施、评价管理体系的指南性标准，如审核指南标准、各类管理工具标准和行业应用指南标准等。例如，ISO 19011：2002《质量和环境管理体系审核指南》、ISO 9004：2000《质量管理体系业绩改进指南》、ISO 10006：2003《质量管理体系质量管理指南》等。

（三）管理标准的作用和意义

管理是进行社会生产的必要条件，管理的必要性是由生产的社会性决定的。管理是企业效益好坏的关键。我们要发展社会主义市场经济，要不断提高企业素质、增强企业的竞争能力，就一定要加强管理、不断提高管理水平。推行管理标准化是实行科学管理的必然要求，管理标准化是科学管理的重要方面。管理标准在管理活动中的作用，主要表现在以下方面：

1. 建立协调高效的管理秩序

无论是一个企业还是一个国家，管理的对象均可视为一个系统，企业本身就是一个系统。对系统进行管理的实质，可以说就是按照各自的目的建立系统的秩序，使系统能高效地发挥其功能的活动。

秩序是一切系统存在和发展的基础。任何一个系统，其内部都是以一定的秩序相互分工协作的，遵循一定的秩序，与相关的系统分工协作，以共同实现其上层体系的目标。管理标准说到底就是建立系统的标准，通过制定和实施各类管理标准，使各种管理系统的要素之间形成有机联系，相关系统之间相互协调、密切合作，基层系统保证上层系统、子系统的目标保证系统的总体功能的发挥和总体目标的实现。企业只有建立起这样的管理秩序，才能成为高效率和高效益的经济实体。从这个意义上可以说，管理标准是规定和衡量管理对象及过程的有序性的需要，也是实现管理工作科学化、现代化的客观需要。

2. 有利于管理经验的总结、提高、普及和延续

企业管理科学化的过程，实际上就是不断认识本企业的特点、不断总结管理经验的过程。这个过程的实质就是要使管理活动逐步走向有序化、标准化。这个过程是渐进的，是经验的不断积累和不断深化的过程。管理标准就是这种积累的一种方式，一种有效的途径。企业通过不断地总结管理经验，制定管理标准，使这些成功的经验得以推广，然后再根据管理活动中出现的新经验，通过修订标准再总结、再提高。可以说管理标准就是人们长期积累的管理经验的结晶。

有了管理标准，就可以用这些标准去培养新的成员，从而也就可以是这些成功的管理经验普遍推广并持续改进。管理标准是管理经验的升华，人们学习和掌握管理标准的过程，实际上也就是学习和接受别人先进经验的过程。而且在管理标准中所包含的管理经验，不是个别人的创造，而是广大管理者和员工共同实践的结果，是经过优选后形成的。因此，它对指导人们做好管理工作具有更加重要的意义。

3. 有利于实行按"例外管理原则"管理企业

所谓"例外管理原则"，是指企业的高层管理人员，把一般的日常事务授权给下级管理人员去处理，而自己只保留对例外事项，如有关企业重大政策和重要人事任免等的决策和监督权。许多企业的领导，常常只是把主要精力忙于日常事务，结果是抓了芝麻，丢了西瓜。其主要原因就是这些企业缺乏管理标准或管理标准不够健全，员工事事都要在请示领导后才能处理。有了完善的管理标准后，员工再遇到同类管理事务则可按照标准执行，不需要再请示领导，只有在偶尔出现新问题时才去请示。这样就可以把企业领导从日常琐碎的管理实务中解放出来，使其集中精力考虑一些关系企业长远发展的重大战略问题。

4. 有利于实现"依法治厂"

企业要实现科学管理、根治企业管理中的混乱现象,就必须"依法治厂"。科学的管理方法、管理原则、管理形式,不论其多么完备或被管理实践证明是如何正确,也不会被企业全体员工自觉接受。因为这些管理方法、原则和形式本身并不具备约束力和强制力,人们可以采用,也可以不采用。而这些方法、原则和形式一旦被制定成为管理标准,并经有关部门批准发布或被企业采用,对企业全体员工就具有一定的约束力,员工就必须严格地贯彻执行。如果需要改变,必须履行规定的程序。有了管理标准就可以使人们养成依法行事的习惯,使企业逐步走向"依法治厂"的轨道。

二、物流管理概述

(一)物流管理的概念

物流管理(Logistics Management)是指在社会在生产过程中,根据物质资料实体流动的规律,应用管理的基本原理和科学方法,对物流活动进行计划、组织、指挥、协调、控制和监督,使各项物流活动实现最佳的协调与配合,以降低物流成本,提高物流效率和经济效益。现代物流管理是建立在系统论、信息论和控制论的基础上的。

(二)物流管理的阶段

物流管理按管理进行的顺序可以划分为三个阶段,即计划阶段、实施阶段和评价阶段。

1. 物流计划阶段的管理

计划是作为行动基础的某些事先的考虑。物流计划是为了实现物流预想达到的目标所做的准备性工作。

物流计划首先要确定物流所要达到的目标,以及为实现这个目标所进行的各项工作的先后次序。其次,要分析研究在物流目标实现的过程中可能发生的任何外界影响,尤其是不利因素,并确定对这些不利因素的对策。最后,做出贯彻和指导实现物流目标的人力、物力、财力的具体措施。

2. 物流的实施阶段管理

物流的实施阶段管理就是对正在进行的各项物流活动进行管理。它在物流各阶段的管理中具有最突出的地位。这是因为在这个阶段中各项计划将通过具体的执行而受到检验。同时,它也把物流管理与物流各项具体活动进行紧密的结合。

(1) 对物流活动的组织和指挥

物流的组织是指在物流活动中把各个相互关联的环节合理地结合起来,而形成一个有机的整体,以便充分发挥物流中的每个部门、每个物流工作者的作用。物流的指挥是指在物流过程中对各个物流环节、部门、机构进行的统一调度。

(2) 对物流活动的监督和检查

通过监督和检查可以了解物流的实施情况,揭露物流活动中的矛盾,找出存在的问题,分析问题发生的原因,提出克服的方法。

(3) 对物流活动的调节

在执行物流计划的过程中,物流的各部门、各环节总会出现不平衡的情况。遇到上述问题,就需要根据物流的影响因素,对物流各部门、各个环节的能力做出新的综合平衡,重新布置实现物流目标的力量,这就是对物流活动的调节。

3. 物流评价阶段的管理

在一定时期内,人们对物流实施后的结果与原计划的物流目标进行对照、分析,这便是物流的评价。通过对物流活动的全面剖析,人们可以确定物流计划的科学性、合理性如何,确认物流实施阶段的成果与不足,从而为今后制定新的计划、组织新的物流提供宝贵的经验和资料。

按照对物流评价的范围不同,物流评价可分为专门性评价和综合性评价。按照物流各部门之间的关系,物流评价又可分为物流纵向评价和横向评价。应当指出无论采取什么样的评价方法,其评价手段都要借助于具体的评价指标。这种指标通常表示为实物指标和综合指标。

(三) 物流管理的内容

1. 企业物流管理

企业物流是指企业内部的物品实体流动。它从企业角度上研究与之有关的物流活动,是具体的、微观的物流活动的典型领域。

(1) 从管理层次上看物流管理的内容

1) 物流战略管理。企业物流战略管理就是站在企业长远发展的立场上,就企业物流的发展目标、物流在企业经营中的战略定位、物流服务水平和物流服务内容等问题做出整体规划。

2) 物流系统设计与运营管理。企业物流战略确定以后,为了实施战略必须要有一个得力的实施手段,即物流运作系统。作为物流战略制定后的下一个实施阶段,物流管理的任务是设计物流系统和物流网络,规划物流设施,确定物流运作方式和程序等,形成一定的物流能力,并对系统运营进行监控,及时根据需要调整系统。

3) 物流作业管理。在物流系统框架内,根据业务需求,制定物流作业计划,按照计划要求对物流作业活动进行现场监督和指导,对物流作业的质量进行监控。

(2) 从具体业务上看物流管理的内容

1) 对物流活动诸功能要素的管理。物流活动诸功能要素包括运输、仓储保管、配送、包装、装卸搬运、流通加工和信息处理七个方面。

2) 对物流系统诸要素的管理。物流系统诸要素主要包括人、财、物、设备设施、规章制度等内容。

3) 对物流活动中具体职能的管理。物流活动中具体职能主要包括计划、质量、技术、服务、客户、营销等。

2. 国际物流管理

(1) 国际物流的概念

国际物流(International Logistics,简称 IL),是相对于国内物流而言的,就是发生在不同国家间的物流,具体指组织原材料、在制品、半成品和制成品在国与国之间的流动和转移。

对国际物流的理解分为广义和狭义两个方面。广义的国际物流是指各种形式的货物在国与国之间的流入和流出,包括进出口商品、暂时进出口商品、转运货物、过境货物、捐赠货物、援助货物、加工装配所需货物、部件以及退货等在国与国之间的流动。狭义的国际物流是指与另一国进出口贸易相关的物流活动,包括货物集运、分拨配送、货物包装、货物运输、申领许可文件、仓储、装卸、流通加工、报关、保险、单据等。换句话说,当某国一企业出口其生产或制造的产品给另一国的客户或消费者时,或当该企业作为进口商从另一国进口生产所需要的各种原材料、零部件或消耗品时,为了消除生产者与需求者之间的时空差异,使货物从卖方的处所物理性地移动到买方处所,并最终实现货物所有权的跨国转移,国际物流的一系列活动就产生了。

(2)国际物流的分类

根据划分标准的不同,国际物流主要可以分为以下几种类型:

1)根据商品在国与国之间的流向分类,可以分为进口物流和出口物流

进口物流是指服务于一国货物进口时的国际物流;出口物流是指服务于一国货物出口时的国际物流。由于各国在物流进出口政策,特别是海关管理制度上的差异,进口物流与出口物流相比,既有交叉的业务环节,也存在不同的业务环节,需要区别对待。

2)根据商流的关税区域分类,可以分为不同国家之间的物流和不同经济区域之间的物流。区域经济的发展是当今世界经济发展的一大特征。比如欧洲经济共同体国家属于同一关税区,其成员国之间物流运作与欧洲经济共同体成员国与其他国家或经济区域之间的物流运作在方式和环节上都有很大的差异。

此外,根据跨国运送的商品特性分类,可以分为国际军火物流、国际商品物流、国际邮品物流、国际捐助物流等。

(3)国际物流系统的组成

国际物流系统是由商品的运输、储存、装卸搬运、流通加工、检验、包装和其前后的整理、再包装、国际配送以及信息子系统组成的。其中,运输和储存子系统是国际物流系统的主要组成部分。

1)运输子系统

运输的作用是将商品使用价值进行空间移动。物流系统依靠运输作业克服商品生产地和需要地之间的空间距离,创造商品的空间效益。国际货物运输是国际物流系统的核心,有时甚至就用运输代表物流的全体。国际货物运输具有路线长、环节多、涉及面广、手续繁杂、风险性大、世界性强、内外运两段性和联合运输等特点。所谓内外运输的两段性,是指外贸运输的国内运输段(包括进口国、出口国)和国际运输段。

出口货物的国内运输,是指出口商品由生产地或供货地运送到出运港(车站、机场)的国内运输,它是国际物流中不可缺少的重要环节。

国际货物运输段是国内货物运输段的延伸和扩展,同时又是衔接出口国运输和进口国运输的桥梁和纽带,是国际物流畅通的重要环节。国际段运输可以采用由出口国装运港直接到进口国目的港卸货,也可以采用中转经过国际转运点,再运给用户。

2)仓储子系统

国际贸易和跨国经营中的商品从生产厂商或供应部门被集中运送到装运港口,有时需要临时存放一段时间,再装运出口,这是一个集和散的过程。为了保持不间断的商品往来,满足出口需要,必然有一定量的周转储存。有些出口商品需要在流通领域内进行出口商品贸易前的整理、组装、再加工、再包装或换装等,形成一定的贸易前的准备储存。有时,由于

某些出口商品在产销时间上的背离,例如季节性生产但常年消费的商品和常年生产但季节性消费的商品,则必须留有一定数量的季节储备。

3）装卸与搬运子系统

进出口商品的装卸与搬运作业,相对于商品运输来讲,是短距离的商品搬移,是仓库作业和运输作业的纽带和桥梁,实现的也是物流的空间效益。搞好商品的装船、卸船、商品进库、出库以及在库内的搬倒清点、查库、转运装卸等,对加速国际物流十分重要,而且节省装卸搬运费用也是物流成本降低的重要环节。

4）流通加工子系统

出口商品的加工业,其重要作用是使商品更好地满足消费者的需要,不断地扩大出口;同时也是充分利用本国劳动力和部分加工能力,扩大就业机会的重要途径。流通加工的具体内容包括:一方面是袋装、定量小包装、贴标签、配送、拣选、混装、刷标记等出口贸易商品服务;另一方面是生产性外延加工,如剪断、平整、套裁、打孔、折弯、拉拔、组装、改装、服装的检验、烫熨等。

5）商品检验子系统

根据国际贸易惯例,商品检验时间与地点的规定可概括为三种情况:一是在出口国检验,二是在进口国检验,三是在出口国检验、进口国复验。其中,出口国检验又分为两种情况:在工厂检验,卖方只承担离厂前的责任,运输中品质、数量变化的风险概不负责;装船前或装船时检验,其品质和数量以当时的检验结果为准。买方对到货的品质与数量原则上一般不得提出异议。商品检验可按生产国的标准,也可按买卖双方协商同意的标准,还可按国际标准或国际习惯进行检验。

6）商品包装子系统

由于国际物流运输距离长、运量大,需堆积存放、多次装卸,在运输过程中货物损伤的可能性大,因此在国际物流活动中包装非常重要。集装箱运输的出现为国际物流活动提供了安全便利的包装方式。在考虑出口商品包装设计和具体作业过程时,应把包装、储存、装卸和运输有机联系起来统筹考虑,全面规划现代国际物流系统要求的"包、储、运一体化"。即从商品一开始包装,就要考虑储存的方便、运输的快速,以加速物流、方便储运,减少物流费用等现代物流系统设计的各种要求。

7）信息子系统

该子系统主要功能是采集、处理和传递国际物流和商流的信息情报。没有功能完善的信息系统,国家贸易和跨国经营将寸步难行。国际物流信息的主要内容包括进出口单证的作业过程、支付方式、客户资料、市场供求等信息。国际物流信息系统的特征是信息量大,交换频繁;传递量大,时间性强;环节多,点多线长。所以要建立技术先进的国际物流信息系统。

三、物流管理标准体系

物流管理标准分为物流管理基础标准、物流安全标准、物流环保标准、物流统计标准、物流绩效评估标准 5 个部分。

（1）物流管理基础标准

物流管理基础标准主要包括物流管理术语标准、物流企业分类标准等。

（2）物流安全标准

物流安全标准主要包括物流安全基础标准、物流设施设备安全标准、物流作业安全标准、物流人员安全标准、危险品/特殊货物安全标准等。

物流安全从一般实践来说，主要包括设备、人员和操作流程规范等部分。这3部分互为补充，构成了完整的安全体系。当然，合理的安全体系必须视其所保护的对象而定，针对高价值高风险货物和低价值货物所建立的安全体系是不同的。所以，建立安全系统的基本要求应该是成本合理而有效。

按照物流流程来说，一般可以分为仓储安全和运输安全。其中，运输安全又可分为陆运（卡车运输）安全、空运安全和海运安全。本文将按这些分类来探讨建立成本合理而有效安全体系的基本概念。

（3）物流环保标准

物流环保标准主要包括物流环保基础标准、物流业务环保标准。

物流环保基础标准主要是指物流环保术语标准。

物流业务环保标准主要包括：运输环保物流标准、保管环保物流标准、装卸搬运环保标准、包装环境标准、流通加工环保标准、配送环保标准。

（4）物流统计标准

物流统计标准主要是指物流产业规模结构的统计标准。

物流产业规模结构统计标准需要制定农业物流产业规模结构统计标准、交通运输业物流产业规模结构统计标准、建筑业物流产业规模结构统计标准、加工制造业物流产业规模结构统计标准、商贸流通业物流产业规模结构统计标准、邮政业物流产业规模结构统计标准、军事物流产业规模结构统计统计标准。

（5）物流绩效评估标准

企业物流绩效评价是指为达到降低企业物流成本的目的，运用特定的企业物流绩效评价指标、比照统一的物流评价标准，采取相应的评价模型和评价计算方法，对企业对物流系统的投入和产效（产出和效益）所做出的客观、公正和准确的评判。对物流企业绩效评价进行研究，可以进一步丰富绩效评价理论，同时，绩效评价则是绩效管理的前提和基础。

物流绩效评价是对整个物流结构中特定过程进行的定量衡量，设计最佳的物流系统及其组成部分关键取决于进行绩效衡量的标准是什么。一个系统在这个标准下衡量很好，在另外一个标准下衡量就不一定好。我们的目标是要设计一个系统使它在多数选择的评价标准中能满足要求或超过期望要求。物流评价标准随系统定义范围（各种功能领域如生产、分配、运输、保管和供应商的选择等）、不同领域的物流功能要求、定量评价及定义系统的能力的不同而不同。因此，设计评价标准的第一步是对需要评价的系统及其组分进行定义；第二步是确定性能要求和系统的预期目标；第三步是确定定量评价性能要求的准则。理解各评价准则之间的关系也是很重要的，因为某一个或多个准则都可能影响另一评价准则的性能。例如，铁路上在按时送达货物方面的顾客服务取决于火车按时到达或离开的时间、车站的服务时间等。

物流绩效评估标准包括物流绩效评估基础标准、物流成本评估标准、物流风险评估标准、物流效率评估标准、物流客户服务评估标准。

物流管理包括对人、财、物（货物、物流设施设备等）资源的管理，也包括物流流程和物流效果的管理。目前，环境保护已经成为各行各业发展中的关注点之一，尤其在物流行业，绿色物流的概念已贯彻多年。有关物流的环保标准可参照环境保护领域的相关标准，其更为全面。近年来，物流枢纽的规模在不断扩大，其中，业务规模和种类也呈现明显的上升趋势，其综合性决定了管理方式具有一定的特殊性。所以在2010年版的物流管理标准体系表中，没有再将物流环保标准单列，而是增加了物流枢纽标准，如图8-5所示：

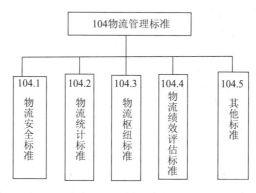

图8-5　物流管理标准体系

案　　例

现代物流技术的应用：松下配送中心

松下物流（Panasonic Logistics）负责松下电气及电子产品的配送工作，它的一个配送中心于1997年10月在英国Northampton成立。该中心由于在运作中有效的利用了高科技而声名鹊起。

松下清楚地认识到，由于操作系统不能达到自动化，致使操作人员在仓库内外转来转去，这实在是太浪费时间。新配送中心的指导思想是：采用自动传送装置及自动数据采集（ADC）技术（主要是射频数据通信（RF/DC）即条码技术），将产品传送到操作人员面前，而不是操作人员移动到产品所在之处。为此，松下安装了一系列的自动化设施。这不但减少了人工数据采集系统所需的员工数量，而且提高了整个操作过程的效率。

配送中心自采用新技术以来，纸张的使用量大大减少，工作的准确率提高，对客户的需求反映灵敏。同时，员工也非常欢迎这个分拣系统，因为它不像纸张作业那样枯燥无味；另外，该系统使员工更多地融入到高技术体系中，使他们感到自身的存在价值。

该配送中心采用了ADC系统，以实现对公司8万多台电视机、录像机、复印机，乃至医疗设备等产品的跟踪和配送。由于仓库面积为3.6万平米，拥有2.3万个托盘站点，每个托盘站点高22米，有5个通道，高层货舱存储；还有10万个分检站点，从完整的托盘和箱体流开始，然后将其转移到圆盘传送带，直至最终搁置与货架上。设计这一套设施时，松下研究人员了解到，ADC系统是跟踪货物出入仓库的关键。

1. 仓库的自动化

该中心的建立旨在将不同的配送场所统一为一个配送中心,因此另外三各地区的仓库都已关闭,并入 Northampton。抵达的货物包括成品,零部件以及备用零件。成品和备用件被送到独立的零售商和国内客户。

跟踪仓库中的产品由 ADC 系统完成,它包括射频数据通信(RF/DC)终端、手持式条码扫描器、标签打印机和"按键亮灯"(put-to light)分类系统。另外 Microlise 公司还提供射频终端和扫描器。

货物一到达仓库,就由仓库工作人员人工码成托盘。一旦托盘被码好,就贴上一个交叉二五条码(ITF)标签。该条码包括产品号、数量和目的地的编号。标签是由放置于叉车上的 Blaster 直接热敏式条码打印机打印。然后,叉车将托盘放在传送带上,运送到仓库的高层货舱。标签将一直贴在托盘上直至托盘被拆卸或作为一个完整的托盘送出仓库。

2. 分拣过程

仓库中有许多用于组装客户订单的分拣站。箱体流库存(由与传送带相邻的重力自动供给架支撑)主要服务于快速移动产品,也为移动速度较慢的产品提供搁置架。另外,还有 4 个垂直圆盘传送带传送小零件,2 个水平传送带传送组件。

订购的货物被装入塑料装运箱中,大件产品则装入单个的箱体中,如电视机。分拣每一件产品时,打印 Code39 条码标签并贴在装运箱上。该条码对产品、订单号及客户的信息进行编码。

操作人员利用带有累加器的特制分拣车针对客户订单组装货物。此种工具车装备有名为 Tracker 的射频终端,该终端与条码扫描器和 Blaster 打印机连接。在每个圆盘传送带上的分件和输入工作由一个 PC 终端机装备有利用模糊运算进行译码的手持式激光扫描器,而标签打印机的作用是指导操作人员检查备件货物是否正确。

一旦备件货物全部被分拣出来,累加器就被转移至用以发货的传送装置上。装有成品的箱体被分拣出来并放置于传送带上等待分类,箱体上的条码被扫描以识别其所属订单。

3. 小型货物的特殊处理

备用件和小件货物,如轮齿、电阻器或芯片的分拣方式不同。按键亮灯系统时操作人员能够将 20 件不同的订货作为一个批次装入同一装运箱中。操作人员并不知道哪些货物应发给那个客户,他只要将装运箱放置到运送装置上,并贴上含有订单号的条码即可。装运箱在寄销运送装置上传送时,其标签将被安装在运送装置上的固定式扫描器扫描,系统再将装运箱送往分类系统。

分类工作站有三个组,每组 20 个站点,每个站点分别为一个用户准备一个专门的物料箱。操作人员将装运箱顶部的号码输入 PC 机之后,用射频扫描器扫描装运箱中的所有货物。与该号码对应的物料箱的指示灯就会发亮,这便指示出了需要该货物的客户地址。据此,该货物就放置在这一物料箱中。

当所有的货物都被放置到正确的物料箱中后,物料箱则被转移到另一边。在那里,操作人员将他们包装起来等待发货。此时,下一个物料箱已经到达。操作人员将第二批货物分拣出来并进入下一 20 个站点组,接着是第三个站点组,然后再重返第一组站点。该系统提高了在备件区域的操作人员的平均工作效率。

4. 系统集成和培训

在一个仓库内采用这么多的技术,就必须考虑到技术集成问题。Microlise 公司网络服务部承担起了整个系统的集成工作。该项目由若干个技术小组负责,如计算机网络小组、射频终端小组、标签小组以及按键亮灯系统小组。工作重点是与松下的技术人员一同协调系统,以满足公司的需求。

由于许多操作人员以前从来没有使用过 ADC 技术,对手持式终端也不熟悉,松下公司就对员工展开广泛的岗位培训。Microlise 对仓库管理人员进行设备使用培训,管理人员反过来再培训一般的操作人员。

5. 与 IT 系统连接

Bracknell 地区的松下公司的销售订单处理系统在 24 小时中共进行五次下载操作。该系统通过微波与位于 Northampton 的仓库管理系统相连。将该系统与线路计划、自动高层货仓的运输控制系统以及仓库与办公室周围的固定式 PC 终端连接的是区域网络(LAN)。该网络的主要中心枢纽由纤维链路在进货层、出货层、高分拣层及低分拣层连接。

来源:电子商务与物流. 梅绍祖,张铎,编. 北京:清华大学出版社,2000 年 7 月.

本 章 小 结

基础标准一般按其性质和作用的不同,可以分为技术通则类、通用技术语言类、结构要素和互换互联类、参数系列类、环境适应性、可靠性、安全性类和通用方法类六种。基础标准一方面可以作为其他标准的基础和依据,另一方面又可以被直接的应用,具有很强的普遍性和指导性。物流通用基础标准层主要包括:物流术语标准、物流计量单位类标准、物流基础模数尺寸标准等。

物流信息技术标准从信息的采集、加工、处理、交换和应用入手,分为物流信息分类编码标准、物流信息采集标准和物流信息交换标准。物流信息标准体系为四层树形结构:第一层为物流信息基础标准;第二层应分为物流信息技术标准、物流信息管理标准、物流信息安全标准和其他;第三层是对第二层的进一步分层;第四层由第三层扩展而成。在编制物流信息标准体系表时要遵循完整性、扩展性、层次性、协调性和先进性等原则。

物流技术是指物流活动中所采用的自然科学与社会科学方面的理论、方法,以及设施、设备、装置与工艺的总称。物流技术主要有运输技术、库存技术、装卸技术、包装技术、集装箱化技术和物流信息技术等。

现代物流管理是建立在系统论、信息论和控制论的基础上的。物流管理按管理进行的顺序可以划分为三个阶段,即计划阶段、实施阶段和评价阶段。物流管理的主要内容包括企业物流管理和国际物流管理两个部分。其物流管理标准分为物流管理基础标准、物流安全标准、物流环保标准、物流统计标准、物流绩效评估标准 5 个部分。

由于众多的因素,中国物流标准化体系和世界水平还有一定差距,在物流标准化体系进程上仍需要不断地努力。

思 考 题

1.基础标准有什么作用?
2.简述物流通用基础标准体系的构成。
3.什么是信息分类编码?
4.什么是物流技术标准的宣贯?
5.简述物流管理标准的分类。
6.简述物流管理标准体系的构成。

第九章 现代物流信息技术

【本章导读】

物流信息技术是现代信息技术在物流各个作业环节中的综合应用,是物流现代化、信息化、集成化的重要标志。物流信息技术通过切入物流企业的业务流程来实现对物流企业各生产要素进行合理组合与高效利用,降低经营成本,直接产生明显的经营效益。它有效地把各种零散数据变为商业智慧,赋予了物流企业新型的生产要素—信息,大大提高了物流企业的业务预测和管理能力。本章将对现代物流信息技术作详细介绍。

【本章重点】

1.物流信息技术的构成、应用;2.自动识别技术的概念;3.条码技术的概念;4.RFID的概念、原理、组成、工作过程、特点、作用以及在物流中的运用;5.全球定位系统的概念;6.地理信息系统的概念、特点、基本功能以及在物流中的运用;7.EDI的概念、分类、应用;8.XML的概念、特点。

【学习目标】

通过对本章的学习,了解现代物流信息技术的构成及应用,了解物流数据自动识别技术,例如条码技术、射频识别技术,了解物流自动跟踪技术,例如 GPS、GIS 技术,了解物流信息交换标准,例如物流 EDI 标准、物流 XML 标准。

【关键概念】

物流信息技术　物流数据自动识别技术　物流自动跟踪技术　物流信息交换标准　条码技术　射频识别技术　GPS 技术　GIS 技术　物流 EDI 标准　物流 XML 标准

第一节　现代物流信息技术概述

物流信息技术是现代信息技术在物流各个作业环节中的综合应用,是物流现代化、信息化、集成化的重要标志。从物流数据自动识别与采集的条码系统,到物流运输设备的自动跟踪;从企业资源的计划优化到各企业、单位间的电子数据交换;从办公自动化系统中的微型计算机、互联网、各种终端设备等硬件到各种物流信息系统软件都在日新月异地发展。可以说,物流信息技术是现代物流区别传统物流的根本标志,也是物流技术中发展最快的领域之一。

一、物流信息技术的构成

物流信息技术作为现代信息技术的重要组成部分,本质上都属于信息技术范畴,只是因为信息技术应用于物流领域而使其在表现形式和具体内容上存在一些特性,但其基本要素仍然同现代信息技术一样,可以分为四个层次:

（1）物流信息基础技术

即有关元件、器件的制造技术，它是整个信息技术的基础。例如，微电子技术、光子技术、光电子技术、分子电子技术等。

（2）物流信息系统技术

即有关物流信息的获取、传输、处理、控制的设备和系统的技术，它是建立在信息基础技术之上的，是整个信息技术的核心。其内容主要包括物流信息获取技术、物流信息传输技术、物流信息处理技术及物流信息控制技术。

（3）物流信息应用技术

即基于管理信息系统（MIS）技术、优化技术和计算机集成制造系统（CIMS）技术而设计出的各种物流自动化设备和物流信息管理系统。例如，自动化分拣与传输设备、自动导引车（AGV）、集装箱自动装卸设备、仓储管理系统（WMS）、运输管理系统（TMS）、配送优化系统、全球定位系统（GPS）、地理信息系统（GIS），等等。

（4）物流信息安全技术

即确保物流信息安全的技术，主要包括密码技术、防火墙技术、病毒防治技术、身份鉴别技术、访问控制技术、备份与恢复技术和数据库安全技术等。

二、物流信息技术的应用

在国内外，各种物流信息应用技术已经广泛应用于物流活动的各个环节，对企业的物流活动产生了深远的影响。

1. EDI 技术的应用

电子数据交换（Electronic data interchange，缩写 EDI）是指按照同一规定的一套通用标准格式，将标准的经济信息，通过通信网络传输，在贸易伙伴的电子计算机系统之间进行数据交换和自动处理。由于使用 EDI 能有效的减少直到最终消除贸易过程中的纸面单证，因而 EDI 也被俗称为"无纸交易"。它是一种利用计算机进行商务处理的新方法。EDI 是将贸易、运输、保险、银行和海关等行业的信息，用一种国际公认的标准格式，通过计算机通信网络，使各有关部门、公司与企业之间进行数据交换与处理，并完成以贸易为中心的全部业务过程。EDI 最初由美国企业应用在企业间的订货业务活动中，其后应用范围从订货业务向其他业务扩展，如 POS 销售信息传送业务、库存管理业务、发货送货信息和支付信息的传送业务等。近年来，EDI 在物流中广泛应用，被称为物流 EDI。所谓物流 EDI，是指货主、承运业主以及其他相关单位之间，通过 EDI 系统进行物流数据交换，并以此为基础实施物流作业活动的方法。物流 EDI 参与单位有货主（如生产厂家、贸易商、批发商、零售商等）、承运业主（如独立的物流承运企业等）、实际运送货物的交通运输企业（铁路企业、水运企业、航空企业、公路运输企业等）、协助单位（政府有关部门、金融企业等）和其他物流相关单位（如仓库业者、配送中心等）。

2. EOS 技术的应用

电子订货系统（Electronic ordering system，缩写 EOS），是指将批发、零售商场所发生的订货数据输入计算机，即通过计算机通信网络连接的方式将资料传送至总公司、批发商、商品供货商或制造商处。因此，EOS 能处理从新商品资料的说明直到会计结算等所有商品交易过程中的作业,可以说 EOS 涵盖了整个物流。在寸土寸金的情况下,零售业已没有许多空间用于存放货物,在要求供货商及时补足售出商品的数量且不能有缺货的前提下,更必须采用 EOS 系统。EOS 因内涵盖了许多先进的管理手段,因此在国际上使用非常广泛,并且越来越受到商业界的青睐。EOS 系统基本上是在零售的终端利用条码阅读器获取准备采购的商品条码,并在终端机上输入订货资料;利用电话通过调制解调器传到批发商的计算机中,批发商开出提货传票,并根据传票同时开出拣货单,实施拣货,然后依据送货传票进行商品发货;送货传票上的资料便成为零售商的应付账款资料及批发商的应收账款资料,并接到应收账款的系统中去;零售商对送到的货物进行检验后,便可以陈列与销售了。

3. 物流设备跟踪和控制技术的应用

目前,物流设备跟踪主要是指对物流的运输载体及物流活动中涉及的物品所在地进行跟踪。物流设备跟踪的手段有多种,可以用传统的通信手段如电话等进行被动跟踪,可以用 RFID 手段进行阶段性的跟踪,但目前国内用得最多的还是全球定位系统(GPS)技术跟踪与地理信息系统(GIS)技术跟踪。

(1) 全球定位系统(GPS)技术

GPS 是英文 Global Positioning System(全球定位系统)的简称,而其中文简称为"球位系"。GPS 是 20 世纪 70 年代由美国陆海空三军联合研制的新一代空间卫星导航定位系统。其主要目的是为陆、海、空三大领域提供实时、全天候和全球性的导航服务,并用于情报收集、核爆监测和应急通信等一些军事目的,经过 20 余年的研究实验,耗资 300 亿美元,到 1994 年 3 月,全球覆盖率高达 98% 的 24 颗 GPS 卫星星座已布设完成。在机械领域 GPS 则有另外一种含义:产品几何技术规范(Geometrical Product Specifications)—简称 GPS。另外一种解释为 G/s(GB pers)。

我国是一个 GPS 应用大国,在 GPS 车辆跟踪系统的应用面和规模上,处于国际的先行者地位。但从目前看,同国外发达国家相比,在系统的技术水平、产品质量和成熟程度,特别是在现代物流系统中的应用方面,我们还处在发展初期。

(2) 地理信息系统(GIS)技术

在计算机软件、硬件及网络支持下,对有关空间数据进行预处理、输入、存储、查询检索、处理、分析、显示、更新和提供应用以及在不同用户、不同系统、不同地点之间传输地理数据的计算机信息系统。

GIS 是多种学科交叉的产物,以地理空间数据为基础,采用地理模型分析方法,适时地提供多种空间、动态的地理信息,是一种为地理研究和地理决策服务的计算机技术系统。

4. 物流管理信息系统的应用

物流管理信息系统也称物流信息系统(LIS),是由人员、计算机硬件、软件、网络通信设备及其他办公设备组成的人机交互系统,其主要功能是进行物流信息的收集、存储、传输、加工整理、维护和输出,为物流管理者及其他组织管理人员提供战略、战术及运作决策的支持,以达到组织的战略竞优,提高物流运作的效率与效益。

三、结束语

物流信息技术通过切入物流企业的业务流程来实现对物流企业各生产要素进行合理组

合与高效利用,降低经营成本,直接产生明显的经营效益。它有效地把各种零散数据变为商业智慧,赋予了物流企业新型的生产要素——信息,大大提高了物流企业的业务预测和管理能力。

第二节 物流数据自动识别技术

一、自动识别技术概述

自动识别技术就是应用一定的识别装置,通过被识别物品和识别装置之间的接近活动,自动地获取被识别物品的相关信息,并提供给后台的计算机处理系统来完成相关后续处理的一种技术。举例说明。商场的条形码扫描系统就是一种典型的自动识别技术。售货员通过扫描仪扫描商品的条码,获取商品的名称、价格,输入数量,后台 POS 系统即可计算出该批商品的价格,从而完成顾客的结算。当然,顾客也可以采用银行卡支付的形式进行支付,银行卡支付过程本身也是自动识别技术的一种应用形式。

在我们的现实生活中,各种各样的活动或者事件都会产生这样或者那样的数据,这些数据包括人的、物质的、财务的,也包括采购的、生产的和销售的,这些数据的采集与分析对于我们的生产或者生活决策来讲是十分重要的。如果没有这些实际工况的数据支援,生产和决策就将成为一句空话,将缺乏现实基础。

在计算机信息处理系统中,数据的采集是信息系统的基础,这些数据通过数据系统的分析和过滤,最终成为影响我们决策的信息。

在信息系统早期,相当部分数据的处理都是通过人工手工录入,这样,不仅数据量十分庞大,劳动强度大,而且数据误码率较高,也失去了实时的意义。为了解决这些问题,人们就研究和发展了各种各样的自动识别技术,将人们从繁沉的重复的但又十分不精确的手工劳动中解放出来,提高了系统信息的实时性和准确性,从而为生产的实时调整,财务的及时总结以及决策的正确制定提供正确的参考依据。

在当前比较流行的物流研究中,基础数据的自动识别与实时采集更是物流信息系统(LMIS,Logistics Management Information System)的存在基础,因为,物流过程比其他任何环节更接近于现实的"物",物流产生的实时数据比其他任何工况都要密集,数据量都要大。

自动识别技术是以计算机技术和通信技术的发展为基础的综合性科学技术,它是信息数据自动识读、自动输入计算机的重要方法和手段,归根到底,自动识别技术是一种高度自动化的信息或者数据采集技术。

自动识别技术近几十年在全球范围内得到了迅猛发展,初步形成了一个包括条码技术、磁条磁卡技术、IC 卡技术、光学字符识别、射频技术、声音识别及视觉识别等集计算机、光、磁、物理、机电、通信技术为一体的高新技术学科。

一般来讲,在一个信息系统中,数据的采集(识别)完成了系统的原始数据的采集工作,解决了人工数据输入的速度慢、误码率高、劳动强度大、工作简单重复性高等问题,为计算机信息处理提供了快速、准确地进行数据采集输入的有效手段,因此,自动识别技术作为一种革命性的高新技术,正迅速为人们所接受。自动识别系统通过中间件或者接口(包括软件的和硬件的)将数据传输给后台处理计算机,由计算机对所采集到的数据进行处理或者加工,最终形成对人们有用的信息。在有的场合,中间件本身就具有数据处理的功能。中间件还可以支持单一系统不同的协议的产品的工作。

完整的自动识别计算机管理系统包括自动识别系统(Auto Identification System,简称AIDS),应用程序接口(Application Interface,简称 API)或者中间件(Middleware)和应用系统软件(Application Software)。

也就是说,自动识别系统完成系统的采集和存储工作,应用系统软件对自动识别系统所采集的数据进行应用处理,而应用程序接口软件则提供自动识别系统和应用系统软件之间的通讯接口包括数据格式,将自动识别系统采集的数据信息转换成应用软件系统可以识别和利用的信息并进行数据传递。

物流信息的管理和应用首先涉及信息的载体。过去多采用单据、凭证、传票为载体,手工记录、电话沟通、人工计算、邮寄或传真等方法,对物流信息进行采集、记录、处理、传递和反馈,不仅极易出现差错、信息滞后,也使得管理者对物品在流动过程中的各个环节难以统筹协调,不能系统控制,更无法实现系统优化和实时监控。从而造成效率低下和人力、运力、资金、场地的大量浪费。

二、条码技术

(一)条码技术的由来

条码技术最早产生在二十年代,诞生于 Westinghouse 的实验室里。那时候对电子技术应用方面的每一个设想都使人感到非常新奇。他的想法是在信封上做条码标记,条码中的信息是收信人的地址,就像今天的邮政编码。为此 Kermode 发明了最早的条码标识,设计方案非常的简单,即一个"条"表示数字"1",二个"条"表示数字"2",依次类推。然后,他又发明了由基本的元件组成的条码识读设备:一个扫描器(能够发射光并接收反射光);一个测定反射信号条和空的方法,即边缘定位线圈;和使用测定结果的方法,即译码器。

条码技术是实现 POS 系统、EDI、电子商务、供应链管理的技术基础,是物流管理现代化的重要技术手段。条码技术包括条码的编码技术、条码标识符号的设计、快速识别技术和计算机管理技术,它是实现计算机管理和电子数据交换不可少的前端采集技术。

Kermode 的扫描器利用当时新发明的光电池来收集反射光。"空"反射回来的是强信号,"条"反射回来的是弱信号。与当今高速度的电子元气件应用不同的是,Kermode 利用磁性线圈来测定"条"和"空"。就像一个小孩将电线与电池连接再绕在一颗钉子上来夹纸。Kermode 用一个带铁芯的线圈在接收到"空"的信号的时候吸引一个开关,在接收到"条"的信号的时候,释放开关并接通电路。因此,最早的条码阅读器噪音很大。开关由一系列的继电器控制,"开"和"关"由打印在信封上"条"的数量决定。通过这种方法,条码符号直接对信件进行分检。

此后不久,Kermode 的合作者 DouglasYoung,在 Kermode 码的基础上作了些改进。Kermode 码所包含的信息量相当的低,并且很难编出十个以上的不同代码。而 Young 码使用更少的条,但是利用条之间空的尺寸变化,就像今天的 UPC 条码符号使用四个不同的条空尺寸。新的条码符号可在同样大小的空间对一百个不同的地区进行编码,而 Kermode 码只能对十个不同的地区进行编码。

直到 1949 年的专利文献中才第一次有了 NormWoodland 和 BernardSilver 发明的全方位条码符号的记载,在这之前的专利文献中始终没有条码技术的记录,也没有投入实际应用的先例。NormWoodland 和 BemardSilver 的想法是利用 Kermode 和 Young 的垂直的"条"和"空",并使之弯曲成环状,非常像射箭的靶子。这样扫描器通过扫描图形的中心,能够对条码符号解码,不管条码符号方向的朝向。

在利用这项专利技术对其进行不断改进的过程中,一位科幻小说作家 Isaac-Azimov 在他的"裸露的太阳"一书中讲述了使用信息编码的新方法实现自动识别的事例。那时人们觉得此书中的条码符号看上去像是一个方格子的棋盘,但是今天的条码专业人士马上会意识到这是一个二维矩阵条码符号。虽然此条码符号没有方向、定位和定时,但很显然它表示的是高信息密度的数字编码。

直到 1970 年 IterfaceMechanisms 公司开发出"二维码"之后,才有了价格适于销售的二维矩阵条码的打印和识读设备。那时二维矩阵条码用于报社排版过程的自动化。二维矩阵条码印在纸带上,由今天的一维 CCD 扫描器扫描识读。CCD 发出的光照在纸带上,每个光电池对准纸带的不同区域。每个光电池根据纸带上印刷条码与否输出不同的图案,组合产生一个高密度信息图案。用这种方法可在相同大小的空间打印上一个单一的字符,作为早期 Kermode 码之中的一个单一的条。定时信息也包括在内,所以整个过程是合理的。当第一个系统进入市场后,包括打印和识读设备在内的全套设备大约要 5000 美元。

此后不久,随着 LED(发光二极管)、微处理器和激光二极管的不断发展,迎来了新的标识符号(象征学)和其应用的大爆炸,人们称之为"条码工业"。今天很少能找到没有直接接触过即快又准的条码技术的公司或个人。由于在这一领域的技术进步与发展非常迅速,并且每天都有越来越多的应用领域被开发,用不了多久条码就会像灯泡和半导体收音机一样普及,将会使我们每一个人的生活都变得更加轻松和方便。

条码是由一组按一定编码规则排列的条、空符号,用以表示一定的字符、数字及符号组成的信息。条码系统是由条码符号设计、制作及扫描阅读组成的自动识别系统。

(二) 条码概述

1. 条码的含义

条形码是将线条与空白按照一定的编码规则组合起来的符号,用以代表一定的字母、数字等资料,"条"指对光线反射率较低的部分,"空"指对光线反射率较高的部分,这些条和空组成的数据表达一定的信息,并能够用特定的设备识读,转换成与计算机兼容的二进制和十进制信息。通常对于每一种物品,它的编码是唯一的,对于普通的一维条形码来说,还要通过数据库建立条形码与商品信息的对应关系,当条形码的数据传到计算机上时,由计算机上的应用程序对数据进行操作和处理。因此,普通的一维条形码在使用过程中仅作为识别信息,它的意义是通过在计算机系统的数据库中提取相应的信息而实现的。

2. 条码技术的原理

在进行辨识的时候,是用条形码阅读机扫描,得到一组反射光信号,此信号经光电转换后变为一组与线条、空白相对应的电子信号,经解码后还原为相应的文数字,再传入电脑。

条形码辨识技术已相当成熟,其读取的错误率约为百万分之一,首读率大于98%,是一种可靠性高、输入快速、准确性高、成本低、应用面广的资料自动收集技术。

世界上约有225种以上的一维条形码,每种一维条形码都有自己的一套编码规格,规定每个字母(可能是文字或数字或文数字)是由几个线条(Bar)及几个空白(Space)组成,以及字母的排列。一般较流行的一维条形码有39码、EAN码、UPC码、128码,以及专门用于书刊管理的ISBN、ISSN等。

从UPC以后,为满足不同的应用需求,陆陆续续发展出各种不同的条形码标准和规格,时至今日,条形码已成为商业自动化不可缺少的基本条件。条形码可分为一维条码(OneDimensionalBarcode,1D)和二维码(TwoDimensionalCode,2D)两大类,目前在商品上的应用仍以一维条形码为主,故一维条形码又被称为商品条形码,二维码则是另一种渐受重视的条形码,其功能较一维条形码强,应用范围更加广泛。

目前全世界一维条形码的种类达225种左右,将介绍最通用的标准,如UPC、EAN、39码、128码等。此外,书籍和期刊也有国际统一的编码,称为ISBN(国际标准书号)和ISSN(国际标准丛刊号)。

3. 条形码的码制

码制即指条形码条和空的排列规则,常用的一维码的码制包括:EAN码、39码、交叉25码、UPC码、128码、93码,及Codabar(库德巴码)等。

不同的码制有它们各自的应用领域:

EAN码:是国际通用的符号体系,是一种长度固定、无含意的条形码,所表达的信息全部为数字,主要应用于商品标识。

39码和128码:为目前国内企业内部自定义码制,可以根据需要确定条形码的长度和信息,它编码的信息可以是数字,也可以包含字母,主要应用于工业生产线领域、图书管理等。

93码:是一种类似于39码的条形码,它的密度较高,能够替代39码。

25码:只要应用于包装、运输以及国际航空系统的机票顺序编号等。

Codabar码:应用于血库、图书馆、包裹等的跟踪管理。

4. 条形码符号的组成

一个完整的条形码的组成次序依次为:静区(前)、起始符、数据符、(中间分割符,主要用于EAN码)、(校验符)、终止符、静区(后),如图:

静区,指条形码左右两端外侧与空的反射率相同的限定区域,它能使阅读器进入准备阅读的状态,当两个条形码相距距离较近时,静区则有助于对它们加以区分,静区的宽度通常应不小于6mm(或10倍模块宽度)。

起始/终止符,指位于条形码开始和结束的若干条与空,标志条形码的开始和结束,同时提供了码制识别信息和阅读方向的信息。

数据符,位于条形码中间的条、空结构,它包含条形码所表达的特定信息。

构成条形码的基本单位是模块,模块是指条形码中最窄的条或空,模块的宽度通常以mm或mil(千分之一英寸)为单位。构成条形码的一个条或空称为一个单元,一个单元包含的模块数是由编码方式决定的,有些码制中,如EAN码,所有单元由一个或多个模块组成;而另一些码制,如39码中,所有单元只有两种宽度,即宽单元和窄单元,其中的窄单元即为一个模块。

条形码的几个参数：

密度（Density）：条形码的密度指单位长度的条形码所表示的字符个数。对于一种码制而言，密度主要由模块的尺寸决定，模块尺寸越小，密度越大，所以密度值通常以模块尺寸的值来表示（如 5mil）。通常 7.5mil 以下的条形码称为高密度条形码，15mil 以上的条形码称为低密度条形码，条形码密度越高，要求条形码识读设备的性能（如分辨率）也越高。高密度的条形码通常用于标识小的物体，如精密电子元件，低密度条形码一般应用于远距离阅读的场合，如仓库管理。

宽窄比：对于只有两种宽度单元的码制，宽单元与窄单元的比值称为宽窄比，一般为 2～3 左右（常用的有 2:1,3:1）。宽窄比较大时，阅读设备更容易分辨宽单元和窄单元，因此比较容易阅读。

对比度（PCS）：条形码符号的光学指标，PSC 值越大则条形码的光学特性越好。

PCS＝（RL-RD）/RL×100%

（RL：条的反射率 RD：空的反射率）

附：一维码基本结构

通常一个完整的条形码是由两侧静空区、起始码、资料码、检查码、终止码组成，以一维条形码而言，其排列方式通常如下所示：

静空区	起始码	资料码	检查码	终止码	静空区

静空区位于条形码两侧无任何符号及资讯的白色区域，主要用来提示扫描器准备扫描。

起始码指条形码符号的第一位字码，用来标识一个条形码符号的开始，扫描器确认此字码存在后开始处理扫描脉冲。

资料码位于起始码后面的字码，用来标识一个条形码符号的具体数值，允许双向扫描。

检查码用来判定此次阅读是否有效的字码，通常是一种算术运算的结果，扫描器读入条形码进行解码时，先对读入各字码进行运算，如运算结果与检查码相同，则判定此次阅读有效。

三、射频识别技术

（一）射频识别技术概述

1. 射频识别技术的概念

射频识别即 RFID（RadioFrequencyIDentification）技术，又称电子标签、无线射频识别，是一种通信技术,可通过无线电信号识别特定目标并读写相关数据,而无需识别系统与特定目标之间建立机械或光学接触。

2. 射频识别技术的原理

典型的 RFID 系统由电子标签(Tag)、读写器(Read/WriteDevice)以及数据交换、管理系统等组成。电子标签也称射频卡,它具有智能读写及加密通信的能力。读写器由无线收发模块、天线、控制模块及接口电路等组成。射频识别是无源系统,即电子标签内不含电池,电子标签工作的能量是由读写器发出的射频脉冲提供。电子标签接收射频脉冲,整流并给电容充电。电容电压经过稳压后作为工作电压。数据解调部分从接收到的射频脉冲中解调出数据并送到控制逻辑。控制逻辑接受指令完成存储、发送数据或其他操作。EEPROM 用来存储电子标签的 ID 号及其他用户数据。

3. 射频识别系统的组成

RFID 射频识别系统通常由电子标签(也称射频卡、应答器、射频标签等)和阅读器(也称读写器)这两个部分组成。另外还应包括天线,主机等。RFID 射频识别系统在具体的应用过程中,根据不同的应用目的和应用环境,系统的组成会有所不同,但从 RFID 射频识别系统的工作原理来看,系统一般都由信号发射机、信号接收机、发射接收天线几部分组成。下面分别加以说明:

(1)信号发射机

在 RFID 射频识别系统中,信号发射机会以不同的形式存在以达到不同的应用目的,典型的形式是标签(TAG)。标签相当于条码技术中的条码符号,用来存储需要识别传输的信息,另外,与条码不同的是,标签必须能够自动或在外力的作用下,把存储的信息主动发射出去。

(2)信号接收机

信号接收机在 RFID 射频识别系统中被称为阅读器。根据支持的标签类型不同与完成的功能不同,阅读器的复杂程度是显著不同的。阅读器基本的功能就是提供与标签进行数据传输的途径。另外,阅读器还提供相当复杂的信号状态控制、奇偶错误校验与更正功能等。标签中除了存储需要传输的信息外,还必须含有一定的附加信息,如错误校验信息等。识别数据信息和附加信息按照一定的结构编制在一起,并按照特定的顺序向外发送。阅读器通过接收到的附加信息来控制数据流的发送。一旦到达阅读器的信息被正确的接收和译解后,阅读器通过特定的算法决定是否需要发射机对发送的信号重发一次,或者知道发射器停止发信号,这就是"命令响应协议"。使用这种协议,即便在很短的时间、很小的空间阅读多个标签,也可以有效地防止"欺骗问题"的产生。阅读距离,也称为作用距离,是射频识别系统的一个主要性能指标。它表示在最远为多远的距离上,阅读器能够可靠地与电子标签交换信息,即阅读器能读取标签中的数据。实际系统这一指标相差很大,取决于标签及阅读器系统的设计、成本的要求、应用的需求等,范围从 0~100m。

(3)编程器

编程器是向标签写入数据的装置,只有在可读可写标签系统中才被用到。编程器写入数据一般来说是离线(OFF-LINE)完成的,也就是预先在标签中写入数据,等到开始应用时直接把标签黏附在被标识项目上。也有一些 RFID 应用系统,写数据是在线(ON-LINE)完成的,尤其是在生产环境中作为交互式便携数据文件来处理时。

（4）天线

天线是标签与阅读器之间传输数据的发射、接收装置。在实际应用中,影响数据的发射和接收的因素主要有:系统功率,天线的形状和相对位置。安装天线需要专业人员进行,才能保证数据的正常发射和接收。

4. 射频识别系统的工作过程

RFID 射频识别系统的基本工作流程

（1）读写器将无线电载波信号经过发射天线向外发射;

（2）当电子标签进入发射天线的工作范围时,电子标签被激活,将携带信息的代码经天线发射出去。

（3）系统的接收天线接收电子标签发出的载波信号传输给读写器。读写器对接收到的信号进行解调解码,再把包含有冻干材料信息的信号送入上位机的控制系统。

（4）我们把各种材料的冻干曲线编制成一套数据库管理系统,储存在 PC 机中。当 PC 机中的控制系统接收到电子标签中的信息时,便快速寻找到相应的冻干曲线,并控制冻干设备进行一系列的工艺流程。

（二）射频识别技术的特点和作用

1. RFID 系统的特点

射频识别系统最重要的优点是非接触识别,它能穿透雪、雾、冰、涂料、尘垢和条形码无法使用的恶劣环境阅读标签,并且阅读速度极快,大多数情况下不到 100 毫秒。有源式射频识别系统的速写能力也是重要的优点。可用于流程跟踪和维修跟踪等交互式业务。

目前,制约射频识别系统发展的主要问题是不兼容的标准。射频识别系统的主要厂商提供的都是专用系统,导致不同的应用和不同的行业采用不同厂商的频率和协议标准,这种混乱和割据的状况已经制约了整个射频识别行业的增长。许多欧美组织正在着手解决这个问题,并已经取得了一些成绩。标准化必将刺激射频识别技术的大幅度发展和广泛应用。

射频技术和条码的比较,电子标签 RFID 对比条形码七大特点:

（1）快速扫描

条形码一次只能有一个条形码受到扫描;RFID 辨识器可同时辨识读取数个 RFID 标签。

（2）体积小型化、形状多样化

RFID 在读取上并不受尺寸大小与形状限制,不需为了读取精确度而配合纸张的固定尺寸和印刷品质。此外,RFID 标签更可往小型化与多样形态发展,以应用于不同产品。

（3）抗污染能力和耐久性

传统条形码的载体是纸张,因此容易受到污染,但 RFID 对水、油和化学药品等物质具有很强抵抗性。此外,由于条形码是附于塑料袋或外包装纸箱上,所以特别容易受到折损;RFID 卷标是将数据存在芯片中,因此可以免受污损。

（4）可重复使用

现今的条形码印刷上去之后就无法更改,RFID 标签则可以重复地新增、修改、删除 RFID 卷标内储存的数据,方便信息的更新。

（5）穿透性和无屏障阅读

在被覆盖的情况下，RFID能够穿透纸张、木材和塑料等非金属或非透明的材质，并能够进行穿透性通信。而条形码扫描机必须在近距离而且没有物体阻挡的情况下，才可以辨读条形码。

（6）数据的记忆容量大

一维条形码的容量是50Bytes，二维条形码最大的容量可储存2至3000字符，RFID最大的容量则有数MegaBytes。随着记忆载体的发展，数据容量也有不断扩大的趋势。未来物品所需携带的资料量会越来越大，对卷标所能扩充容量的需求也相应增加。

（7）安全性

由于RFID承载的是电子式信息，其数据内容可经由密码保护，使其内容不易被伪造及变造。

近年来，RFID因其所具备的远距离读取、高储存量等特性而备受瞩目。它不仅可以帮助一个企业大幅提高货物、信息管理的效率，还可以让销售企业和制造企业互联，从而更加准确地接收反馈信息，控制需求信息，优化整个供应链。

射频技术不一定比条形码"好"，从概念上来说，两者很相似，目的都是快速准确地确认追踪目标物体。但他们是两种不同的技术，有不同的适用范围，有时会有重叠。两者之间最大的区别是条形码是"可视技术"，扫描仪在人的指导下工作，只能接收它视野范围内的条形码。相比之下，射频识别不要求看见目标。射频标签只要在接受器的作用范围内就可以被读取。条形码本身还具有其他缺点，如果标签被划破，污染或是脱落，扫描仪就无法辨认目标。条形码只能识别生产者和产品，并不能辨认具体的商品，贴在所有同一种产品包装上的条形码都一样，无法辨认哪些产品先过期。

2. 射频技术在物流管理中的适用性

物流管理的本质是通过对物流全过程的管理，实现降低成本和提高服务水平两个目的。如何以正确的成本和正确的条件，去保证正确的客户在正确的时间和正确的地点，得到正确的产品，成为物流企业追求的最高目标。为此，掌握存货的数量、形态和分布，提高存货的流动性就成为物流管理的核心内容。一般来说，企业存货的价值要占企业资产总额的25%左右，占企业流动资产的50%以上。所以物流管理工作的核心就是对供应链中存货的管理。

在运输管理方面采用射频识别技术，只需要在货物的外包装上安装电子标签，在运输检查站或中转设置阅读器，就可以实现资产的可视化管理。在运输过程中，阅读器将电子标签的信息通过卫星或电话线传输到运输部门的数据库，电子标签每通过一个检查站，数据库的数据就得到更新，当电子标签到达终点时，数据库关闭。与此同时，货主可以根据权限，访问在途可视化网页，了解货物的具体位置，这对提高物流企业的服务水平有着重要意义。

（三）射频识别技术的应用类型

根据射频系统完成的功能不同，可以粗略地把射频系统分成四种类型：EAS系统、便携式数据采集系统、网络系统、定位系统。

1. EAS系统

EAS(ElectronicArticleSurveillance)又称电子商品防窃（盗）系统，是目前大型零售行业广泛采用的商品安全措施之一。

EAS系统主要由三部分组成：检测器（Sensor）、解码器（Deactivator）和电子标签（ElectronicLabelandTag）。电子标签分为软标签和硬标签，软标签成本较低，直接粘附在较"硬"商品上，软标签不可重复使用；硬标签一次性成本较软标签高，但可以重复使用。硬标签须配备专门的取钉器，多用于服装类柔软的、易穿透的物品。解码器多为非接触式设备，有一定的解码高度，当收银员收银或装袋时，电子标签无须接触消磁区域即可解码。也有将解码器和激光条码扫描仪合成到一起的设备，做到商品收款和解码一次性完成，方便收银员的工作，此种方式则须和激光条码供应商相配合，排除二者间的相互干扰，提高解码灵敏度。未经解码的商品带离商场，在经过检测器装置（多为门状）时，会触发报警，从而提醒收银人员、顾客和商场保安人员及时处理。

EAS系统是由检测器、电子标签、解码器/开锁器组成。

（1）检测器一般由发射器和接收器两个部分组成。其基本原理是利用发射天线将一扫描带发射出去，在发射天线和接收天线之间形成一个扫描区，而在其接收范围内利用接收天线将这频带接收还原，再利用电磁波的共振原理来搜寻特定范围内是否有有效标签存在，当该区域内出现有效标签即触发报警。

（2）电子标签其内部结构是一个Lc振荡回路，以特殊方式安装在商品上，只有经过专用解码器、开锁器才能将其解除。目前，市场上出现的电子标签有软标签、硬标签、酒瓶保护器、奶粉防盗标签、CD/磁带保护盒等。

（3）解码器是软标签失效的装置。目前，市面上常用的是非接触式解码器，只要营业员将标签通过解码器上方20cm以内便可解码。解码器可配合POS激光收银平台使用。开锁器是快速、方便、简单地将各种硬标签取下的装置。

2. 便携式数据采集系统

便携式数据采集系统使用带有RFID读写器的手持式数据采集器采集RFID标签上的数据。这种系统具有比较大的灵活性，适用于不宜安装固定式RFID系统的应用环境。手持式读写器（数据输入终端）可以在读取数据的同时，通过无线电波数据传输方式实时地向主计算机系统传输数据，也可以暂时将数据储存在读写器中，成批的向主计算机系统传输数据。

3. 网络系统

（1）定义

物联网的英文名称为"The Internet of Things"，简称：IOT。由该名称可见，物联网就是"物物相连的互联网"。这有两层意思：第一，物联网的核心和基础仍然是互联网，是在互联网基础之上的延伸和扩展的一种网络；第二，其用户端延伸和扩展到了任何物品与物品之间，进行信息交换和通信。因此，物联网的定义是通过射频识别（RFID）装置、红外感应器、全球定位系统、激光扫描器等信息传感设备，按约定的协议，把任何物品与互联网相连接，进行信息交换和通信，以实现智能化识别、定位、跟踪、监控和管理的一种网络。

这里的"物"要满足以下条件才能够被纳入"物联网"的范围：

1）要有相应信息的接收器；

2）要有数据传输通路；

3）要有一定的存储功能；

4）要有 CPU；

5）要有操作系统；

6）要有专门的应用程序；

7）要有数据发送器；

8）遵循物联网的通信协议；

9）在世界网络中有可被识别的唯一编号。

2009 年 9 月，在北京举办的物联网与企业环境中欧研讨会上，欧盟委员会信息和社会媒体司 RFID 部门负责人 LorentFerderix 博士给出了欧盟对物联网的定义：物联网是一个动态的全球网络基础设施，它具有基于标准和互操作通信协议的自组织能力，其中物理的和虚拟的"物"具有身份标识、物理属性、虚拟的特性和智能的接口，并与信息网络无缝整合。物联网将与媒体互联网、服务互联网和企业互联网一道，构成未来互联网。

（2）背景

物联网的概念是在 1999 年提出的。当时基于互联网、RFID 技术、EPC 标准，在计算机互联网的基础上，利用射频识别技术、无线数据通信技术等，构造了一个实现全球物品信息实时共享的实物互联网"Internetofthings"（简称物联网），这也是在 2003 年掀起第一轮华夏物联网热潮的基础。

传感网是基于感知技术建立起来的网络。中科院早在 1999 年就启动了传感网的研究，并已取得了一些科研成果，建立了一些适用的传感网。1999 年，在美国召开的移动计算和网络国际会议提出了"传感网是下一个世纪人类面临的又一个发展机遇"。2003 年，美国《技术评论》提出传感网络技术将是未来改变人们生活的十大技术之首。

2005 年 11 月 17 日，在突尼斯举行的信息社会世界峰会（WSIS）上，国际电信联盟发布了《ITU 互联网报告 2005：物联网》，引用了"物联网"的概念。报告指出，无所不在的"物联网"通信时代即将来临，世界上所有的物体从轮胎到牙刷、从房屋到纸巾都可以通过因特网主动进行交换。射频识别技术（RFID）、传感器技术、纳米技术、智能嵌入技术将得到更加广泛的应用。

根据 ITU 的描述，在物联网时代，通过在各种各样的日常用品上嵌入一种短距离的移动收发器，人类在信息与通信世界里将获得一个新的沟通维度，从任何时间任何地点的人与人之间的沟通连接扩展到人与物和物与物之间的沟通连接。物联网概念的兴起，很大程度上得益于国际电信联盟（ITU）2005 年以物联网为标题的年度互联网报告。然而，ITU 的报告对物联网缺乏一个清晰的定义。

虽然目前国内对物联网也还没有一个统一的标准定义，但从物联网本质上看，物联网是现代信息技术发展到一定阶段后出现的一种聚合性应用与技术提升，将各种感知技术、现代网络技术和人工智能与自动化技术聚合与集成应用，使人与物智慧对话，创造一个智慧的世界。因为物联网技术的发展几乎涉及了信息技术的方方面面，是一种聚合性、系统性的创新应用与发展，也因此才被称为是信息技术的第三次革命性创新。物联网的本质概括起来主要体现在三个方面：一是互联网特征，即对需要联网的物一定要能够实现互联互通的互联网络；二是识别与通信特征，即纳入物联网的"物"一定要具备自动识别与物物通信（M2M）的功能；三是智能化特征，即网络系统应具有自动化、自我反馈与智能控制的特点。

2009 年 1 月 28 日，奥巴马就任美国总统后，与美国工商业领袖举行了一次"圆桌会议"，作为仅有的两名代表之一，IBM 首席执行官彭明盛首次提出"智慧地球"这一概念，建议新政府投资新一代的智慧型基础设施。

2009 年 2 月 24 日消息，IBM 大中华区首席执行官钱大群在 2009IBM 论坛上公布了名为"智慧的地球"的最新策略。

此概念一经提出，即得到美国各界的高度关注，甚至有分析认为 IBM 公司的这一构想极有可能上升至美国的国家战略，并在世界范围内引起轰动。IBM 认为，IBM 产业下一阶段的任务是把新一代 IBM 技术充分运用在各行各业之中，具体地说，就是把感应器嵌入和装备到电网、铁路、桥梁、隧道、公路、建筑、供水系统、大坝、油气管道等各种物体中，并且被普遍连接，形成物联网。

针对中国经济的状况，钱大群表示，中国的基础设施建设空间广阔，而且中国政府正在以巨大的控制能力、实施决心和配套资金对必要的基础设施进行大规模建设，"智慧的地球"这一战略将会产生更大的价值。

在策略发布会上，IBM 还提出，如果在基础建设的执行中，植入"智慧"的理念，不仅仅能够在短期内有力的刺激经济、促进就业，而且能够在短时间内为中国打造一个成熟的智慧基础设施平台。

钱大群表示，当今世界许多重大的问题如金融危机、能源危机和环境恶化等，实际上都能够以更加"智慧"的方式解决。在全球经济形势低迷的同时，也孕育着未来的发展机遇，中国不仅能够借此机遇开创新乐观产业和新的市场，加速发展，摆脱经济危机的影响。

IBM 希望"智慧的地球"策略能掀起"互联网"浪潮之后的又一次科技革命。IBM 前首席执行官郭士纳曾提出一个重要的观点，认为计算模式每隔 15 年发生一次变革。这一判断像摩尔定律一样准确，人们把它称为"十五年周期定律"。1965 年前后发生的变革以大型机为标志，1980 年前后以个人计算机的普及为标志，而 1995 年前后则发生了互联网革命。每一次这样的技术变革都引起企业间、产业间甚至国家间竞争格局的重大动荡和变化。而互联网革命一定程度上是由美国"信息高速公路"战略所催熟。20 世纪 90 年代，美国克林顿政府计划用 20 年时间，耗资 2000 亿—4000 亿美元，建设美国国家信息基础结构，创造了巨大的经济和社会效益。

而今天，"智慧的地球"战略被不少美国人认为与当年的"信息高速公路"有许多相似之处，同样被他们认为是振兴经济、确立竞争优势的关键战略。该战略能否掀起如当年互联网革命一样的科技和经济浪潮，不仅为美国关注，更为世界所关注。

物联网前景非常广阔，它将极大地改变我们目前的生活方式。南京航空航天大学国家电工电子示范中心主任赵国安说。业内专家表示，物联网把我们的生活拟人化了，万物成了人的同类。在这个物物相联的世界中，物品（商品）能够彼此进行"交流"，而无需人的干预。物联网利用射频自动识别（RFID）技术，通过计算机互联网实现物品（商品）的自动识别和信息的互联与共享。可以说，物联网描绘的是充满智能化的世界。在物联网的世界里，物物相连、天罗地网。

2008 年 11 月在北京大学举行的第二届中国移动政务研讨会"知识社会与创新 2.0"上，专家们提出移动技术、物联网技术的发展带动了经济社会形态、创新形态的变革，推动了面向知识社会的以用户体验为核心的下一代创新(创新2.0)形态的形成,创新与发展更加关注用户、注重以人为本。

有研究机构预计10年内物联网就可能大规模普及,这一技术将会发展成为一个上万亿元规模的高科技市场,其产业要比互联网大30倍。

据悉,物联网产业链可以细分为标识、感知、处理和信息传送四个环节,每个环节的关键技术分别为RFID、传感器、智能芯片和电信运营商的无线传输网络。EPOSS在《Internet-ofThingsin2020》报告中分析预测,未来物联网的发展将经历四个阶段,2010年之前RFID被广泛应用于物流、零售和制药领域,2010～2015年物体互联,2015～2020年物体进入半智能化,2020年之后物体进入全智能化。

作为物联网发展的排头兵,RFID成为了市场最为关注的技术。数据显示,2008年全球RFID市场规模已从2007年的49.3亿美元上升到52.9亿美元,这个数字覆盖了RFID市场的方方面面,包括标签、阅读器、其他基础设施、软件和服务等。RFID卡和卡相关基础设施将占市场的57.3%,达30.3亿美元。来自金融、安防行业的应用将推动RFID卡类市场的增长。易观国际预测,2009年中国RFID市场规模将达到50亿元,年复合增长率为33%,其中电子标签超过38亿元、读写器接近7亿元、软件和服务达到5亿元的市场格局。

MEMS是微机电系统的缩写,MEMS技术是建立在微米/纳米基础之上的,市场前景广阔。MEMS传感器的主要优势在于体积小、大规模量产后成本下降快,目前主要应用在汽车和消费电子两大领域。根据ICInsight最新报告,预计在2007年至2012年间,全球基于MEMS的半导体传感器和制动器的销售额将达到19%的年均复合增长率(CAGR),与2007年的41亿美元相比,五年后将实现97亿美元的年销售额。

(3)用途

物联网用途广泛,遍及智能交通、环境保护、政府工作、公共安全、平安家居、智能消防、工业监测、环境监测、老人护理、个人健康、花卉栽培、水系监测、食品溯源、敌情侦查和情报搜集等多个领域。

国际电信联盟于2005年的一份报告曾描绘"物联网"时代的图景:当司机出现操作失误时汽车会自动报警;公文包会提醒主人忘带了什么东西;衣服会"告诉"洗衣机对颜色和水温的要求等。亿博物流咨询生动的介绍物联网在物流领域内的应用,例如一家物流公司应用了物联网系统的货车,当装载超重时,汽车会自动告诉你超载了,并且超载多少,但空间还有剩余,告诉你轻重货怎样搭配;当搬运人员卸货时,一只货物包装可能会大叫"你扔疼我了",或者说"亲爱的,请你不要太野蛮,可以吗?";当司机在和别人扯闲话,货车会装作老板的声音怒吼"笨蛋,该发车了!"。

物联网把新一代IT技术充分运用在各行各业之中,具体地说,就是把感应器嵌入和装备到电网、铁路、桥梁、隧道、公路、建筑、供水系统、大坝、油气管道等各种物体中,然后将"物联网"与现有的互联网整合起来,实现人类社会与物理系统的整合,在这个整合的网络当中,存在能力超级强大的中心计算机群,能够对整合网络内的人员、机器、设备和基础设施实施实时的管理和控制,在此基础上,人类可以以更加精细和动态的方式管理生产和生活,达到"智慧"状态,提高资源利用率和生产力水平,改善人与自然间的关系。

毫无疑问,如果"物联网"时代来临,人们的日常生活将发生翻天覆地的变化。然而,不谈什么隐私权和辐射问题,单把所有物品都植入识别芯片这一点现在看来还不太现实。人们正走向"物联网"时代,但这个过程可能需要很长的时间。

（4）应用原理

物联网是在计算机互联网的基础上,利用 RFID、无线数据通信等技术,构造一个覆盖世界上万事万物的"Internet of Things"。在这个网络中,物品（商品）能够彼此进行"交流",而无需人的干预。其实质是利用射频自动识别（RFID）技术,通过计算机互联网实现物品（商品）的自动识别和信息的互联与共享。

物联网中非常重要的技术是射频识别（RFID）技术。RFID 是射频识别（Radio Frequency Identification）技术英文缩写,是 20 世纪 90 年代开始兴起的一种自动识别技术,是目前比较先进的一种非接触识别技术。以简单 RFID 系统为基础,结合已有的网络技术、数据库技术、中间件技术等,构筑一个由大量联网的阅读器和无数移动的标签组成的,比 Internet 更为庞大的物联网成为 RFID 技术发展的趋势。

而 RFID,正是能够让物品"开口说话"的一种技术。在"物联网"的构想中,RFID 标签中存储着规范而具有互用性的信息,通过无线数据通信网络把它们自动采集到中央信息系统,实现物品（商品）的识别,进而通过开放性的计算机网络实现信息交换和共享,实现对物品的"透明"管理。

"物联网"概念的问世,打破了之前的传统思维。过去的思路一直是将物理基础设施和IT 基础设施分开:一方面是机场、公路、建筑物,而另一方面是数据中心,个人电脑、宽带等。而在"物联网"时代,钢筋混凝土、电缆将与芯片、宽带整合为统一的基础设施,在此意义上,基础设施更像是一块新的地球工地,世界的运转就在它上面进行,其中包括经济管理、生产运行、社会管理乃至个人生活。

（5）技术标准的统一与协调

我们都知道互联网发展到今天,有一件事解决的非常好,就是标准化问题解决的非常好,全球进行传输的协议 TCP/IP 协议,路由器协议,终端的构架与操作系统,这些都解决的非常好,因此,我们可以在全世界任何一个角落,使用每一台电脑连接到互联网中去,可以很方便的上网。物联网发展过程中,传感、传输、应用各个层面会有大量的技术出现,可能会采用不同的技术方案。如果各行其是,那结果是灾难的,大量的小而破的专用网,相互无法连通,不能进行联网,不能形成规模经济,不能形成整合的商业模式,也不能降低研发成本。因此,尽快统一技术标准,形成一个管理机制,这是物联网马上就要面对问题,开始时,这个问题解决得好,以后就很容易,开始解决不好,积重难返,那么以后问题就很难解决。

第三节　物流自动跟踪技术

一、GPS 技术

追踪定位技术是指在识别技术共同作用的基础上,再借助 GPS、GPRS 等定位与通信技术,实现对货物、运输设备等进行物理空间和时间上的信息时时更新,对物流状况进行动态反映。通过追踪定位技术能够掌握物流最新动态,及时反馈给各个信息需求方,尽早制定各项物流预备方案及生产方案,提高物流服务质量。上海汽车采用物料追踪技术优化物流环节,取消自制件中转库、压缩毛坯库和半成品库,减少库存占用资金 10 亿多元,腾空上千平方米的仓库场地,存货资金周转次数提高 50% 以上。

GPS 是全球定位系统,是一种集航天、通信、计算机和网络技术于一体的综合技术。GPRS 无线网络覆盖全球,可以在监控中心与运输系统之间建立起无缝链接,实现网络互联。GPS 技术的成熟和产品价格的下降,实现 GPS 模块与手持通讯设备融合,GPS 技术借助 GPRS 通讯网络基础,实现对卫星定位、监控、双向通信、动态调动功能。追踪定位技术能够实现对物流运输过程的掌控,特别是对运输工具的地理位置、状态、在途货物的实时监控。根据运输信息的动态反馈,物流企业可以调整物流计划,解决物流管理中的瓶颈问题,降低管理成本。通过追踪定位技术,能根据自然状况的改变进行预设运输路线及时调整,通过运输路径选择来节约运输成本。此外,追踪定位技术还强化了运输货物的安全性,保障了客户的利益。

二、GIS 技术

GIS(GeographicInformationSystem,地理信息系统)技术是近些年迅速发展起来的一门空间信息分析技术,在资源与环境应用领域中,它发挥着技术先导的作用。GIS 技术不仅可以有效地管理具有空间属性的各种资源环境信息,对资源环境管理和实践模式进行快速和重复的分析测试,便于制定决策、进行科学和政策的标准评价,而且可以有效地对多时期的资源环境状况及生产活动变化进行动态监测和分析比较,也可将数据收集、空间分析和决策过程综合为一个共同的信息流,明显地提高工作效率和经济效益,为解决资源环境问题及保障可持续发展提供技术支持。

(一) GIS 技术的概念

GIS 技术是以地理空间数据库为基础,在计算机软硬件的支持下,对空间相关数据进行采集、管理、操作、分析、模拟和显示,并采用地理模型分析方法,适时提供多种空间和动态的地理信息,为地理研究和决策服务而建立起来的计算机技术系统。简言之,GIS 就是一个空间数据库管理系统。

(二) GIS 技术的特点

(1)具有系统管理、分析和以多种方式输出地理空间信息的能力;

(2)为管理和决策服务,以地理模式方法为手段,具有区域空间分析、多要素综合分析和动态预测能力;

(3)由计算机系统支持进行地理空间数据管理,并由计算机程序模拟常规的专门地理分析方法,作用到空间数据之上产生有用信息,完成人类难以完成的任务。

(三) GIS 技术的基本功能

GIS 能回答和解决的问题包括:

位置,一般用地名、邮政编码、地理坐标等表示。GIS 能分层显示无级缩放,显示范围可从洲际地图到非常详细的街区地图。

条件,即查找符合某些条件的地理实体位置。

趋势,即实时动态的跟踪某个位置的某个时间及其随时间的变化过程。

模式,即某个区域存在的地理实体的分布模式,揭示了地理实体的空间关系。

模拟,地理信息系统的模拟是基于模型的分析。寻求解决实际问题的方案方法。

(1)数据输入;

(2)数据校验;

(3)数据管理;

(4)空间数据库管理;

(5)地图图库的管理;

(6)空间查询与分析。

(四)应用于物流分析的 GIS 模型

(1)车辆路线模型。用于解决在一个起点、多个终点的货物运输问题中。

(2)设施定位模型。用来确定仓库、医院、零售商店、加工中心等设施的最佳位置。

(3)网络物流模型。解决网络物流问题的程序,这些程序可以用于解决诸如寻求最有效的分配货物路径或提供服务路径问题。

(4)分配集合模型。根据各个要素的相似点把同一层上的所有或部分要素分成几组,可以用于解决确定服务范围、销售市场范围等问题。

(五)GIS 技术在现代物流管理中的运用现状

GIS 技术在现代物流中的应用一般和 GPS 技术进行结合,GPS 和 GIS 在物流管理行业中的应用很广,特别是在利用 GPS/GIS 技术实现对货车在运输过程中的全程监控及对运输车辆的调度等方面。在美国,GIS/GPS 集成系统已成为美国物流管理的重要手段,80%的货车安装了这类系统。广州宝供物流采用快步易捷通的 GIS 物流管理系统,对全国的所有网点和客户进行空间管理,物流活动准时率达到 99%,货物完整率达到 99.17%。海尔引入了中科院旗下的超图公司的 SuperMapGIS 的空间分析功能,在售后服务系统中增加了地理信息处理能力。在该系统的支持下,海尔客服部门每天可以处理 10 万次左右的服务请求,得以满足全国用户的需求。目前,我国物流企业的 GIS 技术应用尚处于起步阶段,开发周期长,投资多,开发层次低,维护费用高等因素加大了物流企业自行开发和设计的风险,影响了GIS 技术在物流行业的普遍应用。综观国内外 GIS 技术在现代物流管理领域的应用现状,GIS 技术主要应用在三大系统领域,一是配车·配送计划支持系统;二是动态管理系统;三是物流据点分析系统。基于 GIS 技术的三大信息系统横跨物流业务的计划、执行与评价等物流管理的全过程。"配车·配送计划"支持系统的功能是输入配送地信息以及各种配送条件,系统自动输出配送车辆台数、配送路径等最佳配车结果。动态管理系统的功能是在 GIS 上即时掌握通过 GPS 所获取的移动体位置信息,使车辆等移动体的移动状况可视化。物流据点分析系统的功能是可以设定一个在一定时间内能够到达的区域,统计该地区的销售额与顾客数量,还可以依据道路成本(距离、移动时间)对物流据点的整合或新建进行仿真分析。

(六)GIS 应用于物流分析

加入 WTO 以来,中国物流业蓬勃发展,物流市场形成了以国有股份制物流企业、民营物流企业与外资物流企业为核心的"三足鼎立"的局面,市场竞争日趋激烈。企业物流运作也遇到了许多诸如物流成本过高、物流增值服务提供能力差、多频次、小批量配送频繁带来的负面影响、环保物流等"物流瓶颈"问题。应用 GIS 技术,充分发挥 GIS 技术对目标地的信息检索、配送路径检索、地区信息分析和评价、营销分析与客户管理、目的物的追踪与异常发现、事故分析与道路管理、地图做成等功能,可以有效缓解这些"物流瓶颈"问题。

GIS 应用于物流分析主要是指利用 GIS 强大的地理数据功能来完善物流分析技术。GPS 在物流领域的应用可以实时监控车辆等移动目标的位置,根据道路交通状况向移动目标发出实时调度指令。而 GIS、GPS 和无线通信技术的有效结合,再辅以车辆路线模型、最短路径模型、网络物流模型、分配集合模型和设施定位模型等,能够建立功能强大的物流信息系统,使物流变得实时并且成本最优。GIS/GPS 在物流企业应用的优势主要体现在以下几个:

(1) 打造数字物流企业,规范企业日常运作

GIS/GPS 的应用,必将提升物流企业的信息化程度,使企业日常运作数字化,包括企业拥有的物流设备或者客户的任何一笔货物都能用精确的数字来描述,不仅提高企业运作效率,同时提升企业形象,能够争取更多的客户。

(2) 通过对运输设备的导航跟踪,提高车辆运作效率

GIS/GPS 和无线通信的结合,使得流动在不同地方的运输设备变得透明而且可以控制。结合物流企业的决策模型库的支持,根据物流企业的实际仓储情况,并且由 GPS 获取的实时道路信息,可以计算出最佳物流路径,给运输设备导航,减少运行时间,降低运行费用。

(3) 跟踪车辆与货物

利用 GPS 和 GIS 技术可以实时显示出车辆的实际位置,并任意放大、缩小、还原、换图;可以随目标移动,使目标始终保持在屏幕上,利用该功能可对重要车辆和货物进行跟踪运输。对车辆进行实时定位、跟踪、报警、通信等的技术,能够满足掌握车辆基本信息、对车辆进行远程管理的需要,有效避免车辆的空载现象,同时客户也能通过互联网技术,了解自己货物在运输过程中的细节情况。比如在草原牧场收集牛奶的车辆在途中发生故障,传统物流企业往往不能及时找到故障车辆而使整车的原奶坏掉,损失惨重。而 GIS/GPS 能够方便的解决这个问题。

(4) 监控功能

人的因素处处存在,而 GIS/GPS 能够有效的监控司机的行为。在物流企业中,为了逃避桥费而绕远路延误时间、私自拉货、途中私自停留等现象司空见惯,反正山高皇帝远,物流企业不能有效监控司机的行为。而对车辆的监控也就规范了司机的行为。

(5) 协调物流

通过对物流运作的协调,促进协同商务发展,让物流企业向第四方物流角色转换。由于物流企业能够实时的获取每部车辆的具体位置,载货信息,故物流企业能用系统的观念运作企业的业务,降低空载率。这一职能的转变,物流企业如果为某条供应链服务,则能够发挥第四方物流的作用。

（6）辅助决策

在精确物流环境中，为优化企业经营者的利益，最大限度地体现消费者权益，必须将商品需求、商品流通和商品生产有机地联系在一起，实现在库存数量、存货地点、订货计划、配送运输等方面实现最佳选择，而且能够在准确的时间、准确的地点、以恰当的价格和便捷的方式将商品送到消费者手中。因此，针对物流配送的各项分析和决策就显得非常重要，这些分析和决策主要包括位置决策：指在建立配送体系时的设施定位；生产决策：主要是根据存在的设施情况，确定物流在这些设施间的流动路径等；库存决策：主要是关心库存的方式、数量和管理方法；运输决策：包括运输方式、批量、路径以及运输设备的尺度等。数据集成、空间分析、可视化表达，GIS 堪称最佳决策支持系统。GIS 以快速有效的信息获取、加工处理手段，使用户足不出户便可运筹帷幄。

（7）商业服务

在物流过程中，不管是企业在不断变化的客户环境中寻求建立合适的零售商店，还是消费品厂商试图扩大市场，GIS 总能帮助用户正确决策，以满足市场目标。掌握精确的顾客资料是成功的关键，分析 GIS 中的顾客和商务数据，能够帮助用户发现最好的顾客，发掘潜在市场，并针对特定顾客设计独特的广告和促销活动，并选择办公设施的最佳位置。利用 GIS 还可准确掌握潜在顾客的地理分布，降低经营成本，提高收益。了解顾客市场的顾客数据库是企业最宝贵的财富之一。充分利用顾客数据库的关键是地理定位，GIS 可以根据顾客的地址给顾客信息赋以地理位置值，并使这些信息与顾客收入、心理因素、购买行为等许多有关数据联系起来，从而分析出潜在的顾客。

（8）实时跟踪物资的流通

现代化的物流是一个成品从原材料直至终端客户手中的大物流体系，具体可分为三个部分，即原材料流通至生产厂、生产厂内原材料转变为成品的流动和成品从生产厂至消费者手中的过程。无论哪一种流动，对附有条码等信息载体的流动物品，都可以利用地理信息技术的全球定位功能，对其实现实时的跟踪与控制。

（9）提高仓库等物流设施的利用率

据统计，目前我国物流设施的空置率高达 60％，仓库利用率不足 60％，名不副实、重复建设、资源浪费的现象十分严重，这在全球物流业是绝无仅有的。应用地理信息技术进行空间数据分析，可以辅助决策物流设施的分布，从而减少浪费。

（七）GIS 技术在现代物流管理中的功能扩展

除了以上 GIS 功能在物流管理中得到普遍应用之外，GIS 技术还可以在物流管理领域进行功能扩展，以最大限度地发挥此项技术的优势，大力提高物流管理与决策水平。

（1）基于求车求货方式的配送支持

这是持有 GPS 功能手机的货主与宅配物流企业签定合同，由宅配物流企业向指定地点递送货物的一项服务。货主通过手机向物流企业的特定活动最小区域（例如，以货主为中心半径 10 公万方数据__里以内）的空车发出求车信息，货主依据某种标准选择了一辆空车并订立合同之后，配送车辆即到货主所在地进行集货，然后进行配送。如果最小活动区域没有空车信息，可以把搜索区域范围做适当的扩大。区域内的空车识别处理采用 GIS 技术，实时对移动中的空车车辆位置信息进行管理，有效协助求车求货方式的运用。

（2）基于货物流量的物流分析支持

即把货物流量视觉化地在地图上显示出来。虽然在传统的物流据点分析中物量数据可以以 EXCEL 表的形式表示出来，但表与数据的感官刺激不强烈，即使数据有错误也难以发现。新的方法是在地图上按货物流向起点和终点方向划一箭头，箭头粗细按流量大小确定。根据分析目的，把流量以视觉化的方式表示出来。此方法可以更加直观地用于运输方式转换的可能性分析，物流据点选址分析、道路、港口等物流基础设施的建设分析等。

（3）基于配送的事故原因分析支持

配送作业过程中不可避免地会发生各种诸如到达时间延迟、数量不符、破损、腐烂等事故。只有查明事故原因，改善薄弱环节，才能负起对货主的责任，减少经营损失。运用 GIS 技术对配送事故原因进行辅助分析是企业风险管理的重要一环。可以把过去发生过的配送事故统计与位置信息相结合，在地图上表示出来，以便查找、分析事故原因。

（八）前景

将地理信息系统（GIS）、卫星定位系统（GPS）、无线通信（WAP）与互联网技术（Web）集成一体，应用于物流和供应链管理信息技术领域，国内还没有完全成熟。但是一些远见的企业已经看到这块诱人的蛋糕并付诸行动，虽然这些产品功能尚未完善，相信随着人们的重视和技术的进步，GIS、GPS、WAP 和 WEB 技术将结合在一起，共同描绘透明物流企业，减少物流黑洞，增强国内物流企业竞争力，在不久将开放的物流市场上站稳脚跟。

第四节　物流信息交换标准

一、物流 EDI 标准

EDI 技术是电子数据交换技术，应用于物流领域称为物流 EDI，是指物流参与单位运用 EDI 系统进行物流数据交换，并以此为基础实施物流作业的方法。通过物流 EDI，供应链各组成方可共享基于标准化信息格式和处理方法的信息。EDI 是连接各个物流技术系统的纽带，在计算机网络、通信网络、物流结点信息之间搭建物流信息平台不可缺少的基础性技术。

（一）EDI 的概念

EDI 是英文 Electronic Data Interchange 的缩写，中文可译为"电子数据互换"，港、澳及海外华人地区称作"电子资料联通"。它是一种在公司之间传输订单、发票等作业文件的电子化手段。它通过计算机通信网络将贸易、运输、保险、银行和海关等行业信息，用一种国际公认的标准格式，实现各有关部门或公司与企业之间的数据交换与处理，并完成以贸易为中心的全部过程，它是 20 世纪 80 年代发展起来的一种新颖的电子化贸易工具，是计算机、通信和现代管理技术相结合的产物。国际标准化组织（ISO）将 EDI 描述成"将贸易（商业）或行政事务处理按照一个共认的标准变成结构化的事务处理或信息数据格式，从计算机到计算机的电子传输"。而 ITU-T（原 CCITT）将 EDI 定义为"从计算机到计算机之间的结构化的事务数据互换"。又由于使用 EDI 可以减少甚至消除贸易过程中的纸面文件，因此 EDI 又被人们通俗地称为"无纸贸易"。

EDI 三种定义

定义一：1995 年版的《美国电子商务辞典》(Haynes. E1995)将电子商务定义为："为了商业用途在计算机之间所进行的标准格式单据的交换。"

定义二：美国国家标准局 EDI 标准委员会对 EDI 的解释是："EDI 指的是在相互独立的组织机构之间所进行的标准格式、非模糊的具有商业或战略意义的信息的传输。"

定义三：联合国 EDIFACT 培训指南认为，"EDI 指的是在最少的人工干预下，在贸易伙伴的计算机应用系统之间的标准格式数据的交换"。

从上述 EDI 定义不难看出，EDI 包含了三个方面的内容，即计算机应用、通信、网络和数据标准化。其中计算机应用是 EDI 的条件，通信环境是 EDI 应用的基础，标准化是 EDI 的特征。这三方面相互衔接、相互依存，构成 EDI 的基础杠架。

（二）EDI 的分类

根据功能，EDI 可分为 4 类。

前面所述的订货信息系统是最基本的，也是最知名的 EDI 系统了。它又可称为贸易数据互换系统(Trade Data Interchange，简称 TDI)，它用电子数据文件来传输订单、发货票和各类通知。

第二类常用的 EDI 系统是电子金融汇兑系统(Electronic Fund Transfer，简称 EFT)，即在银行和其他组织之间实行电子费用汇兑。EFT 已使用多年，但它仍在不断的改进中。最大的改进是同订货系统联系起来，形成一个自动化水平更高的系统。

第三类常见的 EDI 系统是交互式应答系统(Interactive Query Response)。它可应用在旅行社或航空公司作为机票预定系统。这种 EDI 在应用时要询问到达某一目的地的航班，要求显示航班的时间、票价或其他信息，然后根据旅客的要求确定所要的航班，打印机票。

第四类是带有图形资料自动传输的 EDI。最常见的是计算机辅助设计(Computer Aided Design，简称 CAD)图形的自动传输。比如，设计公司完成一个厂房的平面布置图，将其平面布置图传输给厂房的主人，请主人提出修改意见。一旦该设计被认可，系统将自动输出订单，发出购买建筑材料的报告。在收到这些建筑材料后，自动开出收据。如美国一个厨房用品制造公司—KraftMaid 公司，在 PC 机上以 CAD 设计厨房的平面布置图，再用 EDI 传输设计图纸、订货、收据等。

（三）EDI 的应用

一个传统企业简单的购货贸易过程：买方向卖方提出订单。卖方得到订单后，就进行它内部的纸张文字票据处理，准备发货。纸张票据中包括发货票等。买方在收到货和发货票之后，开出支票，寄给卖方。卖方持支票至银行兑现。银行再开出一个票据，确认这笔款项的汇兑。

而一个生产企业的 EDI 系统，就是要把上述买卖双方在贸易处理过程中的所有纸面单证由 EDI 通信网来传送，并由计算机自动完成全部(或大部分)处理过程。具体为：企业收到一份 EDI 订单，则系统自动处理该订单，检查订单是否符合要求；然后通知企业内部管理系统安排生产；向零配件供销商订购零配件等；有关部门申请进出口许可证；通知银行并给订货方开出 EDI 发票；向保险公司申请保险单等。从而使整个商贸活动过程在最短时间内准确地完成。一个真正的 EDI 系统是将订单、发货、报关、商检和银行结算合成一体，从而大大加速了贸易的全过程。因此，EDI 对企业文化、业务流程和组织机构的影响是巨大的。

EDI 在物流业中的应用：

1. EDI 在生产企业的应用

相对于物流公司而言,生产企业与其交易伙伴间的商业行为大致可分为接单、出货、催款及收款作业,其间往来的单据包括采购进货单、出货单、催款对账单及付款凭证等。

(1)生产企业引入 EDI 是为数据传输时,可选择低成本的方式引入采购进货单,接收客户传来的 EDI 订购单报文,将其转换成企业内部的订单形式。

(2)如果生产企业应用 EDI 的目的是改善作业,可以同客户合作,依次引入采购进货单、出货单及催款对账单,并与企业内部的信息系统集成,逐渐改善接单、出货、对账及收款作业。

2. EDI 在批发商中的应用

批发商因其交易特性,其相关业务包括向客户提供产品以及向厂商采购商品。

(1)批发商如果是为了数据传输而引入 EDI,可选择低成本方式。

(2)批发商若为改善作业流程而引入 EDI,可逐步引入各项单证,并与企业内部信息系统集成,改善接单、出货、催款的作业流程,或改善订购、验收、对账、付款的作业流程。

3. EDI 在系统运输业务中的应用

运输企业以其强大的运输工具和遍布各地的营业点在流通业中扮演了重要的角色。

(1)运输企业若为数据传输而引入 EDI,可选择低成本方式。先引入托运单,接收托运人传来的 EDI 托运单报文,将其转换成企业内部的托运单格式。

(2)运输企业若引入 EDI 是为改善作业流程,可逐步引入各项单证,且与企业内部信息系统集成。进一步改善托运、收货、送货、回报、对账、收款等作业流程。

(四)EDI 的有关标准

标准化的工作是实现 EDI 互通和互联的前提和基础。EDI 的标准包括 EDI 网络信标准、EDI 处理标准、EDI 联系标准和 EDI 语义语法标准等。

EDI 网络通信标准是要解决 EDI 通信网络应该建立在何种通信网络协议之上,以保证各类 EDI 用户系统的互联。目前国际上主要采用 MHX(X.400)作为 EDI 通信网络协议,以解决 EDI 的支撑环境。

EDI 处理标准是要研究那些不同地域不同行业的各种 EDI 报文。相互共有的"公共元素报文"的处理标准。它与数据库、管理信息系统(如 MPRII)等接口有关。

EDI 联系标准解决 EDI 用户所属的其他信息管理系统或数据库与 EDI 系统之间的接口。

EDI 语义语法标准(又称 EDI 报文标准)是要解决各种报文类型格式、数据元编码、字符集和语法规则以及报表生成应用程序设计语言等。这里的 EDI 语议语法标准又是 EDI 技术的核心。

EDI 一产生,其标准的国际化就成为人们日益关注的焦点之一。早期的 EDI 使用的大都是各处的行业标准,不能进行跨行业 EDI 互联,严重影响了 EDI 的效益,阻碍了全球 EDI 的发展。例如美国就存在汽车工业的 AIAG 标准、零售业的 UCS 标准、货栈和冷冻食品贮存业的 WINS 标准等。日本有连锁店协会的 JCQ 行业标准、全国银行协会的 Aengin 标准和电子工业协会的 EIAT 标准等。

　　为促进 EDI 的发展,世界各国都在不遗余力地促进 EDI 标准的国际化,以求最大限度地发挥 EDI 的作用。目前,在 EDI 标准上,国际上最有名的是联合国欧洲经济委员会(UN/ECE)下属第四工作组(WP4)于 1986 年制定的《用于行政管理、商业和运输的电子数据互换》标准——EDIFACT(Electronic Data Interchange For Administration, CommerceandTrans — Port)标准。EDIFACT 已被国际标准化组织 ISO 接收为国际标准,编号为 ISO 9735。同时还有广泛应用于北美地区的,由美国国家标准化协会(ANSI)X. 12 鉴定委员会(AXCS. 12)于 1985 年制定的 ANSIX. 12 标准。

二、物流 XML 标准

1. XML

　　XML(Extensible Markup Language)即可扩展标记语言,它与 HTML 一样,都是 SGML(Standard Generalized Markup Language,标准通用标记语言)。XML 是 Internet 环境中跨平台的,依赖于内容的技术,是当前处理结构化文档信息的有力工具。扩展标记语言 XML 是一种简单的数据存储语言,使用一系列简单的标记描述数据,而这些标记可以用方便的方式建立,虽然 XML 占用的空间比二进制数据要占用更多的空间,但 XML 极其简单易于掌握和使用。

　　XML 与 Access、Oracle 和 SQLServer 等数据库不同,数据库提供了更强有力的数据存储和分析能力,例如:数据索引、排序、查找、相关一致性等,XML 仅仅是展示数据。事实上 XML 与其他数据表现形式最大的不同是:它极其简单。这是一个看上去有点琐细的优点,但正是这点使 XML 与众不同。

　　XML 与 HTML 的设计区别是:XML 是用来存储数据的,重在数据本身。而 HTML 是用来定义数据的,重在数据的显示模式。

　　XML 的简单使其易于在任何应用程序中读写数据,这使 XML 很快成为数据交换的唯一公共语言,虽然不同的应用软件也支持其他的数据交换格式,但不久之后他们都将支持 XML,那就意味着程序可以更容易的与 Windows、MacOS、Linux 以及其他平台下产生的信息结合,然后可以很容易加载 XML 数据到程序中并分析它,并以 XML 格式输出结果。

　　为了使得 SGML 显得用户友好,XML 重新定义了 SGML 的一些内部值和参数,去掉了大量的很少用到的功能,这些繁杂的功能使得 SGML 在设计网站时显得复杂化。XML 保留了 SGML 的结构化功能,这样就使得网站设计者可以定义自己的文档类型,XML 同时也推出一种新型文档类型,使得开发者也可以不必定义文档类型。

　　因为 XML 是 W3C 制定的,XML 的标准化工作由 W3C 的 XML 工作组负责,该小组成员由来自各个地方和行业的专家组成,他们通过 E-mail 交流对 XML 标准的意见,并提出自己的看法(www. w3. org/TR/WD-xml)。因为 XML 是个公共格式(它不专属于任何一家公司),你不必担心 XML 技术会成为少数公司的盈利工具,XML 不是一个依附于特定浏览器的语言。

　　XML 的优势有以下六个方面:

　　(1) XML 可以从 HTML 中分离数据

　　通过 XML,你可以在 HTML 文件之外存储数据。在不使用 XML 时,HTML 用于显示数据,数据必须存储在 HTML 文件之内;使用了 XML,数据就可以存放在分离的 XML 文档中。这种方法可以让你集中精力去使用。

HTML 做好数据的显示和布局,并确保数据改动时不会导致 HTML 文件也需要改动。这样可以方便维护页面。

XML 数据同样可以以"数据岛"的形式存储在 HTML 页面中。你仍然可以集中精力到使用 HTML 格式化和显示数据上去。

(2) XML 用于交换数据

通过 XML,我们可以在不兼容的系统之间交换数据。在现实生活中,计算机系统和数据库系统所存储的数据有 N·N 种形式,对于开发者来说,最耗时间的就是在遍布网络的系统之间交换数据。把数据转换为 XML 格式存储将大大减少交换数据时的复杂性,并且还可以使得这些数据能被不同的程序读取。

(3) XML 和 B2B

使用 XML,可以在网络中交换金融信息。在不远的将来,我们可以期望看到很多关于 XML 和 B2B(Business To Business)的应用。XML 正在成为遍布网络的商业系统之间交换金融信息所使用的主要语言。许多与 B2B 有关的完全基于 XML 的应用程序正在开发中。

(4) XML 可以用于共享数据

通过 XML,纯文本文件可以用来共享数据。既然 XML 数据是以纯文本格式存储的,那么 XML 提供了一种与软件和硬件无关的共享数据方法。这样创建一个能够被不同的应用程序读取的数据文件就变得简单了。同样,我们升级操作系统、升级服务器、升级应用程序、更新浏览器就容易多了。

XML 可以用于存储数据。利用 XML,纯文本文件可以用来存储数据。大量的数据可以存储到 XML 文件中或者数据库中。应用程序可以读写和存储数据,一般的程序可以显示数据。

(5) XML 可以充分利用数据

使用 XML,你的数据可以被更多的用户使用。既然 XML 是与软件、硬件和应用程序无关的,所以可以使你的数据可以被更多的用户、更多的设备所利用,而不仅仅是基于 HTML 标准的浏览器。别的客户端和应用程序可以把你的 XML 文档作为数据源来处理,就像他们对待数据库一样,你的数据可以被各种各样的"阅读器"处理,这时对某些人来说是很方便的,比如盲人或者残疾人。

(6) XML 可以用于创建新的语言

XML 是 WAP 和 WML 语言的母语言,是无线标记语言,用于标识运行于手持设备上的 Internet 程序。

2. 传统 EDI 物流系统的局限性

EDI(Electronic Data Interchange,电子数字交换,也称无纸贸易),是商业贸易伙伴之间,将按标准、协议规范化和格式化的经济信息通过电子信息网络,在单位的计算机系统之间进行自动交换和处理。但传统 EDI 存在一定的局限性,阻碍了 EDI 技术的应用及商务电子化的发展。

传统 EDI 物流系统存在的局限性具体表现在:

（1）EDI需要建设专用增值网络，企业间必须达成一致的相关标准和协议，购买或开发相应的软件支持平台和应用软件，经济投入巨大，因此它的应用往往仅局限于一些大型企业；

（2）EDI数据侧重于信息对机器的可读性，人工阅读EDI数据较差；

（3）EDI数据，如订单、发票等，必须通过各种标准进行数据交换，而各企业和国家所采用的标准都有所差异；

（4）只能存储转发批量文件而无法在两个系统之间进行数据的实时交互；

（5）EDI报文的传输有较多限制，只能使用指定的网络协议和安全保密协议。传统的EDI是通过使用简单邮件传输协议和文件传输协议来进行数据格式转换；

（6）所有EDI数据都不能通过Web来进行数据搜索和定位，也无法在Web上显示，而这正是那些现代Internet小型企业与一些不固定商业伙伴进行小型交易的最基本要求。

随着Internet的发展，其赋予EDI新的生机，基于Internet的EDI逐渐成为EDI的较好方式。而XML可扩展标记语言的应用所引导的Web革命，将带来新一代的InternetE-DI。

3. XML与EDI融合—XML/EDI

传统的EDI是通过使用SMTP和FTP来进行数据格式转换的。作为SGML的一个子集，XML是专门为Internet通信而设计的，通过一套统一的数据格式可以使数据管理和交换成本更低，也更易于管理。结构化信息的一个主要的用处就是允许不同格式的数据可以相互交换。不同的行业往往创建不同的规则来确定本行业内交换信息所需的内容模型。一旦这个内容模型被确定，整个行业就需要都使用这个内容模型来标记信息以保证行业内彼此能容易且有效地共享信息。在结构化信息的组成要素中，DTD就是一个很重要的组成部分，它规定数据的格式规范并且用这种规范对数据进行解释。

XML源于应用的需求，XML所具备的新特性将有助于大幅度改善人们在网络世界里的交流方式，XML正在电子商务中扮演着越来越重要的角色，特别是对推动电子商务物流将起到至关重要的作用。顺应发展趋势，企业间正在从原有的广泛使用的EDI技术转向Web—EDI，利用Web实现商品信息的交换和接发定单，从而通信成本和软件成本都降低。由于原有的HTML应用的限制（HTML描述数据的外观，而XML描述数据本身），使用XML成为大势所趋，利用XML技术实现数据的多样显示，数据显示与内容分开，使数据更合理地按用户的需求表现出来。利用XML进行电子产品信息的交换和自动更新，可以实现目录的自动分类处理和服务，实现企业间电子目录的分配、更新以及市场与库存信息的共享，提高企业的效率。事实已经证明，XML所采用的标准技术已被证明最适合Web开发，应用于InternetEDI，则可以得到真正Web风格的EDI—XML/EDI。XML支持结构化的数据，可以更详细地定义某个数据对象的数据结构，如描述仓库，详细定义该仓库的所属物流仓库名称、仓库编号、仓库所在地、面积等信息，这种定义不仅为标记该仓库提供方便，如，想使XML数据很容易按仓库名称等排序，查询更方便。如果出现商业规则的例外，例入注释，解决了增加注释，只要采用XML，物流公司就可以在指定的数据放入文档中后加可以看出，XML格式EDI的困难。

较传统EDI更具有优势，它可以大大简化传统EDI系统里许多不必要的数据结构。电子商务中主要存在系统异构、模式异构，同时目前网上很多信息格式是半结构化或非结构化的，其来源亦极端异构。异构数据库的跨库检索是电子资源整合的核心技术，异构性是企业异构数据集成必须面临的首要问题。一个较好的应用方案是利用 XML 作为中间件，对这些信息进行元数据搜索。而 XML/EDI 最有利的地方就是元数据描述功能。一些纯 XML 建议如 XMI 和 UREP 等都将产生新的数据概念和描述结构，它现在得到了较大的工业支持，有助于推动 EDI 的发展。

另外，XML/EDI 引进模板的概念，解决了 EDI 的映射问题。模板描述的是消息的结构以及如何解释消息，能做到无须编程就可实现消息的映射。在用户计算机上，软件代理用最佳方式解释模板和处理消息，如果用户应用程序实现了 XML/EDI，那么代理可以自动完成映射，并产生正确的消息，同时，代理可以为用户生成一个 Web 表单。与 Web—EDI 不同，XML/EDI 可以在客户端处理消息，自动完成映射，花费很小。通过模板，用户可以得到对其环境的最佳集成，模板可以存储在别处，动态结合到本地应用程序中，这些使 XML/EDI 成为名符其实的 Web 风格的 EDI。

随着 XML/EDI 进一步发展，其结构将可以存储对 EDI 传输的各种数据集进行描述的数据类型定义。高级的和通用的数据结构将由国际标准化组织进行管理，工业界专用的数据结构由业界的组织进行管理，更专业的数据结构由特定的企业或企业联合体进行管理。有关的技术标准将支持这种分级结构以便使这些不同级别的数据结构可以无缝地在一起操作，而且可以自动地根据数据结构定义范围的宽窄从相应的仓库中检索出来。

XML/EDI 应用领域非常广，但也存在一些不利因素。如许多中小企业正越来越多地面临着支持 XML/EDI 的压力。这个压力来自于较大的贸易伙伴，因为这些商家为了减少贸易成本在 XML/EDI 上进行了大量的投资，因此自然希望能够在更广泛的范围内部署它们。中小企业要想继续同这些大商家做生意，就不得不支持 XML/EDI。但对于中小企业来说，本身资金有限，支持 XML/EDI 的成本相对来说是极其昂贵。

目前虽然 XML 不能解决传统 EDI 的所有问题，但专家们正积极地将它应用到 EDI 的数据管理和数据库管理中。

4. XML/EDI 电子商务物流模型

XML 已经成为 Internet 上的主流数据，在对传统 EDI 的补充和改进上，突破了 EDI 的发展限制，因此建立基于 XML 的电子商务系统模型是顺应电子商务发展的需求。针对传统 EDI 的限制和不足，提出了基于 XML/EDI 电子商务系统结构模型。

在 XML/EDI 模型中，XML 服务器将 EDI 服务器中的资料转换成 XML/EDI 数据，传送给 Web 服务器。通过系统提供的接口，企业可以利用已有的应用程序（物流管理软件）、浏览器、PDA 等访问 Web 服务器，送出订单和接收订单。通过此结构模型，XML/EDI 电子商务物流系统平台不但可以让 EDI 客户下定单，而且卖方会根据 EDI 中的需求，经由数据仓库或者网络搜寻客户提供的资料（包括 Web 上的商品目录及数据库），并使用 XML 服务器，将它们转换成标准的 XML 数据，并送往 Web 服务器。而浏览器端则可利用 JavaScript 或 JavaApplet 对 XML 数据进行处理和校验。即使用 XML 及支持工具，可以不要做繁琐的程序性的工作，SGML 风格的 DTD（文件格式定义）可以使数据定义变为说明方式，数据的分析和确认也不需要程序性逻辑，显示的格式化理论上只要 XML 在对象模型和浏览器对象模型间进行映射。

总之，XML 弥补了 HTML 在数据和文档处理上的不足，其快捷、灵活、平台独立等特性使电子商务物流的发展进入了一个全新的阶段，许许多多基于 XML 的电子商务物流系统，包括企业间的电子商务物流和面向消费者的电子商务物流，正处于开发过程中。XML 具有一套统一的数据格式，使得电子商务物流在 Internet 上不同系统之间信息交换更加便捷，不仅大大降低了成本，而且提高了安全性，逐渐成为物流数据交换的标准语言。XML 所带来的是一个全新的视野，一种对于整个电子商务物流架构在观念上的颠覆。随着 Internet 的发展，基于 XML 的各种标准不断发布，XML 必将继续在电子商务物流领域显示出其异乎寻常的能力。

案　　例

麦德龙集团 RFID 系统应用案例分析

麦德龙集团（METROGroup）是世界第三大零售商，当它宣布计划在整个供应链及其位于德国 Rheinberg 的"未来商店"采用 RFID 技术时，业界众说纷纭，其中不少是抱有怀疑的态度，然而随着麦德龙采用 RFID 的举措取得实效，预期采用 RFID 技术所得到的节省时间、减低成本及改进库存管理等运营优势一一兑现，外界原来置疑的眼光变成欣羡，而麦德龙也决定加快其部署 RFID 方案的步伐，从实验试点阶段转为正式投入使用。

麦德龙首席信息官 Zygmunt Mierdorf 表示："我们使用 RFID 方案后取得的日常工作改进成果可谓立竿见影，正如设想一样，仓库及商店的货品交收程序大幅度提速、过往浪费于送货的时间大大减少。此外，RFID 协助我们找出及纠正货品处理流程中薄弱的环节，把货品在仓库上架的工序也有改进，总的来说，我们的工作效率提高了，而商店脱货的情况则减少。"

麦德龙在欧洲及亚洲 30 个国家及地区设有百货商店，大型超级市场和杂货店。在 2002 年，它公布其"未来商店"（Future Store）计划，号召了 50 多家伙伴携手开发及测试崭新的应用程序，涵盖零售供应链的各个环节，包括物流及零售店内顾客体验等方面。在 RFID 读写器方面，麦德龙只选择了两家供应商伙伴合作，其中一家便是 Intermec。Intermec 参与了麦德龙多个大型的 RFID 试点计划。

在 2004 年 11 月，当大部分的 RFID 厂商还在关注 EPCglobal 第二代 RFID 标准的最终敲定和行将实施的强迫性标签项目期限时，麦德龙的托盘追踪应用已经完成试行阶段，正式投入运行。在 2005 年 1 月，其他供应链项目刚启用，而第二代标准的细节尘埃落定，麦德龙已率先庆祝"成功实施 RFID 百天纪念"，在这 100 天里，麦德龙通过使用 Intermec 的 Intelli-tag RFID 读写器，成功识别超过 50,000 个托盘，其标签的识读率更超过 90%。此外，麦德龙正式实施 RFID 所取得的成效与试验计划相仿：仓储人力开支减少了 14%、存货到位率提高了 11%、以及货物丢失降低了 18%。

在 2005 年 3 月，麦德龙连同 Intermec 以及飞利浦电子公司演示了 EPC 第二代 RFID 系统的首个商业应用，示范了如何从 ISO 18000—6B 为基础的系统，升级到 ISO、EPC 和

ETSI 兼容系统的简便途径,满足真正全球供应链的需要。

从试验计划到正式实施

有鉴于试验计划取得极大成功,麦德龙决定在其位于德国 Unna 最繁忙的配送中心,建立一个全面的 RFID 托盘跟踪中心。麦德龙在该中心部署了多项 RFID 应用,其中包括可以识别衣架上衣服的系统,其每小时的物品处理量超过 8,000 件。

麦德龙决定再度与 Intermec 合作,在上述计划使用其 RFID 读写器。目前已经有超过 40 台 Intermec 的固定式、手持式和最新的叉车用车载式 RFID 读写器被采用。

麦德龙"未来商店计划"项目执行经理 Gerd Wolfram 博士表示:"Intermec 熟悉 RFID 技术,它在麦德龙全面开展 RFID 的举措中担当重要的角色。Intermec 的设备表现了卓越的识读率和系统性能,协助我们实现为零售商提供 RFID 的高效及准确的运营优势。"

托盘跟踪是这个配送中心的 RFID 系统的基础。大约 20 家麦德龙的供应商(到 2005 年底时已增加至 100 家)在运送到配送中心的货箱和托盘上使用了 RFID 标签。进入仓库的托盘都要经过一个安装了 Intermec IF5 读写器的门户。IF5 读写器是固定式的智能数据采集设备,它采集托盘标签上的序列运输容器代码(SSCC),过滤托盘上来自货箱标签的数据。然后 SSCC 就被自动的报告到麦德龙的 SAP 企业系统内,与麦德龙收到的预先发货通知(ASN)的电子数据交换(EDI)交易记录相核对,符合麦德龙系统订单的托盘将被批准接受,有关内容将随着物品的入库自动进行记录,库存系统记录得以更新。

IF5 读写器多项出类拔萃的功能为这一项目的成功做出了贡献,这是一款高度智能化的读写器,自带的软件系统能够预先对标签读取的数据进行处理,然后才传输到系统里。数据处理使得通讯更快捷,并且为企业级应用软件提供了"纯"数据供进一步处理。通过使用 Intermec 开发的界面,IBM 的 Websphere Everywhere 软件也能在 IF5 上运行,提供额外的数据净化支持。

麦德龙还利用了 IF5 读写器的输入/输出端口,整合了移动传感器。当传感器探测到一个正逐渐移近的托盘时,读写器将自动开启并发出读取信号,不经人手操作便可来发送读取信号,大大降低了人力成本,而且信号是在有需要的时候才发出,协助麦德龙符合环境保护及放射性方面的法规。输出端口控制着一个指示灯,当托盘清点完毕后将亮绿灯,亮红灯则指示有问题发生。

待系统确定接受托盘后,它会通过 802.11 无线 LAN 将指示传输到叉车上的 Intermec CV60 车载电脑上,从而告知叉车操作员进行入库作业。为了保证处理正确的托盘,操作员会用 Intermec IF4 读写器来读 SSCC 标签。由于叉车只能从两边驶近欧洲规格的托盘,这要求读写器围着托盘的角落来读取标签。麦德龙和 Intermec 通过试验以不同的标签和读写器放置方法解决了这个问题。

Mierdorf 表示:"尽管我们遭遇了许多的技术挑战,但我们终于能大幅度改进货品交收程序,享受 RFID 所带来的丰硕成果。"

当叉车操作员到达货品待处理区,车载系统将自动读取永久性货位标签。系统自动核对计划货位和读取到的指示信息,以防放错位置。然后,操作员再通过无线 LAN 接收下一个放置或提货任务。

根据麦德龙的统计,使用 RFID 系统识别托盘、发货确认和入库处理后,每辆货车检查及卸载的时间缩短了 15～20 分钟。时间节省提高了工人的生产力。未到位的发货会立即被发现,因此大大改善了库存准确度,使得麦德龙能够把缺货情况减少 11%。

与此同时,相反的运作流程也保证了仓库能准确、迅速地把货品送交零售店。叉车操作员通过 CV60 上的指令来接受订单,通过读取 RFID 地点标签来确认提取地点,然后通过读取他的 RFID 或者条码标签来确认提取的货物。被提取的货品被送至包装区域,在那里它们被装上托盘送至有关商店。

商店的每次订货通常含不同货品,混合多个托盘是很普遍的,因此准确的识别托盘里的每一项物品是非常重要的。货品经扫描后,主机系统里会将数据和订单信息相比较。当订单上所列货品已经全部找出,有关托盘便会被封装,盘上的 Intermec Intellitag RFID 标签会被读取,托盘内容就与麦德龙数据系统里的托盘 ID 挂钩。托盘随后被批准交付给商店,在那里一套和配送中心相似的自动 RFID 采集系统将用于核对货品交收和记录。

乘胜前进

有鉴于前期计划取得巨大成功,麦德龙与 Intermec 进一步合作扩大 RFID 计划的范围,在 2006 年,麦德龙遍布德国的全部"Cash&Carry"品牌批发商店正式启用了 Intermec 的第二代无线射频识别技术(RFID)。从 4 月 1 日起,麦德龙集团的供应商已经可以向该公司付运带有第二代 RFID 标签的托盘。

麦德龙 Cash&Carry 是自助批发店中的佼佼者,它采用了一套先进的第二代 RFID 设施,包括 Intermec 的第二代 IF5UHFRFID 读取器和 IBM 的中间件。应用于麦德龙 Cash&Carry 商店的 Intermec 第二代 RFID 技术构建了一个令各种 RFID 产品及系统兼容协作的平台,有效协助追踪托盘的去向,从而改进存货管理。

在麦德龙 Cash&Carry 商店使用 Intermec 第二代 RFID 技术来追踪托盘只是该集团有关计划的首项举措,麦德龙和 Intermec 正探讨把第二代 RFID 技术应用于其追踪货箱。

MGI 麦德龙集团信息技术股份有限公司董事总经理 Gerd Wolfram 博士表示,"第二代 RFID 技术就在眼前,Intermec 是协助麦德龙部署 RFID 技术的策略性合作伙伴,我们与该公司的合作将为麦德龙 Cash&Carry 搭建一个实际可用的第二代 RFID 设备体系,同时也证明了两家公司是采用这种崭新技术的先驱。"

来源:翁兆波.《物流信息技术》.化学工业出版社,2007

本 章 小 结

物流信息技术是现代信息技术在物流各个作业环节中的综合应用,是物流现代化、信息化、集成化的重要标志。在国内外,各种物流信息应用技术已经广泛应用于物流活动的各个环节,对企业的物流活动产生了深远的影响。

自动识别技术就是应用一定的识别装置,通过被识别物品和识别装置之间的接近活动,自动地获取被识别物品的相关信息,并提供给后台的计算机处理系统来完成相关后续处理的一种技术。自动识别系统完成系统的采集和存储工作,应用系统软件对自动识别系统所采集的数据进行应用处理,而应用程序接口软件则提供自动识别系统和应用系统软件之间的通讯接口包括数据格式,将自动识别系统采集的数据信息转换成应用软件系统可以识别和利用的信息并进行数据传递。

射频识别即 RFID(Radio Frequency IDentification)技术,又称电子标签、无线射频识别,是一种通信技术,可通过无线电信号识别特定目标并读写相关数据,而无须识别系统与特定目标之间建立机械或光学接触。

追踪定位技术是指在识别技术共同作用的基础上,再借助 GPS、GPRS 等定位与通信技术,实现对货物、运输设备等进行物理空间和时间上的信息时时更新,对物流状况进行动态反映。

EDI 技术是电子数据交换技术,应用于物流领域称为物流 EDI,是指物流参与单位运用EDI 系统进行物流数据交换,并以此为基础实施物流作业的方法。通过物流 EDI,供应链各组成方可共享基于标准化信息格式和处理方法的信息。

思 考 题

1. 物流信息技术都有哪些构成?
2. 信息技术在物流中的应用都有哪些?
3. 简述条码技术的工作原理。
4. 简述射频识别系统的组成部分。
5. GIS 技术的特点都有哪些?
6. 简述 EDI 在物流业中的应用。

参 考 文 献

1. 熊晓寒,著. 条码技术与标准化. 天津大学出版社,1992.

2. 陈军须,著. 现代物流概论. 北京邮电大学出版社,2008.

3. 朱汉民,严新平. 经济全球化与我国现代物流标准体系构建. 科学进步与对策,2002(12).

4. 霍红,我国物流标准化的现状与对策分析. 商业研究,2003(14).

5. 杨海荣,著. 现代物流系统与管理. 北京邮电大学出版社,2002.

6. 刘彩虹,胡吉全,著. 物流科技. 武汉理工大学出版社,2004.

7. 林放,著. 浅析出版物流与供应链管理的现状与发展. 上海:上海外语教育出版社,2010.

8. 倪志伟,彭扬. 现代物流技术. 北京:中国物资出版社,2006.

9. 中国物品编码中心. 物流标准化. 北京:中国铁道出版社,2007.

10. 田源,张文杰,主编. 仓储规划与管理. 北京:清华大学出版社,2009.

11. 张铎,编. 物流标准化教程. 北京:清华大学出版社,2011.

12. 于晓媛,著. 我国零售业物流管理存在的问题与对策. 中共山西省委党校,山西.

13. 黄淑萍,著. 我国物流标准化的基础、问题及发展对策. 福州职业技术学院出版社.

14. 吴青,著. 物流标准化的定义演变研究. 工业技术经济,2004(6).

15. 熊明华,著. 我国物流标准化体系的制定与构成. 中国物流与采购,2004(10).